U0191080

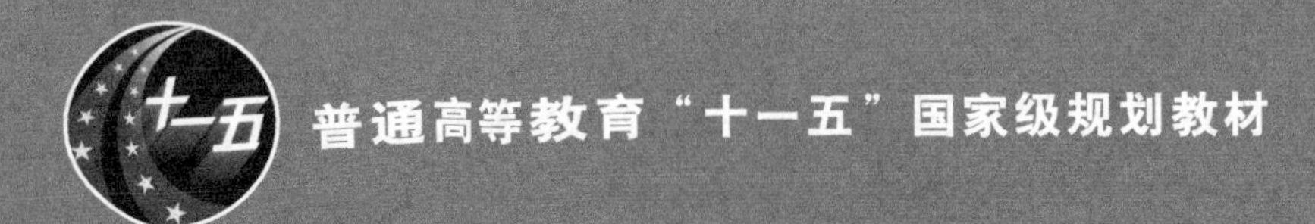

建筑环境与设备工程系列教材

建筑节能原理与技术

JIANZHU JIENENG YUANLI YU JISHU

■ 总策划 付祥钊

■ 编　著 付祥钊　肖益民

■ 主　审 刘安田　徐　明

重庆大学出版社

内容提要

实施建筑节能不仅需要理论与技术的支撑,更需要建筑节能科研与技术人才的支撑。本书是在融会建筑节能所涉及的建筑学、建筑环境与设备工程、建筑材料、气象、环境工程以及社会科学等多门学科的相关理论基础上进一步创新,所形成的一部完整讲述建筑节能原理与技术体系的教材,对于建筑节能人才培养和推动建筑节能理论与技术创新具有重要的意义。

本书2006年入选普通高等教育"十一五"国家级规划教材,可供建筑环境与设备工程、建筑学、环境工程及相关专业本科教学使用,也可供相关工程人员使用。

图书在版编目(CIP)数据

建筑节能原理与技术/付祥钊,肖益明编著.—重庆:
重庆大学出版社,2008.9(2022.8重印)
(建筑环境与设备工程系列教材)
ISBN 978-7-5624-4516-6

Ⅰ.建… Ⅱ.①付…②肖… Ⅲ.建筑—节能—高等学校—
教材 Ⅳ.TU111.4

中国版本图书馆CIP数据核字(2008)第075177号

建筑环境与设备工程系列教材
建筑节能原理与技术
总策划 付祥钊
编 著 付祥钊 肖益民
主 审 刘安田 徐 明
责任编辑:陈红梅 刘丽莹 版式设计:陈红梅
责任校对:贾 梅 责任印制:赵 晟
*
重庆大学出版社出版发行
出版人:饶帮华
社址:重庆市沙坪坝区大学城西路21号
邮编:401331
电话:(023) 88617190 88617185(中小学)
传真:(023) 88617186 88617166
网址:http://www.cqup.com.cn
邮箱:fxk@cqup.com.cn(营销中心)
全国新华书店经销
POD:重庆新生代彩印技术有限公司
*
开本:787mm×1092mm 1/16 印张:21.5 字数:537千
2008年9月第1版 2022年8月第6次印刷
ISBN 978-7-5624-4516-6 定价:45.00元

本书如有印刷、装订等质量问题,本社负责调换
版权所有,请勿擅自翻印和用本书
制作各类出版物及配套用书,违者必究

序(第二版)

重庆大学教学改革成果——《建筑环境与设备工程系列教材》,在编著者和重庆大学出版社的共同努力下,从2002年至2004年陆续出版,满足了该专业教学的急切需要,2005年获得重庆市优秀成果奖。

2003年11月13日,《全国高等学校土建类专业本科教育培养目标和培养方案及主干课程教学基本要求——建筑环境与设备工程专业》正式颁布。重庆大学城市建设与环境工程学院、重庆大学出版社联合组织来自清华大学、重庆大学、华中科技大学、东南大学、南京航空航天大学、中国人民解放军后勤工程学院、重庆科技学院、西南石油学院、福建工程学院等高校的专家、学者同编著者一起,进行了学习和研讨,并决定立即启动《建筑环境与设备工程系列教材》(第二版)及扩展新教材的编写和出版工作。各位编著者都做出了积极的响应,更多学术造诣高,富有教学和工程实践经验的老师们加入了编写、主审和编委队伍。

《建筑环境与设备工程系列教材》的及时更版和扩展,为解决长期以来学生和社会反映强烈的教学内容陈旧问题创造了条件。各位编著者认真总结了第一版使用中的经验教训,仔细领会专业指导委员会的意见和公用设备工程师注册的专业教育要求,密切关注相关科学技术的发展,使第二版从体系到内容都有明显改进。第二版更注意在保持各门课程的完整性的同时,加强各门课程之间的呼应与协调,理论与工程实践相结合的特色更加鲜明。扩展新教材是该系列教材的进一步补充和完善,有助于拓宽专业口径。燃气方向的选题,丰富了我国该方面急需的技术专业书籍。

教材建设是一个精益求精、永无止境的奉献过程。祝愿编著者和出版社积极进取,努力奉献,保持本系列教材及时改版、更臻完美的好做法。编著者亲自在教学第一线讲授自己编写的教材,对于教材质量的提高是必须的;同时,通过广泛交流和调查研究,听取意见和建议,吸取各校师生使用教材的经验教训,对于教材的完善更是非常重要的。

如何解决专业教学内容日益丰富,而讲授学时显著减少的矛盾,是当前专业教学面临的困难之一。全国各高校的专业老师们都在努力寻找或创造解决这一矛盾的方法。总结和提炼这方面的教学实践经验,可使本系列教材内容新颖而丰富,所需的讲授学时相对减少。

近几年,现代教学手段正在各高校迅速普及。基于现代教学手段,我们这套系列教材的教学方法也应努力创新。

本系列教材第二版的完成及扩展教材的出版,既要祝贺编审和出版社,更要感谢使用每本系列教材的教师和同学们,他们献出了很多极有价值的意见。

付祥钊

2005年10月

序(第一版)

建筑环境与设备工程专业是按新的教育思想,以原供热供燃气通风与空调工程专业为主,与建筑设备等专业一起整合拓宽的一个新专业。学生毕业后从事的主要工程领域是公用设备工程,执业身份是注册公用设备工程师。

公用设备工程是一幢建筑、一个城市、一个国家现代化程度的主要标志之一,是一个十分广阔而且正在不断发展扩大的工程领域。为了学生能在有限的时间内全面完成注册公用设备工程师所要求的专业教育,必须构建好建筑环境与设备工程专业学科体系。在全国高校建筑环境与设备工程学科专业指导委员会的组织与指导下,各高校合作开展教学改革,构建了建筑环境学和流体输配、传热传质等工程学原理与关键技术组成的学科平台,并编写出版了推荐教材。

建成学科平台之后,紧接着需要在平台上展开公用设备工程的技术体系。

本系列教材就是为了满足上述要求而组织编写的。其目标是充分利用学科平台,全面展开公用设备工程技术体系的教学,显著拓宽专业口径,增强学生驾驭工程技术的能力。

本系列教材的突出特点是内容体系上的创新。它特别注意与学科平台的联系,努力消除原专业课程中的重复现象,突出公用设备工程的主体技术,提高学时效率,有利教学改革。

本系列教材的编者既有教学经验又有工程实践经验,而且一直同时处于教学和工程第一线。他们在编写这套教材时,十分重视理论联系实际,重视引入最新工程技术成果。

通过本系列教材的学习,学生能够把握建筑环境与设备工程专业的学科技术;结合生产实习、课程设计和毕业设计等实践教学环节的训练,掌握工程技术问题的综合处理方法,达到注册公用设备工程师所要求的专业技术水平。

这套系列教材也可用于学生和工程技术人员自学来系统掌握公用设备工程技术。

预祝本系列教材在编者、授课教师和学生的共同努力下,通过教学实践,获得进一步的完善和提高。

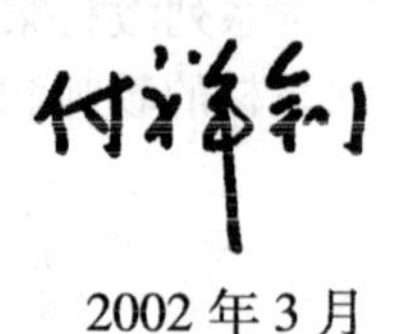

2002年3月

前　言

本书是“十一五”国家级规划教材，具有一定的探索性和尝试性。本书是国家科技支撑计划子课题——长江流域住宅节能理论与策略研究（2006BAJ01A05-06）的成果之一，是为课题“建设一支由中青年专家组成的、在长江流域开展建筑节能，实现国家战略目标的创新团队，培养博士生8~10名，硕士生10~15名；培养分布在建筑设计、建造、运行、管理全过程和设备生产供应售后服务各环节中的一批技术骨干”的目标服务的。

由于20世纪70年代的石油危机和随之而来的日益严峻的全球能源环境形势，使建筑节能在全球猛然爆发，逐渐展开。在此之前，没有一个关于建筑节能观念、思想和理论的孕育过程。国内外的建筑节能活动主要围绕急切的节能目标、某些具体技术和产品研发推广应用进行，而其理论体系的研究与构建被排挤到很次要的地位，几乎被忽视。

由于没有系统的理论作指导，国际、国内的建筑节能都走了一些弯路，甚至造成重大损失。最典型的是将建筑节能过分地倚靠建筑围护结构的保温和密闭，从而引发室内空气品质问题，造成的人体健康和工作效率的损失，超过了建筑节能的收益。

理论的缺失，使貌似科学的商业广告有机可乘。

国际、国内30余年的建筑节能历程，为研究和构建建筑节能理论体系奠定了社会实践基础。

借编写《建筑节能原理与技术》的机会，作者努力开展了这方面的研究，建立了一个基本观念——建筑节能的可持续发展观念，三条适应性（协调性）原理——建筑节能的气候适应性原理、建筑节能的社会适应性原理、建筑节能的整体协调性原理，五方面措施——调节阳光、改善通风、合理保温、高效设备和科学管理组成的建筑节能理论的初步框架。

从建筑节能社会实践中提炼理论，非个人之力所能完成，需要学界的共同努力。通过学术争鸣与探讨，建筑节能理论体系必然日臻丰富和完整。

形成和发展中的理论不是经典，也是不成熟的，很可能存在争议和难免出现错误。希望学生们从审核的角度阅读和讨论本教材，也建议使用本教材的教师不要将本教材的个别观点和结论作为经典要求学生死记硬背，应付考试。

本书编著分工为：第1—7章由重庆大学付祥钊编著；第8—9章由重庆大学肖益民编著；第10章由付祥钊、杨李宁（中冶赛迪工程技术股份有限公司）共同编著。

付祥钊协调了各章内容和观点，杨李宁协助了文字处理工作。

感谢解放军后勤工程学院刘安田教授和中国建筑西南设计研究院徐明总工程师对本书的审阅和提出的宝贵意见。

感谢陈红梅、刘丽莹对本书所做的编辑工作。

编著者

2008年6月

目 录

1 绪 论

建筑节能的直接目的是提高建筑使用过程中的能源利用效率。由于全社会所有成员都直接参与建筑的使用,因此建筑节能不只是一种技术,也不只是一种工程,而是人类为了应对面临的能源环境形势所开展的社会行动,是人类社会可持续发展的重要组成部分。对建筑节能的理解与把握需要冲破技术和工程的界限,登上更为宽广、更为高远的领域。

1.1 建筑节能的含义和意义

1.1.1 建筑节能的含义

能源对人类生存与发展的重要性早已成为共识。当前人类社会对能源的消耗主要发生在物质生产过程、交通运输过程和民用建筑(不包括物质生产厂房)使用过程,它们分别称为生产能耗、交通能耗和建筑能耗:

①生产能耗。其大小不仅取决于所生产的物质产品的种类和数量,还取决于生产工艺和生产过程中管理水平,即取决于"生产什么"、"生产多少"和"怎样生产"。

②交通能耗。其大小主要取决于交通运输过程中的运输量(数量和距离)、运输条件(道路、航道和航线状况)、交通运输工具(车辆、飞机等)的能效性能和管理水平。

③建筑能耗。其大小主要取决于建筑的总量、性能和使用状况,建筑设备的能效性能和建筑使用过程中的管理水平。

这3大部分能耗所占比例的大小,取决于社会经济发展水平。在以第一、二产业为主的社会,生产能耗的比例大,如我国大陆和其他发展中国家。第三产业发达的社会,如欧美国家和我国香港地区等,建筑能耗的比例大。生活水平越高,相应的建筑能耗比例也大。在发达国家中,这3大能耗大约各占社会总能耗的1/3。目前,我国生产能耗所占的比例大于交通能耗和建筑能耗,但交通能耗和建筑能耗的比例正在迅速上升。

节能的实质性含义是提高能源的利用效率。能源效率可定义为:为终端用户提供的能源服务与所消耗的能源量之比。节能的关键在于加强用能管理,采取技术上可行、经济上合理及环境和社会可以承受的措施,减少从能源生产到消费各个环节中的损失和浪费,更加有效、合理地利用能源。节能不能简单地认为是少用能。

建筑节能的含义是提高建筑使用过程中的能源效率。当代的建筑能耗主要包括采暖、通风、空调、照明、炊事、家用电器和热水供应等的能源消耗。建筑的能源利用效率可定义为:为居住者所提供的卫生舒适的居住条件与所消耗的能源量之比。

有观点认为,从建筑的全寿命周期能耗角度看,在建筑的建造和拆除过程中,甚至建筑材料生产过程中所消耗的能源也应计入建筑能耗,并提出广义建筑节能的观点。但是,建筑建造和拆除过程中能耗、建筑材料生产过程中的能耗,其成因与规律、节约原理与技术等都具有显著的生产能耗特质,与本书分析讨论的提高建筑使用过程中能源利用效率的原理和技术相去较远,故本书未采纳这一观点。

1.1.2 人类面临的能源环境问题

20 世纪 70 年代,石油危机对石油进口国的经济发展和社会生活产生的冲击,给发达国家敲响了能源供应的警钟,全世界都开始认识到节约能源的重要性。发达国家从立法、行政和市场相结合,推动节能科技开发和节能技术产品的应用,加强能源管理,以及普及科学知识等措施,在缓解石油危机方面发挥了重要作用。石油危机过去了,国际战略能源供应的紧张局势并没有缓解,更为严重的是大量消费炭能源造成的大气污染。温室效应威胁着地球生态环境。在过去的 100 年中,全球平均地表气温上升了 0.3 ~0.6 ℃,海平面上升了 10 ~25 cm。这主要与全球平均温度升高有关。2007 年,联合国环境规划署宣布全球气候变暖已经是不争的事实,其原因 90% 来自于人类活动。若对温室气体不采取减排措施,未来几十年内全球平均气温每 10 年将升高 0.2 ℃,到 2100 年全球平均气温将升高 1 ~3.5 ℃,这将危及人类的生存和发展。

影响 CO_2 排放量的主要因素有:人口、经济结构及发展水平、能源结构及消费水平、技术进步等。各国都要经历对能源依赖程度较高的工业化阶段,很少有国家例外。另外,随着经济的发展和人民生活水平的提高,城市化进程将会加快,居民生活将对能源需求提出更高的要求。世界各国的发展历史和趋势表明,人均商品能源消费和经济发达水平有明显的相关关系。工业化国家人均商品能源消费无一例外达到很高的水平:其中美国 1995 年为人均 11.24 吨标准煤*,为我国的 11 倍;即使像能源经济效率很高的日本,其 1995 年人均能源消费量也达到 5.61 吨标准煤。相反,发展中国家,如中国、印度,其人均消费水平则普遍较低,1995 年还不到 1 吨标准煤。假定美国在 2010 年以后将其能源活动引起的 CO_2 排放量稳定在 1990 年的水平,按照我国目前有关能源活动 CO_2 排放构想方案,预计到 2020 年我国的一次能源需求量为 2.460×10^5 万吨标准煤,CO_2 排放总量为 1.326×10^5 万吨,有可能超过美国,成为世界上第一排放大国。2025—2030 年,预计我国的人均 CO_2 排放量将超过全球人均排放水平。

我国面临的能源环境问题还有燃煤过程中排放的 SO_2 造成的严重酸雨。早在 1995 年,我国 SO_2 排放量就达到 2 370 万吨,超过了欧洲和美国,居世界首位。我国酸雨范围不

* 1 吨标准煤 =29.3 GJ,下同。

断扩大,已由20世纪80年代初的西南局部地区,扩展到西南、华南、华中和华东的大部分地区。酸雨和SO_2污染危害居民健康、腐蚀建筑材料、破坏生态系统,已经对我国国民经济造成了巨大的损失。

节能与保护环境具有高度的一致性。

1.1.3 可持续发展与《联合国气候变化框架公约》

1)可持续发展

"可持续发展"是当代人类面对全球生态危机和社会矛盾而形成的新的发展观念和发展模式。20世纪80年代以来,可持续发展观念的广泛酝酿形成,堪称人类现代发展史上一次划时代的进步。可持续发展定义为既满足当代人的需求,又不对后代人满足其需求的能力构成危害的发展。经过短短10余年的时间,在1992年里约热内卢联合国环境发展大会上,可持续发展观念被全世界各国认同。各国都把可持续发展的思想和原则融会到发展的行动之中,使其成为国家发展的重大指导方针和基本战略;可持续发展还成为诊断区域开发合理程度及其是否健康发展的标准。

可持续发展思想的核心在于正确规范两大基本关系:一是"人与自然"之间的关系,二是"人与人"之间的关系。人类应以高度的科学认知与道德责任感,自觉地规范自己的行为,创造一个和谐的世界。人与自然之间相互适应和协同进化是人类文明得以可持续发展的"外部条件";而人与人之间的相互尊重、平等互利、互助互信、自律互律、共建共享以及当代的发展不以危及后代的生存与发展为代价等,则是人类文明得以延续的"内部根据性条件"。唯有这种必要性条件与充分性条件的完整组合,才能真正地构建出可持续发展的理想框架,完成对传统思维定式的突破,最终形成世界上不同社会制度、不同意识形态、不同文化背景的人们在可持续发展问题上的基本共识。

可持续发展的最终目标:其一,不断满足当代和后代人的生产、生活和发展对于物质、能量、信息、文化的需求,强调的是"发展";其二,代际之间应体现公平的原则去使用和管理属于全人类的资源和环境,每代人都要以公正的原则担负起各自的责任,当代人的发展不能以牺牲后代人的发展为代价,强调的是"公平";其三,国际和区际之间应体现均富、合作、互补、平等的原则,缩短空间范围内同代人之间的差距,不应造成物质上、能量上、信息上乃至心理上的鸿沟,以此去实现"资源—生产—市场"之间的内部协调和统一,强调的是"合作";其四,创造"自然—社会—经济"支持系统适宜的外部条件,使得人类生活在一种更严格、更有序、更健康、更愉悦的环境之中,使系统的组织结构和运行机制不断地被优化,强调的是"协调"。只有当人类向自然的索取被人类对自然的回馈所补偿时,可持续发展才能真正实现。可持续发展直接关系到人类文明的延续,是建筑节能最基本的原则。

2)《联合国气候变化框架公约》

19世纪末,瑞典科学家万特·阿尔赫尼斯(Svante Arrhenius)提出了温室效应概念并做了描述。直到20世纪70年代初期,各国科学家对气候变化问题仍缺少系统的研究。1972年召开的斯德哥尔摩人类环境会议,使人们加强了对潜在的气候变化和相关问题的研究。20 世纪 70 年代末期,科学家们开始把气候变化看作一个潜在的严重问题。联合国大会于 1988 年 12 月通过了一项关于为人类现在这一代和将来的子孙后代保护气候的决议。1992 年 5 月 9 日在纽约通过了《联合国气候变化框架公约》,简称《气候公约》,并在里约热内卢环境发展大会期间供与会各国签署。公约于 1994 年 3 月 21 日生效。

《气候公约》对高度依赖可耗尽自然资源发展物质文明的社会经济模式进行了批评,提出了可持续的新发展模式,并一般性地确立了温室气体的减排目标,而没有硬性规定减排的具体指标。发达国家认为《气候公约》所规定的义务不具有法律约束力,属于软义务。目前只有少数发达国家温室气体排放量降到 1990 年水平,并且在技术转让和资金提供上行动也十分有限。从 1995 年"柏林授权"开始,经过艰苦的谈判,于 1997 形成了《京都议定书》。《京都议定书》的核心内容是为发达国家明确规定了第一承诺期减、限排的定量目标和时间表,要求在 2008—2012 年承诺期间期温室气体的全部排放量比 1990 年的实际排放水平至少削减 5%。在履约方式上,议定书规定发达国家可以单独或通过"联合履行"、"清洁发展机制"和"排放贸易"等手段,实现其部分减排承诺。《京都议定书》从各国能够接受的条件出发,并没有规定所有的发达国家都要绝对减排。例如,新西兰、俄罗斯、乌克兰不减排,而澳大利亚等三国还允许增长排放,其中挪威增长 1%,澳大利亚增长 8%,冰岛增长 10%。具体温室气体减排额有替代的灵活性和余地,议定书允许将 CO_2之外的其他 5 种温室气体用"全球增温潜势"按"二氧化碳当量"计算;同时,议定书还允许森林等吸收"汇"抵消一部分减排额,进一步增加了灵活性。

2007 年 12 月在印尼巴厘岛,联合国气候大会上签署了《巴厘岛路线图》,商定了 2012 年《京都议定书》到期后各国在减少 CO_2 排放上的责任和义务。路线图把所有国家都纳入其中,各国负有"共同而有区别的责任",即发达国家承担起量化减排责任,发展中国家虽然不必承担量化减排,但也要积极采取措施控制排放增加,乃至减排。

CO_2 减排已经成为国际社会减缓全球气候变化的主要对策,对全球能源生产和消费产生了重大影响。我国是发展中国家,实现经济和社会发展、消除贫困是首要和压倒一切的优先目标。在未来相当长时期内经济仍将保持快速增长,人民的生活水平必将有一个较大幅度的提高,能源需求和 CO_2 排放量还将增长,作为温室气体排放大国的形象将更加突出。另一方面,当前国际社会提出的减缓 CO_2 排放的政策和措施主要集中在提高能源利用效率、发展可再生能源,这不仅符合我国经济增长方式从粗放型向集约型根本转变的需要,而且促进高效能源技术和节能产品的全球扩展与传播,有利于促进我国能源利用效率的提高和能源结构的优化。

1.1.4 建筑节能的意义

尽管我国社会经济发展水平和生活水平都还不高,但建筑能耗已达社会总能耗的 1/4,而且还在逐步上升。我国能源使用效率仅是国际先进水平的 1/2。在大城市,冬季采暖热负荷、夏季空调冷负荷成为电力高峰负荷的主要组成部分。当气温高于 25 ℃或低于 10 ℃时,大城市电力负荷变化趋势与气候规律紧密相关。2004 年,上海气温到 35 ~ 38 ℃

时,最大用电负荷高达 1.5×10^4 MW 以上,比平时高出 4 000 MW。在我国香港地区,电力的 84%、燃气的 96% 被建筑所消耗。建筑能耗状况成为牵动社会经济发展全局的大问题。21 世纪头 20 年,是我国建筑业的鼎盛期,2020 年全国建筑面积将接近 2000 年的 2 倍。目前,我国每年建成的房屋达 16 亿 ~ 20 亿平方米,超过各发达国家年建成建筑面积的总和,不仅既有的近 400 亿平方米建筑的 99% 为高耗能建筑,新建建筑的 95% 以上仍属于高能耗建筑,单位建筑面积采暖能耗为发达国家新建建筑的 3 倍以上。按照目前建筑能耗水平发展,2020 年我国建筑能耗将达到 10.89 亿吨标准煤,超过 2000 年的 3 倍;在这样的能耗水平上,要普遍改善全体人民的居住热环境是不可能的。

2008 年 4 月 1 日,《节约能源法》新修订后实施,要求公共建筑实行室温控制制度;集中供热分别实行分户计量收费;严格控制公共设施和大型建筑物装饰性景观照明能耗。国务院要求"十一五"期间建筑节能要节约 1.01 亿吨标准煤。建筑节能已是国家的重大战略问题。通过对新建建筑全面强制实施建筑节能设计标准,对既有建筑逐步进行节能改造,2020 年我国建筑能耗可减少 3.35 亿吨标准煤,空调高峰负荷可减少约 8 000 万千瓦时。

开展建筑节能不仅提高了建筑物在使用期间的能源利用效率,降低了大气污染,减少了 CO_2 排放量,而且是改善建筑室内热环境、提高居住水平的必由之路。

1.2 建筑节能的基本原理

1.2.1 建筑能耗的成因与建筑节能的任务

建筑使用中的能耗以采暖、空调和照明为主。

照明能耗的成因是室内自然采光不能满足室内光环境质量要求,启动人工照明消耗电能。照明同时影响到采暖空调能耗(减少采暖能耗,增加空调降温能耗)。

采暖空调能耗的成因和影响因素是复杂的。为了居住者的舒适与健康,必须在各种室外气象条件下保持室内热环境处于舒适区以内。这将导致室内外热环境出现差异,室内外环境温差使建筑围护结构产生传热,造成室内得热或失热。为了将室温保持在舒适范围内,需要向室内提供冷热量抵消冷热损失。所需要向建筑提供的冷、热量,称为建筑的冷热耗量。冷热耗量取决以下因素:

①室内热环境质量:冬季室温越高,耗热量越大;夏季室温越低,耗冷量越大。

②室内外空气温差和太阳辐射:室内外空气温差越大,冷热耗量越大;夏季室外太阳辐射越强建筑耗冷量越多,冬季则相反。

③建筑围护结构面积:当室内热源处于次要地位时,建筑围护结构面积越大,建筑冷热耗量越大。当室内热源占主要地位,室外气象条件良好时,建筑围护结构面积越大,建筑耗冷量越小。

④建筑围护结构热工性能:建筑围护结构热工性能越好,建筑冷热耗量越小。

⑤室内外空气交换状况:当夏季室外空气焓值高于室内时,冬季室外温度低于室内时,换气量越大,冷热耗量越大。

⑥室内热源状况:室内人体、灯具、家电、设备等都是室内热源。夏季室内热源散热量越大,耗冷量越大;冬季室内热源散热量可减少耗热量。

建筑的冷热耗量还不是建筑能耗。采暖空调系统在向建筑供应冷热量时所消耗的能源才是建筑的采暖空调能耗。以不同的方式向建筑提供相同的冷热量时,所消耗的能源量是不同的。例如提供相同的热量,热效率高的锅炉比热效率低的锅炉消耗的能源少;提供相同的冷量,能效比高的制冷机耗电量少;当采用自然通风措施向室内提供冷量时,建筑的耗冷量就形不成建筑能耗。建筑的采暖空调能耗是通过两个阶段形成的:其一,建筑形成冷热耗量;其二,采暖空调系统向建筑提供冷热量时消耗能源。

建筑采暖空调能耗用公式表示为

$$E = \frac{Q}{\mathrm{EER}} \tag{1.1}$$

式中,Q 为建筑冷热耗量;EER 为采暖空调系统的能效比。显然,应从减少建筑冷热耗量,提高采暖空调系统能效比两方面去实现建筑节能目标。

各国建筑节能的任务与其社会发展水平密切相关。

发达国家开展建筑节能时,社会居住条件已经稳定地达到了健康、舒适的水平。建筑节能主要任务是提高建筑使用过程中的能源效率(能效),降低能耗,减排 CO_2。我国开展建筑节能时,北方地区采暖建筑室内热环境质量较好,但能耗很高;非采暖地区建筑能耗甚少,但建筑的可居住性差。我国正处于提高居住水平的社会发展阶段。因此,我国建筑节能承担着双重任务:其一,改善建筑环境,提高居住水平;其二,提高建筑的能源利用效率,节能减排。这是可持续发展观在我国建筑节能中的具体体现。在我国,如果不提高人民的居住水平,建筑节能将失去其社会价值,失去广大人民群众的支持;如果不提高建筑使用中的能效,能源环境难以承受,没有足够的能源来满足人民提高居住水平的要求。

在国内,不同地区建筑节能的具体目标也存在明显差异。由于采暖地区已经形成很高的采暖能耗,主要目标是将采暖能耗降下来,属于亡羊补牢的建筑节能。现在,非采暖地区正发生重大变化。空调采暖能耗从无到有,急剧增长,在相当长的时间内还将持续大幅度增加。这些地区的气候恶劣,建筑围护结构热工性能很差;需要空调和采暖的时间长达半年左右。若不做好建筑节能,要达到热舒适的居住条件,单位建筑面积能耗将比寒冷地区更高。这些地区的建筑节能具有预防性和前瞻性,主要目标是在提高居住水平的同时,抑制建筑能耗的剧烈增长。

1.2.2 建筑节能的气候适应性

建筑节能的气候适应性源于建筑的气候适应性,在一种气候条件下成功的建筑节能行动在另一种气候条件下不一定适应。

北方的建筑节能可以参照气候特点相近的欧洲、加拿大等国。而长江流域与华南地区的气候特殊性,决定了不能简单照搬北方和加拿大等国,必须针对本地区气候特征,发展自己的建筑节能体系。

1)建筑起因于气候

人类为了抵御恶劣气候创造了建筑。由于建筑的空间位置是固定的,建筑要抵御的是当地的恶劣气候,其他地区的气候是不必考虑的。建筑的气候适应性是适应当地的气候,这与汽车等交通工具必须适应各地的气候不一样。气候适应性使不同地区的建筑有不同的风格。建筑规划设计的节能效果取决于气候。对建筑节能而言,不同气候区的恶劣气候分别或综合表现为严寒、高温、干燥、潮湿和日照强弱等。

2)建筑热工性能与气候密不可分

在严寒气候区,损害建筑热环境、引起建筑能耗的,主要是低温寒冷天气造成的建筑围护结构热损失和冷风侵入、渗透热损失。因此,缩小外围护结构表面积,加强外围护结构保温和气密性,大量引入阳光,能取得改善室内热环境、降低采暖能耗的显著效果。但这一技术体系在热带、亚热带气候区,不能取得明显效果,甚至起到反作用。热带、亚热带气候区,造成建筑热环境差、能耗高的原因是太阳辐射对建筑的作用太强,空气湿度太大,白天气温过高。建筑遮阳,新风降温,白天限制通风,夜间加强通风等能取得改善室内热环境,降低能耗的明显效果。在温和地区,自然通风是节能的关键。

3)建筑设备的性能和能耗大小与气候紧密相关

采暖空调设备与系统的能效及其他性能受气候条件的显著影响。例如,空气源热泵的能效比受空气干球温度的影响;水冷冷水机组能效比受冷却塔出水水温的影响,而冷却塔的冷却效果受空气湿球温度的影响;蒸发冷却技术的有效性取决于气候的干燥程度;空调系统的全年运行调节要适应全年气候变化。

建筑、建筑设备及其各种节能措施也会对建筑周围小区甚至城市微气候产生影响,如空气源热泵机组的排气,恶化了建筑周围的空气环境,冷却塔带飘水的排风,加重了夏季的热湿程度。城市热岛是其典型的负面影响。

随着水体、岩土等新的冷热源的开发利用,建筑节能与水环境、岩土环境产生了密切的关系。水与岩土环境温度的变化规律制约着水源热泵、地源热泵的可行性。水、岩土生态环境是否能承受水源、地源热泵引起的水温、地温的异常变化,制约了水源、地源热泵的推广应用规模。

节能建筑的气候适应性能主要表现为:

①对恶劣气候的抵御性能:在室外气候恶劣的条件下维持一个健康、舒适的室内环境的能力,要求持久。

②对良好气候的亲和性能:在室外气候良好的条件下使室内环境与室外环境融为一体的能力,要求快速。

③对天气变化的应变性能:当天气发生变化时及时调整自身性能以适应天气的能力,要求灵活。

以上论述表明,任何建筑节能措施都受制于它所在地的气候。只有当建筑节能行为适宜于相关的气候条件,并不产生危害气候的负面影响时,才能产生积极的建筑节能效果,这就是建筑节能气候环境适应性的基本内涵。

在建筑节能实践中,经常发生违背气候适应性原理的失误。

1.2.3 建筑节能的社会适应性

1)建筑节能的社会性

工业生产和交通运输都是由经过专门技术训练的人员操作的;全体社会成员都在使用建筑。这是建筑节能与工业、交通节能之间的重大区别。建筑早已从初始的避难所发展成为人类社会生产与发展的主要空间,越来越多的社会活动在建筑中进行,如生活、学习、办公、娱乐、体育、医疗卫生、文化教育等,各自对建筑功能和环境质量有不同的要求。人们的居住情况更是越来越受社会经济文化发展水平的影响。例如,社会发展引起家庭结构变化;职业决定着作息时间;经济决定着对住宅微气候的要求;文化决定着生活习惯。建筑节能的社会适应性首先表现在适应社会对建筑的功能要求,适应社会的生存与发展。

2)建筑节能与社会生活和工作模式紧密相关

室内热环境质量与建筑能耗直接相关,冬季降低室内温度,夏季提高室内温度都有明显的节能效果。但在确定室内温度时,首先应该考虑居住质量要求。减少新风量有明显的节能效果,但首先应考虑的是保持室内空气品质,保护居住者身体健康的需要。不以牺牲室内环境质量谋取节能效果是建筑节能的一个基本原则,建筑节能必须适应社会不断提高的室内环境质量要求。

在生产领域,可以要求生产人员改变生产行为,按节能措施的要求进行生产。在建筑节能领域,则不能要求人们改变生活方式,按建筑节能措施的要求去生活。例如,夏季夜间和凌晨(0:00—7:00),室外气温往往低于室内温度,此时开窗通风有利于改善室内热环境和空气品质,有显著的节能效益,但不能因此要求人们改变睡眠习惯,0:00 起床去开窗通风。又如,许多家庭生活中卧室门是关闭的,不能因为穿堂风的需要而要求各家庭开启卧室门。因此,建筑节能要适应社会生活习惯。

当然,建筑节能也会影响社会,影响人们的生活习惯等。例如,随着室内热环境质量的改善,武汉、重庆等城市居民改变了夏季在室外乘凉过夜的习惯。建筑节能对社会的引导和变革作用,也是应该重视的。

3)建筑节能依赖于全体社会成员的科技水平

建筑的使用不同于生产设备、设施的使用。生产设备、设施的使用者是经过专门培训的技术人员和工人,他们充分了解设备、设施的工作原理、性能和正确的操作方法;而建筑的使用者是全体社会成员,只要有独立行动能力的人,都可能对建筑及其设备实施操作(如开闭门窗、启/停空调器等)。建筑节能效果的最终实现需要全社会的参与,而他们中的大多数都不理解建筑节能原理、建筑及其设备的性能和正确操作方法，也不可能将他们都培训成专门的运行人员。因此，建筑节能必须适应全社会成员的科学文化水平。

以上论述表明：建筑节能受制于它所在的社会状况。只有当建筑节能行为与社会要求相一致、与社会生活相协调、与社会经济水平、科学普及水平和科学管理水平等相适应，并能引导或推动社会向积极的方向变化时，才能产生实实在在的节能效果，这就是建筑节能社会适应性原理的基本内涵。

遵循建筑节能社会适应性原理，需要深入调查认识相关的社会状况。应该强调指出我国建筑节能的社会背景与国际上发达国家之间的显著区别。国际上发达国家的建筑节能是20世纪70年代开始的。至今，这些发达国家的社会状况是基本稳定的，从经济体制、生活习惯、工作模式到社会对居住条件的追求都没有太大的变化。国际上发达国家建筑节能是在稳定的社会背景下开展的，要适应的是一个稳定的社会状况。

我国建筑节能是从20世纪80年代开始的。至今，我国社会发生了巨大的变化：人口由9亿人→13亿人；人均GDP(US ＄)由200→400→800→1 000，人民生活由贫困→温饱→小康→富裕；经济模式由计划经济→市场经济；城镇化水平由10%→30%→50%；城镇居住水平由三代同室→8 m^2/人→25 m^2/人；建筑热环境质量由可居住性差→具有可居住性→热舒适。

我国社会历史对建筑节能的影响包括：计划经济时代(1950年开始)我国制定了采暖政策：采暖是一种福利，费用由单位承担；这种福利仅限于中国一部分区域，以秦岭—淮河为分界线，以北采暖，以南不采暖。进入市场经济后，这一社会历史背景使我国采暖还利用市场机制开展建筑节能非常困难。北方建筑节能的最大难度不在技术层面上，而在供热体制改革上。北方建筑节能虽起步早，但社会历史背景影响因素比较复杂，步履维艰。南方建筑节能起步晚，起步时我国已进入市场经济体制，南方建筑节能的社会历史背景的影响因素比较单纯。

我国建筑节能要适应的是全社会的快速发展和发展不平衡，以及相对于发达国家社会经济水平的差异。建筑节能的目标要与社会经济发展进程相协调，以下3方面要综合平衡：

①提高建筑热环境质量，改善人们居住条件；

②提高建筑能源利用效率，降低建筑能耗增长趋势；

③社会经济能承受建筑节能增加的费用。

在国际交流中，各国制定出的建筑节能标准存在较大的差异。英、德、法等大部分欧洲国家的建筑节能标准统一规定全国建筑围护结构传热系数限值，对国内所有区域及所有形式的建筑适用，这适应他们的社会状况。而我国则是以纵向节能率总体目标相同为主要原则，不同地域制定不同的能耗指标，不同的围护结构传热系数限值及其他建筑节能控制参数。这是适应我国的社会状况，不存在先进与落后的问题。

我国建筑节能不同于欧洲的根本原因是我国的气候特点和社会状态不同于欧洲。欧洲各国的国土面积不大，国内气候差异性小，社会发展水平接近，可以全国统一规定建筑围护结构传热系数限值。而我国幅员辽阔,国内气候差异显著,社会发展不平衡,只能分气候区制定建筑节能标准,根据社会发展水平提出不同的节能目标。中国建筑节能政策和标准制定应对建筑节能规律、建筑节能的气候适应性原理和社会适应性原理有切实的理解。

1.2.4 建筑节能的整体协调性原理

建筑节能是一个复杂的大系统,其框架结构如图 1.1 所示。

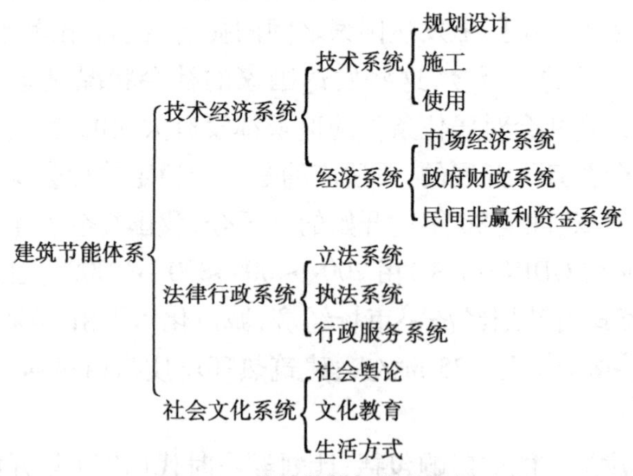

图 1.1 建筑节能框架结构图

这样一个复杂的大系统,要获得良好的效果,必须遵守系统协调性原理,各层次的各子系统不能脱离子系统网络,孤立地追求自身的最优化。各子系统的最优化不等于大系统的最优化。整体协调性包括同层次系统之间的协调和上下层次系统之间的协调。

技术系统内部必须实现建筑规划设计、施工和使用这 3 个阶段之间的衔接和协调,在技术构成上必须实现建筑热工与建筑设备之间的协调。技术系统中存在的关键问题,制约着建筑节能的发展,只有突破了关键,才能获得预期效果。例如,北方建筑节能的墙体保温、供暖系统运行管理问题;南方建筑节能的遮阳通风,空调系统能效问题等。但在解决这些关键问题时,仍必须注意辅助技术的支持与协调。

节能建筑技术的整体协调性能主要表现在:各种建筑技术的适应,屋面、墙体、隔热、保温技术与遮阳、窗、门生产技术;对设备及设备系统的协调性能;自协调性能。

1.3 建筑热环境质量标准的社会适应性

1.3.1 人类社会进程改变了自然环境的单一性

地球上本没有建筑,也没有城市。人类通过工程活动创造了建筑,构建了城市。建筑扩大了人类的生存区域,延长了人类的个体寿命;城市增强了人类的交流合作,加快了人类社会的发展。建筑和城市是人类最伟大的工程创造,彰显着人类文明进步的历史。

建筑和城市的出现将原来单纯一统的地球自然环境分割为三个不同的层次：第一层次为自然环境，其性状和变化由自然力量决定；第二层次为城市环境，其性状和变化由自然力量和人类行为共同决定；第三层次为建筑环境，其性状和变化由人的行为决定。自然力量恪守自然的规律，人类行为充满着人类的欲望。建筑节能必须协调好二者关系。

城市环境被自然环境所包围，二者没有确切的分界，存在一个过渡空间。自然力量对城市环境的决定性作用是由包围城市环境的自然环境来实现的。由于包围各城市的自然环境有它的独特的性状，各城市环境之间必然保持着自然属性方面的区别，如山城重庆和平原城市北京，沙漠城市拉斯维加斯和海岛城市澳门，每个城市仍有它独特的自然环境和自然资源。

由于城市所表现出来的物质文化活动的高效益，人们越来越多地聚集到城市。发达国家的城市人口达70%以上，我国城市人口即将超过50%。城市面积由几十平方公里扩展到几百平方公里……城市环境与包围它的自然环境的差异越来越显著。最值得建筑节能关注的是与自然气候有紧密关系，但又有明显不同的城市气候。

城市建筑被城市环境所包围，农村建筑被自然环境所包围，而移动的建筑（交通工具）则变化着自己在自然环境、城市环境中的位置。建筑环境与城市环境之间的第一个区别是建筑环境与包围它外部环境之间有明显的界面。不论哪类建筑空间，都与包围它的外部空间有明确的分界。房屋的外围护结构，交通工具的外壳就是建筑空间与其外部空间的分界。由明确界面包围的建筑环境的形状和变化规律是完全可以由人来控制和调节的，这是建筑环境与城市环境之间的第二个区别。

人类初创建筑是为了躲避自然灾难，获得一个安全的休息环境。人们很快发现，在自己可以调控的建筑环境中，人类的许多活动都可以获得更好的效果和更大的收益。从生活起居到工作生产，乃至战争行为，越来越多的人类活动从自然环境转移到了建筑环境中，人类在建筑环境中的时间越来越长（当代城市人90%的时间是在建筑环境中度过的）。建筑环境质量直接影响人类的生存与发展。调控建筑环境以满足人类社会生存发展的需要成为一种重要的工程行为。

按人类活动的要求调控建筑环境是产生建筑能耗的基本原因。

调控建筑环境的基本方式是使建筑环境与外界环境之间的物质流、能量流和信息流在要求的建筑环境状态下达到平衡。

民用建筑和运载人的交通工具内的建筑环境，是以人为主的建筑环境。其建筑环境主要从人的生理、心理舒适健康出发控制物质、能量、信息的流动与分布。建筑节能需要在生理卫生学、心理学、医学、人体工程学等学科基础上理解建筑环境内空气、热、声、光、水、信息等的性状和变化与人体生理、心理健康的关系，从而确定它们的控制参数和参数值。人类社会的进步使得人们对建筑环境的舒适、健康程度要求越来越高，而对建筑环境的舒适性、健康性的危害因素也越来越强。人类自己造成的室内空气污染物就有几千种，这些显著增加了建筑节能的难度。

生产建筑（工、农生产厂房等）和运载物资的交通工具内的环境是以生产为主的环境，按生产工艺或运载物资的要求调控其建筑环境,称为以生产为主的建筑环境。调控这样的环境,首先要了解生产工艺过程,理解其与建筑环境的特殊关系,把握生产类建筑环境的性状与变化规律,研发和运用调控技术,建设调控设施,实施调控。人类社会的进步改变着传统生产过程,农业、冶金、制造等传统生产领域已经提出了更高的环境要求,新的生产领域如计算机、信息、航天、生物工程等要求的生产环境更是前所未有的。这些生产环境适宜与生产过程结合在一起进行节能活动。这些活动通常被划入生产节能领域,本书不再深入研究。

尽管我们已经有了足够的工程能力可以在任何外部环境包围下营造一个使人能生存发展的建筑环境,但是我们还不能脱离自然环境为整个人类建造生存发展的建筑环境。一个严峻的问题是:城市间的自然环境很快地消失,形成超大规模的城市环境,而建筑环境被包围在其中,离自然环境越来越远。怎样使建筑环境与几十乃至数百公里外的自然环境之间建立起物质、能量、信息的良性循环?怎样调控各建筑环境与自然环境的远程物质、能量、信息流?这就形成了当前一个最为紧迫的问题——在被污染的大型城市环境中,建筑环境所需要的新鲜空气从哪里来?

1.3.2 建筑热环境的人体生理反应

人体与其周围环境之间保持热平衡,是人的健康与舒适首要要求之一。保持这种平衡取决于许多因素的综合作用:一些属于个人因素,另一些是环境因素。

有一些生理的机能使人体具有调节产热率与散热方法的能力,从而能够保持热平衡。当人体承受热应力时,各种生理参数即发生变化,在热应力条件下取得热平衡。但人体的调节机能是有限的,超过一定界限人体生理参数的变化中能反映出人体已无能力充分取得热平衡。

人体与环境之间的热交换的基本表达式为

$$M \pm R \pm C - E = Q \tag{1.2}$$

式中,M 为代谢产热;R,C,E 分别为辐射、对流及蒸发热;Q 为人体热变化量。

决定穿衣人体热交换的各种因素可以分为两类,见表1.1。

表1.1 影响穿衣人体热交换的因素

主要因素	新陈代谢	空气温度	平均辐射温度	气流速度	水蒸气压力	衣型及材料
次要因素	衣服温度	衣内的气流速度	皮肤温度	排汗率	皮肤和衣着的湿度	排汗的冷却效率

新陈代谢的产生是化学产热的过程。依靠此过程,食物与氧化合而产生人体内各种器官在功能上所需要的能量。新陈代谢率大致和人的体重成正比,在睡觉时新陈代谢水平最低。通常是把人体平躺着处于完全休息状态时所保持的水平称为基础代谢。

式(1.2)中,辐射与对流换热 R,C 之前有“±”号,表示人体与环境之间的辐射与对流换热的方向具有2种可能。“+”时人体散热;“-”时人体得热。

当环境四周较人体表面温度低。人体通过上述热交换方式对环境散热;反之,人体得热。在气温接近 35 ℃时,皮肤的平均温度等于气温;气温在 35 ℃以下时,皮肤温度高于气温;气温在 35 ℃以上时,皮肤的平均温度低于气温。

对流换热量是空气温度与皮肤温度之差值($t_a - t_s$) 的线性函数,辐射换热量则正比于环境表面绝对温度的 4 次方与皮肤绝对温度的 4 次方之差值($T_W^4 - T_S^4$)。

由于大部分换热发生在衣服的外表面,穿衣人体通过对流及辐射所进行的热交换还受其衣着状态的影响。

在蒸发过程中,每蒸发 1 g 水消耗的汽化潜热约为 2 257 J(1 cal = 4. 186 J)。当蒸发发生在肺部或皮肤毛孔中时,此潜热全部从人体内部摄取。这样,即使周围气温及平均辐射温度高于皮肤温度,体内也能够散发大量的热。

人体汗液分泌及汗液蒸发的散热效率取决于蒸发过程的速率与发生蒸发的部位。当蒸发快于汗的分泌时,就在皮肤的表面甚至在其毛孔内发生蒸发。在此情况下,热量通过导热方式由皮肤传到薄的汗液表面,较之从外部空气传来更为方便,故几乎全部汽化潜热均取自人体内部;反之,若形成较厚的汗液层,在皮肤表面特别是在人体毛发上出现汗珠,对由体内到蒸发表面的热流形成很大的阻力,这样蒸发时就可能从周围空气中摄取一定的热量,从而降低了对人体实有的冷却效果。在后一种情况下,如果排汗量比蒸发量大,一部分汗液即转移到衣服上并在该处蒸发。于是,热流由外部空气到蒸发表面,比由皮肤表面到蒸发表面容易些,蒸发的散热效率也就显著降低。

最大可能的蒸发散热量取决于衣服条件以及周围风速与水蒸气压力的大小。水蒸气压力愈低且风速愈高,可能的蒸发量就愈大。

在正常条件下人的肌体温度保持在(37 ±0.5)℃的水平上。人体内产生大量的热量,为了使产热量和散热量平衡,人的肌体具有相应的温度调节机构。温度调节机构的负担越轻,人体越感舒适。因此,要控制室内热环境,在夏季加强人体散热,冬季减少人体散热,使体温调节机构轻松地保持热平衡,实现热舒适。

1.3.3 建筑热环境质量指标

通常认为影响热感受的因素有 6 个:干球温度、相对湿度、风速、平均辐射温度、人体活动强度及衣着。前 4 个是热环境因素,后 2 个是人为因素。ISO7730 以丹麦 P. O. Fanger 教授的热舒适方程为理论基础,将上述 6 个因素综合为 PMV,再将 PMV 与热舒适不满意率 PPD 联系,形成了 ISO 7730 所采用的 PMV-PPD 热环境质量指标体系。这一指标体系是建立在欧洲的社会背景下的,而且主要是青年大学生的热感受。用于我国和非大学生群体存在明显偏差。越是经济落后地区,越是下层群体,这一偏差越明显。在白领人士普遍感到热的办公室内,蓝领工人进去后感到凉爽。下面一则例子反映了生活习惯对人体热感受的影响。

某年春天,来自哈尔滨和重庆的两位教授,同住在湖南大学宾馆的一间房间里。早上起床后,来自哈尔滨的教授讲这房间窗户关不严,因漏风吹得头痛,一夜没睡好;而来自重庆的教授讲这房间昨天没开窗,闷热,一夜没睡好。来自哈尔滨的教授另要一间窗户关紧严密的房间,重庆的教授则留在原来的房间,但请服务员将窗户全部开启后入睡。

PMV-PPD 属于性能性指标。采用 PMV-PPD 指标有两个优点:一是拓展了节能的途径,增加了设计人员的灵活性,有利于促进建筑节能科学技术的发展;二是便于和国际接轨。不足之处是实际使用不方便。

PMV-PPD 是一种静态的热舒适指标,没有考虑时间因素的影响,实际上人体的热感受与处于某种状态的持续时间有关。表 1.2 是实验获得的中年男子持续伏案工作时间与热感受之间的关系。

表 1.2　感受与伏案工作时间的关系

伏案工作时间	<0.5 h	>0.5 h	>1.5 h	>2.5 h
室内气温	11.0 ℃	10.9 ℃	10.8 ℃	10.8 ℃
热感受	不觉冷	手、足冷	小腿、膝盖、肩关节冷,鼻塞	背、胸寒冷、寒气透骨,不能支持,停止工作

注:①伏案工作前 1 h 内的活动形式依次为:吃饭、清理饭桌、洗碗、拖擦地板。

②伏案工作时衣着为:一件毛线背心,两件厚毛线衣、外套厚呢夹克,针织棉毛裤、厚毛线裤、外套毛西裤、腿上盖皮夹克、毛巾袜外穿棉鞋。

ASHRAE55-2004 是世界上普遍采用的评价和预测室内热环境舒适度的标准。ASHRAE55-2004 标定的舒适区为至少满足 80% 人群的舒适区要求。另外,还有 Gagge 教授提出的新有效温度指标(ET^*)和标准有效温度(SET^*),这类模型共同的特点是:建立在维持恒定的室内热环境的基础之上的,环境参数不随时间改变,也没有区分自然通风和空调建筑中热感受的差异,而且把人体看成是外界热刺激的被动接受者。这类模型规定了一个相对狭窄的舒适区,是在把人体作为环境被动的接受者的基础上建立起来的稳态热舒适模型。近来越来越多的实验室研究和实地测试结果表明人体的热感受并非只是生理作用,心理状态会对热感受产生影响,而心理状态是具有社会性的。这些建立在人工环境实验室的标准忽视了人体的主观适应性等因素,滞后于建筑环境可持续化发展的要求。

鉴于实践可操作性和相对湿度、平均辐射温度都与干球温度有相关性。我国建筑节能标准普遍采用干球温度作为热环境质量的主要指标。在作者 1991—1994 年的社会调查中,被调查者对 28 ℃夏季室内环境是满意的;2000—2002 年的社会调查中,被调查者对 26 ℃夏季室内环境才能满意;2007—2008 年的社会调查中,有不少被调查者要求 24 ℃夏季室内环境。这主要是生活水平提高对热感受的影响。现有的主要热环境评价指标见表 1.3。

表 1.3 现有的主要热环境评价指标

指 标		提出者	适用范围
物理测试指标	卡它冷却力	Hill,1914	风速不大,且风向不重要时
	当量温度 t_{eq}	Dufton,1932	供暖的房间, 8 ℃ < t_{eq} < 24 ℃ , v < 0.5 m/s
经验指标	风冷指数(WCI)	Siple	v < 20 m/s
	有效温度(ET)	Honghton,Yaglou,1923	1 ℃ < ET < 43 ℃ 0.1 m/s < v < 3.5 m/s
	不快指数(DI)	美国气象局,1957	由气温和湿度的组合评价闷热的环境
基于热平衡的指标	新有效温度(ET*)	Gagge,Stolwijk,Nishi,1971	坐姿工作、轻装的情况
	标准有效温度(SET*)	Gagge,Stolwijk,Nishi,1973	适用于未发生寒战的温度范围
	热应力指标(HIS)	BeldingHatch 1955	21 ℃ < t_a < 60 ℃ , 0.25 m/s < v < 10 m/s
	预测投票(PMV)	Fanger,1972	主要预测接近热中性时的冷热感

1.3.4 建筑热环境质量标准的社会适应性

室内热环境质量标准对能耗与投资都有显著性影响,在同样的技术水平下,夏季室温每提高 1 ℃、冬季室温每降低 1 ℃,冷热负荷可减少约 10%,能耗可减少 10% 以上,研究者从伦理学角度认为对空调舒适性的过度要求是以牺牲公众利益和损害生态环境为代价的。但是,对于发展中国家更应重视,室内热环境质量标准对生活水平、工作和学习效率、身体健康有重大影响。在信息社会和知识经济时代,脑力劳动的效率具有巨大的经济价值。空气温度在 25 ℃左右时,脑力劳动的工作效率最高;低于 18 ℃或高于 28 ℃,工作效率会急剧下降。以 25 ℃时的工作效率为 100%,35 ℃时只有 50%,10 ℃时只有 30%。1991—1995 年,在我国夏热冬冷地区的社会调查表明:在非空调状况下,夏季室内空气温度不超过 28 ℃时,人们对热环境表示满意;28 ~ 30 ℃时,约 30% 的人感到热;30 ~ 34 ℃时,84% 的人感到热,14.5% 的人感受到热得难以忍受;超过 34 ℃时,100% 感受到热,42.3% 的人感到难以忍受。冬季室内空气温度在 18 ℃以上时,5% 的坐着的人感到冷;温度低于 10 ℃时,91% 的坐着的人感到冷得难受,动着的人也有 47% 感到冷。可知,依靠降低热环境质量来节能是不可取的。

热舒适不是纯客观量,其中有很大的主观成分。2000 年的社会调查显示,不少家庭夏季空调设定温度为 24 ~ 26 ℃;2005 年的社会调查则发现,夏季空调温度设置为 22 ~ 24 ℃的家庭已不是个别的。这表明,对热舒适水平的要求在逐年提高。社会生活水平稳定的发达国家,建筑热环境质量标准相对稳定。在社会生活水平快速提高的发展中国家,对建筑热环境质量的要求是变化的。

确定建筑热环境质量标准时,应综合协调对热环境质量要求和需要消耗的社会能源,要考虑社会、经济、能源以及环境的支撑能力。国际上推荐的热环境质量指标为 PMV = -0.5 ~ 0.5,对应不满意率 PPD≤10%。

考虑到我国社会经济发展的不平衡性,建筑热环境质量标准可分为两个等级:一级标准为舒适性热环境质量标准,夏季 PMV≤0.57 ~ 0.76(干球温度≤26 ~ 28 ℃),冬季 PMV≥ -0.46(干球温度≥18 ℃);二级标准为可居住性热环境质量标准,夏季 PMV≤1.45(干球温度≤30 ℃),冬季 PMV≥ -2.11(干球温度≥10 ℃),见表 1.4。可居住性的最基本要求是全年能在室内睡眠。二级标准主要依靠改善建筑热工和通风性能来达到,一级标准在二级标准的基础上适当地采用供暖空调设施来达到。贫困地区可从二级标准开始,社会经济发达地区可直接实施一级标准。

表 1.4 夏热冬冷地区室内热环境质量标准

标准 指标	一级(舒适性标准)		二级(可居住性标准)	
	夏	冬	夏	冬
PMV	≤0.57 ~ 0.76	≥ -0.70 ~ -0.40	≤1.45	≥2.11
主要指标:干球温度/℃	≤26 ~ 28	≥16 ~ 18	≤30	≥10
实态调查的不满意率/%	0	≤5	≤30	≤91
PPD/%	≤12 ~ 18	≤7 ~ 12	≤50	≤80

注:夏季文明着装,热阻约 0.5 clo(“clo”为衣服热阻单位,下同);冬季方便着装,热阻约 1.5 clo。室内活动方式以坐卧为主。

现行建筑热环境质量标准是以热稳定状态为背景的,忽视了人体是长期生存于气温的全年四季变化和全天昼夜变化之中的。

1.3.5 长江流域建筑热环境状况的气候与社会影响

由于我国 20 世纪 50 年代划定秦岭—淮河以北为采暖区,以南为非采暖区,采暖区的建筑热环境普遍优于非采暖区。在非采暖区,由于气候的原因,夏热冬暖的岭南的建筑热环境比夏热冬冷的长江流域要好。长江流域建筑热环境是全国最恶劣的。

为了确切地把握夏热冬冷地区建筑热环境和能耗现状,从 1991 年开始了现场调查实测,持续了 5 年,每年冬、夏两季在长江流域各地的 50 余座大中小城镇开展这项工作,共实测调查了数百幢住宅楼的室内热环境状况,采暖降温措施及能耗,记录了室内人员的热感受。每幢楼实测时间,冬夏都持续 30 天以上,并包括当年高温连晴天气和寒潮降温天气出现的那段时间。被实测调查的住宅楼 80% 位于市区,20% 位于郊区;54% 是 240 砖墙,31% 是 370 砖墙,15% 是其他墙体。普遍是单玻金属窗,架空通风屋顶。

被实测调查住户的基本情况为:楼层分布上,底层户占 16%,中间层户占 71%,顶层户占 13%;朝向上,南向占 55%,北向占 18%,东向占 9%,西向占 9%,其他占 9%;人均居住面积方面,不足 8 m^2的占 16%,8 ~ 12 m^2的占 53%,12 m^2以上的占 31%;单户人口:2 人户占 11%,3 人户占 36%,4 人户占 31%,5 人以上户占 22%;职业方面,机关、公司职员占 41%,教科文技工作者占 26%,工人占 30%,企业老板占 3%。

1)长江流域夏季建筑热环境状况

未使用空调的住宅,夏季室内热环境,主要取决于室外天气过程变化很大。根据不同情况下室内人员的热感受,可将室内热环境分为4个子区:Ⅰ子区:室内气温≤28 ℃,凉爽、不觉得热;Ⅱ子区:室内气温在28~30 ℃,感觉热,但不影响生活;Ⅲ子区:室内气温在30~34 ℃,感到热,而且影响睡眠和学习等,但尚能在室内逗留;Ⅳ子区:室内气温≥34 ℃,闷热难受,无法在室内久留。

表1.5中,A表示热得难受,不能静心学习和工作,因热而难入睡,或睡眠中被热醒等情况;B表示热,但尚能忍受,尚能睡眠和休息。

表1.5 室内热环境与人员热感受百分率

室内热环境分区	Ⅰ	Ⅱ	Ⅲ	Ⅳ
干、湿球温度范围/℃	$t_a \le 28$ $t_s < 27$	$28 < t_a \le 30$ $25 \le t_s \le 28$	$30 < t_a < 34$ $26 \le t_s \le 31$	$34 \le t_a < 38$ $27 \le t_s \le 34$
各种热感受的人次百分率/%	$A=0$ $B=0$ $A+B=0$	$A=0.7$ $B=29.5$ $A+B=30.2$	$A=14.5$ $B=69.5$ $A+B=84$	$A=42.3$ $B=57.7$ $A+B=100$

调查实测数据的统计分析表明:长江流域夏季自然状况下室内热环境状况处于Ⅰ子区的频率为12.5%,处于Ⅱ子区的频率为52.1%,处于Ⅲ子区的频率为32.9%,处于Ⅳ子区的频率为3.6%。可知,夏热冬冷地区整个夏季室内热环境有87.5%的时间是不舒适的,有36.5%的时间影响居民的生活。而在武汉等“火炉”城市,夏季晴天的中午至晚上,60%~90%的情况下人在室内不能正常生活,特别是不能睡眠;30%~56%的情况下人在室内闷热难受,难以久留。该地区夏季夜间在室外乘凉;武汉人露宿街头等民风民俗就是在这样的背景下产生的。

改善室内热环境,已经不只是解决热舒适问题,更重要的是保障基本生活条件,保护人民身体健康,保证正常的工作和学习效率。这是长江流域经济社会发展必须尽快解决的重要问题。该地区夏季室内热环境恶劣的原因主要是气候、建筑热工性能和生活习惯等。

夏季,太平洋副热带高压从长江口两侧海岸登陆,沿江西进,直到四川的泸州一带,笼罩长江流域十多日,甚至数十日。日最气温可高达40 ℃以上,日最低气温也可超过30 ℃。白天气温高时,风速大,热风(当地人称“火风”)横行,所到之处物体表面发烫。夜间气温低时,风速也随之下降,静风率很高,带不走热量。

不用空调的住宅,以自然通风作为夏季降温的主要措施。调查户中,有60%是全天开窗自然通风的,另有10%的甚至白天开窗,夜间关窗,仅30%为白天关窗。在连晴高温天气,这样的通风方式白天造成大量热风侵入室内,室内气温紧随室外气温猛升,室内桌、椅、床等表面被侵入的热风吹得发烫,室内墙面、楼面从热风中大量吸热和蓄热。夜间室外气温下降后,风却微弱无力,室内外通风换气不良,室内蓄热不能有效散到室外,室温居高不下。

遮阳不力,大量太阳辐射经窗户进入室内。单层窗的室内外温差传热量大。240 砖墙和热工性能优于 240 砖墙的墙体,由于其延迟作用,白天向室内传热很少,主要是夜间向室内传热。屋顶向室内传热通常比外墙严重,但覆土种植屋面却优于 240 砖的外墙。

表 1.6 所示为不同通风方案、不同外墙的 4 间居室的室温实测值。可见,改善室内热环境,要注意夏季连晴天气的上述特点,改变通风方案,白天阻挡热风侵入,同时改善围护结构的热工性能,重点是外窗。

表 1.6 不同居室内气温对比(连晴天气过程) 单位:℃

日期	7 月 25 日			7 月 26 日			7 月 27 日			7 月 28 日		
时刻	8:00	12:00	18:00	8:00	12:00	18:00	8:00	12:00	18:00	8:00	12:00	18:00
室外	28.8	33.2	36.4	29.0	33.9	37.0	28.2	34.4	36.0	28.0	34.0	37.4
1#居室	29.5	35.4	36.9	30.6	35.1	36.9	29.7	34.4	36.8	29.7	34.2	37.2
2#居室	31.0	32.5	33.0	32.0	33.0	34.0	31.0	33.0	33.8	30.3	33.0	33.8
3#居室	31.7	32.4	33.5	31.6	32.4	33.4	31.4	32.0	33.5	31.0	33.3	33.8
4#居室	30.4	31.4	32.2	31.1	31.8	32.4	30.7	32.0	32.3	31.2	31.8	32.3

注:1#居室,240 砖墙,南外窗 24 小时开启,挂窗帘;2#居室,240 砖墙,南外窗白天关,夜间开,挂内窗帘;3#居室,钢筋混凝土框架,200 厚加气混凝土墙,南外窗白天关,夜间开,挂内窗帘;4#居室,370 砖墙,东外窗,外门白天关,夜间开,白天挂外布帘于阳台口。

2)长江流域冬季建筑热环境状况

调查实测数据表明:当干球温度不变,湿球温度变化,对室内人员的热感受没有显著影响;不采暖房间室内平均辐射温度与干球温度基本相同。在没有较强的冷风侵入时,室内静坐人员感受相对风速约为 0.1 m/s 。室内干球温度变化范围较大。随着室内干球温度的变化,人体热感受也明显变化。对于身着 2.0 clo 左右的防寒服的久坐(1 h 以上)人员,室内干球温度 10 ~ 16 ℃是热感觉的敏感区。在敏感区内,干球温度稍有变化,感到冷的人员百分比即随之急剧变化。对不久坐人员,热感受的敏感区是 5 ~ 13 ℃。空气干球温度是影响冬季室内热感受的决定性热环境因素。长江流域住宅冬季热环境质量可用室内空气干球温度(简称室内气温)来表征,因而可用室内气温来分析室内热环境。

调查实测表明,长江流域住宅内冬季热环境质量差。室内气温低于 10 ℃的频率为 78%,平均温度只有 8.5 ℃。当室内气温低于 10 ℃时,久坐的人员有 91% 以上感受到冷,而且有 25% 以上的感到冷得难受,手足冻僵、受寒生病等,不久坐人员也有 47% 以上感到冷。当室内气温为 8.5 ℃时,所有久坐人员都感觉冷,不久坐者也有 65% 感到冷。若要使感到冷的人员百分比降到 5% 以下,对于久坐人员,室内气温需要在 18 ℃以上。

长江流域住宅冬季若不取暖,不能久坐;否则,人会感到寒冷,甚至会因室内气温低而生病。当地居民普遍反映室内太冷,影响正常生活,有损老弱和婴幼儿健康。由于室内太冷,该区域居民室内衣着与室外相同。衣服热阻在 2.0 clo 左右。通常是厚毛衣外穿呢大衣或棉衣、羽绒服等。穿着臃肿、笨重的防寒保暖服装在室内生活很不方便。

冬季老人死亡率明显上升是该地区的特点之一。即使青壮年,也难以在不采暖的房间内长时间伏案工作。

该地区冬季建筑热环境差,这是建筑不适应冬季的气候条件所致。该地区冬季室外气温虽然比北方高,但日照远不及北方。例如,冬季日照率,北京高达67%,上海为43%,武汉为39%,长沙为27%,成都为21%,重庆仅有13%;建筑热工性能差,特别是单层窗,传热损失大。

与北方相比,夏热冬冷地区冬季的新风耗热量要低得多。如冬季通风室外计算温度,重庆为7 ℃,南京为2 ℃,上海为3 ℃,而哈尔滨低达-20 ℃。重庆、南京、上海的冬季新风耗热量分别仅为哈尔滨的29%、42%和39%。夏热冬冷地区降低通风量的节能效益远小于北方,而夏热冬冷地区比北方潮湿,室内细菌繁殖速度远高于北方。因此,夏热冬冷地区的通风量应该大于北方。夏季虽然新风设计能耗较大,但并非整个夏季都是如此,如重庆夏季平均只有1/3左右的时间,新风焓值高于室内而要耗冷量。

1.3.6 建筑环境内(室内)的空气品质

冬、夏采暖空调时,室外空气进入室内,要消耗大量的冷热量。为了节能,需要限制通风换气量,但减少通风换气量将使室内空气质量下降,影响人体健康和工作学习效率,这在国际建筑节能过程中有过沉痛的教训。由于加强建筑密闭程度,降低通风换气量而造成的室内空气质量恶化,“密闭建筑综合症”蔓延,在人体健康和工作效率方面所造成的巨大损失是节能收益远远不能弥补的。

要多少换气量才能保证满意的室内空气质量?这个问题非常复杂。室内空气污染物种类多,微生物、有机挥发物、颗粒物、辐射等约数千种。建筑材料、室内设备、人员等的污染物散发特性也还未能全面的定量化。对人体长期综合作用所造成的危害是卫生学界的新课题。国际上尚无科学完整的室内空气质量指标体系和标准。美国ASHRAE标准(62-1989)提出按室内空气质量为80%的室内人员所接受居室通风量的原则,推荐的居室换气量为42.5 m^3/(h·人),办公室为34 m^3/(h·人);欧洲联盟IAQ(室内空气质量)指南在探讨采用olf-decipol和TVOC指标体系,其中,olf为一个标准人体产生的污染;decipol为空气质量感知值单位;TVOC为总挥发性的有机化合物。这些要和通风换气量之间建立定量关系,尚有浩大的研究工作要做。我国及一些国家卫生标准以CO_2浓度作为空气质量指标,进而可定通风换气量。这实质上是以人为主要污染源来确定换气量。在许多情况下,室内主要污染源不是人,建筑材料和家具造成的室内空气污染是普遍而严重的。我国《旅游旅馆建筑热工与空气调节节能设计标准》规定不同等级旅馆客房换气量为:一级50 m^3/(h·人);二级40 m^3/(h·人);三级30 m^3/(h·人)。

我国居住建筑节能设计标准大多确定住宅换气量为1.0次/h。若按室内净高2.5 m,人均12 m^2居住面积计算,新风量为30 m^3/(h·人),相当于三级客房;若按人均15 m^2居住面积计算,新风量为37.5 m^3/(h·人),接近二级客房水平。但这不等于说住宅的室内空

气品质接近二级客房。根据通风方程的表达式，有

$$L = \frac{kx}{C_N - C_W} \tag{1.3}$$

式中 L——通风量；

x——室内空气污染源散发的污染物量；

C_N——室内空气卫生标准所允许的污染物浓度；

C_W——室外空气中的污染物浓度；

k——气流组织效果系数。

由于住宅内的物品，人员活动比宾馆客房复杂，室内空气污染源散发的污染物量明显大于客房。因此，尽管人均风量接近相应级别的客房，但室内空气的质量明显不及客房。气流组织效果系数 k 表明室内空气质量不但与通风换气量有关，而且与通风换气的效率有关。改善气流组织可用较少的换气量获得较好的室内空气质量，从而节减新风能耗，实现节能。置换式通风方式比充分混合稀释式通风方式的效率高。住宅各房间的气流路线应是：新鲜空气→居室→厨卫→排出室外，即新鲜空气→人的呼吸区→污染源→室外。

在一些国家交流合作中，常遇到一些外国“专家”问：“国际上发达国家住宅的新风换气次数都是 0.5 次/h，为何中国要 1.0 次/h？”这些外国专家要么是不了解中国国情，要么是不懂通风方程，需要我们耐心地解释。

1.4 建筑节能设计的整体协调性

1.4.1 整体协调目标

在建筑节能设计层面上，整体协调目标应是充分提高建筑的气候适应性能。将热抵御能力和热亲和能力计算式中的室外综合温度 t_{w2} 取为当地气象台站的实测值。其中，太阳辐射强度 I 取水平面值；太阳辐射吸收系数 ρ 和外表面综合换热系数取为某个恰当的定值。那么，从选址、规划、总图设计、环境设计到建筑外表面的辐射与对流换热性能在建筑节能上的贡献都可以从建筑气候适应性能的提高上反映出来，而且是可以通过现场实测出来的。

提高建筑使用中的能效，其实现途径包含建筑的规划设计、施工调试和使用三大阶段中。按建设部颁布的《建筑工程设计文件编制深度规定》(2003 年版)规划设计又可分为方案设计、初步设计和施工图设计 3 个阶段。建筑节能设计的整体协调集中在方案设计阶段。初步设计和施工图设计只能按方案设计逐一落实各节能技术，只能做微调，不具备整体综合协调的功能。因此，有关建筑节能的各方面都应参与到方案设计中去。

建筑冷热耗量可通过综合的被动式措施提高建筑的气候适应性能得以降低，方案设计可通过整体协调融建筑、结构和设备为一体，将建筑的美学要求、用户的建筑环境要求和可再生能源利用等有机地结合在一起。通过高质量的设备和建筑功能布局之间的整体

协调,显著提高能源利用效率。

方案设计时,建筑能耗的成因、建筑气候适应性能应得到充分重视。在具体操作上,不宜按时间序列线性思维,建筑、结构、设备各工种依次进行配合,而是一开始就在建筑的召集下融合在一起。每一要素如中庭、土壤、水面、大厅空间、构造、立面、屋顶和其他各种建筑设备等均应得到应有的考虑,根据建筑的使用特点综合地引入到设计中。

1.4.2 提高建筑气候适应性能的方法

外部热环境所起的作用应放在重要位置加以考虑。外界气流,地热资源,雨水等及外部绿化等均属于外部环境。由土壤、绿化、水及空气等组成的外部环境提供了多种多样的可能性,在建筑周围设水面,以利用蒸发降温,使新风引入室内前自然降温,以用来提高建筑的气候适应性能,减少建筑设备的数量、节省能源和运行费用。外部热环境应作为方案设计的组成部分。

外界空气及气流连同它的能源潜力是建筑气候适应对象之一。气候适应性能好的建筑物能充分利用自然通风,以减少空调和机械通风时间。建筑物的布局形状及高度应尽最大可能使建筑群和建筑表面的压力分布有利于自然通风;同时,在建筑中充分利用热工学原理,获得自然通风的动力。

在城市规划设计时就应将重要的生态观点引入其中,建筑物的高度和朝向定位均应充分考虑地区风向和风力的因素,以便使整个城市形成良好的自然通风。鉴于建筑群中气流的复杂性,应借助软件分析流场(风环境模拟),帮助优化设计方案。

利用全年太阳辐射的变化是建筑气候适应性能的又一方面。巧妙地布置建筑的相互位置,使夏季相互遮阳,冬季互不遮挡;利用植被在盛夏的烈日下形成自然阴凉,使建筑外窗、外墙避免被暴晒而降低耗冷量;而冬季让阳光顺利进入室内,减少耗热量。室外树木还能同时使室内的自然光照柔和。在方案设计时应做遮阳与日影模拟,借助计算机软件提高方案设计中的分析能力,提高方案的气候适应性能。

在总平面设计的基础上,进行建筑总体设计。建筑单位设计往往要求调整总平面的设计,以获得更好的气候适应性能。因此,二者之间可能产生多次互动。

建筑冷热耗量和建筑的朝向形状密不可分,不同的建筑布局及平面形式将形成不同的冷热量消耗。建筑单体设计应使建筑的可开窗表面形成足够的压力差,以便在开启窗户后形成自然通风气流。

在建筑下埋设地热交换导管,并和热泵联系在一起,冬季提升室温,夏季降低室温;通过折光板可将自然光更深地引入室内,减少人工照明等。所有这些措施均在有意识地利用可再生能源,减少设备,节省能源。除了建筑形式和位置外,建筑结构、立面构造及开敞空间的应用均可发挥积极的节能作用。

夏天为尽可能通过自然的办法降低室内温度,利用混凝土的蓄热性能,可将制冷能耗降低30%。通过建筑师、结构工程师和设备工程师的共同协作而形成的建筑体量吸热设计,可以降低设备投资和运行费用。同时,建筑的空间质量在主观及客观上均得到很大改善,不仅是室内实际温度,感受温度也将处于一个较理想的状态。位处慕尼黑的 HL-Technid AG 公司的一幢办公楼采用了这种吸热设计。在大厅中,坚实的裸露混凝土构造和石板地面可将吸热功能进一步提高。通过反射玻璃和蓄热窗帘的作用,使得整个辐射热量透过系数控制在 12.5% ~13%。其直接产生的效果是夏季室外温度为 32 ℃时,无需空调室内也凉爽宜人。运用蓄热降温技术的建筑得以实施,要依靠建筑师、结构工程师和设备工程师之间的紧密配合。对于这类建筑的设计,整体综合设计显得尤为重要,只靠其中任何一个工种都不能完全解决其设计问题。

建筑立面大多由建筑师来确定。立面设计应尽可能地在满足使用者各种要求的同时,将其和自然资源结合起来。建筑的立面不仅是室内外空间的分隔部分,同时还必须满足许多其他功能:视线的联系、引进日光照明、自然通风、保温隔热、遮阳、适宜的表面温度、充分预防眩光、建筑美学要求。立面是影响建筑热舒适性、空气洁净度以及视觉舒适性的重要部分。建筑外立面应对室内外变化灵敏地作出反应,这要求高度的创造性和革新性。

对降低能源消耗,建筑中的开敞式空间在特定的条件下具有重要意义。开敞式空间应尽量设计成为不需人工通风和降温的空间,从而降低投资和能耗成本。与这个开敞式空间相连的房间冬季可以减少 50% 的热量流失,夏季可以减少制冷能耗。开敞式空间特别适合充分利用太阳能,并将其功能在建筑物内充分扩展。根据使用要求还可以将该开敞式空间设计成室内花园,以进一步改善室内小气候。应用风能则应主要集中在充分合理利用自然通风方面,而不是在建筑上设立巨大的风力发电机。雨水除了做冲洗、清洗用途外,还应有针对性地用于冷却建筑构件。

充分利用雨水资源是非常值得推荐的,它除了节约大量的水资源外,还可以冷却建筑及其周围环境。德国莱比锡新会展中心的玻璃大厅使用了雨水降温系统。在硕大的玻璃大厅内,在盛夏不靠空调设备制冷,仅靠在玻璃穹顶表面的喷洒蒸发冷却,这种设计构思不是单一建筑师或空调工程师的任务,而是一种高度整体统一的设计和预先的总体构思。

在被动方案的基础上,通常需要主动技术的辅助作用。由于热泵系统是建筑利用自然能源的基本技术,它也应作为整体综合设计的一部分。在与集热面结合后,热泵系统可达到一个良好的性价比。由于集热面位于建筑外立面,这需要一个早期的整体综合设计和与建筑师的协调。

通常,太阳能收集器和光电转化器属于来不及回收投资的技术。但是,在常规能源解决方法不可行的情况下,实施此技术是合理的,如在人烟稀少的大漠边关、雪域高原,与热泵系统相结合的地热能源利用对未来有着深远的意义,而关于地热资源利用的决策应尽可能早地决定。原生能源应充分提高其利用率,BHKW 系统除了产生电能外还能提供足够的高温热能,可同时驱动吸收式制冷机产生冷源和提供余热。

针对建筑节能的基本目的,对建筑进行整体协调性设计,无论对建筑师还是设备工程师都提出了新的要求和挑战。整体协调性设计的基本思路是充分提高建筑的气候适应能力，利用被动式技术，改善建筑环境，减少采暖空调系统的运行时间和运行负荷，辅以高效的采暖空调系统和科学的建筑使用方法，为人类的生存与发展提供高能效的建筑环境。

1.5 建筑设备系统的整体协调性

1.5.1 空调工程设计能效比

对空调系统设计节能与否的评判不能停留在对空调系统中各单独设备的性能系数的判断上。单个设备的能效比并不能反映整个空调工程的节能性状。这里提出“空调工程设计能效比(DEER)”来表示整个空调系统的节能设计水平。某空调工程的DEER是该工程空调设计总冷负荷与其所耗的总功率之比，即

$$\mathrm{DEER} = \frac{\sum Q}{\sum N} \tag{1.4}$$

式中 $\sum Q$——空调工程的设计总冷负荷，kW；

$\sum N$——空调工程总耗功率，kW。

冷源系统设计能效比

$$\mathrm{DEER}_1 = \frac{\sum Q}{\sum N_1} \tag{1.5}$$

式中 $\sum N_1$——主机和其辅助系统所消耗的总功率，kW。

水系统设计能效比

$$\mathrm{DEER}_2 = \frac{\sum Q}{\sum N_2} \tag{1.6}$$

式中 $\sum N_2$——水系统设备配用电机的铭牌功率之和，kW。

风系统设计能效比

$$\mathrm{DEER}_3 = \frac{\sum Q}{\sum N_3} \tag{1.7}$$

式中 $\sum N_3$——所有空气输送设备所配用电机的铭牌功率之和，kW。

2006年，对重庆市36个办公建筑空调工程设计图纸进行了调查分析，按不同冷源形式对夏季设计工况参数进行统计，发现不同冷源形式对应的空调工程的DEER相差较大，见图1.2。

可知，夏季空调采用水冷式冷水机组空调工程设计能效比平均值最高，VRV多联机最低，直燃式溴化锂吸收式冷水机组与风冷热泵机组介于二者之间。导致不同冷源形式的

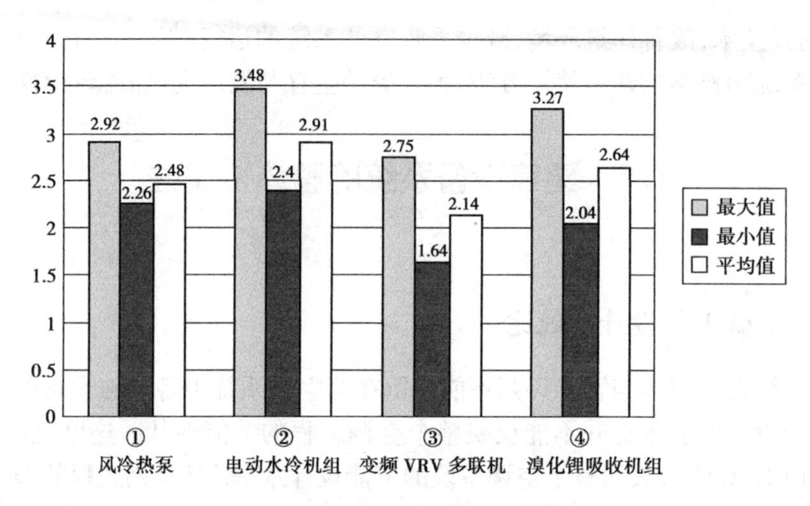

图 1.2 办公楼空调工程夏季设计能效比

空调工程 DEER 相差较大的主要原因有二:一是由冷源的性质决定的,水作冷源的效率最高,VRV 系统中制冷剂的输送管路较长,造成能效比下降很大,直燃式溴化锂吸收式冷水机组存在能源的燃烧效率问题;二是各种冷源形式的空调工程的总装机容量与设计冷(热)负荷的匹配。如果二者比较接近,则空调工程设计能效比一般比较高。在统计的样本资料中,水冷式冷水机组空调工程的装机冷量比设计冷负荷平均增加 10%;风冷热泵空调工程为 8.4%;直燃式溴化锂吸收式冷水机组为 12.6%;VRV 空调工程为 19.2%。虽然风冷热泵增加的比例略小于水冷式冷水机组,但由于重庆夏季室外温度一般较高,风冷却效率比较低,其空调工程 DEER 低于水冷式冷水机组。

按冷源形式不同,统计得到重庆市办公类建筑空调工程冷源系统 DEER,见表 1.7。

表 1.7 办公类建筑空调工程夏季不同冷源系统 DEER 统计结果

冷源形式	风冷热泵冷热水机组	水冷式冷水机组	VRV 多联机空调系统	直燃式溴化锂吸收式冷热水机组
最大值	3.58	5.33	3.28	4.16
最小值	2.55	2.32	1.86	2.21
平均值	2.97	3.72	2.35	3.08

夏季,空调采用水冷式冷水机组能效比最高,并且水冷离心机比水冷螺杆机的能效比高。VRV 多联机能效比最低,直燃式溴化锂吸收式冷水机组与风冷热泵介于二者之间。冬季空调采用风冷热泵能效比最高,而 VRV 变频多联机能效比最低,直燃式溴化锂吸收式冷水机组与热水锅炉介于二者之间。统计样本的空调工程设计能效比与相对应的冷源系统的回归曲线如图 1.3 所示。

由图 1.3 可知,空调工程 DEER 与冷源系统 DEER 相关性很大。夏季工况下,二者的相关系数为 0.95。可见,冷源系统 DEER 越大,则空调工程 DEER 越大;反之,亦然。

空调水系统是空调冷热水的输配系统,是间接冷却或加热系统中连接冷源与末端空

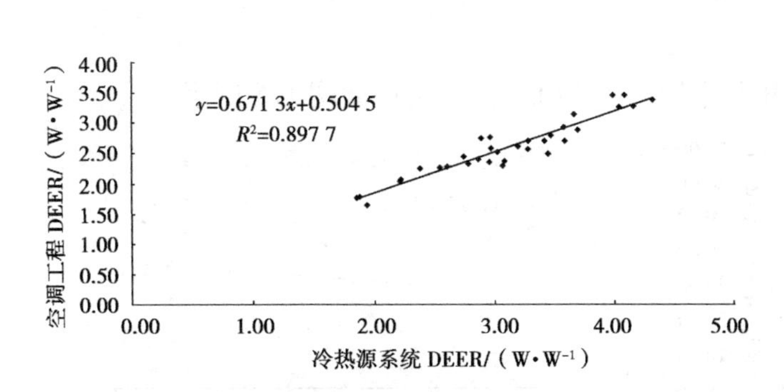

图 1.3　夏季工况空调工程设计能效比与冷源系统设计能效比的相关性

气处理设备的中间环节，其设计能耗主要为空调冷冻水泵的铭牌电机功率。统计计算结果见表 1.8。

表 1.8　办公类建筑空调工程夏季不同水系统 DEER 统计结果

冷源形式	风冷热泵冷热水机组	水冷式冷水机组	VRV 多联机空调系统	直燃式溴化锂吸收式冷热水机组
最大值	186.94	74.45	—	109.09
最小值	18.86	17.48	—	24.07
平均值	49.75	37.45	—	56.97

水系统 DEER 与空调工程 DEER 的相关性如图 1.4 所示。

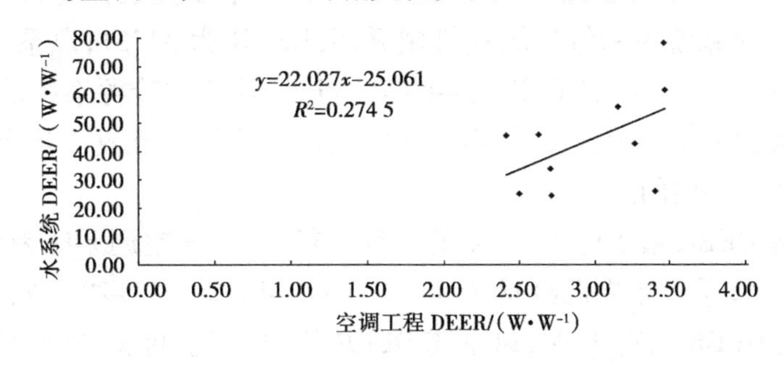

图 1.4　夏季工况空调工程设计能效比与水系统设计能效比的相关性

由图 1.4 可知，水系统 DEER 与空调工程 DEER 相关性不大。夏季工况下，二者的相关系数 R 为 0.52。可见，空调工程 DEER 高，水系统 DEER 并不一定高。

除直接蒸发冷却系统外，空调风系统主要包括全空气的集中空调送风方式和空气-水的半集中空调送风方式。表 1.9 为办公类建筑不同冷源形式空调工程风系统的 DEER。

表 1.9　办公类建筑空调工程夏季不同风系统 DEER 统计结果

冷源形式	风冷热泵冷热水机组	水冷式冷水机组	VRV 多联机空调系统	直燃式溴化锂吸收式冷热水机组
最大值	58.32	44.70	59.50	53.02
最小值	15.57	6.23	10.81	13.16
平均值	38.34	23.59	32.00	24.85

风系统 DEER 与空调工程 DEER 的相关性如图 1.5 所示。

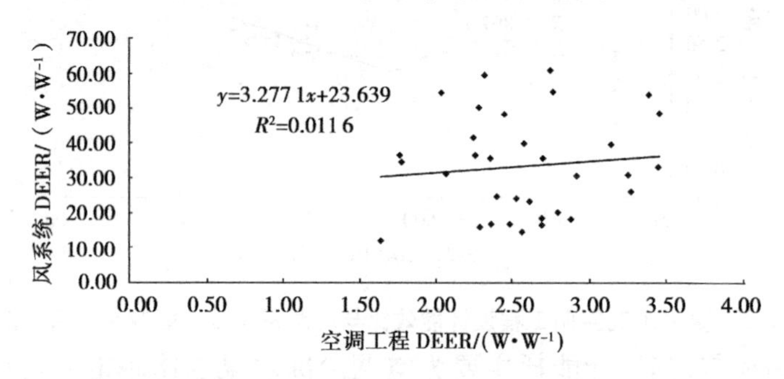

图 1.5　夏季工况空调工程设计能效比与风系统设计能效比的相关性

由图 1.5 可知，风系统 DEER 与空调工程 DEER 相关性也不大。夏季工况下，二者的相关系数 R 为 0.11。可见，空调工程设计能效比与风系统设计能效比不相关，必须要对风系统 DEER 单独作出限制。

1.5.3　夏季工况下办公类建筑 DEER 的最大值与最小值的对比分析

①对空调工程 DEER 最大值为 3.74 的工程进行分析：其冷源形式为离心式冷水机组（2 台），单机冷量为 1 934 kW，功率为 349 kW；设计冷负荷为 3 812 kW，冷水机组性能系数 COP 达到 5.54，而冷源系统的 DEER 高达 4.64。该工程额定装机冷量与设计冷负荷接近，相差近 1.4%。水系统为两管制闭式机械循环，DEER 为 34.51；风系统采用“风机盘管 + 新风机组”的空气-水系统，DEER 为 44.47。可见，该工程冷源系统的高能效比对空调工程 DEER 最大起决定作用，这与前面叙述的空调工程设计能效比与冷源系统设计能效比的相关性基本是一致的。

②对空调工程 DEER 最小值为 1.64 的工程进行分析：该空调系统为变频 VRV 空调系统，VRV 室外机 42 台，总装机冷量为 1 380 kW，功为率 457.28 kW；设计冷负荷为 886 kW。冷源系统 DEER 只有 1.94，风系统 DEER 为 10.81。可见，在变频 VRV 系统中，由于制冷剂的输送管路相对于其他冷源形式的空调系统来讲较长，造成其冷源系统的设计能效比比较低，而由图 1.3 所示，由于冷源系统设计能效比和空调工程设计能效比相关性很大，所以造成其空调工程设计能效比较小。不同的冷源形式会引起空调工程设计能效比的不同。

③对于同一种冷源形式（以水冷式冷水机组为例）对 DEER 值最大的工程和 DEER 值最小的工程进行比较分析：

空调工程 DEER 最大的工程即①中所述的工程。空调工程 DEER 最小值为 1.90 的工程，其冷源形式为离心式冷水机组（1 台），单机冷量 1 406 kW，功率 260 kW；设计冷负荷为 969 kW，冷水机组性能系数 COP 为 5.41，而冷源系统的 DEER 只有 2.32。该工程额定装机冷量与设计冷负荷相差 45%。水系统为两管制闭式机械循环，DEER 为 17.48；风系统部分采用“风机盘管 + 新风机组”的空气-水系统，部分为全空气系统，其中 DEER 为

26.06。

通过比较以上 2 个工程可知,冷源设备的 COP 值高并不能决定整个空调工程的 DEER 就高。若要达到提高整个空调工程 DEER 的目的,不仅在选择主机时,要尽量使总装机冷量与设计冷负荷相接近,而且还要优化水系统和风系统的设计,其水系统中最远环路总长度尽量控制在 200 ~ 500 m;风系统的最高全压标准也尽量要符合 GB 50189 中的要求。

通过以上分析所得结论如下:

①空调装机数量多,空调系统分区多,水或风的输送管路太长、阻力太大均是造成空调工程设计能效比低的重要原因。冷源设备的选取,即冷源设备装机容量与空调工程设计冷负荷的匹配也是提高空调工程 DEER 的关键。

②冷源系统的 DEER 与空调工程 DEER 的相关性很大,故提出空调工程 DEER 限值即可达到控制冷源系统 DEER 的目的。

③由于水系统 DEER 和风系统 DEER 与空调工程 DEER 的相关性很小,考虑到空调工程在今后运行中的节能,则必须要对二者加以控制。

④在提限值时应将水系统 DEER 和风系统 DEER 综合考虑,将其统称为“冷量输配系统 DEER”,并提出限值。

讨论(思考)题 1

1.1 可持续发展观念的内涵是什么?在建筑节能领域怎样践行可持续发展观?

1.2 简述建筑节能对人类社会发展的重要意义。

1.3 建筑节能与工业节能、交通节能的主要区别是什么?由此给建筑节能行动带来什么特色?

1.4 讨论提高居住舒适水平与建筑节能的关系。

1.5 怎样理解建筑节能的气候适应性原理?

1.6 怎样理解建筑节能的社会适应性原理?

1.7 怎样理解建筑节能的整体协调性原理?

参考文献 1

[1] 清华大学建筑节能研究中心. 中国建筑节能年度发展研究报告[M]. 北京:中国建筑工业出版社,2007.

[2] 江亿,等. 住宅节能[M]. 北京:中国建筑工业出版社,2006.

[3] 李伯聪. 工程哲学引论[M]. 北京:大象出版社,2002.

[4] 余晓平,付祥钊. 室内相对湿度对夏热冬冷地区新风耗冷量的影响[J]. 建筑热能通风空调,2001.
[5] 付祥钊. 长江流域住宅热环境质量标准[J]. 住宅科技,1998.
[6] 付祥钊. 改善长江流域住宅热环境刻不容缓[J]. 住宅科技,1992.

2　建筑节能气候学

一定区域内的“气候”取决于若干种气候要素的变化特性及它们的组合情况。建筑节能涉及的主要气候要素有:太阳辐射、空气温度和湿度、风等。这些气候要素直接与人的舒适感和建筑能耗有关,对建筑设计有直接的影响。

气候学在讨论某一区域的气候时,取各种气候要素长期的平均值作为依据。但是,逐日、逐年的气候变化可能是很大的,建筑节能要考虑到其与此平均值的偏差。在建筑节能领域,极端条件及其可能出现的频率,有时比平均值更为重要。

2.1　气候学的基本知识

2.1.1　太阳辐射

太阳辐射是来自太阳的电磁波辐射。在大气层上界的太阳辐射能随太阳与地球之间的距离的变化以及太阳的活动情况而变化,其范围为 1.8 ~ 2.0 cal/(cm^2 · min),平均值为 1.97 cal/(cm^2 · min),此值称为太阳常数。当太阳辐射透过地球的大气层时,其强度将减弱,而且光谱的分布也因大气层的吸收、反射与散射而改变。

在地球表面上,太阳光谱的波长范围在 0.28 ~ 3.0 μm。太阳光谱可大致划分为 3 个区段:紫外线、可见光、红外线。其中,只有 0.4 ~ 0.76 μm 这一小部分是人眼可见的光线,可用于自然采光,波长小于 0.4 μm 的波段为紫外线,大于 0.76 μm 者为红外线。虽然太阳辐射的最大强度(峰值)位于可见光的范围内,但半数以上的能量是红外辐射。

太阳辐射按照其波长的不同而在大气层内被有选择地吸收。大部分紫外线及全部波长小于 0.288 μm 的辐射线均被臭氧所吸收,还有相当一部分红外线则被水汽及二氧化碳所吸收。反射主要发生于小水滴,无选择性,反射辐射的光谱分布和原来一样,故反射光仍为白色。当太阳辐射入射到其大小接近或小于波长的分子及微粒上时,便在空间发生折射及散射,光线扩散,即使无直射阳光也能有亮光。每一种波长的散射辐射量与波长倒数的 4 次方成正比。因此,空气分子扩散了大部分短波的蓝、紫光,使晴朗的天空呈现蓝色;但当大气中较大的尘粉含量增多时,空气的浊度增大,长波的黄、红光被扩散的比例增多，天空就变成乳白色。

云层将大量太阳辐射反射回外层空间，余者则散射到地面。射至地球表面一定区域上的太阳能量的日变化及年变化，取决于太阳辐射的强度及持续时间。太阳辐射强度取决于日光穿透的大气层厚度，这些是由地球自转、公转及地轴与公转轨道平面之夹角等可以精确计算的条件所决定的。但是，实际到达地面的太阳辐射量还取决于大气的透明度，即与天空中云块的间隙及空气中微尘、二氧化碳和水汽的含量有关，这些无法精确计算。

2.1.2 长波辐射

建筑表面向环境发射的是长波辐射，其强度与发射点和吸收点的绝对温度的 4 次方之差成正比。建筑表面温度与大气或外层空间中吸收辐射的介质温度之差值，将直接影响建筑散热。

大气中的气体不能连续地发射或吸收光谱，并且具有选择性，只有小部分短波辐射能通过，大部分外逸长波辐射则被空气所吸收。大气所含的各种气体中，水蒸气是主要的长波吸收体，其次是二氧化碳。

由建筑表面发射的辐射量与大气对它的逆辐射量之差称为散热量。在明净干燥的大气中，净辐射散热量最大；而随着水蒸气、微尘，特别是云量的增加而减小。在阴天，净辐射散热量降至极低的水平，由于云层中的水滴能吸收并反射由建筑表面所发射的全部长波辐射，建筑表面所散发的全部辐射在云层底部就已被充分吸收。

对于一给定的表面，其净辐射散热量：

$$R = 8.26 \times 10^{-11} \times T^4 (0.23 + 0.28 \times 10^{-0.074p})^{*} \tag{2.1}$$

式中 R——水平表面的净辐射散热量，cal/(cm^2 · min)；

p——靠近表面所测得的水蒸气分压力，mmHg(1 mmHg = 807 Pa)；

T——绝对温度，K。

式(2.1)仅适用于无云天气。

水蒸气分压力对于长波辐射散热之影响，见表 2.1(所列数值来自盖格的线解图)。

表 2.1 净长波辐射热流 单位：cal/(cm^2 · min)

温度/℃	水蒸气分压/mmHg						
	4	6	8	10	15	20	30
10	0.197	0.170	0.160	—	—	—	—
20	0.225	0.200	0.183	0.160	0.153	—	—
30	0.260	0.230	0.210	0.195	0.163	0.155	0.150

晴朗夜空的外逸辐射强，可利用此辐射作为建筑冷源。当天空有云时，外逸辐射即降

* 该式及本章众多计算式均属数值方程。遵从习惯，本书对数值方程未采用规范式，而是将满足公式要求的量所适用的单位列于式中注。在使用公式时，必须严格按式中注所列单位。

低。外逸辐射的测量结果见表 2. 2(以相对无云天气外逸辐射的百分数表示)。

表 2. 2　多云天气外逸辐射

云量分级	0	1	2	3	4	5	6	7	8	9	10
外逸辐射/%	100	98	95	90	85	79	73	64	52	35	15

2. 1. 3　空气温度

地球表面被加热或冷却的速率决定于其上部的空气温度。由于空气几乎对于所有的太阳辐射线都是透明的,故太阳辐射对空气温度仅有间接的影响。与冷热地表直接接触的空气层由于导热的作用而被冷却或加热,此热量又主要依靠对流的作用而转移至上层空气。因此,气流和风带着空气团不断加热或冷却地表。在冬季及夜间,由于地表向空间的长波辐射作用,其温度常比空气低,这样就产生反向的净热交换,与地表接触的空气变冷。

气温的年变化及日变化取决于地表温度的变化,这方面陆面和水面有着很大的差异。在同样的太阳辐射条件下,大面积水体温度比陆地温度变化慢。在同一纬度上,陆地表面与海面比较,夏热冬冷;夏季陆面上的平均气温在较海面上的高些,冬季则低些。

高度的变化也会使气温发生改变。当一气团上升的时候,气压陡高处下降,气团膨胀而变冷;反之,当气团下降时,则因压缩而升温,属于绝热降温和绝热升温过程。温度随高度的变化率约为 1 ℃/hm。

当水蒸气凝结成水滴时,所释放的潜热将加热空气或减缓空气的冷却。在上升的空气中发生冷凝时,只要冷凝过程连续不断,冷却的速率便会下降。在自由大气中,空气温度随高程增加而降低,直至同温层的高度。这种降低称为“温度直减率”,随着季节与昼夜时间而变的,平均值约 0. 6 ℃/hm。在白天,近地处的温度直减率较大,这是由于与地表接触的下层空气因导热而被加热之故。加热的空气体积膨胀,其密度变小而上升,遂使地面附近的空气层处于不稳定状态,并不断地与上层的空气相混合。

在夜间,特别是当天空晴朗时,地表温度明显地较气温低,于是在近地处下面的空气层就比上面的冷,这就造成在近地表处常态的垂直温度梯度的反向,此种现象称为“逆温”。由于较冷、较低的空气层比其上部的暖空气层密度大,空气在“逆温”的情况下变得较稳定,整个竖向的运动受到抑制。促成“逆温”的条件为夜长、天空洁净、空气干燥和无云,这是热力的逆温。当冷气团与热气团相遇而热气团被抬升至冷气团的上部时,也能产生“逆温”现象,这是一种动力的“逆温”。靠近地面的冷空气总是趋向集中于低洼谷地,所以该处的气温可能比它上面较高处低几摄氏度。

2. 1. 4　气压与风

压力差会引起气团的移动。当在某一地区内某一温度的空气团可能移动到与其具有不同温度的另一地区时,会改变该地区的主导条件。朝向两极运动的亚热带空气团造成途中所经地区温度的提高,而两极的空气团的移动则可降低途经地区的温度。

在同一地区内,风的分布与特征决定于若干全球性和地区性的因素。其主要的决定因素是:气压的季节性的全球分布,地球的自转,陆、海加热和冷却的日变化,以及该地区的地形与其周围的环境。

1)压力带及压力区

在南、北半球的上空,都存在着高低大气压力带和气压中心,其中一些是永久的性的,另一些仅存在于一年之中的部分时期内。

在南、北半球纬度20°~40°的亚热带区,有两个高气压带围绕着,它们在夏季向两极移动,冬季移向赤道。冬季,二者均连续地环绕着地球,大陆上空的压力高于海洋上空的压力;夏季,低压中心(低气区)在大陆上空展开,冲破了高气压带的连续性。两极地带为永久性高压区,但与亚热带的高气压相比,气压稍低些。

赤道带是主要的低气压区,全年均保持此状况。夏季,每个半球上空的低气压带朝向高纬度处移动。7—8月,这一区域主要在北回归线附近,由非洲的东北延伸至亚洲的中部和东部。在1—2月,这一区域主要在南回归线附近。

形成压力带及压力中心的主要原因是地球上太阳辐射分布不均匀,以及由此造成的地表受热不同的结果。靠近赤道的地区由于受到大量的太阳辐射,空气加热的程度较相邻地区为高。热气膨胀上升,留下一个低气压带,周围仍为高压区的空气流向该低压区。

被抬升而形成赤道低气压带的空气团,在上层大气中被分割开后朝着两极的方向流动;冬季时在纬度20°~40°,夏季时在30°~40°被抬升的气团又下降返回地球,使这一地区的气压增高而形成亚热带的高压区。两极的高压区是由于下层靠近冰面的空气冷却所造成的。

2)风系

每一半球上都有3个全球性的风带:信风、西风和极风。此外,尚有季风系,这是由于海、陆加热量之年差所造成的。地方风型发生于山、谷之处;沿海一带又有日风及夜风。

(1)信风　信风发生于两个半球上的亚热带高压区,并汇集于形成赤道低气压带的热带峰面上。在北半球信风来自东北,在南半球则来自东南。

(2)西风　西风同样源于亚热带地区,吹向亚寒带低压区。

(3)极风　极风由南极和北极的高压区冷气团扩散所形成。在北半球,一般是吹向西南,在南半球则吹向西北。

(4)季风　由陆地和海洋上空年平均温度差所造成的冬季的大陆风与夏季的海风,通称为季风。

(5)水陆风　在白天,陆上的空气温度较同一纬度海上的空气温度为高,热气上升,海上的冷气流吹向内陆;在夜间,此过程相反。这样所形成的风称为水陆风。由于白天的陆、海温差大于夜间,故吹向陆上的海风大于吹向海面的陆风。在气温日变化规则的地方如在赤道气候区,所发生的水陆风强度较大,也较规则。某地离海岸之距离决定着海风抵达之时间。离海较远的地方,海风到达较迟。海风大致在日落时停止,夜深时陆风始作。

陆风及海风均受全球性的气压及风系所制约。例如,夏季,当内陆陆地上空处于低压时,气流常由西海岸面上空的高压区而来,所以白天此海岸会受到强烈的海风。但在夜间因有大量空气流向海面,陆上的气压不能充分地增加,故任何陆风的强度均很小。

(6)山谷风　在山区,局部的温差会造成局地风型。此类风是一种很薄的表面气流,是由向阳坡面上的气温与谷地上方等高处的气温差而造成的。在白天,靠近山坡表面的空气较同等高度的自由大气所受的热量多,热气即上升;在夜间,此过程相反。故大的山谷会产生强烈的山谷风,白天向上吹,夜间吹向谷底。

2.1.5　大气湿度

大气湿度是指大气中水汽的含量。水汽通过蒸发而进入大气,其主要的来源为海面,其次为潮湿的表面、植物及小的水体。大气中的水汽容量主要决定于气温,随着气温之增高而逐渐增大。大气中的水汽含量可用若干种方式表达,如绝对湿度、水蒸气压力及相对湿度等。

从热舒适的观点,用空气的水蒸气压力表达湿度条件最为恰当,因为人体的蒸发率与皮肤表面同周围空气的水蒸气压力差值成正比。另一方面,许多建筑材料的性能和材料变质的速率也相对湿度有关。

水蒸气压力主要随季节而变,通常夏季高于冬季。即使在受着每天的海陆风交替影响的滨海地区,水蒸气压力的日变化也不大,其幅度仅有几毫米汞柱。

由于水蒸气压力在竖向高度上的递减量较气压的递减为快,所以水蒸气的浓度随着海拔升高而降低,上部空气层的水蒸气含量低于近地的空气层。由此,空气在竖向的混合就降低了近地处的水蒸气压力,水蒸气压力的日变化随着空气在竖向的混合而变化。

在无海风的陆地上,水蒸气压力在中午前达到最高值,然后开始强烈的对流,造成竖向的混合,而近地处的水蒸气压力便降低。傍晚时,随着这种对流的终止,水蒸气压力再次升高。在水面上或在雨季的陆地上,水蒸气压力的日变化和温度的日变化一致。

即使水蒸气压力接近于保持一个常数,相对湿度的变化范围也可能是很大的。这是由于气温的日变化及年变化所引起的,这种变化决定着空气内可能的湿容量。显著的相对湿度日变化主要发生在气温日较差较大的大陆上。在此类地区,午后不久当气温达到最高值时,相对湿度很低,而夜间空气可能接近于饱和状态,即相对湿度接近100%。

2.1.6　城市微气候

当今城市规模达到数百平方公里,其建筑高度可达100 m以上,城市建筑物的气候条件与当地自然气候有显著的差别,这种差别改变了建筑能耗及热环境。

城市微气候有以下主要特点:城市风场的风向和大小都不同于自然风;气温较高,形成热岛现象;城市大气透明度低,太阳总辐射照度也比郊区弱。

在建筑设计中涉及的室外气候通常在“微气候”的范畴内。微气候是指在建筑物周围地面上及屋面、墙面、窗台等特定位置的气温、湿度、压力、风速、阳光、辐射等。建筑本身成为风障,改变了风场,其投下的阴影改变了辐射分布。

1)风场

风场是指风向、风速的分布状况。研究表明,建筑群增密、增高,导致下垫面粗糙度增大,消耗了空气水平运动的动能,使城区的平均风速减小,边界层高度加大。由于大量建筑物的存在,气流速度的变化,使得市区内的一些区域的主导风向与当地自然主导风向也不同。

城市和建筑群内的风场对城市气候和建筑群局部小气候有显著的影响,但两种影响的主要作用不一样。由于城市风环境更多的是影响城市的污染状况,因此在进行城市规划的时候,需要考虑城市的主导风向。对污染程度不同的企业、建筑进行布局,把大量产生污染物的企业或建筑布置在主导风向的下游位置;而建筑群内的风场主要影响的是热环境,包括小区室外环境的热舒适性、夏季建筑通风,以及由于冬季建筑的渗透风附加的采暖负荷。建筑群内风场的形成取决于建筑的布局,不当的规划设计产生的风场问题有:

①冬季住宅内高速风场增加建筑物的冷风渗透,导致采暖负荷增加;

②由于建筑物的遮挡作用,造成夏季建筑的自然通风不良;

③室外局部的高风速影响行人的活动,并影响热舒适;

④建筑群内的风速太低或出现旋风区域,导致建筑无法有效排风、排热。

对于室外的热舒适和行人活动来说,距地面 2 m 以下高度空间的风速分布是最需要关心的。尽管与郊区比市区和建筑群内的风速较低,但会在建筑群特别是高层建筑群内产生局部高速流动。一些高层建筑中,与冬季主导风向一致的"峡谷"或者过街均有在冬季变成"风洞"的危险。

当风吹至高层建筑的墙面向下偏转时,将与水平方向的气流一起在建筑物侧面形成高速风和湍流,在迎风面上形成下行气流,而背风面上气流上升。街道常成为风漏斗,把靠近两边墙面的风汇集在一起,造成近地面处的高速风。

在建筑群的设计阶段应对这些问题进行认真的考虑,调整设计或者采取其他措施避免这种现象出现。研究城市和建筑群风场的方法有利用风洞的物理模型实验方法和利用计算流体力学(CFD)的数值模拟方法。由于城市中心或者建筑群的气流场受建筑的影响较大,所有在计算城市中心或者建筑群的风场时,往往需要采用远郊开阔地来流风的风速分布作为输入边界条件,首先采用较大网络计算较大尺度的区域的风场,然后再计算较小尺度范围内的建筑小区风场。

2)热岛现象

由于城市地面覆盖物不同于自然原野,密集的城市人口的生活和生产中产生大量热量,造成城市内的温度高于郊区温度,温度分布复杂。如果绘制出等温曲线,就会看到它与岛屿的等高线相似。人们把这种现象称为"热岛"。

下垫面对局地气候的影响非常大,是城市热岛现象形成的重要因素。城市下垫面改变了原有的自然环境,建筑物高度集中、参差不齐,人工铺砌的道路纵横交错,以水泥、沥青、砖石、陶瓦和金属板等坚硬密实、不透水的建筑材料,替代了原来植物覆盖的疏松土壤;植被面积小,不透水面积大,城区大气换气能力低于郊外,气流排热能力弱;相对于天空的太阳辐射的反射率和地面的长波净辐射都比郊区小，其热容量和蓄热能量都比郊区大；储存水分的能量也比郊区低，蒸发量比郊区小，通过以潜热形式带走的太阳辐射热量也比郊区少得多。另外，由于城市的大气透明度低，云量较高，夜间对天空的长波辐射散热也受到严重的影响，这也是夜间市区与郊区的温差比白天更大的主要原因之一。表 2.3 给出了某地各种不同性质的下垫面的表面温度。

表 2.3　表面实测温度

下垫面性质	湖　泊	森　林	农　田	住宅区	停车及商业中心
表面温度/℃	27.3	27.5	30.8	32.2	36.0

城市热岛效应的强弱以热岛强度 ΔT 来定量描述，ΔT 为热岛中心气温与同时间郊区的气温差值（距离地面 1.5 m 高处）。

热岛强度随着气象条件和人为因素的不同出现明显的非周期变化。在气象条件中，以风速、云量、太阳辐射等最为重要；而人为因素中则以空调采暖散热量和流量二者的影响较大。城市的布局形状对热岛强度也有明显影响。城市呈团块状紧凑布置，城市中心增温效应强；而城市呈条形或星形结构分散，城市中心增温效应弱。

根据逆温层形成的机理，逆温层的出现对热岛效应有很大的促进作用。热岛影响所及的高度叫做混合高度，在小城市约为 50 m，在大城市约为 500 m 以上，混合高度内的空气易于对流混合，但在其上部逆温层的大气则呈稳定状态而不扩散，像热的盖子一样加强了热岛强度，并使得发生在热岛范围内的各种污染物都被封闭在热岛中。因此，热岛现象对大范围内的大气污染也有很大的影响。

城市热岛强度的评价方法有现场测试和计算机模拟方法。计算机模拟方法有分布参数模型和集总参数模型。分布参数模型比较复杂，计算量大，往往需要和 CFD 方法结合，如 Airpark 软件的集总参数模型比较方便。

在热平衡的基础上，使用建筑群热时间常数的方法来计算局部建筑环境的空气稳定随外界热量扰动变化的一种方法。CTTC 是“建筑群热时间常数（Cluster Thermal Time Constant）”的英文缩写。CTTC 集总参数模型对建筑采取了二维简化，将建筑群简化成为周期性起伏的“城市峡谷”，把特定地点的空气温度 $T_a(t)$ 视为几个独立过程温度效应的叠加。用公式表示如下：

$$T_a(t) = T_b + \Delta T_{a,solar}(t) - \Delta T_{NLWR}(t) \tag{2.2}$$

式中　T_b——局部空气温度变化的基准（背景）温度，它并不是一个实际的温度，但能反映当地当日的基本温度状况，K；

$\Delta T_{a,solar}(t)$——太阳辐射造成的空气温升，K；

$\Delta T_{NLWR}(t)$——夜间对天空长波辐射造成的空气温降，K。

应用改进的 CTTC 模型，可对城市建筑群空气温度 $T_a(t)_{urb}$ 和气象站温度 $T_a(t)_{met}$ 分别列出方程：

$$T_a(t)_{urb} = T_b + \Delta T_{sol}(t)_{urb} - \Delta T_{lw}(t)_{urb} \tag{2.3a}$$

$$T_a(t)_{met} = T_b + \Delta T_{sol}(t)_{met} - \Delta T_{lw}(t)_{met} \quad (2.3b)$$

式中　$\Delta T_{sol}(t)_{urb}$——太阳辐射造成建筑群空气温升,K;

$\Delta T_{lw}(t)_{urb}$——夜间长波辐射造成建筑群空气温降,K;

$\Delta T_{sol}(t)_{met}$——太阳辐射造成气象站空气温升,K;

$\Delta T_{lw}(t)_{met}$——夜间长波辐射造成气象站空气温降,K。

根据式(2.3a)和式(2.3b)可导出:

$$T_a(t)_{urb} = T_a(t)_{met} + [\Delta T_{sol}(t)_{urb} - \Delta T_{sol}(t)_{met}] - [\Delta T_{lw}(t)_{urb} - \Delta T_{lw}(t)_{met}] \quad (2.4)$$

这样,城市建筑群空气温度 $T_a(t)_{urb}$ 就可以用气象站温度加上气象站和建筑群两地因太阳辐射和长波辐射造成温差的差值来表示。由于气象站处的空气温度是经过逐时精确测量的,所以就避免了因基准温度选取不准而导致的误差。在此基础上,又有研发者开发了三维的改进 CTTC 模型。

在 CTTC 及其改进的模型中,可通过调整区域评价绿化覆盖率等参数来研究绿化对调节气候的作用。这种模型强调建筑几何位置、建筑材料对近地层热环境的影响,而忽略了气流组织对环境的影响,网格尺寸一般较大,计算比较简单。其缺点是结果比较粗略,难以刻画并评价不同绿化方式对小区热环境改善的差别。

2.2　室外气象模型

20 世纪 60 年代以来,美国、加拿大、日本等国先后研究出新的暖通空调负荷计算方法。随着计算机技术的发展,到 20 世纪 70 年代中末期出现了计算建筑物全年逐时能耗的计算机程序,更加高级的建筑能耗分析专家系统和能量核心系统也相继开发。

所有这些分析计算参数都必须来自气象数据。但各年之间的气候要素变化存在明显差异。开展建筑节能工作、分析建筑能耗、评价各种措施的节能效果需要反映气候规律的、去掉偶然性的气象数据。室外气象模型就是为满足这些要求而人为地以长期气象观测数据为基础创造出来的全年气象数。

2.2.1　国内外气象数据的处理方法

1)数学统计法

统计法是从历史上观测的气候数据中选择认为能反映气象规律的有代表性的一部分数据的组合,作为标准天或标准年,用于建筑能耗分析和冷暖负荷计算。常见的有以下 5 种模式:

(1)实验性参考年(Test Reference Year,TRY)　构成方法是:按月平均温度依据能量分析的重要性顺序进行筛选,把那些含有最热月(或冷月)平均温度的年份去掉,最后剩下的不含极值的一年为参考年。由于参考年为时间连续的 12 个月构成的实际年,它不一定代表历年平均值,因而用于能耗分析并不可靠。

(2)典型气象年(Typical Meterological Year,TMY、TMY-2)　用数学统计的方法选出典型月,然后由典型月构成典型年。作为典型月数据的7项指标是:水平总辐射、干球温度、露点温度的极大值、极小值和平均值,风速的极大值和平均值。将以上指标按辐射占50%,其余占50%的加权处理,内部缺值用线性插值,头尾缺值用前后的值,两月之间连接处各取6个点(小时)采用三次曲线平滑连接,由此选出典型月,组成典型TMY和不同的原始气象数据。因此,对同一对象计算出的年能耗不同,获得的典型年不同。所以,采用TMY-2计算的年能耗与采用历年平均气象数据计算所得的年能耗最接近。建筑能耗分析用年负荷的计算多采用TMY-2数据,但应该注意的是按TMY-2计算的负荷为典型负荷,不是最大负荷,而选择设备容量通常按最大负荷考虑,对此ASHRAE技术委员会4.2(工程气象数据)和3.5(去湿和吸湿技术)联合开展了研究,研究结果写进ASHRAE手册基础篇(1997),可供工程技术人员参考。

(3)能量计算用天气年(Weather Year for Energy Calculation,WYEC、WYEC-2)　它也是用统计法从长期的原始气象资料中选出典型月,然后构成典型年。在选择过程中,对温度和太阳辐射值与长周期的平均值的相关性和逼近性都做了检验,对选出的典型月中个别天做了置换以便与长周期的平均值逼近得更好,对两个月温度的连接做了调整,对错误和反常数据做了更正。WYEC和WYEC-2的原始气象数据取自相同年份,其中部分取自1941—1970年,其余取自1951—1980年。修订后的WYEC-2新增了部分太阳辐射资料,并对以前的原始气象数据进行了误差分析,重点对太阳辐射资料进行了修正,剔除了粗大误差,所有的原始记录采用逐时连续时间序列(1,2,3,…,24),并采用当地标准时间。正由于WYEC和WYEC-2的原始气象数据取自相同年份,所以对年能耗分析的净影响相差很小。

(4)日本的标准年　在最近十年的温度、湿度及日照平均值中按月份找出那一年该月3项值都接近十年平均值的该月均值后,把它作为代表月——平均月,由12个月平均的逐时观测值衔接起来便构成了标准年气象资料。

(5)中国的标准年　美国和日本的标准年气象数据有其适用范围,这与其地域和气候复杂程度有关,我国不宜套用其具体数值。自1985年以来,田胜元教授在吸收、消化日本标准年构成方法的基础上,改进原来的方法,提出一种构成我国"动态用气象资料标准年"[9]的方法,该方法从理论上分析了空调负荷与室外参数之间的关系,至今已构成了各大气候区多个中心城市的标准年气象资料。

统计方法都是静态的,能够反映气候变化的静态规律,而不能反映气象过程的无重复的动态随机过程特征。此外,这类方法需要大量完整的原始气象资料,故暖通空调界又提出了第二种有前途的方法:数学模拟法。

2)随机数模拟法

随机数模拟法是以过去实测的大批气象资料中找出各气象参数的概率分布和其他一些统计特性,用随机数模拟同实际气象变化具有相同数字特征的数据,作为能量分析用的气象数据。

1966年,美国Larry O. Degelman给出了第一个使用Morte-Carlo法模拟空气干球温度和太阳辐射的随机气象模型。他根据历年各月的日平均温度的月均值和方差,依正态分布产生随机的日平均温度。

1979 年,A. W. Boeke, A. H. C . Van Passon&A. G. De Jong 建立了一个模拟太阳辐射、干球温度、绝对湿度、风向和风速的模型。此模型考虑了逐时太阳辐射前后的相关性,其他气象参数以太阳辐射为基础,在从原始数据分离出来的确定性部分上,加上模拟出来的随机因数而得到。

事实上,随机数模拟法也是把各参数或参数部分看成正态分布的随机变量,而不是一个随机变化过程,当然就不可能完全反映实际多维随机过程的气象参数。

3)随机过程模拟法

1970 年,Box 和 Jenkins 发表了他们多年以时间序列方法研究随机过程的成果,提出了一整套分析、模拟、预测、控制随机过程的时间序列方法,较好地解决了一维随机过程的模拟、预测和控制问题,为气象过程的研究开辟了一条崭新的路径。

自 1975 年以来,用此方法模拟逐日逐时气象参数的研究十分活跃。B. J. Brinkworth 给出了模拟逐日太阳辐射的时间序列模型,1981 年 R. H. B. Exe 对东南亚(泰国)地区建立了太阳辐射时间序列的模型。1985 年,西班牙的 Luis Vergara-Doming 等对原始辐射值做了低通滤波,对所得数据进行 Fourier 分析,实现确定性部分与随机性部分的分离。

2.2.2 典型气象年的构成

不同模拟目的需要体现不同的侧重点,对于气象数据的要求也会不同,为了明确逐时气象数据的应用领域并充分利用源数据资源,有必要建立多种典型年,以满足不同目的建筑过程模拟的需要。因此,本章除了给出为建筑能耗模拟分析服务的典型气象年的构成方法,还选出了 5 种设计典型年,这些典型年分别为空调系统设计模拟分析、供暖系统设计模拟分析依据太阳能系统设计模拟分析服务。典型气象年和设计典型年的名称和应用对象见表 2.4。

表 2.4 典型气象年和设计典型年的名称和应用对象

名　称	应用对象	名　称	应用对象
焓值极高年	空调系统设计模拟分析	辐射极高年	太阳能系统设计模拟分析
温度极高年	空调系统设计模拟分析	辐射极低年	太阳能系统设计模拟分析
温度极低年	供暖系统设计模拟分析	典型气象年	建筑能耗模拟分析

构成典型气象年的基本方法是根据一定的基准挑选出“平均月”(或“标准月”)以组成典型气象年,这里重点介绍挑选“平均月”的具体方法。

由于挑选出的“平均月”很可能来自不同的年份,因此典型气象年将会出现相邻的两个月来自不同年份的情况;由于获得典型气象年逐时数据的过程是先挑“平均月”,然后计算逐时数据,因此计算得到的逐时数据是连续变化的,不会出现突变点。对于基准站而言,可能相邻两个月具备实测逐时数据的,也可能相邻两个月的一个月为实测逐时数据,而另一个月则要通过计算得到逐时数据。此时相邻两个月的相接时刻的气象数据都有可能出现突变,主要是空气的干球温度、相对湿度、地表温度、风速、风向和云量的突变,太阳辐射在夜间为零,不会出现突变。实际上,各气象要素随时间的变化都有一定的随机性,是否将月间数据的变化视为不正常的"突变"取决于气象要素的随机性和数据应用的要求。在各项要素当中,风速、风向和云量随时间的变化具有较大的随机性,而空气温度、湿度和地表温度则随机性较小,但也是不能忽略的。从实测的逐时数据中可以看到,相邻两个时次的温度差异可以高达 10 ℃以上,而月间相邻时次的温度变化的量级也与温度连续变化的情况相当;另一方面,从建筑热环境动态模拟的角度来看,是否改变月间数据的衔接方式对建筑能耗的计算产生的影响是很小的。因此,本书不对典型气象年的相邻两个月的衔接时刻的气象数据进行特别处理。

根据建筑节能设计标准的要求,典型气象年的挑选应以近三十年的统计数据为基础,在近十年中进行挑选。因此,本书以 1971—2003 年的统计为基础,在 1994—2003 年中挑选典型气象年。

实际上,"平均月"的挑选基准取决于典型气象年的应用目的,如果获得用于建筑负荷计算的气象数据,则挑选时可以首先确定对建筑负荷影响较大的气象参数及其权重,这里所谓权重是针对不同气象要素数据处理为同样的比较基准后的标准化参数而言的,之后根据其选择"平均月"组成典型气象年。建筑能耗的模拟分析不仅包括建筑本体的能耗模拟,也涉及各种环境控制系统作用下的建筑的能耗模拟。事实上,在不同的建筑围护热工特性情况下,依据在不同环境控制系统的作用,各种气象要素对建筑能耗产生的影响是不同的。因此,要全面考虑气象参数对建筑能耗模拟的影响从而挑选"平均月"是很难有一个恰当的挑选基准的。另外,要定量分析不同气象要素对各种不同建筑的能耗模拟产生的影响,其工作也相当繁复,目前尚无文献对此进行深入讨论。

根据现有水平,给出的典型气象年的挑选基准重点考虑了以下几个要素:

(1)源数据条件　影响建筑能耗的气象参数主要有空气温度、空气湿度、太阳辐射强度、地表温度、天空有效温度和风速、风向。从获得这些参数的方法来看,天空有效温度是没有实测基础的衍生参数,而对于具备实测基础的参数而言,它们的逐时数据当中包含了相当多的通过计算得到的数据,那么挑选结果就在一定程度上依赖于计算方法。因此,为了保证典型气象年的挑选不受算法的影响,本书将完全以实测参数和实测数据为挑选的基本依据。

(2)建筑能耗模拟的现状　空气温度、空气湿度、太阳辐射强度、地表温度和风速风向都是具备实测基础的参数,然而就目前各种动态模拟软件的实际应用而言,在建筑热环境的动态模拟过程中,风速风向尤其是风向的作用还没有得到准确的体现,加上风向的统计方法十分复杂,在挑选典型气象年时如何进行相关计算尚无实例可循。因此,本书挑选典型气象年的参数中不包括风向,风速的参数也只有日平均风速一项。

(3)各气象要素的相关性和对能耗模拟的影响　各项参数的权重应对体现该参数对建筑能耗计算的影响,如前文所述,定量分析不同参数的作用大小是非常复杂的,目前,文献中对于权重系数的确定都是从气象数据的应用目的出发，定性地给出不同气象要素的权重大小。从气象环境特点来看，在各项要素中，太阳辐射可以说是最基本的要素，空气温度、湿度、地表温度等要素无不受到太阳辐射的影响，例如，日总辐射减小时，日平均空气温度、日平均地表温度都会相应降低；另外，在常规的建筑能耗模拟中，太阳辐射也是影响建筑能耗的最重要因素之一，因此，参考文献[1]的做法，将日总辐射的权重定为8/16。考虑到目前建筑能耗模拟的现状，日平均风速的权重仅为1/16。考虑到目前建筑能耗模拟而言，温度的日平均值重要影建筑能耗的总量大小，而日最高和日最低温度主要影响建筑能耗的极值大小，前者关系到建筑能耗的综合评估，而后者主要影响环境控制系统的设备选型，由于典型气象年是以建筑能耗模拟为主要目的的，因此本书将日平均温度的权重定为2/16，而日最高和日最低温度的权重都为1/16。日平均水汽压对建筑加湿、除湿情况下的能耗计算产生一定的影响，其权重取为2/16。日平均地表温度在一定程度上体现背景辐射对建筑能耗的影响，因此，在挑选“平均月”时予以适当考虑，其权重取为1/16。

表2.5给出了挑选参数的具体内容及其权重。如前所述，这里的权重并不是直接与各挑选参数对应，而是与代表这些挑选参数的统计特征的标准化参数对应。

表2.5　挑选参数及其权重

挑选参数	权　重	挑选参数	权　重
日平均温度	2/16	日总辐射	8/16
日最低温度	1/16	日平均地表温度	1/16
日最高温度	1/16	日平均风速	1/16
日平均水汽压	2/16		

注：日平均值都是每日4次定时观测数据的平均值。

确定挑选参数及其权重后，典型气象年的“平均月”的挑选步骤如下：

①统计出1971—2003年每年每月的各挑选参数的平均值，$X_{i,\max}$，i为挑选参数序号；

②计算每月各挑选参数的累年平均值$\overline{X}_{i,m}$，以及标准差$S_{i,m}$，m为月份序号；

③将各挑选参数的平均值进行标准化处理：$\eta_{i,m,y}=\dfrac{X_{i,m,y}-\overline{X}_{i,m}}{S_{i,m}}$，$y$为年份序号；

④初选平均月：对于m月，如1994—2003年某一年该月的平均值与该月的累年平均值的差值小于等于该月标准差，即$|\eta_{i,m,y}|\leqslant 1$，则可认为该年该月有条件成为“平均月”；

⑤如1994—2003年有若干年份的m月都能满足初选平均月的条件，则对这些年份的m月的$\eta_{i,m,y}$进行加权求和，即计算$D_m=\sum_i K_i\cdot|\eta_{i,m,y}|$。其中，$K_i$是各挑选参数的权重，最后选择$D_m$最小的月份作为该月的“平均月”。

典型气象年的各个“平均月”可能出现在不同的年份，如北京典型气象年的各“平均月”的选择结果见表2.6。

表2.6　北京典型气象年的月份组成

月　份	1	2	3	4	5	6	7	8	9	10	11	12
选择年份	1998	2000	1995	1997	1999	1997	1998	2002	2002	1999	2001	1999

2.2.3　根据天气过程建立气象模型

长江流域地区气候呈现夏热冬冷、全年湿润的基本特点。为保证住宅的室内热环境质量和室内空气质量,实现当前住宅运行节能标准规定的目标,需要根据该地区气候的特点,分析室外气象参数的季节和日变化规律,合理地确定住宅的冷暖方式。长江流域夏季空调有多种可用的冷源,如夜间冷空气、阴雨天冷空气、夜空、一定深处的大地等天然冷源以及人工冷源,而从不同冷源获取相同的冷量的能耗相差很大。从节能角度分析,夏季建筑降温和去湿冷负荷在不同的天气过程中可由不同的冷源承担。

根据天气过程、室外干球温度的最高值、最低值和平均值,按室外日平均温度进行统计,构成了标准夏季作为夏季空调冷耗计算所用的室外气象参数。当室外日平均气温小于27.5 ℃时长江流域住宅采用间歇通风方法可达到夏季降温的热舒适要求,其消耗的电能很少,与使用空调的能耗相比可忽略不计,故标准夏季室外气象参数的构成应与空调运行时间相协调。按室外日平均温度进行统计时,把超过27.5 ℃的天气过程分为雨天、雨天后的晴天和晴天后的晴天。通过设定的雨天后的晴天的数目和晴天后的晴天的数目两项指标,考虑夏季冷耗由辐射冷耗和室内外温差传热冷耗组成。选择实际雨天后的晴天数和晴天后的晴天数与历年平均天数最接近的某年某月为历年该月的代表月,4个代表月的气象数据衔接起来便构成标准夏季。

2.3　建筑气候分区

2.3.1　气候分区方法

西方学者柯本(W. P. Koppen)提出的全球气候分区法以气温和降水两个气候要素为基础,并参照自然植被的分布,把全球气候分为6个气候区:赤道潮湿性气候区(A),干燥性气候区(B),湿润性温和型气候区(C),湿润性冷温型气候区(D)和极地气候区(E),其中A,C,D,E为湿润气候,B为为干旱气候。此外,由于山地气候(H)变化非常复杂,将其单独归为一类,见表2.7。

表 2.7　柯本的全球气候分区法

气候区	气候特征	气候型	气候特征
A	全年炎热，最冷月平均气温≥18 ℃	热带雨林气候 Af	全年多雨，最干月降水量≥60 mm
		热带季风气候 Am	雨季特别多雨，最干月降水量<60 mm
		热带草原气候 Aw	有干湿季之分，最干月降水量<60 mm
B	全年降水稀少，根据降水的季节分配，分冬雨区、夏雨区、年雨区	沙漠气候 Bwh，Bwk	干旱，降水量<250 mm
		稀树草原气候 Bsh，Bsk	半干旱，250 mm<降水量<750 mm
C	最热月平均气温>10 ℃；0 ℃<最冷月平均温度<18 ℃	地中海气候 Csa，Csb	夏季干旱，最干月降水量<40 mm，不足冬季最多月的 1/3
		亚热带湿润性气候 Cfa，Cwa	
		海洋性西海岸气候 Cfb，Cfc	
D	最热月平均气温>10 ℃；最冷月平均温度<0 ℃	湿润性大陆性气候 Dfa，Dfb，Dwa，Dwb	
		针叶林气候 Dfc，Dfd，Dwc，Dwd	
E		苔原气候 et	0 ℃<最热月平均温度<10 ℃，有苔藓、地衣类植物生长
		冰原气候 ef	最热月平均温度<0 ℃
H		山地气候 H	在海拔 2 500 m 以上

注：表中细分区的字母意义是：a—夏热，b—夏凉，c—短夏凉，d—冬极冷，s—夏旱，f—无旱季，w—冬旱，h—热，k—冷。

根据柯本的理论和气候分区图，我国被分为 C，D，B，H 四个气候区，和我国的热工分区有部分是重叠一致的。

英国人斯欧克来（Szokolay）根据空气温度、湿度、太阳辐射等项因素，将世界各地划分为 4 个气候区：湿热气候区、干热气候区、温和气候区和寒冷气候区，见表 2.8。西方学者在研究建筑与气候关系的时候，最常用的就是这种分类法，但其比较感性和主观，也比较粗略。

表 2.8 斯欧克来的全球气候分区法

序号	气候区	气候特征及气候因素	建筑气候策略
1	湿热气候区	温度高,年均气温在 18 ℃左右活更高,年较差小,年降水量≥750 mm,潮湿闷热,相对湿度≥80%,阳光暴晒,眩光	遮阳,自然通风降温,低热容的围护结构
2	干热气候区	阳光暴晒,眩光,温度高,年较差大,日较差大,降水稀少,空气干燥,湿度低,多风沙	最大限度的遮阳,厚重的蓄热墙体增强热稳定性,利用水体调节微气候,内向型院落式格局
3	温和气候区	有较寒冷的冬季和炎热的夏季,月平均气温的波动范围大,最冷月可低至 -15 ℃,最热月可高达 25 ℃,气温的年变幅 -30 ~ 37 ℃	夏季遮阳、通风,冬季保温
4	寒冷气候区	大部分时间月平均温度低于 15 ℃,多风,严寒,雪荷载	最大限度地保温

2.3.2 建筑气候分区

《建筑气候区划标准》(GB 50178—93)以累年 1 月和 7 月的平均温度、7 月平均相对湿度作为主要指标,以年降水量、年日平均气温不大于 5 ℃和不小于 25 ℃的天数作为辅助指标,将全国划分为 7 个一级区[2],建筑气候区域反映各个气象基本要素的时空分布特点及其对建筑的直接作用,显示建筑与气候的密切关系。

建筑气候区划中的各个区气候特征的定性描述如下:

①Ⅰ区:冬季漫长严寒,夏季短促凉爽,气温年较差较大,冻土期长,冻土深,积雪厚,日照较丰富,冬季长达半年且多大风,西部偏于干燥,东部偏于湿润。

②Ⅱ区:冬季较长且寒冷干燥,夏季炎热湿润,降水量相对集中。春秋季短促,气温变化剧烈。春季雨雪稀少,多大风和风沙天气,夏季多冰雹和雷雨。气温年较差大,日照丰富。

③Ⅲ区:夏季闷热,冬季湿冷,气温日较差小。年降水量大,日照偏少。春末夏初为长江中下游地梅雨期,多阴雨天气,常有大雨和暴雨天气出现。沿海及长江中下游地区夏秋常受热带风暴及台风袭击,易有暴雨天气。

④Ⅳ区:夏季炎热,冬季温暖,湿度大,气温年较差和日较差均小,降雨量大,大陆沿海及台湾、海南诸岛多热带风暴及台风袭击,常伴有狂风暴雨。同太阳辐射强,日照丰富。

⑤Ⅴ区:立体气候特征明显,大部分地区冬湿夏凉,干湿季节分明,常年有雷电暴雨,多雾,气温年较差小,日较差偏大,日照较强烈,部分地区冬季气温偏低。

⑥Ⅵ区:常年气温偏低,气候寒冷干燥,气温年较差小而日较差大,空气稀薄,透明度高,日照丰富强烈。冬季多西南大风,冻土深,积雪厚,雨量多集中在夏季。

⑦Ⅶ区:大部分地区冬季长而严寒,南疆盆地冬季寒冷。大部分地区夏季干热,吐鲁番盆地酷热,气温年较差和日较差均大,雨量稀少,气候干燥,冻土较深,积雪较厚。日照丰富,强烈,风沙大。

2.3.3 建筑热工设计分区

建筑热工设计分区是根据建筑热工设计的要求进行气候分区。所依据的气候要素是空气温度。以累年最冷月(即1月)和最热月(即7月)平均温度作为分区主要指标,以累年日平均温度不大于5 ℃和不小于25 ℃的天数作为辅助指标,将全国划分为5个区,即:严寒、寒冷、夏热冬冷、夏热冬暖和温和地区。全国建筑热工设计分区图,见图2.1。各区的建筑热工设计要求见表2.9。

表2.9 建筑热工设计分区及设计要求

分区名称	分区指标		设计要求
	主要指标	辅助指标	
严寒地区	最冷月平均温度≤ -10 ℃	日平均温度≤5 ℃的天数≥145 d	必须充分满足冬季保温要求,一般可不考虑夏季防热
寒冷地区	最冷月平均温度0~ -10 ℃	日平均温度≤5 ℃的天数为90~145 d	应满足冬季保温要求,部分地区兼顾夏季防热
夏热冬冷地区	最冷月平均温度0~10 ℃,最热月平均温度25~30 ℃	日平均温度≤5 ℃的天数为0~90 d,日平均温度>25 ℃的天数为40~110 d	必须满足夏季防热要求,适当兼顾冬季保温
夏热冬暖地区	最冷月平均温度>10 ℃,最热月平均温度25~29 ℃	日平均温度≥25 ℃的天数为100~200 d	必须满足夏季防热要求,一般可不考虑冬季保温
温和地区	最冷月平均温度0~13 ℃,最热月平均温度18~25 ℃	日平均温度≤5 ℃的天数为0~90 d	部分地区应考虑冬季保温,一般可不考虑夏季防热

图2.1 全国建筑热工设计分区图

建筑热工设计分区是为使民用建筑热工设计与地区气候相适应,保证室内基本的热环境要求,符合国家节约能源的方针,提高投资效益。

《民用建筑热工设计规范》(GB 50176—93)规定,设置集中采暖的建筑,围护结构最小传热热阻 $R_{0,\min}$ 按式(2.5)计算确定:

$$R_{0,\min}=\frac{(t_i-t_e)n}{[\Delta t]}R_i \tag{2.5}$$

式中 t_i——冬季室内计算温度,℃;

t_e——围护结构冬季室外计算温度,℃;

n——温差修正系数;

R_i——围护结构内表面换热阻,$m^2 \cdot ℃/W$;

$[\Delta t]$——室内空气与围护结构内表面之间的允许温差,℃。

其中,围护结构冬季室外计算温度 t_e 根据围护结构热惰性指标 D 值确定,见表 2.10。

表 2.10 围护结构冬季室外计算温度 t_e 单位:℃

类 型	热惰性指标 D	t_e
Ⅰ	>6.0	$t_e=t_w$
Ⅱ	4.1~6.0	$t_e=0.6t_w+0.4\,t_{e,\min}$
Ⅲ	1.6~4.0	$t_e=0.3t_w+0.7\,t_{e,\min}$
Ⅳ	≤1.5	$t_e=t_{e,\min}$

注:①热惰性指标 D 应按 GB 50176—93 附录二中(二)的规定计算。

②t_w 和 $t_{e,\min}$ 分别为采暖室外计算温度和累年最低一个日平均温度。

③冬季室外计算温度 t_e 应取整数值。

④全国主要城市 4 种类型围护结构冬季室外计算温度 t_e 值,可按 GB 50176—93 附录三附表 3.1 采用。

围护结构热惰性指标 D 值计算方法如下:

①单一材料围护结构或单一材料层的 D 值应按式(2.6)计算,即

$$D=RS \tag{2.6}$$

式中 R——材料层的热阻,$m^2 \cdot K/W$;

S——材料的蓄热系数,$W/(m^2 \cdot K)$。

②多层围护结构的 D 值应按式(2.7)计算,即

$$D=D_1+D_2+\cdots+D_n=R_1S_1+R_2S_2+\cdots+R_nS_n \tag{2.7}$$

式中 $R_1,R_2,\cdots,R_n$——各层材料的热阻,$m^2 \cdot K/W$;

$S_1,S_2,\cdots,S_n$——各层材料的蓄热系数,$W/(m^2 \cdot K)$,空气间层的蓄热系数 $S=0$。

③如某层有两种以上材料组成,则应先按式(2.8)计算该层的平均导热系数,即

$$\bar{\lambda}=\frac{\lambda_1F_1+\lambda_2F_2+\cdots+\lambda_nF_n}{F_1+F_2+\cdots+F_n} \tag{2.8}$$

然后按式(2.9)计算该层的平均热阻,即

$$\bar{R}=\frac{\delta}{\bar{\lambda}} \tag{2.9}$$

该层的平均蓄热系数按式(2.10)计算,即

$$\overline{S}=\frac{S_1F_1+S_2F_2+\cdots+S_nF_n}{F_1+F_2+\cdots+F_n} \tag{2.10}$$

式中 $F_1,F_2,\cdots,F_n$——该层中按平行于热流划分的各个传热面积,m^2;

$\lambda_1,\lambda_2,\cdots,\lambda_n$——各个传热面积上材料的导热系数,W/(m·K);

$S_1,S_2,\cdots,S_n$——各个传热面积上材料的蓄热系数,W/(m^2·K)。

该层的惰性指标 D 值应按式(2.11)计算,即

$$D=\overline{R}\,\overline{S} \tag{2.11}$$

《民用建筑热工设计规范》(GB 50176—93)规定,围护结构夏季室外计算温度平均值 $\bar{t}_e$,应按历年最热一天的日平均温度的平均值确定。围护结构夏季室外计算温度最高值 $t_{e,max}$,应按历年最热一天的最高温度的平均值确定。围护结构夏季室外计算温度波幅值 A_{te},应按室外计算温度最高值 $t_{e,max}$ 与室外计算温度平均值 $\bar{t}_e$ 的差值确定,并规定了围护结构隔热设计要求。

在房间全天24小时自然通风情况下,建筑物的屋顶和东、西外墙的内表面最高温度,应满足式(2.12)要求,即

$$\theta_{i,max}\leqslant t_{e,max} \tag{2.12}$$

式中 $\theta_{e,max}$——围护结构内表面最高温度,℃;

$t_{e,max}$——夏季室外计算温度最高值,℃。

这一规定已经不具备社会适应性,有待改进。

对于夏季太阳辐射照度(强度),《民用建筑热工设计规范》(GB 50176—93)规定:夏季太阳辐射照度应采取各地历年7月最大直射辐射日总量和相应日期总辐射日总量的累年平均值,通过计算分别确定东、南、西、北、垂直和水平面上逐时的太阳辐射照度及昼夜平均值。由于建筑热工设计分区未考虑建筑设备节能的要求,还不能作为建筑节能的气候分区。

2.4 城市建筑节能气候分类

建筑节能主要在城市,建筑节能的效果关键在于建筑节能措施对城市气候的适应性。建筑节能涉及建筑热工、设备、材料诸方面,各个方面与气候要素的适应关系不同。构建各城市的建筑节能体系,不能忽视气候差异性的影响。合理地利用城市气候资源,构建适宜不同气候的技术路线和关键技术,需要对城市建筑节能气候进行分类。

2.4.1 城市建筑节能气候分类的气候要素

1)初选气候要素集

城市建筑节能气候分类主要考虑以下气候要素:影响建筑热环境质量的气候要素;影

响建筑冷热耗量的气候要素;影响采暖空调技术应用与性能的气候要素。其中,重点是影响建筑冷热耗量和暖通空调能效比的气候要素。

(1)与冷热耗量有关的气候要素

①太阳辐射:影响建筑物得热量,从而影响采暖空调能耗。

②气温:直接影响采暖空调能耗。

③空气湿度:影响夏季湿负荷大小,新风处理能耗。

④高温持续时间和低温持续时间:影响空调采暖持续时间。

(2)与暖通空调能效有关的气候要素

①冬季太阳辐射:影响太阳能采暖的使用。

②最冷月平均温度:影响空气源热泵的使用。

③夏季相对湿度:影响蒸发冷却技术的使用。

④冬夏累积温度的差异:影响地源热泵的使用。

根据上述气候要素,确定了12个气候指标作为初始指标集(见表2.11)。

表2.11 初选指标集

采暖度日数 HDD18		年极端最低温度/℃	
空调度日数 CDD26		年极端最高温度/℃	
冬季(最冷3月)太阳辐射/($MJ \cdot m^{-2}$)		夏季(最热3月)平均温度/℃	
最冷月太阳辐射/($MJ \cdot m^{-2}$)		最热月平均温度/℃	
冬季(最冷3月)平均温度/℃		夏季(最热3月)相对湿度/%	
最冷月平均温度/℃		最热月相对湿度/%	

采暖度日数(HDD18):一年中,当某天的室外日平均温度低于18 ℃时,将低于18 ℃的摄氏温度数乘以1 d,并将此乘积累加,单位为℃·d,其公式为:

$$HDD18=\sum_{i=1}^{365}(18\ ℃-t_i)D \quad (t_i<18\ ℃) \tag{2.13}$$

空调度日数(CDD26):一年中,当某天的室外日平均温度高于26 ℃时,将高于26 ℃的摄氏温度数乘以1 d,并将此乘积累加,单位为℃·d,其公式为:

$$CDD26=\sum_{i=1}^{365}(t_i-26\ ℃)D \quad (t_i<26\ ℃) \tag{2.14}$$

其中,t_i为典型年第i天的日平均温度;D为1 d。计算中,当18 ℃ $-t_i$或t_i-26 ℃为负值时,取18 ℃ $-t_i=0$或t_i-26 ℃ $=0$。

2)指标的筛选

(1)指标地域差异分析　首先对初选指标进行空间变异,以确保指标具有地域差异。地域差异明显的指标对于区域的划分具有鲜明的分辨率,用各指标的空间变异系数C_v来区分指标空间分辨率的强弱:

$$C_v=\frac{s}{|\bar{x}|}\times 100\% \tag{2.15}$$

式中，s 为标准差；$\bar{x}$为均值，区域分布明显的指标，则变异系数大。通过计算 336 个城市的变异系数，舍去 $C_v<20\%$ 的指标。

(2)指标间相关分析　初始指标中，如果两指标之间相关显著，则取其中之一即可。例如，夏季太阳辐射和夏季气温之间相关显著，故可不取夏季太阳辐射作指标。总体相关系数的定义式为

$$\rho=\frac{\mathrm{Cov}(X_i,X_j)}{\sqrt{\mathrm{Var}(X_i)}\sqrt{\mathrm{Var}(X_j)}} \tag{2.16}$$

其中，$\mathrm{Cov}(X_i,X_j)$是指标 X_i 和 X_j 的协方差；$\mathrm{Var}(X_i)$和 $\mathrm{Var}(X_j)$分别为指标 X_i 和 X_j 的方差。总体相关系数是反映两指标之间相关程度的一种特征值，表现为一个常数，并进行统计假设 t 检验，判断其显著性。

(3)指标的确定　经指标间的相关分析，选取 HDD18 和 CDD26，最冷月平均温度，冬季太阳辐射和夏季相对湿度作为城市建设节能气候的指标。

2.4.2　城市建筑节能气候分类的指标体系

气候分区原则有：主导因素原则、综合性原则和主导因素与综合性相结合的原则。主导因素原则强调进行某一级区分时，必须采用统一的指标，适合于对某一重要气候因素进行分区；综合性原则强调分区气候的相似性，而不必用统一的指标去划分分区，主要用于多因素影响的气候分区。城市建设节能气候分类考虑将上述二者相结合的第三种原则，既强调某一重要因素的影响，又需要协调考虑其他因素。各城市进行分类指标分析后，可提出一些建筑节能意义较明确、分层次较符合客观实际和普适性强的指标体系。根据主导性原则将作为一级分类指标；根据综合性原则将最冷月平均温度，冬季太阳辐射和夏季相对湿度作为二级分区指标。

1) HDD18 和 CDD26

目前，对建筑能耗按气候条件进行修正的方法都基于这样的假设：建筑能耗可以分为两部分：一部分是与气候条件息息相关的(如空调能耗、采暖能耗)，并认为这部分能耗与气候参数(主要是室外空气温度、空调天数/采暖天数)呈线性关系；另一部分能耗与气候条件无关(如办公设备等的能耗)。国际上通用的方法——度日法(DD 法，DEGREE-DAY METHOD)是根据稳态传热理论发展起来、最初用于估计建筑的全年采暖能耗的一种方法。对于居住建筑，通常用采暖度日数 HDD18 和空调度日数 CDD26 衡量当地寒冷和炎热的程度。

采暖和空调降温的能耗除了温度的高低因素外，还与低温和高温持续时间长短有关。空调度日数和采暖度日数指标包含了冷热的程度和冷热持续的时间两个因素，用它作为分区指标更能反映空调、采暖需求的大小。因此，城市建筑节能气候分类采用采暖度日数 HDD18、空调度日数 CDD26 作为气候分区的一级指标，图 2.2 为全国 336 个城市 HDD18-CDD26 分布图。

根据 HDD18 和 CDD26 在图 2.2 中的散点分布特征，以 1 000，2 000，3 800 ℃ · d 为

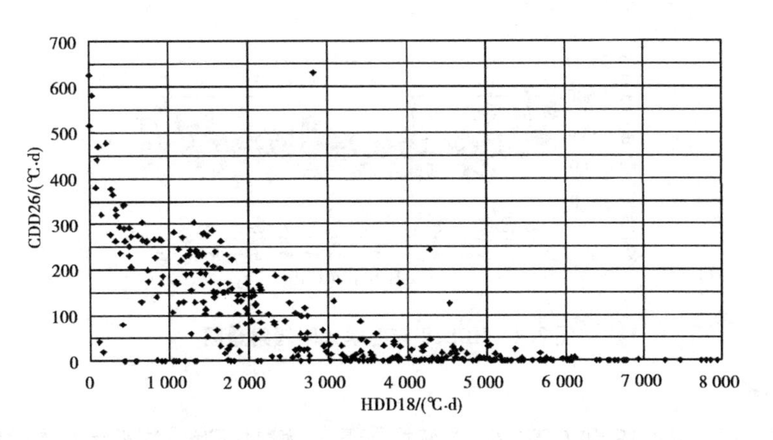

图 2.2　全国 336 个城市 HDD18-CDD26 分布图

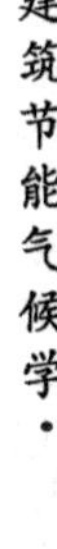

界，将 HDD18 划分为 4 级，分别代表冬季温暖(0 ~ 1 000 ℃ · d)、冷(1 000 ~ 2 000℃ · d)、寒冷(2 000 ~ 3 800℃ · d)、严寒(3 800 ~ 8 000℃ · d)；以 50 为界，将 CDD26 划分为两级，分别代表夏季凉爽(0 ~ 50)、热(50 ~ 650)。

2) 夏季相对湿度

建筑节能中湿度不可忽略，空气湿度除影响舒适度外，还决定着蒸发潜力的大小，尤其是夏季的湿度，蒸发冷却技术在干燥和比较干燥的地区，可以替代常规空调实现舒适性，其 COP 值高，从而可以大大节省空调制冷能耗。文献[1]利用温度和湿度将我国蒸发冷却技术适用区划分为东西两区，其中东区潮湿，西区干燥，西区蒸发冷却技术有很大的应用潜力。图 2.3 是 CDD26 和夏季相对湿度图，根据蒸发冷却技术的气候适应性，确定将夏季相对湿度≤50%，作为夏季的二级区划标准。

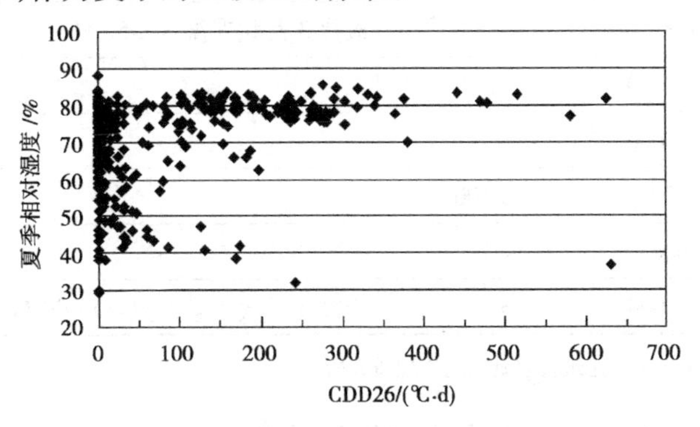

图 2.3　CDD26 与夏季相对湿度图

3) 冬季太阳辐射

冬季太阳辐射量直接影响室内获取能量的多少和温度的高低，是影响建筑能耗的重要指标。我国属于太阳能资源丰富的国家之一，全国总面积 2/3 以上地区年日照时数大于 2 000 h，辐射总量高于 5 000 MJ/(m^2 · a)。图 2.4 所示为 HDD18 与冬季太阳辐射量关系图。根据太阳辐射量的大小及冬季可利用程度，将冬季大于 1 000 MJ/m^2 视为太阳能资源丰富区，将最冷 3 月太阳辐射热≥1 000 MJ/m^2 作为冬季的二级区划标准。

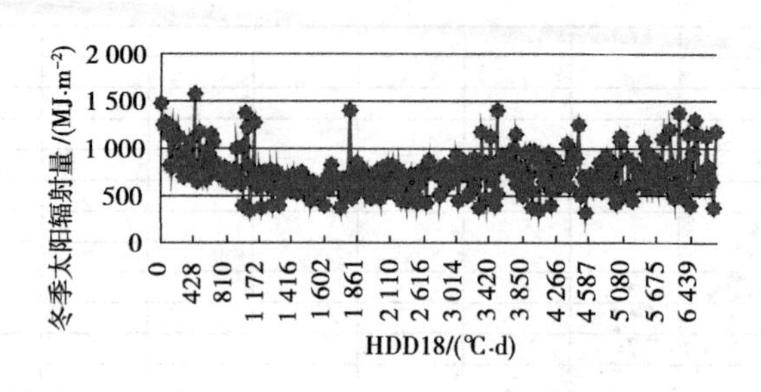

图 2.4　HDD18 与冬季太阳辐射量图

4)指标体系

根据一级指标 HDD18 和 CDD26,二级指标夏季相对湿度,冬季太阳辐射及最冷月平均温度对 336 个城市进行分析,将全国划分为 8 个区,即:严寒无夏、冬寒夏凉、冬寒夏热、冬冷夏凉、夏热冬冷、夏热冬暖、冬寒夏燥和冬暖夏凉地区。各城市建筑节能气候分类指标见表 2.12。

表 2.12　城市建筑节能气候分类指标

分　区	一 级 指 标		二 级 指 标
	HDD18/(℃·d)	CDD26/(℃·d)	
严寒无夏	≥3 800	<50	
冬寒夏凉	2 000 ~ 3 800	<50	HDD18≥3 800 ℃·d,最冷月平均温度≥ −10 ℃,最冷 3 月太阳辐射热≥1 000 MJ/m² 划入冬寒夏凉地区
冬寒夏热	2 000 ~ 3 800	≥50	
冬寒夏燥	≥2 000	≥50	最热 3 月相对湿度≤50 %
冬冷夏凉	1 000 ~ 2 000	<50	
夏热冬冷	1 000 ~ 2 000	≥50	
夏热冬暖	0 ~ 1 000	≥100	
冬暖夏凉	0 ~ 1 000	<100	
	1 000 ~ 2 000	≤50	最冷 3 月太阳辐射热≥1 000 MJ/m²

注:进行分区的气象参数来自中国建筑科学研究院物理研究所。

2.4.3　中国(大陆)城市建筑节能气候类型

根据表 2.12 对中国建筑节能气候区划的指标,采用全国 336 个城市的气象参数,将它们划分为 8 个建筑节能气候类型,分布情况见图 2.5。

1)严寒无夏类

该类主要分布在东北三省,内蒙古,新疆及青藏高原地区。冬季异常寒冷,最冷月平均气温小于 −10 ℃,日平均气温小于 5 ℃的天数在 136 ~ 283 d;夏季短促凉爽,最热月平均温度小于 26 ℃。大部分地区太阳辐射量大,如青海等地冬季太阳辐射热大于 1 000 MJ/m²。

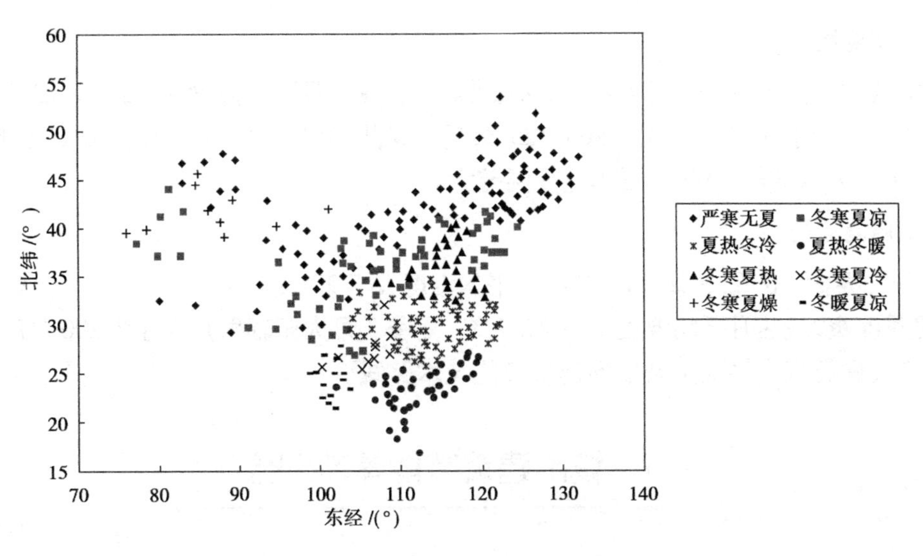

图2.5　中国(大陆)城市建筑节能气候分类分布图

2)冬寒夏凉类

该类气候特征与严寒无夏地区相似,但寒冷程度小、时间短些,最冷月平均温度大于-10 ℃,日平均气温小于5 ℃的天数在56~142 d(不包括以辅助指标划入该区的城市);另外,将冬季太阳辐射热≥1 000 MJ/m²,最冷月平均温度小于-10 ℃,以红原、玉树等为代表HDD18≥3 800 ℃·d的地区也纳入该区。

3)冬寒夏热类

该类气候条件较恶劣,冬季寒冷且长,最冷月平均气温在-5.5 ~1.3 ℃,全年日平均温度低于5 ℃天数达67~115 d,冬季太阳辐射量在415~836 MJ/m²,比较丰富;夏季炎热,最热月平均温度大于26 ℃,气温高于26 ℃的天数在32~80 d,且昼夜温差较大。

4)冬冷夏凉类

该类气候特征为冬季冷,冬季太阳辐射量在383~841 MJ/m²,最冷月平均温度在3.7~8.5 ℃;夏季凉爽湿度大,最热月平均温度低于26 ℃,夏季相对湿度在72%~86%。

5)夏热冬冷类

该类主要位于长江流域,夏季闷热高湿,最热月平均温度26.5 ~30.5 ℃,相对湿度80%左右,太阳辐射热大于1 000 MJ/m²;冬季阴冷,太阳辐射热小于750 MJ/m²,个别城市不足400 MJ/m²,最冷月平均气温0 ~8.6 ℃,是世界上同纬度下气候条件最差的城市。

6)夏热冬暖类

该类气候特征冬季暖和,最冷月平均温度大于9 ℃,冬季太阳辐射热600~1 500 MJ/m²;夏季长而炎热,最热月平均温度大于27 ℃。全年日平均温度大于26 ℃的天数达82~265 d,相对湿度约为80%,太阳辐射强烈,大于1 200 MJ/m²,个别地区大于2 000 MJ/m²,降雨丰沛,是典型的亚热带气候。

7）冬寒夏燥类

该类气候特征为冬季非常寒冷，且采暖期较长，最冷月平均温度 -2.2 ~ -17.2 ℃，全年日平均气温低于5 ℃的天数在96 ~ 125 d；夏季燥热相对湿度较小，小于50%，太阳辐射强烈，在1 200 ~ 2 300 MJ/m^2，夏季昼夜温差大。

8）冬暖夏凉类

该类气候条件舒适，冬季温暖，最冷月平均温度大于9 ℃，冬季太阳辐射在1 000 MJ/m^2左右；夏季凉爽，最热月平均温度18 ~ 25.7 ℃，夏季3月太阳辐射热大于1 200 MJ/m^2。

城市气候类型直接决定城市的建筑节能技术路线。

2.5 城市建筑节能季节划分

2.5.1 城市建筑节能季节划分的舒适度模型

1）常用的季节划分方法

季节是一年中以气候的相似性划分出的几个时段。季节的划分，有以天文因子为主的，也有以气候要素特征为主的，不同的方法所划分的季节时段不尽相同。由于10 ℃以上适合于大部分农作物生长，一年中维持在10 ℃以上的时间的长短对农业生产的影响很大。中国的农业气候季节划分，平均气温低于10 ℃为冬季，高于22 ℃的为夏季，10 ~ 22 ℃的为春秋过渡季，并划出各地四季的长短。按此标准划分四季，则长江中下游地区春秋两季各约2个月，冬夏各约4个月。其中，中游地区夏季比冬季长，而下游地区冬季比夏季略长。长江流域西部夏季3 ~ 4个月，冬季约3个月。具体见表2.13。

表2.13 长江流域不同城市四季开始期和持续日数

测站	春季		夏季		秋季		冬季	
	开始期	持续天数/d	开始期	持续天数/d	开始期	持续天数/d	开始期	持续天数/d
上海	4月2日	71	6月12日	107	9月26日	61	11月26日	126
南通	4月5日	72	6月15日	93	9月17日	63	11月19日	137
长沙	3月12日	70	5月21日	130	9月28日	60	11月27日	105
衡阳	3月12日	65	5月16日	140	10月3日	60	11月2日	100
安庆	3月28日	56	5月23日	128	9月28日	56	11月23日	125
南昌	3月23日	56	5月18日	133	9月28日	56	11月23日	120
武汉	3月18日	61	5月18日	128	9月23日	56	11月18日	120
宜昌	3月13日	66	5月18日	128	9月23日	61	11月23日	110

续表

测站	春季		夏季		秋季		冬季	
	开始期	持续天数/d	开始期	持续天数/d	开始期	持续天数/d	开始期	持续天数/d
徐州	4月4日	61	6月4日	98	9月9日	59	11月6日	150
合肥	3月28日	56	5月23日	123	9月23日	56	11月18日	130
成都	3月5日	81	5月25日	113	9月15日	76	11月25日	95
重庆	2月15日	94	5月25日	128	9月25日	76	12月15日	67
遵义	3月15日	82	6月5日	97	9月15日	71	11月25日	115

除温度划分四季外,其他气候带因其气候的特殊性,常采用其他气候要素划分气候季节。在热带和一些亚热带地区,气温的年变化较小,常用降水量或风向的变化来划分季节。故有干季和雨季、东北信风季和西南信风季等。这种划分季节的方法,在南亚次大陆尤为通用。在北非大部分地区,把一年划分为凉季、热季和雨季3个季节。在极地附近,则按日照的状况划分为永昼的夏季和长夜的冬季2个季节。在地势高亢的青藏高原,冬半年干旱、多大风,夏半年多降水,故全年大体可分为风季(干季)和雨季两个季节。对下垫面不同的其他地区,如海洋和内陆,森林和草原,都因气候不同,而可采取不同的划分季节的标准,以适应当地的生产和生活的需要。

2)建筑节能领域的主要生物气象指数

建筑节能季节划分的目的是充分利用室外气候资源,维持室内环境的舒适、健康,指导人们的室内环境调控行为,有效地降低能源消耗。所以,城市建筑节能季节划分宜用人体舒适与卫生标准。

为了从气象角度来评价空气环境对人体影响的综合效应,人类生物气学家提出了各种不同类型的生物气象指数,用以描述在不同的气象条件下人体的舒适程度和感觉。

生物气温指标根据研究的不同角度分为4类:第一类是通过测定环境气象中气象因素而制定的评价指标,如湿球温度、卡他温度、黑球温度;第二类是根据主观感觉结合环境气象因素制定的指标,人们多数用经验公式表示的人体舒适度就是这类指标;第三类是根据生理反应综合气象因素制定的指标,如湿黑球温度;第四类是根据机体与环境之间所热交换情况制定的指标,如热应激指标等。

Yagtou 和 Houghten(1947)根据人体在不同气温、湿度和风速条件下所产生的热感觉指标提出了实感温度。Lots 和 Wezler(1951)描述了气流对人体舒适感的影响。Burton(1955)等指出了湿度对人体舒适感影响的特点:当气温适中时,大气湿度变化对人体舒适感的影响较小;当气温较高或偏低时,湿度变化才对人体的温热感产生影响。Thom(1959)和 Bosen 提出和发展的不适指数(DI)应用较为广泛,后来由美国国家气象局用于夏季舒适度及工作时数预报的温湿指数。这些研究都已认识到当气温较高时,高湿会加剧人体对热的感觉,而当气温较低时,风常使人倍觉寒冷,直到1966年,特吉旺才正式提出舒适度指数和风效指数的概念。我国国土广阔,包括了严寒地区、寒冷地区、夏热冬冷地区、夏热冬暖地区和温和地区5个不同的气候区,各区域之间的气候差异大,没有一个能普遍适用的舒适度模型和指标体系。

3)建筑节能季节划分的舒适度模型

现有的暖通空调领域热舒适标准是基于空调环境下的热舒适;现有的气候学领域的生物气象指数对于我国气候差异较大的特点不具有普适性。它们都不宜用来划分我国建筑节能季节。需要提出适应我国气候和社会的建筑节能季节划分的舒适度模型。

美国生物气象学家Stamen从人体热量平衡的角度研究人体对冷热的具体感受程度。人体获得热量的主要方式:一是体内新陈代谢产生的热量(Q),二是通过皮肤和衣服吸收的热量(Q_g)。人体的失热由3部分组成,即肺呼吸作用失热(Q_v)、衣着失热(Q_f)和人体裸露部分失热(Q_u)。以φ_2表示人体衣着部分的面积系数,确定了温热和酷热条件下的人体热量平衡方程,即

$$Q + Q_g = Q_v + \varphi_2 Q_f + (1 - \varphi_2) Q_u \tag{2.17}$$

热季的AT模型是指当日平均气温在21 ℃以上时,由于温度较高,不考虑衣着覆盖率的热平衡方程为

$$Q + Q_g = Q_v + Q_u \tag{2.18}$$

为方便讨论,在进行理论计算时假设$Q_g = 0$,此时

$$Q = Q_v + Q_u$$

其中,Q_v因为在炎热状态下从肺中呼出的气体几乎和人体表面的温度及水汽压相同。此时,肺散热量仅是海平面状况下散失热量的2%~12%。

根据McCutchan和Tayhor等(1951)给出的肺散失热量表达式

$$Q_v = 0.143 - 0.001\,12 T_a - 0.016\,8 e_a \tag{2.19}$$

其中,T_a为气温(℃),e_a为周围空气中的水汽压(kPa),可求得Q_u为

$$Q_u = \frac{T_b - T_a}{R_s + R_a} + \frac{e_b - e_a}{Z_s + Z_a} \cdot \frac{R_a}{R_s + R_a} - Q_g \frac{R_a}{R_s + R_a} \tag{2.20}$$

其中,R_s为皮肤的显热传递阻力($m^2 \cdot kW^{-1}$),Z_s为潜热传递阻力($m^2 \cdot kW^{-1}$),R_a为空气中的显热传递阻力($m^2 \cdot kW^{-1}$),Z_a为空气中的潜热传递阻力($m^2 \cdot kW^{-1}$),T_b为体温(℃),e_b为体内水汽压(kPa)。

Q是一个随年龄、性别、活动剧烈程度而变化的量。

由以上分析,在气温大于21 ℃时的人体热量平衡方程可表达如下。

$$Q = Q_v + \frac{T_b - T_a}{R_s + R_a} + \frac{e_b - e_a}{Z_s + Z_a} \frac{R_a}{R_s + R_a} - Q_g \frac{R_a}{R_s + R_a} \tag{2.21}$$

冷季AT模型是指气温在21 ℃以下的人体热量平衡方程。它与21 ℃以上的热季AT模型的差异在于模型必须考虑人体衣着的厚度。其热量平衡方程为

$$Q + Q_g = Q_v + \varphi_2 Q_f + (1 - \varphi_2) Q_u \tag{2.22}$$

凉爽条件下Q_v其值等于在海平面肺呼吸散热的热量,它和风速,辐射无关,主要取决于空气温度和水汽压。其表达式为

$$Q_v = 25.7 - 0.202T_a - 3.05e_a \tag{2.23}$$

Q_u 和 Q_f 当辐射存在有衣着覆盖时,裸露部分散失的热量(Q_u)和 $T_a > 21$ ℃时相同,而有衣着覆盖部分散失的热量(Q_f)应考虑衣服潜热传递阻力和显热传递阻力。其表达式分别为

$$Q_u = \frac{T_b - T_a}{R_s + R_a} + \frac{e_b - e_a}{Z_s + Z_a}\frac{R_a}{R_s + R_a} - Q_g\frac{R_a}{R_s + R_a} \tag{2.24}$$

$$Q_f = \frac{T_b - T_a}{R_s + R_f + R_a} + \frac{e_b - e_a}{Z_s + rR_f + Z_a}\frac{R_f + R_a}{R_f + R_s + R_a} - Q_g\frac{R_a}{R_s + R_f + R_a} \tag{2.25}$$

其中,R_f 为衣服的显热传递阻力($m^2 \cdot kW^{-1}$),Z_f 为衣服的潜热传递阻力($m^2 \cdot kW^{-1}$)。

综合上式,考虑衣着覆盖时,人体的热量平衡方程为

$$Q = Q_v + (1 - \varphi_2)\left[\frac{T_b - T_a}{R_s + R_a} + \frac{e_b - e_a}{Z_s + Z_a}\frac{R_a}{R_s + R_a} - Q_g\frac{R_a}{R_s + R_a}\right] + \varphi_2\left[\frac{T_b - T_a}{R_s + R_f + R_a} + \frac{e_b - e_a}{Z_s + rR_f + Z_a}\cdot\frac{R_f + R_a}{R_f + R_s + R_a} - Q_g\frac{R_a}{R_s + R_f + R_a}\right] \tag{2.26}$$

2.5.2 AT模型的气候适应性和社会适应性验证

为了验证AT模型的气候适应性和社会适应性,利用AT模型计算上海、武汉、北京的AT值并和地方模型计算的结果相比较,验证AT模型的适应性,并确定AT值的舒适区间。

(1)上海模型　上海市气象局根据当地的气候条件,分别建立了适用于本地区夏半年和冬半年的人体舒适度指数公式:

夏半年:

$$I_s = 1.8T_d - 0.145R_h(1.8T_d - 26) + \alpha_1(T_d - 33)\sqrt{u} + 0.134S + 27 \tag{2.27a}$$

冬半年:

$$I_s = 1.8T_d - 0.122R_h(1.8T_d - 26) + \alpha_2(T_d - 33)\sqrt{u} + 0.641S + 27 \tag{2.27b}$$

其中,T,R_h,u,S 分别是温度(℃)、相对湿度(用小数表示)、风速(m/s)及日照时数;α_1,α_2 分别是夏半年和冬半年的风向订正系数,$\alpha_1 = -0.07$,$\alpha_2 = 0.041$。

表2.14反映了舒适度指数分级和相应的人体感觉。上海体感温度与AT值如图2.6所示。

表2.14　舒适度指数分级和相应的人体感觉

级别	舒适度指数	人体感觉	级别	舒适度指数	人体感觉
一	<0	极冷,裸露皮肤冻伤	七	71~75	暖,少部分人感觉不舒适
二	0~25	很冷,极不舒适	八	76~80	热,大部分人不舒适
三	26~38	冷,不舒适	九	81~85	炎热,不舒适
四	39~50	很凉,大部分人感觉不舒适	十	86~88	暑热,极不舒适
五	51~58	凉,少部分人感觉不舒适	十一	≥89	酷热,有中暑可能
六	59~70	感觉舒适			

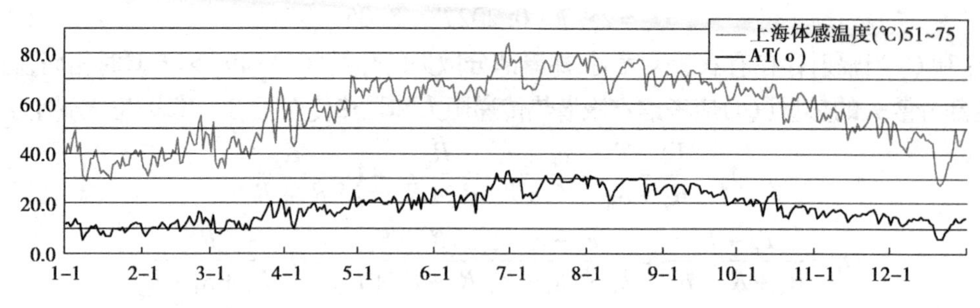

图 2.6 上海体感温度与 AT 值

根据全年上海体感温度($T_{shanghai}$)的计算,二者之间有很好的线性相关,其线性回归方程和相关系数为

$$T_{shanghai}=0.126AT+34.591 \quad (R^2=0.952, n=365) \tag{2.28}$$

说明 AT 值能反映上海舒适度的变化情况。

用上海模型计算的舒适度指数在 51 ~ 58 时人体感觉为凉,少部分人感觉不舒适,59 ~ 70 时感觉舒适 ~ 暖,71 ~ 75 时少部分人感觉不舒适。广义舒适区间为 51 ~ 75。根据全年计算结果可知,上海的舒适时段在 17 ~ 39 候和 48 ~ 64 候。这些时段对应的 AT 值在 15 ~ 27.1。

(2)武汉模型　武汉市考虑了人体皮肤散热方式、代表性人群的具体感受,提出了体感温度的舒适度预报方案

$$T_f=\begin{cases} T_a+\dfrac{9.0}{T_M-T_n}+\dfrac{R_h-50.0}{15.0}-\dfrac{u-2.5}{3} & T_M\geqslant 33.6 \\ T_a+\dfrac{R_h-50}{15.0}-\dfrac{u-2.5}{3} & 12.1\leqslant T_M\leqslant 33.6 \\ T_a-\dfrac{R_h-50.0}{15.0}-\dfrac{u-2.5}{3} & T_M<12.1 \end{cases} \tag{2.29}$$

其中,T_M 为日最高气温(℃);T_n 为日最低气温(℃);T_a 为环境气温(℃);并制定了体感温度的感受级别如表 2.15。

表 2.15　武汉市体感温度级别表

体感温度范围/℃	级　别	感　受	建议预防措施
≥41.5	五级	极端热,难以忍受	尽量避免室外活动
41.5 ~ 37.5	四级	酷热,非常难受	尽量减少室外活动
37.5 ~ 34.5	三级	炎热,感觉难受	需要开空调
34.5 ~ 30.0	二级	热,感觉不太舒适	需要开电扇
30.0 ~ 27.0	一级	温和,感觉舒适	放心工作积极活动
27.0 ~ 21.0	零级	凉爽,感觉很好	工作生活心情舒畅
21.0 ~ 13.0	负一级	凉,感觉有点冷	需要穿夹衣
13.0 ~ 5.0	负二级	冷,感觉不太舒适	需要穿毛衣
5.0 ~ 1.1	负三级	很冷	需要穿棉衣
-5.0 ~ 1.1	负四级	酷冷	尽量采取保暖措施
< -5.0	负五级	严寒	注意防冻疮

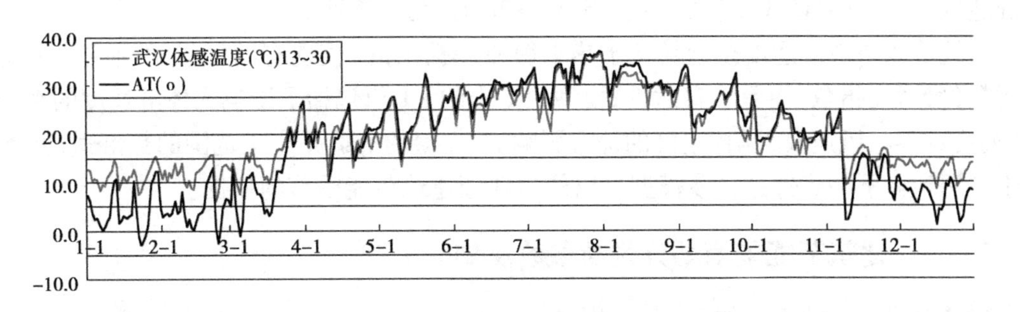

图 2.7　武汉体感温度与 AT 值

根据全年武汉体感温度(T_{wuhan})的计算,二者之间有很好的线性相关,其线性回归方程和相关系数为:

$$T_{wuhan}=0.0991\text{AT}+0.4925\quad(R^2=0.956,n=365)\tag{2.30}$$

说明 AT 值能反映武汉舒适度的变化情况。

如图 2.7 所示,用武汉模型计算的舒适度指数在 30 ~ 27 时温和,感觉舒适;27 ~ 21 时感觉凉爽,感觉很好;21 ~ 13 时凉,感觉有点冷,因此广义舒适区间为 13 ~ 30,根据全年计算结果可知,武汉的舒适时段在 17 ~ 33 候和 47 ~ 62 候。这些时段对应的 AT 值在 14.7 ~ 28.2。

(3)北京模型　北京市气象局得出了北京地区的人体舒适度指数公式:

$$I=1.8T-0.55\times(1-H)+32-3.2\sqrt{U}\tag{2.31}$$

根据全年北京体感温度($T_{beijing}$)与 AT 值的计算,二者之间有很好的线性相关,其线性回归方程和相关系数为:

$$T_{beijing}=0.1873\text{AT}+15.425\quad(R^2=0.9919,n=365)\tag{2.32}$$

说明 AT 值能反应北京舒适度的变化情况。

如图 2.8 所示,用北京模型计算的舒适度指数在 51 ~ 58 时人体感觉为凉,少部分人感觉不舒适,59 ~ 70 时人体感觉舒适,71 ~ 75 时人体感觉为暖,少部分人感觉不舒适,因此广义舒适区间为 51 ~ 75,根据全年计算结果可知,北京的舒适时段在 21 ~ 34 候和 44 ~ 59 候。这些时段对应的 AT 值在 15.8 ~ 27.6。

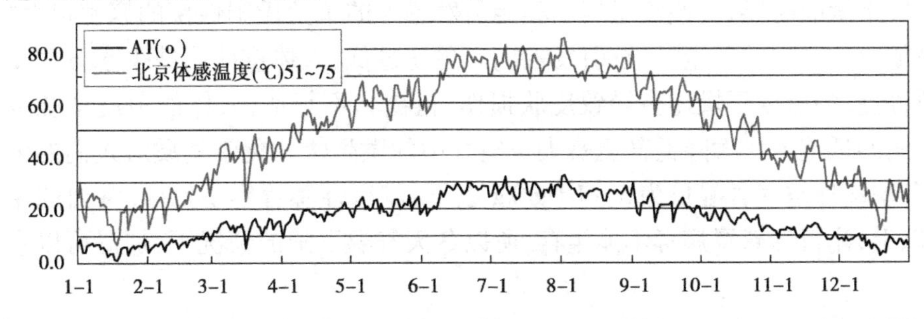

图 2.8　北京体感温度与 AT 值

综上所述,AT 模型的计算结果与上海、武汉、北京模型的计算结果一致,AT 模型适用于上述 3 个城市。综合上述 3 地计算结果确定舒适区的 AT 值为 15 ~ 28,即 15 < AT < 28

为舒适区。当 AT < 15 时，为冷不适；当 AT > 28 时，为热不适。

建筑节能季节舒适度模型是基于热平衡原理提出的，较现有的气候学领域的生物气象指数（舒适度指数）更具有普适性，模型中提出的 AT 值包括了影响人体舒适度的4个参数（温度、湿度、风速及太阳辐射）的综合影响。AT 值的舒适是广义范围的热舒适，并不局限于空调环境下的热舒适。该模型可以作为划分建筑节能季节的依据。

2.5.3 建筑节能季节划分判断参数及划分标准

建筑节能季节的定义如下：

通风期：采用通风方式能达到室内的舒适性热环境质量要求的时段。

除湿期：一年中，除采暖期和空调期外，需要对进入室内的室外空气进行除湿才能维持建筑室内所要求的热湿环境质量的时段。

加湿期：一年中，需要对进入室内的室外空气进行加湿才能维持建筑室内所要求的热湿环境质量的时段。

空调期：采用通风或除湿方式不能达到室内的舒适性热环境质量要求时空调设备需要运行的时段。

采暖期：采用通风或除湿方式不能达到室内的舒适性热环境质量要求时采暖设备需要运行的时段。

与建筑节能季节划分有关气象参数包括空气温度、大气湿度、辐射、空气流速。以 AT 值作为第一划分参数，它反映了温度、湿度、风速及太阳辐射对人体舒适度的综合影响。

以相对湿度作为第二指标，它反映了卫生学和医疗气候学的要求。从卫生学及医疗气候学对湿度的要求角度来考虑，在低湿度环境中，人们常抱怨鼻子、咽喉、眼睛和皮肤干燥。低湿度下，呼吸道内纤毛的自净能力和噬菌细胞的活动能力减小，增加了呼吸器官受病毒感染的可能性和不舒适性。有研究结果表明，当空气湿度低于40%的时候，鼻部和肺部呼吸道黏膜脱水，弹性降低，黏液分泌减少，黏膜上的纤毛运动减缓，灰尘、细菌等容易附着在黏膜上，刺激喉部引发咳嗽，也容易发生支气管炎、支气管哮喘以及呼吸道的其他疾病。空气干燥的时候，会使流感病毒和能引发感染的革兰氏阳性菌的繁殖速度加快，而且也容易随着空气中的灰尘扩散，引发疾病。湿度过低，人体皮肤因缺少水分而变得粗糙甚至开裂，皮肤的极度干燥还会导致皮肤损伤、粗糙和不舒适，人体的免疫系统也会受到伤害对疾病的抵抗力大大降低甚至丧失。空气中的微生物和化学物质对人们的健康影响很大，在冬季室外空气含湿量为 5 ~ 10 g/kg 以下，流行性感冒容易发生，室内的相对湿度为 50 % 以上，流行性感冒病毒不能生存，所以冬天气温下降的情况下，加湿可以预防流行性感冒。

在较高湿度下，人体上呼吸道黏膜表面的冷却不充分，空气闷热且不新鲜。空气湿度影响受试者的呼吸散热，进而对整个人体的热舒适水平有影响。从高空气湿度引起呼吸不适的角度，提出另外一个预测由于呼吸散热减少而引起不满意的人数的百分比模型（见图2.9），并从热舒适角度给出人们所处环境的湿度上限。在热中性环境中，即使空气相对湿度达到100%,有时也能满足人的热舒适需要。

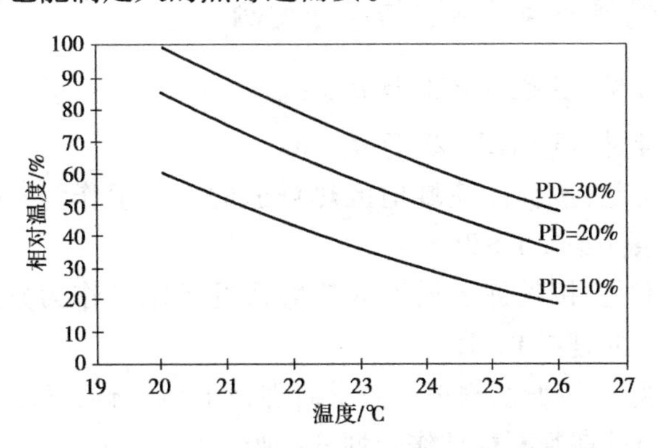

图2.9　因呼吸散热减少而引起不满意的人数的百分比模型中对应于10%、20%和30%不满意率时空气的温度和相对湿度组合

高温环境中,如果相对湿度高于70%,常常会引起人体的不适,而且这种不适感随空气湿度的增加而增加。湿度为80%下的热不舒适程度要大于70%或更低湿度状况,同时室内环境相对湿度较大会造成建筑潮湿,甚至有时会出现凝水现象。Nevins建议在热舒适区暖和的一侧相对湿度不要超过60%。这一限制条件是根据室内霉菌的生长和其他与湿度有关的现象而制订的,并没有从人体热舒适的角度去考虑和限制。

湿度在影响室内空气品质方面,Toftum的实验结果表明干燥和冷一些的空气让人感觉空气更新鲜,同时受试者对空气的可接受程度与空气焓值有直接关系。Berglund也发现,即使在一间干净、无异味、通风良好的房间中,随着湿度的增加,受试者仍会感觉到空气质量变差,而且这种感觉并没有随着暴露时间的增加而改善。

医学研究表明,当空气湿度高于65%或低于38%时,病菌繁殖滋生最快,当相对湿度在45%~55%时,病菌死亡较快。气温与湿度还可以影响细菌及病毒在呼吸道的生长,湿度大时,革兰阴性细菌易于繁殖,湿度较小时,革兰氏阳性细菌及流感病毒易于繁殖。真菌生长繁殖的最佳条件一是气温在25~28 ℃,二是空气相对湿度在70%以上,且易传播流行。霉菌生长繁殖的最佳条件一是室温25~35 ℃,二是空气相对湿度在70%左右,若不除湿,会使室内物品发霉。螨是室内一种非常普遍的微生物空气污染物。螨的体内占体重70%~75%的重量是水,为了生存要维持这一比例水分,它主要来源是周围的水蒸气。它们可以直接从不饱和空气中摄取水分,实验研究表明螨最理想的生长繁殖条件是在温度25 ℃,相对湿度70%~80%。

综合考虑上述卫生学成果,确定当温度>25 ℃且相对湿度>70%的范围需要除湿,当温度<18 ℃且相对湿度<40%的范围需要加湿。为了简化判断指标和后期的能耗计算,选择含湿量作为判断参数,计算温度$t=25$ ℃,$\varphi=70\%$时的含湿量d,当室外含湿量$d_i>d$时需要除湿。计算温度$t=18$ ℃,$\varphi=40\%$时的含湿量d,当室外含湿量$d_i<d$时需要加湿。通过计算,重庆$d=14.48$ g/kg,上海$d=14.01$ g/kg,武汉$d=14.06$ g/kg。因此,从卫生学的角度确定除湿期的判断指标为室外含湿量$d_i>14$ g/kg。

2.5.4　建筑节能季节判断标准与划分案例

除湿期的判断标准是：15 < AT < 28 且 $d_i > d$。

通风期的判断标准是：15 < AT < 28 且 $d_i < d$。

空调期的判断标准是：按长江流域地区热舒适的上限值作为判断是否属于空调期。则属于空调期的判断条件是：AT > 28。

采暖期的判断标准是：按长江流域地区热舒适的下限值作为判断是否属于采暖期。则属于采暖期的判断标准是：AT < 15。

由于天气的随机性与波动性，根据气象学原理，5 日为一候，确定建筑节能季节划分以候平均值满足上述季节分期判断标准作为划分原则。

选择长江流域东、中、西代表城市上海、武汉、重庆为例。根据典型气象年数据（中国建筑热环境分析专用气象数据集）按建筑节能季节判断条件进行建筑节能季节划分。

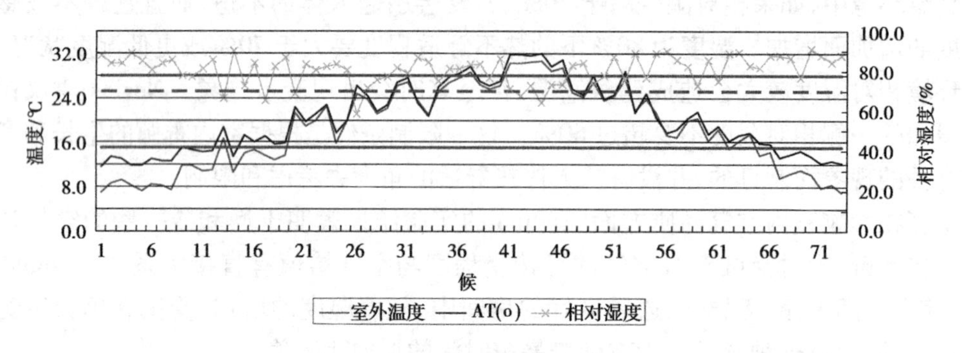

图 2.10　重庆建筑节能季节划分图

如图 2.10 所示，重庆建筑节能季节划分如下：

①通风期：(130 天)

15 ~ 29 候：3 月 12 日—5 月 25 日(75 天)

56 ~ 66 候：10 月 3 日—11 月 26 日(55 天)

②除湿期：(45 天)

30 ~ 35 候：5 月 26 日—6 月 24 日(30 天)

53 ~ 55 候：9 月 18 日—10 月 2 日(15 天)

③采暖期：(105 天)

1 ~ 14 候：1 月 1 日—3 月 11 日(70 天)

67 ~ 73 候：11 月 27 日—12 月 31 日(35 天)

④空调期：(85 天)

36 ~ 52 候：6 月 25 日—9 月 17 日(85 天)

如图 2.11 所示，上海建筑节能季节划分如下：

①通风期：(140 天)

17 ~ 31 候：3 月 22 日—6 月 4 日(75 天)

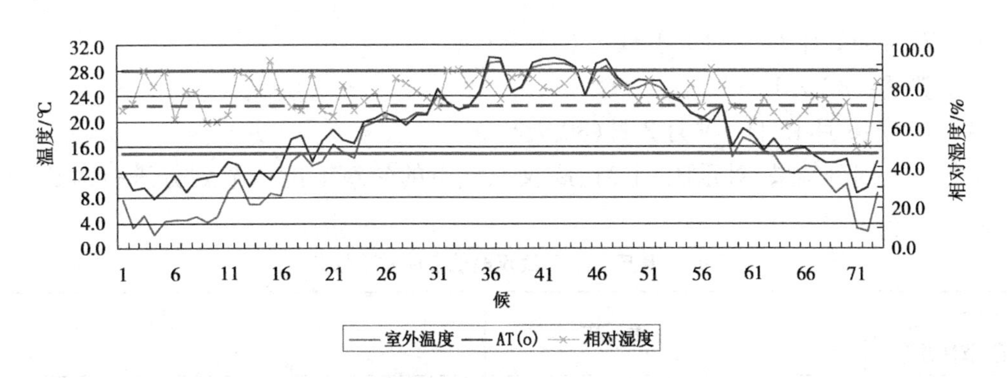

图 2.11　上海建筑节能季节划分图

54~66 候:9 月 23 日—11 月 26 日(65 天)

②除湿期:(50 天)

32~35 候:6 月 5 日—6 月 24 日(20 天)

48~53 候:8 月 24 日—9 月 22 日(30 天)

③采暖期:(115 天)

1~16 候:1 月 1 日—3 月 21 日(80 天)

67~73 候:11 月 27 日—12 月 31 日(35 天)

④空调期:(60 天)

36~47 候:6 月 25 日—8 月 23 日(60 天)

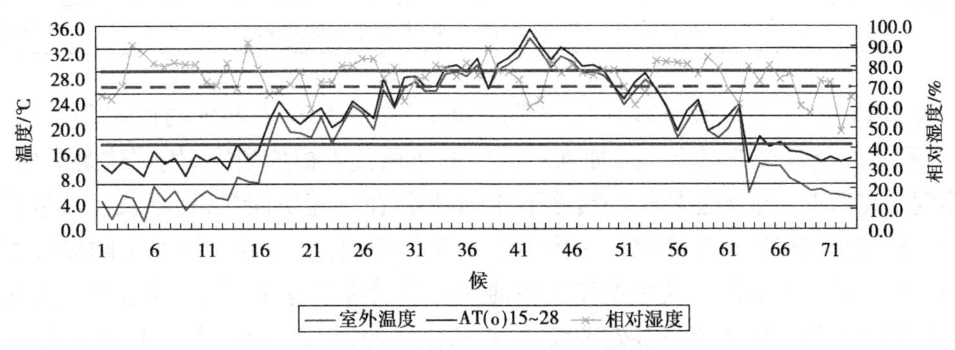

图 2.12　武汉建筑节能季节划分图

如图 2.12 所示,武汉建筑节能季节划分如下:

①通风期:(130 天)

17~30 候:3 月 22 日—5 月 30 日(70 天)

51~62 候:9 月 8 日—11 月 6 日(60 天)

②除湿期:(20 天)

31~33 候:5 月 31 日—6 月 14 日(15 天)

50 候:9 月 3 日—9 月 7 日(5 天)

③采暖期:(135 天)

1~16 候:1 月 1 日—3 月 21 日(80 天)

63~73 候:11 月 7 日—12 月 31 日(55 天)

④空调期:(80 天)

34~49 候:6 月 15 日—9 月 2 日(80 天)

根据以上划分结果,对重庆、上海、武汉三城市的建筑节能季节划分进行对比,见表 2.16。

表 2.16 重庆、上海、武汉建筑节能季节划分对比

建筑节能季节 \ 地区		重 庆	上 海	武 汉
通风期	天数/d	130	140	130
	起止日期	3 月 12 日—5 月 25 日 10 月 3 日—11 月 26 日	3 月 22 日—6 月 4 日 9 月 23 日—11 月 26 日	3 月 22 日—5 月 30 日 9 月 8 日—11 月 6 日
除湿期	天数/d	45	50	20
	起止日期	5 月 26 日—6 月 24 日 9 月 18 日—10 月 2 日	6 月 5 日—6 月 24 日 8 月 24 日—9 月 22 日	5 月 31 日—6 月 14 日 9 月 3 日—9 月 7 日
采暖期	天数/d	105	115	135
	起止日期	1 月 1 日—3 月 11 日 11 月 27 日—12 月 31 日	1 月 1 日—3 月 21 日 11 月 27 日—12 月 31 日	1 月 1 日—3 月 21 日 11 月 7 日—12 月 31 日
空调期	天数/d	85	60	80
	起止日期	6 月 25 日—9 月 17 日	6 月 25 日—8 月 23 日	6 月 15 日—9 月 2 日

由表 2.15 可见,长江流域通风/除湿期时间长,全年 50% 左右的时间都为通风/除湿期,而通风期占全年 35% 以上。应加强该地区的通风技术措施研究,优化建筑通风,合理控制湿度。在低能耗或无能耗控制措施下,降低长江流域建筑能耗,保证长江流域住宅热湿环境。长江流域住宅通风应重视室内湿度计算与控制,考虑通风技术与除湿技术的综合应用。针对长江流域的气候特点和住宅通风方式与降温除湿要求,可着力开发相关的温湿度控制产品和通风系统除湿处理设备,推动该区的建筑节能工作。由于通风期、除湿期、空调期交替出现,需要研究长江流域住宅通风、除湿、空调的配合与转换策略,重视室内湿度计算与控制,考虑通风技术、除湿技术与空调技术的综合应用。

在供暖除湿和降温季节中,即使全天有人的建筑,也并非 24 小时都需要供暖或供冷,因此,将一天 24 小时划分为供暖(冷)时段和通风时段是有节能意义的。在供暖季节的一天中,可能出现不需供暖的时段。例如,当太阳辐射供给室内的热量是足以用来弥补建筑(房间)的耗热量时,建筑进入供暖季节中的不供暖时段。在降温季节中,一天中某些时段,室外空气温度、湿度低于室内设定值时,可以依靠通风(自然或机械)措施排除室内的余热余湿,维持热舒适状态,不必启动供冷除湿系统。所以,有 4 个层面上的建筑节能季节划分和时段划分。

①建筑节能气候区划出的季节划分。这一层面的季节划分由自然气候条件决定。建

筑节能气候区划的季节划分对建筑节能的区域性决策和科技研发有重要的参考价值。

②城市的建筑节能季节划分。这一层面除自然气候条件起决定性作用外,城市自身状况形成的城市微气候也会产生重要影响。城市的建筑节能季节划分和城市所属的气候区划一样,是城市开展建筑节能工作的重要依据。各城市应通过专题研究,确定自己城市的建筑节能季节划分。

③建筑的建筑节能季节和时段划分。这一层面除当地自然气候和城市微气候的决定性作用外,建筑本体的气候适应性也将明显影响自身的季节划分和时段划分。这就意味着同一城市的不同建筑,提高其能效是困难的。建筑的季节和时段划分是决定建筑设备方案的重要信息,在进行建筑规划设计时,应予以重视。

④房间的建筑节能季节和时段划分。这一层面上,除决定建筑季节和时段划分的各因素外,房间的建筑节能综合特性(包括热工性能、内热源、使用状况等)也将影响房间的季节和时段划分。在房间这一层面,时段划分比季节划分更为重要,它是建筑暖通空调系设置和运行调控策略的重要依据。同一系统内各房间运行时段差异性大,调节复杂,能效不高。可以将同时处于供暖时段和供冷时段的房间组织在一个系统中,可以冷热适用,获得很高的能效。

2.6 建筑的气候适应性

2.6.1 建筑的热抵御能力和热亲和能力

建筑本体的节能性能主要表现为气候适应性能,可用建筑对恶劣气候的热抵御能力和对良好气候的热亲和能力衡量。

气候适应能力对建筑环境的舒适性、健康性、能源消耗都有决定性影响。气候适应性能好的建筑能耗低。

建筑本体节能设计的整体目标应是提高热抵御能力和热亲和能力。许多建筑节能设计只是对建筑各部件的热工性能设计,还没有建筑整体节能性能的综合目标。现有的节能设计和测评方法只注意到了建筑的体形系数、朝向、窗墙比;墙体、屋面、门窗等的热工参数,不能从各部分性能参数的各种组合中科学合理地得出建筑节能性能的整体评价。

建筑节能的单个参数达到要求,其整体节能性能不一定能达到要求。实际工程的验收,交付使用和房屋转让都需要现场测评建筑的节能性能。以气候适应性能表征建筑的节能性能,按热抵御能力和热亲和能力来评定是可行的。

室外天气状况可分为两类:其一是恶劣的,指室外空气状态和太阳辐射处于人体热舒适区之外;其二是良好的,指室外空气状态和太阳辐射处于人体舒适区之内。建筑本体对恶劣天气状况下的室外热环境的抵御能力,称为“热抵御能力”;对良好天气状况下的室外热环境的亲和能力,称为“热亲和能力”。这两个能力越强,建筑提供健康舒适的室内热环境的能力越强,冷热耗量越少。

2.6.2 “热抵御能力”和“热亲和能力”的度量

1)夏季“热亲和能力”与“热抵御能力”的度量

将夏季建筑室外综合温度和室内干球温度随时间的变化曲线作在同一幅 t-τ 坐标图上,如图 2.13 所示。

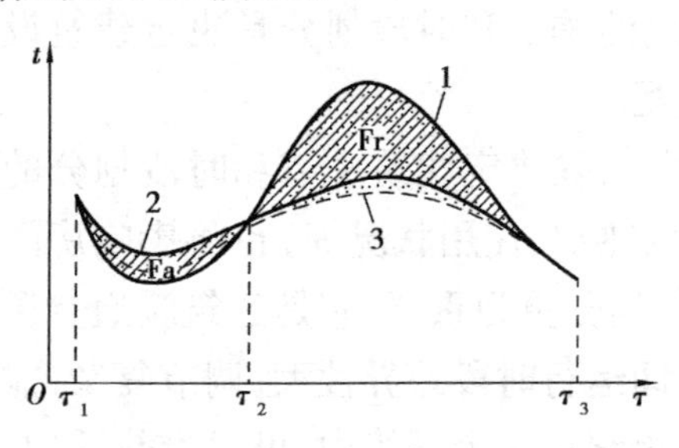

图 2.13 全天室外综合温度曲线 1 与室内干球温度变化曲线 2、3

夏季,在室外综合温度 t_{wz} 低于室内干球温度 t_n 的时间段上,

热亲和能力

$$\tau_q = \frac{1}{\bar{t}_{wz} - t_0}\int_{\tau_1}^{\tau_2}(t_n - t_{wz})\,d\tau \tag{2.33}$$

式中 t_n——室内干球温度;

t_{wz}——室外综合温度;

$\bar{t}_{wz}$——此时段内的室外综合温度的平均值;

t_0——热舒适表征温度;

τ_1——室外综合温度刚开始低于室内干球温度的时刻;

τ_2——室外综合温度上升并刚开始等于室内干球温度的时刻。

室外综合温度

$$t_{wz} = t_w + \frac{\rho I}{\alpha_w} \tag{2.34}$$

式中 ρ——太阳辐射吸收系数;

I——太阳辐射强度;

t_w——室外空气干球温度;

α_w——建筑外表面综合换热系数。

如图 2.23 所示,在室外综合温度 t_{wz} 高于室内干球温度 t_n 的时间段上,则:

$$\tau_r = \frac{1}{\bar{t}_{wz} - t_0}\int_{\tau_2}^{\tau_3}(t_{wz} - t_n)\,d\tau \tag{2.35}$$

式中 τ_3——室外综合温度下降并刚开始等于室内干球温度的时刻。

按式(2.35)获得建筑的夏季热抵御能力 τ_r。

2)冬季“热抵御能力”的度量

冬季在室外综合温度 t_{wz} 低于室内干球温度 t_n 的时段上,同样将冬季建筑室外综合温度和室内干球温度随时间的变化曲线作在同一幅 t-τ 坐标图上,按式(2.36)获得建筑的冬季热抵御能力:

$$\tau_r = \frac{1}{\bar{t}_{wz} - t_0}\int_{\tau_1}^{\tau_2}(t_n - t_{wz})\,d\tau \tag{2.36}$$

其中，τ_1 是检测的开始时刻，τ_2 是终止时刻。

冬季不考虑建筑的热亲和能力。

2.6.3 热抵御能力与热亲和能力的检测

1）夏季现场检测方法

①选择两个以上连续晴天，被测建筑保持室内无人，照明及所有散热设备关闭；逐时记录 t_{wz} 和 t_n。

②在第一个晴天日出后，室外温度上升到开始高于室内时，关闭建筑外门窗，有活动外遮阳的建筑，撑开建筑活动外遮阳。

③待日落后，收起活动外遮阳，待室外气温下降到等于室内气温时，开启所有能开启的外门窗，并将此时刻定为 τ_1。

④第二个晴天日出时，又撑开活动外遮阳，待室外气温上升到等于室内气温时，关闭所有外门窗，并将此时刻定为 τ_2。

⑤第二个晴天日落后，收起遮阳，待室外气温下降到等于室内气温时，开启所有能开启的外门窗，并将此时刻定为 τ_3。

⑥逐时纪录这两天的室内外干球温度和太阳辐射强度；根据记录数据作出 t_{wz} 和 t_n 曲线，用式(2.33)和式(2.35)计算出该建筑夏季的热亲和能力与热抵御能力。

2）冬季热抵御能力的现场检测方法类似

①选择冬季采暖期内的两个以上的连续阴、雨或雪天，进行检测。

②检测时，保持室内无人，照明及所有散热设备关闭，外门窗保持关闭。持续48小时。

③在上述48小时内，逐时记录 t_w，I 和 t_n。

④用后24小时的 t_w，I 和 t_n 的记录值，按式(2.36)计算冬季热抵御能力 τ_r。

2.6.4 t_w、I 和 t_n 的测定方法

1）适用的仪器设备及其性能要求

①室内外干球温度 t_w、t_n 的测定仪器：采用可以自动记录数据的空气温度自记仪，或者采用自动检测巡检仪，结合热电耦，数据存储方式适用于计算机分析。精度要求在0.1 ℃，测量仪表的附加误差应小于4 μV或0.1 ℃；

②太阳辐射强度 I 的测定仪器：采用可以自动记录数据的太阳总辐射表，或者配置自动检测巡检仪。太阳总辐射表的技术参数要求见表2.17。

表2.17 太阳总辐射表技术参数

灵敏度：	响应时间	年稳定度	余弦响应	温度系数	光谱范围	非线性	信号输出
7～14 mV/(kW·m^{-2})	<35 s (99%)	不大于 ±2%	不大于 ±7%(太阳高度10°时)	不大于 ±2%(−10～40 ℃)	0.3～3.2 μm	±2%	0～20 mv

2）现场测定的仪器仪表安装位置

①室内空气温度测点。室内空气温度传感器应置于被测房间中央，测点应离开外墙表面不小于0.5 m，离地高度1.5 m，并设置防辐射罩，避免太阳辐射或室内热源的直接影响。

对于室内面积不足16 m^2，测室内中央1点；16 m^2 及以上不足30 m^2 测2点（居室对角线3等分，取其2个等分点作为测点）；30 m^2 及以上不足60 m^2 测3点（居室对角线4等分，取其3个等分点作为测点）；60 m^2 及以上不足100 m^2 测5点（2对角线上梅花设点）；100 m^2 及以上，每增加20～50 m^2 酌情增加1～2个测点（均匀布置）。

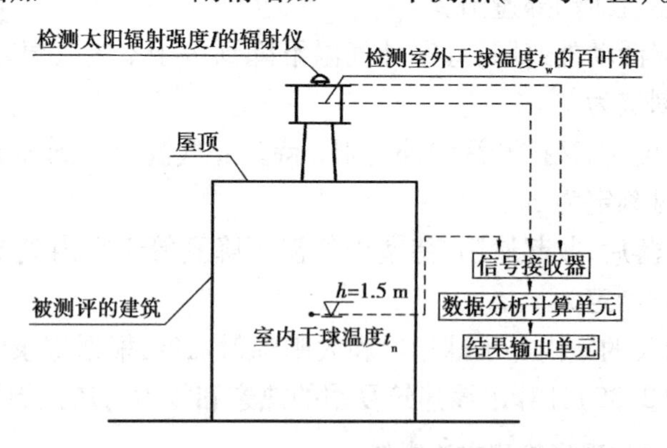

图2.14　各参数测点布置示意图

②室外空气温度测点。室外空气温度传感器应设置在外表面为白色的气象百叶箱内，气象百叶箱置于建筑屋面上，距屋面高度1.5 m，四周无遮挡。

③室外太阳辐射强度的测点。水平太阳辐射照度仪安装在气象百叶箱顶上，如图2.14所示。应在没有显著倾斜的平坦地方，东、南、西三面及北回归线以南的测试地点的背面离开障碍物的距离，应为障碍物高度的10倍以上。在测试场地范围内，应避免有吸收或反射较强的材料（如煤渣、石灰等）。

2.6.5　建筑夏季整体热工性能的评定步骤

1）确定夏季热抵御能力的分级标准

确定热抵御能力的分级指标值 τ_{r1}，τ_{r2}：可实测当地绿色建筑示范工程的热抵御能力值 τ_{r1} 为优良的标准值；可实测当地节能建筑示范工程的热抵御能力值 τ_{r2} 为合格的标准值。

2）确定夏季热亲和能力的分级标准

确定热亲和能力的分级指标值 τ_{a1}，τ_{a2}：实测当地绿色建筑示范工程的热亲和能力值 τ_{a1} 为优良的标准值；实测当地节能建筑示范工程的热亲和能力值 τ_{a2} 为合格的标准值。

3)夏季建筑气候适应性能评定

根据现场测定的待测评建筑的热抵御能力 τ_r 值和热亲和能力 τ_a 值,可按表2.18评定等级。

表2.18　夏季建筑气候适应性能等级评判表

A级(优秀)	B级(良好)	C级(合格)	D级(不合格)	E级(恶劣)
同时满足 $\tau_a \leqslant \tau_{a1}, \tau_r \geqslant \tau_{r1}$	$\tau_a \leqslant \tau_{a1}, \tau_{r1} > \tau_r \geqslant \tau_{r2}$ 或 $\tau_{a1} < \tau_a \leqslant \tau_{a1}, \tau_r \geqslant \tau_{r2}$	$\tau_{a1} < \tau_a \leqslant \tau_{a2}$, $\tau_{r1} > \tau_r \geqslant \tau_{r2}$	$\tau_a > \tau_{a2}$ 或 $\tau_r < \tau_{r2}$	同时满足 $\tau_a > \tau_{a2}, \tau_r < \tau_{r2}$

冬季只需进行热抵御能力的评价。

实测当地绿色建筑示范工程的热抵御能力值 τ_{r1} 为优良的标准值;实测当地节能建筑示范工程的热抵御能力值 τ_{r2} 为合格的标准值。

根据现场测定的待测评建筑的冬季热抵御能力 τ_r 值,按表2.19评定等级。

表2.19　冬季建筑气候适应性能等级评判表

B级(良好)	C级(合格)	D级(不合格)
$\tau_r \geqslant \tau_{r1}$	$\tau_{r1} > \tau_r \geqslant \tau_{r2}$	$\tau_r \leqslant \tau_{r2}$

根据当地气候特点,结合冬夏两季的评定结果,评定全年的气候适应性能。例如,严寒地区,冬季漫长,夏季短暂,可侧重冬季。夏热冬暖地区偏重夏季,夏热冬冷地区则冬夏并重。

讨论(思考)题2

2.1　与建筑节能相关性强的气候要素有哪些?

2.2　城市气候与自然气候有哪些差别?建筑节能怎样适应城市气候?

2.3　对城市进行建筑节能气候分类的意义在哪里?

2.4　如何选择城市建筑节能气候分类的指标,如何确定指标值?

2.5　你故乡或你长期居住的城市属于哪一类建筑节能气候?

2.6　划分城市的建筑节能季节有何意义?

2.7　城市的建筑节能季节有哪些?怎样确定季节的起始和终结?

2.8　建筑与其所在城市的建筑节能季节的起、止是否相通?为什么?有何实际意义?

2.9　不同的室外气象模型各有什么特点,实际应用价值有何差别?

参考文献 2

[1] 苏芬仙,田胜元. 建筑能耗动态分析用气象数据构成及THRF新的能耗分析方案研究[D]. 博士学位论文. 重庆大学,2003.

[2] 苏华,田胜元. 建筑动态能耗分析用气象仿真模型研究[D]. 博士学位论文. 重庆大学,2002.

[3] 中国气象局气象信息中心气象资料室,清华大学建筑技术科学系. 中国建筑热环境分析专用气象数据集[M]. 北京:中国建筑工业出版社,2005.

[4] 蒋德隆. 中国气候丛书[M]. 北京:气象出版社, 1991.

[5] 徐裕华. 西南气候[M]. 北京:气象出版社,1991.

[6] B. 吉沃尼. 人·气候·建筑[M]. 北京:中国建筑工业出版社,1982.

[7] 龙恩深. 相同建筑相同节能措施在不同气象条件下的负荷减少率[J]. 暖通空调,2005.

[8] 付祥钊,等. 夏热冬冷地区零能建筑空调技术的基本原理[J]. 暖通空调,2004.

[9] 付祥钊,侯余波. 中国夏热冬冷地区建筑节能技术(上)[J]. 建设科技,2002.

[10] 付祥钊,侯余波. 中国夏热冬冷地区建筑节能技术(下)[J]. 建设科技,2002.

[11] 侯余波,付祥钊. 夏热冬冷地区窗墙比对建筑能耗的影响[J]. 建筑技术,2001.

[12] 余晓平,付祥钊. 夏热冬冷地区住宅建筑新风系统全年运行工况分析[J]. 重庆建筑大学学报,2001.

[13] 付祥钊. 确定长江流域供暖空调能耗指标的边界条件[J]. 暖通空调,1999.

3　建筑节能社会调查

建筑节能是节约建筑使用过程中的能耗。建筑的使用不同于生产设备的使用,是全社会所有成员参与使用的。这使建筑节能比工业和交通节能具有更强的社会相关性。建筑节能涉及的社会层面包括:①整个人类社会层面,人类社会的生存与发展,面临的严峻的能源环境形势是建筑节能的根本原因;②国家层面,各国特有的社会形态,所处的发展阶段,当前和近期的国家目标等;③区域层面,一国之内,因某些与建筑节能相关的共同特征而划分的若干区域,如按建筑节能气候特征划分的若干建筑节能气候区;④城市层面;⑤小区层面;⑥单栋建筑层面;⑦家庭、个人、房间、工位层面。其中①②为宏观层面;③④为中观层面;⑤⑥为微观层面;⑦为基本单元。

建筑节能涉及的社会方面包括:①政治经济方面;②文化生活方面;③科学技术方面。各层面和各方面都需遵循建筑节能的社会适应性,需要进行大量的建筑节能社会调查。着眼于建筑节能社会适应性,本章重点探讨中观和微观层面的建筑节能社会调查原理与方法。

3.1　建筑节能社会测量与指标体系

3.1.1　建筑节能社会调查主要内容与基本方法

建筑节能需掌握的社会主要内容包括:社会居住文化;除工业和交通运输领域外的社会职业文化;社会作息习惯;社会建筑环境与建筑能耗状况;社会家庭经济水平、居住开支水平、工作学习环境开支状况;社会对建筑节能认同状况及其追求;社会关于建筑节能科普水平;社会关于建筑节能的管理情况,等等。

建筑节能社会调查应建立在逻辑和观察这两大支柱上,这样才能全面、系统、正确地掌握被调查对象的有关材料,从中找出规律性的东西。归纳和演绎是科学研究中经常用到的基本逻辑思维方法,在社会调查中归纳和演绎应相互结合。

归纳推理是从事实中概括出一般规律的推理形式和思维方法,即:从经验观察出发,通过对大量客观现象的分析概括出现象的共同特征或一般属性,由此建立理论来说明观察到的各种具体现象或事物之间的必然的、本质的联系。归纳推理是从个别事实出发上升到一般结论,只有在个别事实丰富到已包含了同类事物的全体时,概括出的一般结论才可靠。例如,主要通过青年学生为调查研究对象获得的 PMV-PPD 曲线,不适用于所有人体,因为其"个别事实"远未包含所有的人群类型。京、津、沪、渝 4 个直辖市的建筑能耗,不能确定中国的建筑能耗水平,因为京、津、沪、渝的建筑及其使用状况远未包含全国所有类型的建筑能耗。

演绎是从一般性前提引出个别性结论的推理形式和思维方法,即从一般理论或普遍法则出发,依据这一理论推导出一些具体的结论(假设),然后再将它们应用于具体的现象和事物,并在应用过程中对原有的理论进行验证。如果作为演绎大前提的一般原理本身是错误的,那么由它推导出来的结论也可能是错误的,这样的结论就不可能有效的解释具体现象;并且,由单纯的演绎推理不可能发现一般理论中的错误。

建筑节能社会调查的逻辑过程,实际上就是认识和实践过程。建筑节能社会调查是否有严谨的逻辑依据是能否取得成功的关键所在。建筑节能社会调查更多是从观察和归纳入手,了解客观事实,解决实际问题。

3.1.2　社会测量与社会指标

1)社会测量

社会测量是指运用一定测量工具,按照一定测量规则对社会现象的属性和特征进行测量或量度并赋予一定符号或数值的过程。例如,用统计的方法来测量一个国家或地区的城镇及乡村能耗量与结构;用问卷的方法来测量公众对于建筑节能政策的满意度等。

(1)社会测量的基本要素

①测量客体是测量的对象,主要是各种社会现象的属性或特征,它是客观世界中所存在的事物或现象。例如,要调查的城市居民,要调查的某城市、社区或一栋建筑等。

②测量内容是指测量客体的某种属性或特征。例如,某建筑性质、年代、能耗等。

③测量规则是用数字或符号表达事物的各种属性或特征的操作规则,也就是某种具体的操作程序或者区分不同特征和属性的标准。例如对建筑能耗量测量,按照公用建筑、居住建筑分类进行就是一种测量规则。

④数字和符号:数字和符号主要是用来表示测量结果的工具,如用 42 kW · h/(m^2 · a)或 3 860 kW · h/(户 · a)等数字(带有单位)来表示对某家庭建筑能耗进行测量的结果。也有一些测量是用文字或符号来表示的,如用"满意"和"不满意"来表示人们对室内热环境质量的看法。

(2)社会测量方法的分类　按照测量对象数量化程度,社会测量方法可分为定类测量、定序测量、定距测量、定比测量等 4 个层次。

①定类测量又称类别测量或分类测量,是指采用分类的方法,对测量对象的属性和特征的类别加以鉴定的一种测量。例如,将公用建筑划分为办公建筑、饭店建筑、文化建筑、商业建筑等不同类型。定类测量应遵循的原则是:定类测量必须有两个以上的类型;各类

型之间必须相互排斥；类型要穷尽，被测量的对象都应该有一个合适的类型，不能够没有归属。

定类测量是社会测量中最简单、最基本的测量类型，测量水平和测量层次最低。它既不能类比大小，又不能按顺序排列，适合定类测量的统计方法主要有比例、百分比、X^2 检验等。所谓最简单的定类测量也并不简单，要遵循上述原则，往往艰难。

②定序测量又称顺序测量或等级测量，是指按照某种逻辑顺序对测量对象的等级或顺序等进行鉴定的一种测量方法。酒店的星级评定就是一种定序测量。定序的最大非客观性是人们的主观愿望和随心所欲，定序测量必须依据对象本身固有的特征，如按照实际的单位面积年能耗的大小对建筑节能设计水平排序就存在非客观性。因为年损耗量不是建筑本身固有的特征，而是一过程变量，受使用情况的影响。适合定序测量的统计方法主要有中位数、四分位数、等级相关和非参数检验等。

③定距测量又称区间测量，是指对测量对象之间的数量差别或间隔距离的测量，以等距的测量单位去衡量不同的类别或等级间的距离。定距测量不仅能反映社会现象的分类和顺序，而且能反映社会现象的具体数量，计算出它们之间的距离。适合定距测量的统计方法主要有算术平均值、方差、积差相关、复相关、参数检验等。

④定比测量又称比例测量，是指对测量对象之间的比例或比率关系的测量。定比测量可以使用各种统计方法。

上述4个测量层次的数学特性是累进叠加的。在社会调查中使用何种测量层次，取决于被测量对象自身特性、测量的目的和社会调查研究的要求。一般来说，社会调查的精确度要求越高，越应该采用数量化程度高的测量层次；不可能获得精确数据的社会调查，就应采取数量化程度低的测量层次。超越精确度的高数量化程度测量往往产生错误的结果。

社会测量与自然科学测量有所不同，自然科学测量的对象大都是客观物质的自然属性，而社会测量的对象则是有目的、有意识、有思想感情的人，他们对测量的合作程度、认知状况往往对测量结果产生较大的影响。自然科学测量的对象相对单一和稳定，并且大都是具有标准化的仪器或量具、公认的标准和规则，因而具有较强的客观性和准确性，测量误差也比较容易发现和计算。而社会测量的工具、标准和规则在很大程度上取决于调查者的价值取向、知识结构和调查目的，因而其客观性和可重复性、公认性较差，测量误差也较难发现和计算。

建筑节能社会调查工作常常需要综合运用自然测量和社会测量的两种手段结合进行，如用温度计测量室温、电度表测量电耗，用问卷表测量对热环境的满意程度等。社会测量和科学测量相结合的数量分析是建筑节能调查活动走向科学的特点。

建筑节能社会调查中极容易犯的一个错误是将社会测量结果等同于自然科学测量结果，高估其客观性和准确性，忽视其主观性和片面性。

2)社会指标

社会指标是指反映社会事物或社会现象的客观特性和社会成员的主观状态的项目。

社会生活中的一切社会现象都可以用社会指标来反映，如年建筑竣工面积、建筑能耗水平、居住热环境舒适性等，都是建筑节能社会调查中常用的社会指标。

社会指标具有以下特点：

(1)可感知性或具体性　社会指标不能是抽象的、一般的概念，而必须是具体的或可直接被感知的项目。

(2)可度量性或计量性　社会指标必须是可以用数字、符号进行量度的项目，如人均绿地率、人均居住面积等指标可以用数字计量，而满意度则可用很满意、基本满意、无所谓、不满意、很不满意等数字或者 A,B,C,D,E 等符号来量度和界定。

(3)代表性或重要性　社会指标必须是反映某种社会现象具有关键意义或代表性的项目，如大气环境质量、水环境质量、声环境质量等能够综合反映自然生态环境良好与否的重要指标。

(4)时间性　社会指标必须是具有明确时间规定的项目，如人口数量这一指标就必须明确其界定时间。

3.1.3　建筑节能指标体系与评价

1)综合型的建筑节能社会指标

这类型的社会指标体系的优点在于内容比较全面、系统，实践性和应用性强。例如，全国或某地方年建筑能耗量、全国或地方年建筑竣工量、全国或地方平均建筑能耗量、节能建筑竣工量、人均居住面积等。其缺点在于它的范围太广，不利于集中反映最迫切和最重要的建筑节能社会问题，并且往往受到政策制约。

2)专题研究型的建筑节能指标

通常是为研究某一问题，根据一定研究假设独立设计出来的社会指标体系。它具有明确的研究假设、重点比较突出、指标量较少、针对性较强、便于说明问题等特点。但是，其社会指标的科学性和代表性难以把握，如居住建筑体型系数、窗墙面积比、朝向、层数、层高等。

3)建筑节能指标体系结构

建筑节能指标体系是一个由目标层、准则层、领域层和要素层组成的，包括几十个指标的层次体系。其中，目标层由准则层加以反映，准则层由领域层反映等。

4)社会指标体系的评价方法

由于社会指标所反映的具体内容不同，计量单位存在差异，所以社会指标体系的调查结果不能简单地直接相加，而只能进行综合评价。其常用的方法有：

(1)综合评分法　在调查每个指标数据的基础上，先确定各个指标的权数和评分标准，然后计算出各个指标的得分和各子系统指标的合计分，最后再计算出社会指标体系全部指标的总计分，并以总计分作为对评价对象的综合评价。

(2)分类法　分类法是根据一个国家或地区经济、社会发展状况进行分类评价的方法。

(3)对比法　对比法是通过对评价对象经济、社会发展情况与一定标准进行对比评价的方法。

3.2　建筑节能社会调查方案设计

3.2.1　调查方案设计的内容

1)调查目标设计

对调查目标可以从研究成果的目标、形式、社会作用3个方面进行设计:

(1)成果目标　成果目标是指通过社会调查要解决什么问题,解决到什么程度:是作学术性探索,还是要提出具体对策建议;是了解其一般现实状态,还是要深究其深层次内因等。

(2)成果形式　成果形式是指调查成果的具体表现形式:是以学术专著出版,还是撰写完成调查报告或学术论文,或者简单的做口头汇报、演讲等;有关的调查资料是简单的反映到调查报告之中,还是要单独形成基础资料汇编以供研究参考等。

(3)社会作用　社会作用是指社会调查工作要起到什么样的社会价值与作用:仅是为了学习社会调查的方法,还是要与同行进行学术讨论与研究;是为了给建筑节能部门的决策和管理工作提供参考,或者是反映民情民意,进而影响社会舆论,促进建筑节能发展,等等。

2)调查对象设计

调查对象是指实施现场调查的基本单位及其数量。基本单位既可以是人,也可以是户、单位、部门和地区。调查的数量可以是个别的、部门的,也可以是全部的。在设计调查方案时,对调查的基本单位、数量及其选取方法等,都应该根据调查的需要和可能作出具体的设计和安排。社会调查中的调查对象主要有以下几类:

(1)个人　通过分析个人特征来说明或解释各种社会现象,分析人类在不同社会环境的各种社会角色的建筑节能特征。

(2)群体　群体主要是指具有某些共同特征的一群人,如建筑节能管理者、开发商、设计人员等。群体特征不同于个人特征,但与个人特征有着某种联系,有些群体特征可用群体成员特征的平均值来描述(如人均居住面积、人均收入、人均能耗等)。

(3)组织　组织是指具有共同目标和正式分工的一群人所组成的单位,如房地产公司、设计院、物业管理公司、建筑节能协会等。由于许多社会现象是在组织内部或组织之间产生的,因此组织是社会研究中一个重要的调查对象。组织特征包括组织规模、组织方式、管理方式、组织行为、组织规模等。

（4）社区　社区是按地理区域划分的社会单位，如街道、小城镇、市区等。社区成员一般共同从事社会、政治、经济等活动，并具有较为一致的文化规范和价值标准。由社区研究可进一步扩展为对整个城市社会的研究，从而上升到建筑节能的宏观层次。

（5）建筑节能社会产物　它是指各种类型的社会活动、社会关系、社会制度和社会产品等。

3）调查内容设计

调查内容是指调查者所要调查和描述的具体项目或指标，涉及各种调查对象的属性和特征。从方法论的角度，调查内容的选择应注意：是在宏观层次还是在微观层次研究；是在经验层次上描述，还是在抽象层次上解释；是研究少数个案的大量特征，还是研究大量样本的少数特征；等等。一般可以将调查内容分为状态、意向性和行为3类。

（1）状态　状态是指调查对象的基本情况，可用一些客观指标来调查。例如，要调查人们的建筑节能态度受哪些个人因素的影响，可以选择个人的年龄、职业、文化程度、经济收入等状态变量。一般来说，状态变量可作为自变量，它们对态度行为及其他社会现象都可能有重要影响。

（2）意向性　意向性是指分析单位的内在属性，是一种主观变量，包括态度、信仰、个性、动机、偏好等。调查者通常是设计一组题目来描述态度、观念和行为倾向等的不同类别或不同程度。对意向性的分析要以调查对象的行为动机、目的、手段、策略等来解释它的行为。

（3）行为　行为是指一种外显变量，是调查者可以直接观察到的各种社会行为和社会活动，如立项、评审、验收等。社会行为通常是调查者所要解释的因变量，它受状态和意向性的影响。社会行为之间也存在着相互作用和相互影响，社会机构、社会关系、社会环境、历史文化等变量也是影响行为的因素。它们是较高层次的调查对象所具有的属性和特征。

4）调查工具设计

调查工具是指调查指标的物质载体，如调查提纲、调查表格、调查问卷及各种量表和卡片等。除此之外，照相机、录音机、摄影机等设备也是社会调查中经常用到的调查工具。

5）调查时间及地点设计

在调查方案的设计阶段，必须对社会调查的时间和地点作出合理安排。调查时间包含最佳调查时间和调查工作周期两方面。例如，商场空调能耗调查，就要选择夏季的晴天作为最佳调查时间。不同的调查规模和调查方式需要的调查周期不同，如居住建筑能耗调查要以日、周、年为周期。调查地点的设计要考虑调查课题的客观需要和调查者的主观可能，要考虑调查地点的代表性和调查对象的集中性。

6）调查方法设计

调查方法主要包括搜集资料和研究资料的方法。注意选择普遍调查、典型调查或者抽样调查等社会调查的基本类型；文献调查法、实地观察法、问卷调查法等主要的社会调查方法;以及定性研究、定量研究等研究方法,进而对社会指标和调查指标等作出设计。

7)调查队伍与经费设计

社会调查队伍(调查小组)的组建、调查人员的素质培训及其组织管理等是调查计划中应当安排的内容。根据调查任务要求和实际能力,对于调查成本如调查经费的筹集、使用和管理等,也要作出科学安排。

8)调查工作计划设计

调查工作计划主要是对调查任务的安排,要力求合理、平衡、符合承担者的实际能力,同时留有余地,预测和应对可能遇到的各种问题和困难。

3.2.2 调查方案设计的原则

1)实用原则

实用原则是调查方案设计的第一原则。贯彻实用原则,保证调查任务的完成必须深入理解社会调查的目的和意义、调查人员和调查对象等主客观条件,认真、慎重地设计调查方案。社会调查工作的组织者或领导者应当亲自参与和审定调查方案,方案的可行性。

2)经济原则

社会调查工作有一个调查成本问题,应当对可以采用的调查方案和调查方法等进行多方案对比研究,在满足调查质量等要求的前提下,对调查范围、调查对象的多少、调查时间的长短、调查人员的组织等方面尽量节约安排。同时,应注意提高调查工作过程的效率,缩短社会调查过程中不必要的工作时间,减少浪费。经济原则同时可以确保社会调查工作的社会价值及时得到体现。

3)弹性原则

任何调查方案都是事前的设想和预测,与客观现实总会存在这样或者那样的差距,在实际的调查工作过程中往往也会遇到一些意想不到的新情况、新问题。因此,调查工作的安排应有一定的调查幅度,应对可能会出现的有利条件和不利因素等进行尽可能全面的预计,制定出科学应对预案,必要时可设计甲、乙、丙等多套方案,根据所遇到的实际情况灵活按照适合的方案开展调查。同时,调查过程中可能会产生很多关于调查研究的灵感和信息,在调查方案的设计时应充分考虑这些因素。例如,建立调查人员的联系碰头制度,及时对调查人员的灵感和信息进行交流和讨论,并对调查方案进行及时的、必要的调整。

4)零打扰原则

调查方案应尽量降低对调查对象的打扰。理想状况是在零打扰,在调整对象不知情的状况完成调查。打扰程度越大,调查越难进行,结果的客观性也越差。

3.2.3 调查指标设计

1)调查指标

调查指标是指在社会调查的过程中用来反映社会现象特征、属性或状态的项目,如人均居住面积、单位建筑面积能耗等都是常用的建筑节能调查指标。调查指标一般由两部分构成:指标名称和指标值。指标名称所反映的是调查指标的内容和所属范围,指标值则具体的对调查指标的测量方法及标准等进行说明。调查指标是调查目的、指导思想、研究假设和调查内容的具体和集中体现,应当认真地对调查指标进行科学设计。例如,在调查办公楼能耗时,以单位建筑面积能耗还是单位工作人员能耗为指标就很值得研究,同一办公楼,以单位建筑面积能耗作为指标评价是高能耗的,用单位工作人员能耗作为指标是低能耗的。

调查指标与社会指标之间既密切联系,又有明显区别。二者的联系在于:调查指标的设计必须以社会指标为依据;社会指标只有具体地转化为调查指标才能被用于实际调查;调查指标与社会指标同属于表达社会现象的项目。二者的区别在于:社会指标的设计主要着眼于反映一定的理论假设,力求用最具代表性的一组社会指标来说明问题;而调查指标的设计主要着眼于反映调查对象的实际情况,力求用最简单的项目、最简单的方法来取得最可靠的资料。调查指标与社会指标二者发挥作用的层次和阶段不同。

一般都是以调查目标和研究为指导,设计出一套社会指标体系,然后再将社会指标体系中的每一个社会指标具体转化为若干个调查指标,这样就成为一个具有层次性、系统性和完整性的调查指标体系,使调查目的具体落实。

2)设计调查指标应遵循的原则

(1)可能性原则　设计调查指标应充分考虑实际调查操作的可能性,要注意被调查者是否可能准确知道你所要调查的情况,或者被调查者是否愿意回答你要调查的问题。调查询问内容应通俗易懂,避免专业化,以造成被调查者的不理解或误解。

(2)准确性原则　设计调查指标应该有明确的定义,定量指标应该有统一的计算方法。例如,单位能耗中的面积是建筑面积,还是使用面积,必须统一。

(3)通用性原则　调查指标的设计应当注意符合国际、国内常规惯例、标准,并应结合社会的最新发展变化情况,便于交流,有利于调查成果应用于社会实际。

(4)完整性原则　设计的调查指标应全面、正确地反映调查对象的整体,具有完备性和互斥性。

(5)简明性原则　调查指标要尽量简单明了。

对每一个调查指标作出明确的定义,有利于调查工作可操作化,减少调查误差,实现社会调查工作的准确性和科学性要求。调查指标的定义分两个层次:抽象定义和操作定义。抽象定义是对调查指标共同本质的概括,用于揭示调查指标的内涵,概括事物本质和区分其他对象。操作定义用可感知、可度量的事物、现象和方法对抽象定义做界定或者说明。其作用在于:

①提高社会调查的客观性。操作定义使用具体事物、现象或方法来界定和说明调查指标,使得调查指标成为可直接感知或量度的东西。

②提高社会调查的统一性。明确的操作定义有利于统一调查者和被调查者对调查指标的理解,不同的调查人员对不同的调查对象进行调查时,可以按照统一的标准、方法和程序进行调查,从而有利于减少或避免调查误差,提高调查结果的统一性。

③提高社会调查的可比性。操作定义使调查结果的横向或纵向对比研究成为可能,这一点对于重复调查、追踪调查等尤为重要。

3)操作定义的设计方法

(1)用客观存在的具体事物设计操作定义　例如,为了掌握生活状况对居住建筑能耗的影响情况,在对城市居民生活状况进行调查时,可以将居民分为“贫困户”、“低收入户”、“中等收入户”、“高收入户”,并用“每户年平均纯收入”这一客观事物给这5类“户”设计操作定义,如规定每户年平均收入5 000元以下为“贫困户”,5 000~20 000元的为“低收入户”,20 000~100 000元的为“中等收入户”,100 000元以上为“高收入户”等。

(2)用看得见、摸得着的社会现象设计操作定义　使用将概念或指标的内涵进一步具体化和明确化的方法来设计操作定义。例如,“居住条件”可以用“人均居住面积”,“居住环境”可以用环境温度、环境噪声、共享的绿地空间等客观存在的具体事物来下操作定义。

(3)使用社会测量的方法设计操作定义　对于某些操作定义,可以使用社会测量的方法来进行设计。例如,建筑热环境的舒适性的考核,可以使用社会测量方法来下操作定义,在处于同一热环境内的人各自独立地表明自己的热舒适感,若有$n\%$以上的人表明感到舒适,则认为此建筑热环境是舒适的。而这“$n\%$”的界限则是由某种规定的人员确定的。

4)指标权重

在对指标的操作定义进行设计时,有时要借助多个指标或指标群来反映某些特定变量,这些指标的作用大小就是权重。指标权重的确定非常困难,很容易失去科学性和公正性,通常不如综合评判客观。

3.3　建筑节能社会调查的主要方法

3.3.1　文献调查法

文献是人类获取知识的重要途径,是人类积累知识的重要宝库。文献调查法是搜集各种文献资料、提取有用信息、进行研究的方法。同其他的社会调查方法相比,文献调查法的作用在于:了解与把握有关的各种认识、理论观点和方法;了解已有调研成果,认识研究现状,少走弯路,避免调研的盲目性和重复劳动。

1)文献调查法的优点

(1)调查范围较广　文献调查所研究的是间接性的第二手资料,其调查对象既不是历史事件的当事人,也不是历史文献的编撰者,而是各种间接的历史文献资料。文献调查法可以超越时空条件的限制,研究那些不可能亲自接近的研究对象,可以对古代和现在、中国和外国、本地和外地等多种条件下的内容进行广泛研究。

(2)实现对被调查对象的零骚扰　文献是一种固定的存在物,不会因研究而改变,这为研究者客观地分析一定的社会历史现象等提供了有利条件。文献调查法不接触有关事件的当事人,不介入文献所记载的事件,在调查过程中不存在与当事人的人际关系协调问题,不会受到当事人反应性心理或行为的影响。

(3)调查引起的误差小　文献调查多为书面调查,用文字、数据、图表和符号等形式记录下来的文献比口头调查等获得的信息更准确、可靠。文献调查法不与被调查者接触,不介入被调查者的任何活动,不会引起被调查者的任何反应,这就避免了调查者与被调查者互动过程中的反应性误差。

(4)调查方便、自由、成本低　文献调查法不需要大量调查和研究人员,不需要特殊设备,花费人力、财力、物力和时间较少。

(5)互联网等现代通讯　技术使文献落后于现实的情况得到根本性改变。例如,许多重要会议的文献当天就可通过互联网得到。文献调查法不只是对社会过去情况的调查,也是对现实情况所进行的调查。

2)文献调查法的缺点

文献的记载有着一定的时代背景和局限,且往往受到文献作者主观因素的影响较大,同调查者的调查目的之间总是存在差距和遗憾,要搜集到比较系统、全面的高质量文献比较困难。对调查者的学识和分析、综合能力要求较高。文献调查中对文献的分析相当重要,文化水平较低、阅读分析能力较差的人不适合。文献调查法是一种基础性的调查方法,文献调查法往往和其他调查方法一起结合起来使用,并且总是首先进行文献调查,作出文献综述,然后采用其他调查方法继续深入调查和研究。

3.3.2　实地观察法

许多社会行为、风俗习惯、社会态度是不易于用仪表来测试的,但能够用实地观察的方法进行调查。

1)实地观察法的要素

作为一种调查方法的观察和一般日常生活中的观察有明显的不同。实地观察方法的主要要素包括:

①观察主体:进行观察的调查研究人员。

②观察对象:被观察的事实,包括事件、过程、现象和实物等多方面。事件是指一定时空区域内发生或出现的变化。过程是指许多事件按一定的先后次序组成的序列。现象是

指认识客体能够感觉到的事件或过程。实物则是指物质存在的基本形态。

③观察的环境条件:应使观察对象处于自然状态下,这是保证观察方法的客观性和观察结果的可靠性的必要条件。

④观察工具:观察者的感觉器官如眼睛、耳朵、手等,以及科学观察工具如照相机、录音机、摄像机、计算机、望远镜、显微镜、探测器、人造卫星、观察表格、观察卡片等现代化工具。

⑤观察者的素质和技能。

2)实地观察法的特点

(1)观察者有目的、有计划的自觉认识活动　这是实地观察法与日常生活中的观看的重要区别。日常生活中的观看是一种感性的、自发的行动。

(2)观察过程是积极、能动的反映过程　不仅是对观察对象的直接感知过程,同时也是调查者大脑动态的、积极的思维过程,容纳进了观察者的事物感知、社会经验、理论假设、思维判断等主观因素。

(3)观察对象处于自然状态,实现零骚扰　调查者对被调查对象的活动不加干预,对影响和作用于被观察对象的各种社会因素也不加干预,始终保持在自然状态下的观察和感知,不人为制造现象。

3)实地观察法的种类

(1)直接观察和间接观察　根据观察对象的状况,实地观察可分为:直接观察和间接观察。直接观察是对当前正在发生和发展的社会现象所进行的观察。间接观察则是通过对物化了的社会现象所进行的对过去社会情况的观察,如通过地质、考古的观察方法了解某地区历史上的情况。直接观察简单易行,真实可靠,但是过去了的社会现象和某些反映时弊、隐秘的社会现象无法直接观察,只有借助间接观察的调查手段。

(2)完全参与观察、不完全参与观察和非参与观察　完全参与观察就是观察者完全参与到被观察人群之中,作为其中一个成员进行活动,并在这个群体的正常活动中进行观察。不完全参与观察就是观察者以半客半主的身份参与到被观察人群之中,并通过这个群体的正常活动进行观察。非参与观察就是观察者不加入被观察的群体,完全以局外人或旁观者的身份进行观察。

(3)结构观察和无结构观察　根据观察的内容和要求,实地观察可分为结构观察和无结构观察。结构观察要求观察者事先设计好观察项目和要求,制定观察表格或卡片,严格按照设计要求进行观察,并作出观察记录。无结构观察仅要求观察者有一个总的观察目的和要求,一个大致的观察内容和范围,然后到现场根据具体情况有选择地进行观察。

4)实地观察法的实施原则

(1)法律道德原则　《中华人民共和国统计法》指出:“属于私人、家庭的单向调查资料,非经本人同意,不得泄漏。”观察者不能够在违背被观察者意愿的情况下,强求观察别人的私生活,或者偷看别人不愿让观察的事物或现象。

(2)客观真实原则　要坚持观察的客观性,真实记录被观察者的实际情况,不能按照个人好恶或利益任意增减或歪曲客观事实。

(3)目的性原则　社会调查中的观察总是围绕某一课题,实现某一特定目的而进行的,观察目的越明确,注意力也就会越集中地指向有关事物,思维随之紧紧围绕着事先确定的对象展开,从而减少无关因素的干扰,提高观察的效率。

(4)条理性原则　实地观察要按照一定的程序和步骤来进行,循序渐进地展开。观察者要事先了解所调查事物的特点,科学地安排整个观察过程,如根据事物出现的先后时间顺序展开,根据事物的空间远近展开,或者根据由整体到局部、由主要矛盾到次要矛盾等不同的顺序展开观察。

(5)全面完整原则　任何事物都有多种多样的内在属性和表现形式,都具有多方面的外部联系,只有善于从不同角度、不同层次进行观察,才能完整的了解客观事物的全貌。

(6)深入细致原则　社会生活纷繁复杂,千变万化,许多社会现象不是凭一次直接的观察就能够搞清楚的,有时候看到的只是一些表层现象,必须以认真负责的态度进行深入细致的有效观察,才能够得出客观公正的结论,即观察必须持久。

(7)敏锐性原则　在社会调查研究活动中,机遇对于发现新事物、获取新知识等具有重要作用。在观察过程中,要善于观察和发现事物的细节,做到"明察秋毫",从容易忽视的问题中发现新的线索和机遇。

5)实地观察的误差

(1)观察误差产生的原因

①观察者的思想状态和认识心理。观察者的立场、态度、观点、方法和角度不同,观察同一对象的感受就会就会大不相同。观察者的兴趣、爱好和情绪状态等心理因素,也会对观察结果产生一定影响,从而导致观察误差。

②观察者的生理因素和知识水平。人类感觉器官在生理上存在一定的局限,如长时间的持续观察会形成观察者的疲劳和厌倦等,导致观察能力下降,从而引发观察误差。观察者的知识水平和知识结构不同,实践经历和社会经验不同,观察问题的参照标准不同,对同一对象的观察结果会产生差异。

③客观事物发育成熟程度。由于客观事物正在发生发展,发育成熟不足,其本质尚未通过现象充分暴露出来,难免使观察产生误差。

④被观察者的反应性心理和行为。由于观察活动所引起的被观察者的反应性心理和行为,必然会造成反应性观察误差。

⑤认识假象。由于社会生活的复杂性的特点,认识的假象或多或少存在,如常常"锦绣其外,败絮其内",这是造成观察误差的重要原因。

⑥其他主客观因素。诸如观察仪器的精确度、灵敏度,观察场所环境条件,观察角度和观察工具失灵等造成的观察误差。

(2)减少观察误差的方法

①观察员的选择和培训。一名合格的观察员,应当感觉器官正常、实事求是和身心健

康,对观察对象的历史和现状情况有一定的了解,掌握观察方法的知识和观察工具等。因此,应当正确选择观察人员,并对观察员进行必要的培训,包括教育和培养观察员认真负责的观察态度,认识课题的重要意义,培养对课题的兴趣和感情,同时在实地观察前进行必要的感官训练。

②合理组织安排观察任务。认真设计调查方案,根据人类感觉器官的承受能力,合理安排观察任务,如安排适当的休息调整活动,来解除观察员的疲劳,提高观察质量。

③充分利用科学仪器和技术手段。在实地观察中,应根据具体情况,尽可能有效地使用望远镜、测量仪器、照相机、摄影机、录影机甚至直升机、人造卫星等装置的功能,提高观察的准确性和客观性。

④控制观察活动。在实地观察中,观察者应努力控制自己的观察活动,尽可能减少或消除观察活动对被观察者的影响。在保障尊重法律法规和道德伦理的前提下,特殊情况可以采取事前不做任何说明或宣告,以隐蔽方式进行观察。

⑤纵横向比较研究。对于比较复杂的事物或者比较重要的调查任务,应该选择不同类型的观察对象进行横向对比观察,或者对同一观察对象进行多点或纵向对比观察,也可以采用不同的观察角度或手段进行比较观察。

6)实地观察法的优缺点

(1)实地观察法的优点

①观察者直接感知客观对象,获得的是直接的、具体的、生动的感性认识,能够掌握大量的第一手资料。

②观察者亲自到现场,直接观察和感受处于自然状态的事物,容易发现或认识各种认为的假象,实地观察的调查结果比较真实可靠。

③适用于对那些不能够、不需要或者不愿意进行语言交流的社会现象进行调查,如对集群行为的调查研究。

④实地观察方法简单易行,适应性强,灵活度大,可以随时随地进行,观察人员可多可少,观察时间可长可短,一般不需要设计非常复杂的各种表格和专业工具,只要到达现场就能够获得一定量的感性认识和收获。

(2)实地观察法的缺点

①以定性研究为宜,较难进行定量研究。

②观察结果具有一定的表面性和偶然性。

③受到时间、空间等客观条件限制和约束。例如,只能进行微观调查,不能进行宏观调查;只能对当时、当地情况进行观察,不能对保密和隐私问题开展观察;等等。

④调查结果受到观察者主观因素影响较大,调查资料往往较多地反映出观察者的个人感情色彩。

⑤难以获得观察对象主观意识行为的资料等。

3.3.3 访问调查法

访问调查法又称访谈法,是访问者有计划地通过口头交谈等方式,直接向被调查者了解或探讨相关问题的社会调查方法。访问调查法适用于各个层面上的建筑节能社会调查。

1）访问调查法的划分

根据访问调查内容的不同，可以将访问调查划分为：标准化访问和非标准化访问。标准化访问是指按照统一设计的、具有一定结构的问卷所进行的访问，又可称为结构式访问。这种方式要对选择访问对象的标准和方法、访谈中提到的内容、方式和顺序、被访问者回答的记录方式等进行统一设计，以便对访问结果进行统计和定量分析，也便于对不同的访问答案进行对比研究等。非标准化访问就是按照一定调查目的和一个粗略的调查提纲开展访问和调查，又称为非结构访问。这种方法对访谈中所询问的问题仅有一定的基本要求，提出问题的方式、顺序等都不进行统一规定，可以由访问者自由掌握和灵活调整。非标化访问有利于充分发挥访问者或被访问者的交流的主动性、创造性，有利于适应千变万化的客观环境条件，有利于发现和研究事前设计的调查方案中未考虑和预测到的新情况、新问题、新事物，也有利于对调查的问题进行深层次的探讨和研究。

2）访问调查的被访问者

访问调查的被访问者涉及社会各阶层，由于生活经历、职业职务、所处环境、知识水平、道德修养、性格习惯等的不同，既有群体心理，又有个性心理。群体心理是身份、处境、工作相同的人群的共同心理及其表现。例如，普通工、农群众初次与访问者见面时容易出现拘谨腼腆，熟悉之后一般都能够热心交谈；科技人员、专家学者态度严谨、认真等。个性心理是每个人在特定条件下特有的心理，往往千差万别。

心理活动是由内外刺激所引起的。被访问者接受调查访问本身就是接受一种外来刺激，必定产生一系列的心理活动。要使访问调查顺利进行，访问者必须对被访问者在调查访问过程中表现出来的各种心理特征和活动予以准确地掌握和积极地调节。

调查这种突发的事刺激被访问者，使其出现一种心理反应。被访问者最初的心理反应就称为原始心理状态。从对待调查的态度去衡量，被访问者的原始心理状态可分为3种类型：

①积极协作型：有问必答，热情主动。

②一般配合型：被访问者公事公办。

③消极对抗型：态度冷淡生硬，不回答或回答不知道。

访问调查活动的成败，很大程度上取决于被访问者的支持和配合。

3）访问调查法的优点

访问调查法是一种古老的、常用的、普遍的调查方法。其优点有：

(1)应用范围广　访问调查法既可以了解当时当地正在发生的情况，也可以询问过去或其他地方曾经发生过的事情：既可以了解事实和行为方面的问题，也可以询问观念、感情方面的问题。同时，访问调查法能够适用于各种调查对象，包括一切具有正常思维能力和口头表达能力的访问对象，如文盲、半文盲和盲人等。

(2)有利于实现访问者与被访问者的互动　在整个采访过程中,被访问者对不理解的问题能够提出询问,访问者掌握主动权,尽可能使被访问者按照预定计划回答问题,并可及时发现误差得以纠正。访问者于被访问者面对面的直接交流,能够比间接调查方式获得更丰富、更具体、更生动的调查内容和社会信息。

(3)易于深入探究和讨论　访问调查使访问者和被访问者思想互动的交流过程,便于了解比较复杂的社会现象,能够深入探讨社会现象的前因后果和内在本质,有利于把调查和研究结合起来。可反复询问、追问、反问、质疑等深入对某些问题进行探究和讨论。

(4)调查过程可以控制和把握　访问调查主要是面对面的口头调查,可以根据访谈过程的具体情况,适当的控制访谈。

4)访问调查法的缺点

调查的成败取决于被访问者的态度和表达能力。对调查者的沟通能力要求高。被访问者接受调查访问的良好心理状态,往往不是访问者一厢情愿的事,访问者应当根据被访问者良好心理状态的特征要求,主动地有效掌握和调节被访问者的心理状态和访问者自身的心理状态。具体包括:

①当今社会风气很难使被访问者乐意接受访问者的调查采访。

②信任感是呈现良好心理状态的前提和先决条件,才会开诚布公、畅所欲言。很难使被访问者充分相信访问者。

③被访问者在调查访问过程中,轻松平和、稳定有节制、愉快而不烦躁的心境有利于调查访问。心理状态与被访问者的处境、经历、性格和爱好都有关,访问者难以调控。

④被访问者清晰完整的记忆、连贯的符合逻辑的思维、遣词达意的口头语言表达,有利于访问者掌握全面准确的真实材料。这与被访问者的社会经历、职业、文化程度等密切相关。

3.3.4　集体访谈法

集体访谈法就是会议调查法,它是比访问调查法更高一个层次的调查方法,也是一种更复杂、更难掌握的调查方法。调查者不仅要有熟练的访谈技巧,更要有驾驭调查会议的能力。

1)集体访谈法的优点

①集体访谈法简便易行,对于被调查人员的要求较低,比如对文化程度较低的调查对象也适用。

②工作效率较高,能够一次对若干个被调查者进行调查,能够获得较多的社会信息。

③集思广益,参会人员可以互相启发,互相核对,互相修正,可以广泛、真实地了解情况。

④有利于将调查情况和研究问题结合起来,把认识问题和探索解决方法结合起来等。

2)集体访谈法的缺点

①集体访谈法对访谈会议的组织和驾驭要求较高,主持人需准备充分。对于集体访

谈会议的时间和地点安排,难以在参会人员之间进行协调,特别是当参会人员的工作繁忙时尤其难以兼顾。

②被调查者之间容易相互影响。口才比较好的人、职位较高或权威较大的人往往会垄断会议发言,左右会议的倾向,调查结论难以准确、全面地反映客观情况。

③集体访谈法往往由于受到时间的局限,对于比较复杂的问题,难以进行详细深入地交谈。由于时间和场所的限制,被调查者不能够完全充分地发表个人意见等。

④保密性问题、敏感性问题等不宜用集体访谈法。

3.3.5 问卷调查法

问卷是指社会调查表,它是为一定的调查研究目的而统一设计的、具有一定结构和标准化问题的表格,是社会调查中用来收集资料的一种工具。问卷调查法主要是自填式问卷调查,按照问卷传递方式的不同,自填式问卷可分为邮政问卷调查、报刊问卷调查、送发问卷调查和网络问卷调查等。

1)问卷答案的设计基本原则

①解释性原则:设计的答案必须与询问的问题具有相关关系,能够回答所询问的问题。

②完整性原则:设计的答案应努力穷尽一切可能的答案,起码应是主要的答案。

③同层性原则:设计的答案必须具有相同的层次或等级关系。

④可能性原则:设计的答案必须是被调查者能够回答和愿意回答的。

⑤互斥性原则:设计的各个答案必须是相互排斥和不能代替的等。

2)无回答和无效回答的处理

(1)对无回答和无效回答研究的必要性　在问卷调查工作过程中,总会出现无回答和无效回答的情况,这些情况不应当置之不理,应有针对性地开展研究。这既是评价调查结果、说明调查结论的代表性和适用范围的需要和必要性工作,同时也有利于及时总结和改进问卷调查工作。

(2)无回答和无效回答的研究方法　对于无回答的研究,应根据具体的调查方式采取不同的方法。例如,当访问问卷和电话问卷在调查时,即应追问原因;送发问卷应通过送发机构和送发人员问询原因,对于邮政问卷、报刊问卷和网络问卷等的情况研究起来比较困难,可以重点关注于无回答的对象是否集中分布于某些地区、某些行业等,或者是人为因素所致。对于无效回答的研究,应研究其无效的原因、类型、频率和分布等,总结出哪些是个性问题、哪些是共性问题。归纳原因,予以改进。

3)问卷调查法的优点

(1)范围广,容量大　问卷调查法可以突破时空限制。在大范围内,对众多数量的被调查者同时开展调查。

(2)宜于定量研究　问卷调查大多是使用封闭型回答方式进行的调查。问卷调查法可以使用计算机及相关软件德国那对调查情况如问卷答案，进行整理、统计和分析，方便地开展定量研究。

(3)问题的回答方便、自由和匿名性　在问卷调查时，被调查者不必立即回答问题，可以对问题进行认真思考，排除种种干扰，被调查者回答问题不署名，有利于对一些敏感、尖锐和隐私的问题进行真实性的调查和摸底。

(4)调查成本低廉(略)

4)问卷调查法的缺点

(1)缺乏生动性和具体性　问卷调查法大多只能获得书面的社会信息，难以了解到生动具体的社会现实情况，特别不适宜对新情况、新问题和新事物等调查者无法预计的问题进行调查和研究。

(2)缺少弹性、难以定性研究　问卷调查的问卷和其所询问的问题、提供的答案大都是统一、固定的，很少有伸缩余地，难以发挥被调查者的主动性和创造性，也难以适应复杂多变的实际情况，更难以对某一问题开展定性研究或深入探讨。

(3)被调查者合作情况无法控制　问卷调查的互动性和交流效果较差。被调查者如果不能看懂或误解问卷，难以获得指导和纠正；被调查者的合作态度，比如是认真填写还是随便敷衍、是亲自填写还是找人代填等，无法做到有效控制和把握，调查结果的真实性、可信度等难以测量。

(4)问卷回复率和有效率低　问卷调查的问卷回复率和有效率对问卷调查的代表性和真实性往往具有决定性作用，问卷回复率和有效率往往较低，难以开展对无回答和无效回答的相关研究等。

3.4　建筑节能社会调查的信度和效度评价

3.4.1　建筑节能社会调查的信度和效度

1)社会调查的信度

社会调查的信度是指调查结果反映调查对象实际情况的可信程度，它通常以运用相同的社会测量手段重复测量同一个调查对象时，所得结果的前后一致性程度即信度系数来表示。

(1)复查信度　所谓复查信度，是指对同一群社会调查对象，在不同的时间点采用同一种测量工具先后测量两次，两次测量结果的差值称为复查信度。例如，调查某小区居民关于住房节能改造的意愿，如果第一次调查的结果是愿意参加的人占60.7%，复查结果愿意参加的人占71.1%，两次测量结果相差10.4%，这个“10.4%”就是复查信度。两次调查结果接近，说明社会调查的信度较高。但两次调查结果相差大，并不能简单判定为信度低。两次调查之间意愿发生变化是可能的。

(2)复本信度　所谓复本信度是指将一套测量工具设计成两个或两个以上的等价的复本(如内容、难度、长度、排列等方面都相似的问卷),用这两个复本同时对同一研究对象进行测量,然后计算出其所得两个结果之间的差值,即为复本信度。

(3)折半信度　复本信度、复查信度的共同特点都是必须经过两次调查才能检验其信度。在社会调查仅实施一次的情况下,通常可以采用折半法来估计测量的信度,也就是将社会调查的所有问题按照性质、难度编好单双数,在单数题目的回答结果与双数题目的回答结果之间求差值,即得折半信度。

2)社会调查的效度

社会调查的效度是指调查结果说明问题的有效程度,通常指社会调查的测量工具能够准确、真实地测量事物属性的程度,或者是指所用的调查指标能够如实地反映某一概念真实含义的程度。它包含两层含义:测量指标与所要测量的变量之间的相关与吻合程度,测量的结果是否接近该变量的真实值。如果这两者均一致或接近,则该社会调查的效度较高。例如,调查公众对于建筑节能政策的支持程度,如果结果远远低于或高于公众的真正意愿,这种社会调查是无效的,是不能够反映公众真正的支持程度的。

社会调查的效度是一个多层面的概念,可以分为以下3种类型:

(1)内容效度　内容效度指的是测量内容与测量目标之间的适合性和相符性,也可以说是测量所选定或设计的题目是否符合社会调查的目的和要求。例如,要调查某地区的居住建筑能耗情况,而社会测量的却是商业建筑能耗的情况,则该社会测量不具备内容效度。

(2)准则效度　准则效度是被假设或定义为有效的测量标准。对同一概念的测量可以有多种测量方式,每种测量方式与准则的一致性即为准则效度。例如,节能设计标准用Doe-2软件分析建筑能耗。用其他软件分析的建筑能耗与Doe-2的一致性即为该软件的准则效度。

(3)建构效度　建构效度是为了解社会测量是否反映概念和命题的结构,通常在理论性研究中使用,是通过与理论假设相比较来检验的,又称为理论效度。它可以表述为:如果变量X、Y在理论上有关系,那么对X的测量与对Y的测量也应当是相关的。例如,假设“居民对建筑节能的了解程度”(X)与“对节能改造的支持程度”(Y)是正相关的。对“居民对建筑节能的了解程度”(X)在经验层次上可选择“居民的文化程度”(X_1)、“是否有与建筑节能相关的学习或工作背景”(X_2)这两个指标进行社会测量;对于“对节能改造的支持程度”(Y)这一变量可以设置“对节能改造的支持票数”(Y_1)这一调查指标进行社会测量。如果X_1与Y_1、X_2与Y_1都是正相关,则称这一测量具有建构效度;反之,则不具有建构效度。

3)信度和效度的影响因素

信度是对调查对象而言的,它主要针对调查结果的一致性、稳定性和可靠性问题。效度是对调查所要说明的问题而言,它主要针对调查结果的有效性和正确性问题。

(1)影响信度的因素　在结构化、标准化的社会调查中,有不易控制因素会影响信度。这些因素包括:被调查者是否耐心、配合、认真;调查员是否按照规定的程序和标准严格执行调查规定,是否有诱导行为,是否忠实记录;调查内容是否有敏感问题,是否表述清楚;调查时是否有他人在场,是否受到干扰等。在非结构式、非标准化的社会调查中,除了以上误差外,还有调查者主观因素影响信度,即社会调查的随机性带来难以控制的误差,如调查者的个人偏见、价值观、思维定势、知识结构、观察角度等。

(2)影响效度的因素　所有影响信度的因素必然影响效度。除此之外,效度还受到系统偏差和其他变量的影响,主要包括两个方面:测量工具和样本的代表性。调查的效度在很大程度上取决于调查问题的效度,在使用测量工具和设计问卷、量表和调查提纲时,要慎重地考虑调查的项目和内容,并对概念的操作定义和问题的内容效度进行调查。样本的代表性是影响外在效度的重要因素,要提高研究的外在效度,就有必要采用随机抽样的方法、当研究总体的异质性较大时,应当适当加大样本数量。

3.4.2　信度和效度的关系

1)信度和效度的关系

信度和效度之间的关系有4种情况:

(1)信度高、效度未必高　符合实际的和可信的调查,不一定能有效地说明问题。例如,要调查建筑的能耗水平,如所设计的调查指标分为"建筑单位面积年耗电量"、"建筑单位面积空调年耗电量"。尽管两种指标分别调查所得到的调查数据都真实可信,或者说信度都比较高,但对建筑节能的设计而言是调查指标"建筑单位面积空调年耗电量"的效度低,"建筑单位面积年耗电量"的效度高。

(2)信度低、效度必然低　调查结果反映调查对象实际情况的信度很低,它就必然不能有效地说明调查所要说明的问题。也就是说,不可信的调查更不可能有效地说明所要说明的问题。

(3)效度高、信度必然高　调查结果能有效说明调查所要说明的问题,其所反映调查对象实际情况必然是可信的。

(4)效度低、信度未必低　信度是效度的基础,是效度的必要条件而非充分条件,效度则是信度的目的和归宿。

2)提高信度和效度的途径

提高社会调查信度和效度的主要途径有:

(1)科学设计调查指标和调查方案　在设计调查指标时,要慎重提出研究假设,力求使研究假设具有较高的科学性;根据研究假设设计的社会指标和调查指标要形成一个能够正确全面说明调查主题的指标体系;每一个调查指标要设计出相对应的抽象定义和操作定义;设计调查方案要强调实用性和弹性原则。

(2)认真培训、教育或说服调查人员和被调查对象

(3)切实做好社会调查各个阶段的工作

3.4.3 调查方案的可行性研究

1)调查方案的可行性研究方法

(1)逻辑分析法　使用逻辑思维方法来检验和判断社会调查方案设计的可行性。例如,要调查某城市居民对建筑热环境满意程度,而设计的调查指标却是“居民住房的建筑面积”、“居民住房的建筑年代”,这样调查出来的数据是不能有效说明问题的。因为“对建筑热环境的满意程度”同“居民住房的建筑面积”、“居民住房的建筑年代”是不同的概念,它们的内涵和外延都有着很大差别,这样的设计违背了逻辑学上的同一律,对于所要说明的问题效度是很差的。

(2)经验判断法　经验判断法是用以往的实践经验来判断社会调查方案设计的可行性。过去的建筑节能调查表明,采用入户调查方案调查居民的年建筑能耗不具备可行性。

(3)专家论证法　通过召开座谈会,邀请相关理论研究和实际工作的专家参加,对所设计的社会调查方案进行讨论、分析和论证。科学地预见社会调查活动的具体过程中可能出现的困难和矛盾,对调查方案的设计、修改和完善提供宝贵的建议,使得调查方案具有较强的可行性。

(4)试验调查法　通过小规模的实地调查来检验社会调查方案设计的可行性,根据试验调查的具体情况修正和完善调查方案。

2)试验调查的组织原则

“实践是检验真理的唯一标准”,为了避免大规模社会调查工作的盲目性以及由此造成的人、财物和时间浪费,进行可行性研究最基本、最重要、最有效的方法是组织开展试验调查。试验调查的目的既不是搜集资料,也不是解决社会调查工作的目标任务,而仅是对所设计的调查方案进行可行性研究。

(1)恰当选取调查对象　试验调查对对象的要求要规模小、数量少、类型多、代表性强,注意保持试点单位的自然状态,切忌施加人为影响。

(2)灵活选用调查方法　既然是“试验”,就要设计出多种调查方法在具体调查时灵活选用,并作出比较、选择和调整等。

(3)精干组建调查队伍　调查活动的组织者、领导者和调查方案的设计者必须亲自参加,同时选派必要数量的有调查经验的调查人员即可。

(4)开展多点对比试验　可以是同一个方案的多点比较,也可以是不同方案的多点对比,更可以是同一方案的重复对比,或者不同方案的先后纵向对比、交叉横向对比。

(5)重视做好工作总结　应该认真分析试验调查的结果和工作过程,查找得失成败的具体原因,从主、客观因素分析,并作出对原设计调查方案的修正完善意见,使其切实成为社会调查的可行动纲领。

3.5 调查对象的选取

3.5.1 普遍调查

1) 普遍调查的概念

普遍调查简称普查,是针对调查对象全体逐个进行的调查。普查是全面了解社会情况的重要方法,对于一个国家,普查一般都是对某些重大国情、国力的项目进行的调查。建筑节能的社会调查工作常常具有普遍调查的性质。

2) 普遍调查的方式

普查有两种方式:一种是填写报表,即由上级制定普查表,由下级根据已经掌握的资料进行填报,如建筑节能主管部门每年进行的建筑节能设计标准执行情况普查;另一种是直接登记,即组织专门普查机构,派出调查人员,对调查对象进行直接登记,如建筑能耗普查等。建筑节能可以结合这两种方式进行,在现场踏勘调研之前将需要调查的有关数据、统计表格及其他资料清单提供给建筑节能主管部门,由主管部门根据要求填报有关调查资料,初步完成这项任务之后,再派出调查人员亲自赴现场踏勘,并根据已经搜集的资料情况进行有针对性的社会调查。

3) 普遍调查的优缺点

普遍调查的优点是资料全面,资料标准化程度和准确性高,调查误差最小,调查结论普遍性强。普遍调查的缺点在于工作量大,调查成本和代价较高,组织工作复杂。

3.5.2 典型调查

1) 典型调查的概念

典型调查是在对调查对象进行了初步分析的基础上,从调查对象中恰当选择具有代表性的单位作为典型,通过对典型进行调查来认识同类社会现象的本质及其发展规律的方法。典型调查方法的原理是通过对有代表性的个别典型单位的了解,推及对同类事物和现象的认识,即哲学上的从个别到一般。

2) 典型调查的步骤

(1)初步研究　进行典型调查之前,首先应当对调查总体进行面上的初步研究,对将要被调查和研究的事物进行粗略的分析,为下一步选择典型做准备。

(2)选择典型　在前一阶段科学分析的初步研究基础上,根据调查目的将研究对象进行科学分类,然后分别选择适当的典型进行调查。在总体各单位发展较平衡的情况下,选择一个或几个具有代表性的典型即可;而当总体单位较多,各单位彼此差异比较大时,应将总体按照研究问题的有关标志进行分类，划分为若干个类型组，再从各类型组中找出有代表性的单位作为典型进行调查，这样可以减少各单位的差异程度，提高所调查的典型的代表性程度。

(3)深入调查　根据调查目的，设计出详尽和操作性较强的调查提纲、调查表格或调查问卷。深入社会实际及典型单位，通过采取实地观察、访问调查、集体访谈等具体方法进行深入调查，全面、详细地占有第一手资料，并注意尽可能地搜集到与调查目的有关的各种数字资料，以备分析之用。

(4)适当推论　对建筑节能调查资料进行细致的整理分析和理论分析，并适当作出推论。典型调查所获取的资料往往十分丰富，然而却又显得十分庞杂，这就需要对所搜集到的各种资料进行认真、深入的整理，由浅入深地开展统计分析、理论分析和总结工作，并得出适当的推论。

3)典型调查的原则

选择典型调查作为调查方式时，应注意几个问题：

(1)正确选取典型　能否正确地选择典型是决定典型调查成败的关键所在。典型是同类事物中最具代表性的事物，代表性越强典型性就越强，必须根据调查目的和要求有重点、有针对性地选择典型。例如，对上海所做的居住能耗调查仅对上海有典型意义，在全国其他地区并没有代表性，不能按此推算全国居住建筑的能耗。对于复杂的事物，应该分层次、分类型地选择典型。通过有规律的多点对比调查，有利于客观地反映事物发展的总体水平，提高典型调查结论的科学性。例如，居住建筑的能耗调查中可分家庭结构和收入水平选择典型进行调查。

选择典型有两种错误倾向：一种错误倾向是调查者对调查对象的总体状况不做任何了解，不做任何分析，就随意抽取一个或几个单位作为典型；另外一种错误倾向是凭借自己的主观好恶去挑选典型，或者先有结论，再去寻找所谓“合适的”典型，把自我的个人观点伪装成普遍的调查结论。

(2)定性分析和定量分析、调查和研究相结合　典型调查主要是定性调查，单纯依靠定性分析，其认识往往不完整、不准确，必须加强对调查资料和相关问题的分析研究工作，要将定性分析和定量分析、调查和研究有效结合起来，把认识问题和探索解决问题的方法结合起来，以提高调查、分析及结论的科学性和准确性。

(3)慎重对待调查结论的适用范围　典型总是受到时间和空间等因素的限制的，即每一个典型都具有其特定的代表范围，其调查结论只能用以说明它所能代表的特定总体。因此，必须严格区分哪些是代表同类事物中的具有普遍意义的东西，哪些是由典型本身的特殊条件、特殊环境的影响和制约所形成的只具有特殊意义的东西，严格对各部分结论的适用范围作出科学的说明等。

4)典型调查的优缺点

(1)典型调查的优点

①典型调查一般都能够获得比较丰富的、真实可靠的第一手资料。

②典型调查便于把调查和研究结合起来，有利于探索解决社会问题的思路和方法。

③典型调查的成本较低，花费人、财、物较少。

④典型调查的适应性也比较强，在城市规划领域的各种社会调查课题中都具有较为广泛的用途。

(2)典型调查的局限性

①典型调查较多地反映出调查者的主观意志，调查者的态度、素质和调查能力等直接影响和决定典型调查的质量和水平，典型调查的调查结论的客观公正受到一定制约。

②典型调查的调查对象的代表性比较有限。

③典型调查的结论中，普遍意义和特殊意义的适用范围难以科学、准确地界定。

④典型调查主要是定性分析为主，较难以进行总体的定量研究。

3.5.3 个案调查与重点调查

1)个案案例调查的概念

个案一词源于医学，指的是一个具体的病例，而社会调查中的个案既可以是一个人、一个群体、一个社区，也可以是一个事件、一个过程，或者社会生活中的一个单位。个案调查是指为了解决某一具体问题，对待定的个别对象所进行的调查，通过较详尽地了解个案的特殊情况，以及它与社会其他各方面的影响和关系，进而提出有针对性的解决对策。个案调查所依据的原理是社会事物的一般性寓于特殊性之中，并通过特殊性表达出来。

个案调查可以积累广泛而深入的个案资料，可以再现关于个案的系统完整的、真实可靠的面貌；有针对性地提出解决问题的方案。个案调查首先关注个案本身的内在解释力，在必要情况下才会考虑其代表性。它以个案调查的材料为基础进行思考，并以此思考为基础来建构具有个案材料解释力度的理论框架，然后将此理论框架予以扩展就有可能通过许多个案调查形成具有类别性质的理论特征的分析框架。某一建筑的节能诊断就属于个案调查。

2)个案调查的特点

①个案调查对特定的调查对象的调查研究较为具体、深入和细致，体现在纵向上即要求对调查对象作出历史的研究，进行较详细的过程分析，以弄清其来龙去脉，具体而深入地把握个案的全貌，一般情况下还应当进行追踪调查，以掌握其变化发展规律。

②个案调查在调查时间、活动安排等方面具有一定的弹性，研究者可采取的方法也比较多种多样，如观察、访问、文献等调查方式，可以灵活掌握和运用。

③个案调查对社会现象的考察具有很高的深度和扎实性，其探讨范围虽然狭窄，但由于它的调查比较透彻，有关资料极为丰富，因此常常用来弥补定量分析研究的不足。

3)个案调查的应用

个案调查是一种行之有效的社会调查方法，运用这种方法可以较为详尽、彻底地了解个案的特殊情况，以及它与其他社会现象错综复杂的影响和关系，从而提出社会问题的解决依据。个案调查方式适用于建筑节能活动的调查，尤其是应用于探索性研究中。个案调查还广泛应用于对建筑节能问题进行专门性的调查研究中,以把握有关问题的性质、作用、现状和发展趋势,消除各种障碍,促进协调发展。

4)重点调查的概念

重点调查是对某种社会现象比较集中的、对全局具有决定性作用的一个或几个重点单位所进行的调查。这里的重点主要是量的方面。重点调查需要调查的单位不多,调查成本不大,却能了解到对全局具有决定性影响的基本情况,是一种具有广泛用途的调查类型。例如,为了解某城市建筑节能设计的实力,只要对该城市的甲级设计院进行重点调查,就可以掌握其状况。

5)重点调查、个案调查和典型调查的区别

重点调查、个案调查的调查对象只是一个或者几个单位,在这一点上它与典型调查有相似之处,但是三者又具有明显的区别(见表3.1)

表3.1　典型调查、重点调查和个案调查的比较

类别	典型调查	重点调查	个案调查
调查对象选择标准	同类事物中具有代表性的单位	同类事物中具有集中性的单位	特定的、不可替代的,不存在选择问题
调查目的	认识同类事物的本质及其发展规律	对某种社会现象总体的数量状况做出基本估计	解决某一具体问题,就事论事,不存在探索规律问题
定性或定量	定　性	定　量	定性或定量
调查方法	直接调查(面对面进行)	直接调查或者间接调查(以电话、问卷、表格等方式进行)	直接调查(面对面进行)
举　例	通过对哈尔滨、北京、重庆、深圳等城市建筑节能发展水平的调查,了解全国各中心城市建筑节能水平和状况等	通过对京、津、沪、渝等地大型公共建筑的能耗数量的调查,掌握全国大型公共建筑能耗的基本情况等	为解决某建筑的节能改造效果问题,对该建筑空调工程运行能效比进行的调查

3.5.4　抽样——确定调查对象的原理和方法

不少情况下,社会调查工作没有必要也不可能对调查对象的全体都进行调查研究,往往只是选择其中一部分作为调查对象。这就遇到了“选择什么样的部分来作为调查对象”、“这一部分中包含个体有多少以及用何种方法进行选择”、“所选择的部分与调查对象总体之间是何种关系”等一系列的问题,这也就需要全面理解和掌握抽样的方法。

1)抽样的概念

抽样是向人们提供一种“由部分认识总体”的途径和手段,其作用和意义可以用“一叶知秋”这一词语形象地说明,即以较少的元素或个体代表、反映总体的情况,是一种选择调查对象的程序和方法。科学的抽样调查都是按照随即原则进行样本抽取的。遵循随机原则能保证被抽取的样本对总体具有代表性,以便准确地推断总体。其原因在于它能够很好地按照总体内在结构中所蕴含的各种随机事件的概率来构成样本,使样本成为总体的缩影。

2)抽样的程序

(1)设计抽样方案　对调查总体、抽样方法、抽样误差、样本规模等有关问题设计出具体目标和操作方案。这需要从调查课题的客观需要、调查对象和调查者的实际可能出发,设计出科学、合理的抽样方案。

(2)界定调查总体　界定总体就是在具体的抽样之前,首先对从中抽取样本的总体情况(如范围和界限等)作出明确的界定,对调查对象总体的内涵和外延作出明确定义。这一步程序是由抽样调查的目的所决定的,样本必须取自明确界定后的总体,样本中所得到的结果也只能推广到这种最初的已经作出明确界定的总体的范围中。

(3)选择抽样方法　各种不同的抽样方法都具有自身的特点和适用范围,对于具有不同的研究目的、不同的范围、不同对象和不同客观条件的社会调查研究来讲,所适用的抽样方法也不一样。这就需要我们在具体实施抽样之前,根据研究目的的要求,依据各种抽样方法的特点,选择随机抽样或非随机抽样等抽样的具体方法。应当注意,凡是从数量上推断总体的抽样调查都应采取随机抽样方法。

(4)编制抽样框　编制抽样框就是根据已知明确界定的总体范围和抽样方法,搜集总体中全部抽样单位的名单,并通过对名单进行统一编号来建立起供抽样使用的抽样框。抽样框是抽样的基础,必须把所有抽样单位全部编制进去。如果抽样是分阶段、分层次开展的,则每一阶段、每一层次都应该编制相应的抽样框。例如,对某市主城区居民家庭生活质量进行抽样调查,就可形成区、社区、楼3个不同层次的抽样框。在抽样工作过程中,形成一个适当的抽样框经常是调查者面临的最有挑战性的问题之一。例如,在对某一传统街区的建筑进行调查时,经常会出现一户有多处住房的情况,或者很多居民同住在一个门牌号中,容易造成重复或者遗漏,违背随机抽样的概率原则。准确地抽样框应包含两层含义:完整性和不重复性。

(5)确定样本大小　样本大小是指样本中所含个体的数量的多少。样本的大小不仅影响自身的代表性,还直接影响到调查的费用和人力的投入。确定样本大小的原则就是“代价小、代表性高”,主要考虑精确度要求、总体性质、抽样方法以及人财物等客观条件的制约等。样本的数目起码能够作为资料分析使用,对于同质性强的总体,其样本差异不大,选择样本可以小一点,而对于异质性高的总体则要选择大一点的样本。

(6)抽取调查样本　按照设计的抽取方法,从抽样框中抽取一个个抽样单位,构成样本。依据抽样方法的不同和对调查对象的了解情况,实际的抽样工作既可能在研究者到实地之前完成,也可能需要达到实地后才能完成。当研究的总体规模较大,且采取多阶段抽样方式时就需要边抽样边调查。实地进行抽样时,往往是直接由调查人员按照预先确定好的抽取原则、操作方式和具体方法执行。例如,在抽取居民家庭时,往往事先抽取居民委员会,然后在现场根据事先制定的具体操作方式,可以一边抽样一边调查了。

(7)评估样本质量　一般情况下,样本抽出并不是抽样的结束,完整的抽样还应当包括样本抽出后对样本进行的评估工作,即对样本主要特征分布情况与总体主要特征分布情况进行对比和评估。样本质量的评估分为前评估和后评估，前评估是指抽样之后、调查之前的评估。通过前评估如发现样本质量不高，可采取重新抽样办法来提高抽样质量，如无法实施前评估，则只有采取后评估，即在调查之后再进行评估。评估样本质量的基本方法是：将可得到的反映总体中某些重要特征及其分布的资料，与样本中同类指标的资料进行比较，若二者差别很小，可认为样本质量较高，代表性较大，如果二者差别十分明显，那么样本的质量和代表性就一定不会很高。

3）抽样的类型划分

抽样的方法可以分为两大类：一类是依据概率理论，按照随机原则选择样本，完全不带有调查者的主观意识，称之为随机抽样或概率抽样；另一类是依据研究任务的要求和对调查的分析，主观地、有意识地在研究对象的总体中进行选择，称之为非随机抽样或非概率抽样。随机抽样和非随机抽样又可分为多种具体的细类。在抽样调查中，应根据调查研究的目的和调查对象的特点，灵活选择使用的抽样方法。

（1）随机抽样　随机抽样又称为纯随机抽样，是基本的概率抽样，其他种类的概率抽样都可以看成是它所派生出来的。简单随机抽样对总体单位不做任何人为的分类、组合，而是按照随机原则直接抽取样本。其实际操作方法有：

①抽签或抓阄法。首先编制抽样框，并给总体的各单位编号，然后按照抽签或抓阄的方法抽取规定数量的样本。例如，对一排商业门面进行调查时，先把各个门面进行编号，将这些号码写在小纸条上，然后放入一个容器，如纸盒、口袋中，搅拌均匀后从中任意抽取，直到抽取预定的样本数目，这样由抽中的号码所组成的代表单位就成为一个随机样本。

②随机数表法。所谓随机数表，就是由一些任意的数字毫无规律地排列形成的数字表，每一个数字号码在表上出现的机会在长时间内平均起来都是一样的。数字号码如果随便让它出现，会有一定的循环性，数学家用一套公式把这些数字一一列出，这时它们（在表中）出现时就不会有循环性。

各种随机抽样方法的优缺点，见表3.2。

表3.2　随机抽样方法有缺点比较

随机抽样方法	优　点	缺　点
简单随机抽样	简单易行，在抽样过程中完全排除了主观因素的干扰，结果可推广到总体	抽样框不易建立，样本代表性较差，抽样误差较大，样本可能过于分散或集中，仅适用于总体单位数量不多的情况
等距随机抽样	样本分布均匀，代表性强，比较简单易行，抽样误差小于简单随机抽样，不需要抽样框	样本代表性不一定能够保证，要有完整的登记册，总体单位数量不能太多，使用时应避免抽样间隔与调查对象的周期性节奏相重合
类型随机抽样	抽样误差较小或所需样本数量较小，精度高，适用于总体单位数量较多、单位之间差异较大的调查对象	科学分类较难进行，须对总体各单位的情况有较多的了解，费用高

续表

随机抽样方法	优　点	缺　点
整群随机抽样	易操作,样本单位比较集中,调查工作比较方便,可以节省人、财、物和调查时间	样本分布不均匀,代表性差。在样本数量相同的情况下,较以上方法抽样误差较大
多段随机抽样	综合以上优点,精度较高,成本较低,以最小的人、财、物和时间获得最佳的调查结果,对总体各单位情况了解程度要求低,适合于调查总体范围大、单位众多、情况复杂的调查对象	计算复杂,抽样误差较大。抽样阶段越多,误差就越大

(2)非随机抽样的具体方法　在社会调查的很多情况下,由于调查对象的总体边界不清,无法编制随机抽样所应具备的抽样框,或者某些调查研究为了符合研究目的,不得不按照实际需要,而非随机地从总体中抽取少量的有代表性的个体作为样本。这时,严格的随机抽样几乎无法进行,就可以采用非随机抽样的方法。

所谓非随机抽样又称非概率抽样,就是调查者根据自己的操作方便或主观判断抽样样本的方法。非随机抽样抽选样本的质量主要取决于调查者的主观状况和各种偶然因素,因而其代表性、客观性较差,样本调查不能从数量上推断总体,但简便易行,可以获得对于调查对象的大致了解,在对代表性要求不高时多被采用。

4)样本规模和抽样误差

(1)样本规模　样本规模又称样本容量,就是样本数量的多少。确定样本规模,必须考虑抽样的精确度、总体的规模、总体的异质程度和调查者的人、财、物力和时间等因素。在统计学中,将样本的数量少于或等于 30 个个体的样本成为小样本。大于或等于 50 个个体的样本成为大样本。在城市规划社会调查研究工作中,一般都应抽取大样本,因为大样本的研究总体和总体异质性均较大。但并非样本规模越大越好,如美国定期进行的民意调查抽样,即使调查总体近 1 亿人,它的样本通常也不会超过 3 000 人。大多数情况下,城市规划社会调查研究对样本规模及精确度要求不是很高,调查人员可以凭经验来确定样本数目的大致范围,样本数一般可控制在 50 ~ 1 000。表 3.3 是经验确定样本数目的大致范围,仅供参考。

表 3.3　经验确定样本数的大致范围表

总体规模	样本占总体的比例	总体规模	样本占总体的比例
<100 人	>50%	5 000 ~ 10 000 人	15% ~ 3%
100 ~ 1 000 人	50% ~ 20%	1 万 ~ 10 万人	5% ~ 1%
1 000 ~ 5 000 人	30% ~ 10%	10 万人以上	<1%

(2)样本误差　样本误差是指抽样估计值与总体参数值之差。抽样误差包含两种:登记性误差(即调查过程中由于登记差错而造成的误差)和代表性误差(即样本各单位的结

构不足以代表总体特征而形成的误差）。对于特定调查总体而言，在总体标准差（总体成熟）不变的情况下，要减少抽样误差就必须增加样本单位数量，即多抽取一些样本进行调查。在样本单位数确定的情况下，总体各单位标志值离散程度就越小，抽样误差就越小；反之，则大。

5）抽样调查的优缺点

（1）抽样调查的优点　抽样调查的优点包括：抽取样本客观，代表性强（从根本上排除了调查者主观因素的干扰，调查结果具有较大真实性和可靠性）；有利于对总体进行定量研究，推断总体比较准确；抽样误差不仅可以准确计算，而且可以适当控制；调查成本低、效率高（通过对部分样本单位进行的调查获得关于整体的结论，调查时效较快）；应用范围广泛。

（2）抽样调查的缺点　抽样调查的缺点包括：宜于开展定量研究而不宜于开展定性研究；对于调查总体尚不清楚、不清晰的调查对象，如正在形成和发展中的事物，很难进行抽样调查；由于抽样调查的样本单位较多，调查的广度和深度受到很大局限；需要较多的数学知识和计算机使用能力，对调查者的能力要求较高。

3.6　建筑节能社会调查资料整理与分析

3.6.1　调查资料整理

整理资料是研究资料的基础，也是建筑节能社会调查的研究阶段工作的正式开始。

1）调查资料整理的原则

①真实准确；

②完整统一；

③简明集中；

④新颖组合。

2）文字资料整理方法

（1）审查　审查就是通过仔细推究和详尽考察的方法，用来判断、确定文字资料的真实性和合格性。文字资料的真实性审查，包含文字资料本身的真实性审查和文字资料内容的可靠性及合格性审查。

①文字资料本身的真实性审查，是指通过考察和细究判明调查所得的文献资料、观察和访问记录等文字资料本身的真伪。例如，从作者、出版社、印刷质量等外在情况来判断文献的真伪；从文献的内容、所用概念、写作风格等内在情况来判断文献的真伪。观察和访问记录等文字资料的真实性审查，还可以从记录时间、地点、内容、语言和笔迹等情况来判断其真伪。

②文字资料内容的可靠性审查是指通过考察和细究判明文字资料的内容是否真实地反映了调查对象的客观情况。这主要根据以往实践经验、资料的内在逻辑和资料的来源等来判断。

③文字资料的合格性审查主要是指审查文字资料是否符合原设计要求。比如,审查调查对象的选择是否符合设计要求,有关数据的计算方法是否符合设计要求,计量要求是否统一等。

(2)分类　对文字资料的分类工作就是按照科学、客观、互斥和完整的原则,根据文字资料的性质、内容和特征,把相差异的资料区分开来,把相同或相近的资料合并为同一类别的过程。文字资料的分类有前分类和后分类两种方法:前分类是指在社会调查前设计调查提纲和问卷时,就按照事物的类别分别设计出不同的调查指标,再按照分类指标搜集和整理资料;后分类是在将调查资料搜集起来之后,根据资料的性质、内容或特征等将它们分门别类。分类本身就是对调查资料的一种分析和研究,是认识社会现象的初步成果,也是揭示事物内部结构的前提,更是研究不同类别事物之间关系的基础。

(3)汇编　汇编就是按照完整、系统、简明、集中的原则,根据调查的目的和要求,对分类之后的资料进行汇总和编辑,使其更加清晰明了地反映出调查对象的总体情况。具体任务是:根据调查目的、要求和调查对象的具体情况,确定合理的逻辑结构,使汇编后的资料能够说明调查所要说明的问题,进而对分类资料进行初步加工。例如,对各种资料按照一定的逻辑结构编上序号、增加标题等。

3)数字资料整理方法

(1)检验　检验就是通过经验判断、逻辑经验、计算审核等方法,检查、验证各种数字资料是否完整、正确。数字资料的完整性检查,主要检查应该调查的单位和每个单位应该填报的表格是否齐全,是否有遗漏单位或遗漏表格现象;检查每张调查表格的填写是否完整,是否有缺报的指标或遗漏内容等。对数字资料的正确性检验,是查看数字资料的内容是否符合实际,计算方法是否正确等。检验所发现的各种问题,应当及时查明原因,并采取相应措施予以补充或更正。

(2)分组　分组就是按照一定标志,把调查的数字资料划分为不同的组,从而反映各组事物的数量特征,构成状况和相互关系。分组步骤是:选择分组标志→确定分组界限→编制变量数列。

①选择分组标志。分组标志是分组的标准或依据。选择分组标志是数字资料分组中的关键问题,是否正确关系到分组结果是否能够正确地反映调查对象的总体情况。常用的分组标志有:质量标志、数量标志、空间标志和时间标志。质量标志是按照事物的性质或类别分组。数量标志是按照事物的发展规模、水平、速度、比例等数量特征分组。空间标志就是按照事物的地理位置、区域范围等空间特征分组。而时间标志则是按照事物的持续性和先后顺序分组。

②确定分组界限。分组界限是划分组与组之间的间隔限度。确定分组界限包括组数、组距、组限、组中值的确定和计算等工作。组数就是组的数量,当数量标志变动范围很

小而标志值项数不多时,可直接将每个标志值确定为一组,这时组数就等于数量标志值的项数;当数量标志变动范围很大而标志值项数很多时,就可将邻近的几个标志值合为一组,以减少组的数量。组距就是各组中最大数值与最小数值之间的距离。确定组距后应当编制组距数列,组距相等的称为等组距数列,不相等的称为不等组距数列。编制等组距数列可先确定组数,然后用全部变量的最大值与最小值之间的差距(即全距除以组数)即得出组距大小,而编制不等组距数列则应根据研究任务的实际需要来确定组距。组限就是组距两端数值的限度。每组的起点数值称为下限,终点数值称为上限。变量数列中最小组的下限值或最大组的上限值,确定的称为封闭式组限,不确定的称为开口式组限。组中值就是各组标志值的代表值。

封闭式组距数列组中值的计算公式是:

$$组中值 = \frac{上限值 + 下限值}{2} \tag{3.1}$$

开口式组距数列组中值的计算公式是:

$$组中值(缺上限值) = 开口组下限值 + \frac{相邻组的组距}{2} \tag{3.2}$$

$$组中值(缺下限值) = 开口组上限值 - \frac{相邻组的组距}{2} \tag{3.3}$$

③编制变量数列。编制变量数列是把数量标志的不同数值编制为数列,并将其纳入适当的变量数列表中。

(3)汇总　汇总是根据调查研究目的把分组后的数据汇集到有关表格中,并进行计算和加总,以集中、系统的形式反映调查对象总体的数量情况。

(4)制作统计表和统计图

4)问卷资料整理方法

(1)问卷审查　社会调查回收的问卷必须经过认真审查,具体审查的内容包括:调查对象的选择是否符合原设计要求,调查指标的理解和操作定义的操作是否出现误差,对询问问题的回答是否符合原设计要求,回答填写的数据是否真实准确,对问卷中设计的检验性问题的回答是否经得起检验,问卷内容是否填写完整,等等。如果出现问题应采取适当方法进行处置,处置的原则是:

①答案中可能解决的问题,发现一个马上处理,以免遗忘。

②答案中无法解决的问题,应尽力开展补充调查弥补遗憾。

③凡是无法补充调查或无法补救的不合格回答,可对该项目做无回答或无效回答处理。

④凡是调查对象的选择违背原设计方案、问卷中主要内容填写错误且无法补救,该问卷应作为不合格问卷予以淘汰。

(2)开放型回答的后编码　由于问卷中开放型回答的种类和数量无法在社会调查前做出估计,只有在结束之后对问卷整理时做后编码。后编码的程序是:

①预分类和预编码,选择少部分约10%的问卷,将有关问题的回答进行罗列,编制预

分类和预编码。

②“对号入座”，对其他问卷按照预分类和预编码进行归类。

③增加新类别和新编码，即其他问卷的回答在预分类和预编码中不能找到相应选项，则编制新的类别和编码。

④选择、归并分类类别和编码，即按照研究需要将相近类别合并，有用类别保留，删除无用类别。

⑤对选择归并后定型的回答类别正式编码，完成编码工作。

(3)数据的录入　数据的录入工作要认真仔细，并作出反复核对，消除录入误差。

5)数据清理方法

为了在正式统计运算之前进一步降低数据中的差错率，提高数据的质量，需要进行数据清理。

(1)有效范围清理　问卷中的任何一个变量，往往都有某种可能的合理的范围，当数字超出这一范围时，可以肯定这个数字是错误的。

(2)逻辑一致性清理　它的基本思路是依据问卷中的问题相互之间所存在的某种内在的逻辑关系，来检查前后数据之间的合理性。

(3)数据质量抽查　采用随机抽样的方法，抽取一部分个案，进行一对一的校对工作，并用这部分个案校对抽查的结果来估计和评价全部数据的质量。根据样本中个案数目的多少，往往抽取2% ~5%的个案进行这种校对工作。

3.6.2　社会调查资料统计分析

统计分析是社会调查在研究阶段的重要内容，它是建立在数学的基础之上，运用统计学原理和方法来处理社会调查所获得的数据资料，简化和描述数据资料，揭示变量之间的统计关系，进而推断总体的一整套程序和方法。统计分析作为一种认识方法，以掌握事物总体的数量特征为目标，并注重从整体出发，研究大量社会现象的总体数量特征。

1)统计分析的目的

(1)简化数据资料　社会调查所搜集的数据是多种多样的，在进行分析研究时，不可能也没有必要罗列每个样本的所有数据，而可以运用统计分析方法将调查数据简化后再描述出来。

(2)寻找并展开变量之间的统计关系　统计分析的重要目的之一就是寻找并展示各种变量之间的统计关系和统计规律。社会调查中搜集到的大堆杂乱无章的数据，只有通过统计分析才能够把隐藏在这些数据后面的统计关系和统计规律揭示出来。

(3)用样本统计量推断总体　在随机抽样调查中，对样本进行调查只是手段而不是目的，主要是要通过对样本的调查获得样本统计量，然后用样本统计量来推断总体。这里，样本统计量是指运用一定统计方法对样本数据进行处理而得出的统计值，如平均数、百分比等对样本群体基本特征的简化描述或反映。

2)统计分析的原则

(1)科学性原则　在统计分析过程中必须实事求是,按照科学原则和科学方法办事。统计分析只是一种方法或手段,它只有在被正确地使用时才会发挥其应有的积极作用,如果违背科学原则随意胡编乱造数据,则所谓"统计分析所得结论"就可能变成为错误行为辩护和利用的工具。

(2)规范性原则　在统计分析过程中,必须严格遵守统计学的操作规范,以及严格照章办事、严格遵守操作程序。统计分析必须根据不同的数据类型和不同的研究目的,使用不同的统计公式和分析方法,并且要正确运用统计分析方法,同时还必须对统计理论有一定程度的了解,对统计方法有一定程度的掌握。

(3)有效性原则　应当最大限度地发挥统计分析结果在科学研究中的作用,否则就会造成调查资源的严重浪费。不少调查研究工作者仅对调查数据做了简单分析研究之后就"束之高阁",给人以"重耕耘、轻收获"的感觉。这既是调查资源的一种巨大浪费,也使得有深度、有影响的调查研究成果较少面世。

3)统计分析的程序

问卷调查的统计分析程序为:数据的录入→数据的清理→数据的预处理→数据的统计分析。数据的录入是指将问卷或编码表中的数据代码录入计算机形成数据文件,以便进行统计分析。数据的清理是指对已录入计算机的数据进行检查,消除错误数据,补充漏录的数据等。数据的预处理就是在统计分析之前对清理后的数据做预备性处理,如缺损值处理、加权处理、变量重新编码、数据重新排序及创造新变量等。数据的统计分析则是调用统计软件中的各种统计程序对数据进行各种分析,包括单变量、双变量、多变量统计分析,以及制作统计图、统计表格等系列工作。

4)统计分析的层次

(1)按统计分析的性质划分　按照统计分析的性质,统计分析可分为描述统计分析和推断统计分析两种类型。描述统计分析就是运用样本统计量描述样本统计特征的统计分析方法,凡是仅涉及样本而不涉及总体特征的统计分析方法都属于描述统计的范畴。推断统计方法则是按照概率理论为基础,运用样本统计量推断总体的统计分析方法。社会调查的一般目的都是通过抽样调查来了解总体,在社会调查的统计分析过程中通常都要运用推断统计分析方法。描述统计分析方法是推断统计分析的基础和前提,只有在通过统计分析求出了样本统计量的基础上,才能使用推断统计分析方法推断总体参数或进行假设检验。

(2)按涉及变量的多少划分　按照统计分析涉及变量的多少,统计分析可分为单变量统计分析、双变量统计分析和多变量统计分析 3 种类型。单变量统计分析只能进行描述性研究,只有双变量统计分析特别是多变量统计分析才能进行解释性研究。只有涉及 2 个或 2 个以上的变量时,才有可能分析它们之间的关系。

建筑节能调查数据分析常用单变量、双变量、多变量分析方法,所有数理统计教材中都有系统介绍,本书不再复述。

3.6.3 社会调查资料理论分析

对调查资料的收集、整理及统计分析等,都还只是对事物的表面认识,而要认识事物的内在联系和本质规律,必须上升到理论分析的高度。理论分析是社会调查研究由感性认识上升到理性认识的关键步骤。

1)理论分析的作用

在调查的总结阶段,理论分析的具体作用主要是:首先,对统计分析的结果做出合乎逻辑的理论解释。其次,结合统计分析的结果从理论上对研究假设进行检验和论证。如果统计结果与研究假设不一致,就要说明为什么不一致;如果研究假设与统计结果是一致的,仍然要进行理论研究,找出这种一致的内在必然性,进一步发展与完善理论。再次,由具体的、个别的经验现象上升到抽象的普遍的理论认识。最后,根据理论分析的结果提出研究结论,并解释研究成果。如果说分析是把所研究的现象分解为各个部分,那么结论就是把各个部分的理性认识综合起来形成对调查对象的完整、准确的认识,并以简明的形式表达出来。

2)理论分析方法

(1)比较法　比较法就是确定认识对象之间相异点和相同点的思维方法。它是通过对各种事物或现象的对比,发现其共同点和不同点,并由此揭示其相互关系和相互区别的本质特征。

任何客观事物之间都存在着相同点和相异点,都可以对它们进行比较分析,只不过可比的方面和层次不同而已。选择比较的方面与层次要注意通过比较来透过现象发现本质。比较有多种,如数量比较、质量比较、形式比较、内容比较、结构比较、功能比较等,而常用的比较方法则是横向比较法、纵向比较法、理论与事实比较法。

①横向比较法:根据同一标准对同一时间的不同认识对象进行比较。

②纵向比较法:对同一认识对象在不同时期的特点进行比较的方法。

③理论与事实比较法:把某种理论观点与客观事实进行比较。理论与事实的比较过程,实质上就是用客观事实检验理论和研究假设的证实或证伪过程,理论与事实比较法也就是检验理论和发展理论的方法。

进行比较研究,要特别注意事物的可比性,而要使两种事物或两种现象具有可比性,关键是选择恰当的比较角度。运用比较法认识客观事物,必须有统一的、科学的比较标准,没有统一标准就无法开展比较,没有科学标准就无法正确比较。运用比较法认识客观事物,必须重视本质比较,社会调查要特别注意表面差异极大的事物之间的共同本质,以及表面极为相似的事物之间的本质差异。运用比较法认识客观事物,必须不断提高和深化比较的内容。人们对社会现象的认识和比较,应从外部环境比较逐步提高到内在结构、运行机制、文化积淀等深层次内容的比较。

(2)分类法　分类法是根据认识对象的相异点或相同点,将认识对象区分为不同类别的分析方法。即在大量观察或定量描述的基础上，对各种具体社会现象进行辨别和比较，发现它们的共同性质和特征，加以概括，然后根据事物的某种标志进行分类。进行各种类型的比较，要先建立类型。类型，就是按照事物的共同性质与特点而形成的类别。分类是科学研究的基础，只是通过分类才能使千差万别的现象条理化、系统化、简单化。分类有3个要素：母项、子项和分类的根据。例如，建筑可以分为生产建筑和民用建筑，“建筑”就是分类的母项，“生产建筑”和“民用建筑”是分类的子项，建筑的用途则是分类建筑的依据。

分类的原则是：分类必须按照同一种根据进行，不能够对某一部分子项采用一种根据，对另一部分采用另一种根据，应该避免分类结果造成混乱；分类的各个子项之间必须是全异关系，彼此互不相同、互不相容；分类的子项之和必须等于母项，不能小于或大于母项；分类应该按照一定层次逐级进行，不能够混淆分类层次。

3）分析法和综合法

分析法和综合法是人们认识事物和进行社会调查的两种基本思维方法。

（1）分析法　分析法就是在思维中把客观事物分解为各个要素、各个部分、各个方面，然后对分解后的各个要素、部分、方面逐个分别加以查考或研究的思维方法。社会调查中常用的分析方法有：矛盾分析法、因果分析法、系统分析法、结构-功能分析法等。

分析可以是多方面的，可以从数量上、时间上、空间上等多个方面分解事物的各种数量特征、阶段特征及空间构成等；分析应该是多层次的，把客观事物分解为各个组成部分之后，对各个组成部分又可以做更深一层次的分解和考察；等等。

（2）综合法　综合法就是在思维中把对客观事物各个要素、各个部分、各个方面分别考察后的认识联系起来，然后再从整体上加以考察的思维方法。分析不是目的，而只是深入认识事物的一种手段，只有在分析的基础上通过综合形成的对于客观事物的整体认识，才能达到目的。

运用综合法认识客观事物应坚持的基本原则是：实事求是的客观原则，综合必须是客观的、实事求是的，不能够是主观臆断或虚构的；深入原则，综合应该是内在的、本质的，而不应该仅仅是外观的、表象的；有机原则，综合应该是多方面的、有机综合的，而不应该是机械地拼凑。

4）矛盾分析法

矛盾分析法就是运用矛盾的对立统一规律来分析社会现象的思维方法。

5）系统分析法

系统分析法就是运用系统论的观点分析社会现象的一种思维方法。

（1）分析系统的构成要素　在社会调查中，运用系统分析法研究社会现象，首先要正确分析社会系统的构成要素，深入研究各个要素的特点，特别是要着重剖析每个要素所独有的质的规定性和量的规定性；其次，应该注意在要素与系统之间的相对关系中，从总体上把握要素的内涵和外延。

（2）探究系统的外部环境　环境是指系统周围的各种外部条件的总和，任何系统都处于一定的环境之中,并与之发生一定的联系。系统和环境之间的联系是系统保持平衡和稳定、谋求更新和发展的不可缺少条件,探究系统的外部环境以及系统与环境之间的关系是正确认识系统的必要条件。社会系统所处的外部环境是多种多样的、复杂多变的。一定数量和素质的人口,一定的地域范围、区位条件、自然资源和生态环境,一定的生产方式、经济结构和经济状况,一定的文化传统、意识形态和心理特征等,都是社会系统不可脱离的外部环境,都是社会调查要探究的对象。

(3)研究系统的内在结构　所谓结构,就是构成系统诸要素所固有的相对稳定的组织方式或联结方式。系统和结构是不可分割的,系统不可能没有结构,结构也不可能脱离系统而单独存在。在社会调查中,运用系统分析法研究社会现象,决不能把系统等同于其构成要素的简单总和,而必须在研究其构成要素的基础上进一步把握社会系统的内在结构。这样,才有利于把握社会系统的整体性质和整体功能,有利于探求通过调整或改变系统内在结构,促进系统整体性质进步和整体功能提高的途径和方法。

(4)揭示系统的整体性质和整体功能　整体性原则是系统分析法的实质和核心。在系统的构成要素和内在结构基本相同的条件下,系统的整体性质和整体功能主要取决于系统内部的自我协调和自我控制能力。在社会调查中,运用系统分析法研究社会现象,必须在研究系统构成要素和内在结构的基础上,进一步研究它的施控系统和受控系统的状况和整体系统自我协调和控制的实际能力,只有这样才能对系统的整体性质和整体功能作出正确的判断。

6)因果关系分析法

因果关系分析法就是探求事物或现象之间因果联系的思维方法。

(1)把握因果联系的先后顺序　因果联系的一个重要特点是原因在前,结果在后。在对调查材料进行因果分析时,首先要弄清楚调查材料所反映的客观事物或现象发生的时间顺序,然后在先行的现象中去寻找原因,在后续的现象中寻找结果。

(2)考察引起和被引起的联系　因果联系的本质就是引起和被引起的联系。在对调查材料进行因果分析时,要重点考察他们之间是否存在着引起和被引起的联系,只有这种联系才是真正的具有必然性的因果联系。

(3)把握因果联系的其他特征　应用因果关系分析法时,应当注意把握因果联系的其他特征:

①相对性。因果联系是有条件的、相对的,超出一定的限定范围,原因和结果可以相互转化。

②对应性。因果联系是特指的、对应的,离开了这种对应的、特指的关系,就无法区分什么是结果、什么是原因。

③对称性。因果联系是对称的,只有特定性质和规模的原因,才能引起特定性质和规模的结果;反之,特定性质和规模的结果,也只能被特定性质和规模的原因所引起。

④多样性。因果联系是多样的、特殊的,事物的内在本质不同,所处的外部条件不同,因果联系的具体特点就会各不相同。因果联系的基本类型包括:一因多果、一果多因、多

果多因、复合因果。

7)结构-功能分析法

结构-功能分析法就是运用系统论关于功能和结构的相互关系的原理来分析社会现象的一种思维方法。在现代社会调查中,结构-功能分析已成为一种应用广泛的理论分析方法,费孝通教授在概述社会调查的主要方法时指出:"社会调查的最后一步是整理资料、分析资料和得出结论的总结阶段。在引起调查结论的过程中,我们的分析重点要放在以下两个方面:第一,要注意分析社会生活中人们彼此交往的社会关系和社会行为,掌握人与人之间相处的各种不同的模式,认清各种角色在特定的社会历史条件下和特定的社会关系中是怎么表现其固有的特征的;第二,要注意分析社会的某一部分或某一现象在整个社会结构及其变化过程中所处的地位和所起的作用。从性质上与数量上找出社会的这一部分或这一现象与其他部分或其他现象之间的互相联系、互相影响、互相制约的关系,从而达到认识社会整体的目的。"这里所讲的第二个方面就是指结构-功能分析法,主要内容包括:结构分析法、功能分析法、黑箱方法、灰箱方法和白箱方法。

(1)结构分析法和功能分析法　系统结构是指系统内部诸要素之间的联系方式。系统功能是指系统与外部环境相互联系、相互作用的能力。二者的关系是:结构说明系统内部的联系和作用,功能说明系统外部的联系和作用,结构决定功能,功能反作用于结构并在一定条件下引起结构的变化。结构分析法就是通过剖析系统内在结构来认识系统特征及其本质的方法,是一种静态研究方法,称为"内描述方法"。功能分析法则是通过系统与环境之间"输入"和"输出"的关系来判断系统内部状况及其特性的思维方法,是一种动态研究方法,可称之为"外描述方法"。将结构分析法和功能分析法结合起来研究的方法,称之为完整的结构-功能分析法。

(2)黑箱方法、灰箱方法和白箱方法　按照对系统内部结构和状态的了解程度,可以把现实系统分为三种类型:黑色系统、灰色系统和白色系统,或者称为黑箱、灰箱、白箱。所谓黑箱是指人们对其内部结构和状态完全不了解或不可能直接了解的系统。黑箱方法就是通过环境和黑箱之间输入/输出的变换来认识黑色系统的方法。它是一种完全的功能分析法。所谓灰箱是指人们对其内部结构和状态的一部分有所了解或可能了解,对另一部分则尚未了解或不可能直接了解的系统。灰箱方法就是把灰箱内部状况的部分了解和环境与灰箱之间输入/输出的变换结合起来认识灰色系统的方法,实际上是不完全结构分析法和完全功能分析法的结合。所谓白箱,是指人们对其内部结构和状态已经全部了解或可能全部了解的系统。白箱方法就是把对白箱内部状况的了解和环境与白箱之间输入/输出的变换结合起来认识白色系统的方法,实际上是一种完全结构分析法和完全功能分析法的结合。这种分析方法的最大特点是高度的透明性和高度的公开性,是一种真正意义上的完全的结构-功能分析法。

讨论(思考)题 3

3.1 为什么说社会调查是建筑节能的基本方法之一?

3.2 怎么样遵循建筑节能的社会适应性原理,开展建筑节能社会调查?

3.3 怎样设计建筑节能社会调查方案?试针对一个具体的公共建筑设计能耗调查方案并进行可行性分析;试针对一个住宅小区设计空调使用情况调查方案,并进行可行性分析。

3.4 怎样合理选择调查方法?

3.5 怎样评价调查结果的信度和效度?

3.6 怎样处理和分析调查资料?

3.7 分别就公共建筑节能和居住建筑节能选取一个调查题目,然后制定调查方案,分析选择何时的调查方法,开展调查,并编写报告。

3.8 师生间对所做的社会调查结果开展讨论,也可讨论他人所做的社会调查结果。

参考文献 3

[1] 谈何君,何雪冰. 乌鲁木齐市集中供热供热成本的调查分析及热价研究[D]. 硕士学位论文. 重庆大学,2007.

[2] 孙杰,郑洁. 重庆市办公建筑能耗特性及节能策略研究[D]. 硕士学位论文. 重庆大学,2007.

[3] 李玲,龙恩深. 某供热小区能耗调研审计、模拟分析研究[D]. 硕士学位论文. 重庆大学,2007.

[4] 杨嘉,吴祥生. 重庆市建筑能耗宏观预测与分析[D]. 硕士学位论文. 后勤工程学院,2002.

[5] 李和平,李浩. 城市规划社会调查方法[M]. 北京:中国建筑工业出版社,2004.

[6] 杜子芳. 抽样技术及其应用[M]. 北京:清华大学出版社,2005.

[7] 深圳市建筑科学研究院. 民用建筑能耗数据采集标准(JGJ/T 154—2007)[S]. 北京:中国建筑工业出版社,2007.

[8] 付祥钊. 夏热冬冷地区建筑热环境与能耗状况[J]. 建筑技术. 1998.

4　调节阳光

太阳辐射热是影响建筑热过程的主要热源，是建筑热环境气候参量中影响最大的一个。阳光有杀菌抗病的能力，可温暖和干燥环境，从卫生角度看，每天至少有 2 ~4 h 的日照才能获得良好的杀菌效果。所以，相邻住宅之间必须有足够的日照间距；反之，过量的阳光容易造成室内过热，对健康不利。建筑需要调节阳光，冬季最大限度地利用太阳辐射供暖，夏季最大限度地减少太阳辐射得热，改善建筑热环境，减少冷热耗量。调节阳光是建筑节能设计与运行的重要方面，从分析太阳与建筑相对位置的变化规律入手，充分有效地利用或消除太阳辐射是建筑节能的基本技术之一。调节阳光的措施包括：建筑的总平面布置、建筑单体构造形式、遮阳及建筑室内外环境绿化。

4.1　太阳的运动规律

4.1.1　太阳的运动

太阳的运动对于赤道是对称的，北半球所发生的情况，6 个月之后在南半球将重复发生。本书按照北半球的情况说明太阳的运动、行程规律。

1）夏至与冬至

当地球绕太阳公转时，地轴总是保持着同一倾斜的角度并指向“北极”星。在轨道上有一点地轴斜离太阳；而半年后在轨道上相对的另一点地轴斜向太阳。与这两点对应的时间，为冬至和夏至。

在夏至以前，太阳的日行轨道在天空中逐日升高。夏至日达最高。在全年中该日的白昼时间最长。然后开始逐日下降，冬至日达到最低，为全年中最短的一天。在北半球，夏至发生在 6 月 21 日或 22 日，冬至是 12 月 21 日或 22 日；为实用上的方便，采用 21 日为时间上的参照点。

在夏至的中午，太阳位于北回归线的正上空；冬至日则在南回归线的正上空。由于在春季及夏季地轴倾向于太阳，故北半球的大半部分地区能够受到日照。在地球的北极圈地区内夏至日是日不落的。在北极有半年之久太阳沿着其平行于地面的轨道日复一日地转动而不落。它沿着一逐渐上升的螺旋线而运动,直到夏至日达到其最大的高度角23°27′时为止。在下半年间,北极处于黑暗之中。

上述现象在南半球均完全相反地进行着。

2)春分与秋分

在公转轨道上夏至及冬至两个至点的中间点(两个"分点")上,地轴与日光垂直,太阳位于赤道正上方,各地昼夜平分(两极例外)。春分点约在3月21日,秋分点约在9月21日。

3)太阳位置的测定

太阳相对于建筑在空中沿着弧线运行。只要测出太阳对地平面的高度A及其相对于正南向的方位角B,即可确定太阳在任意瞬时的位置。由于建筑物相对位置不变,因而只要知道地理纬度L,便可确定一年中任意一天太阳的高度角与方位角的近似值。

4)太阳时间

太阳位于观察者的正南方(或正北)的时刻,为太阳时的正午。由于地球的公转轨道不是正圆,太阳时的正午和时钟的正午之间,在全年不是完全对应一致而稍微有变化,但对于建筑节能来说,可忽略不计。

时角H是以太阳时正午为准来表明太阳运行位置的一个时间量度,在一垂直于地轴的平面内以度数来计量。以通过英国格林尼治天文台(经度为0°)的经圆为准,定为主子午圈。

5)正午的太阳高度角

太阳时正午太阳在正南(或正北),其高度角的计算很简单。

春(秋)分的正午太阳高度角等于90°减去纬度,即$A = 90° - L$;在冬至,地轴背离太阳倾斜23°27′,故所有各地的正午高度角应再减去23°27′,即$A = 90° - L - 23°27'$;在夏至,地轴朝向太阳倾斜23°27′,故正午的高度角应加上23°27′,即$A = 90° - L + 23°27'$。

因此,全年中任一天的正午太阳高度角,等于在春(秋)分日正午的太阳高度角加减当日的地轴的偏角(赤纬)d。在秋冬,由于地轴斜离太阳,赤纬为负值;在春、夏则为正值(见表4.1)。故太阳时正午的太阳高度角可表示为:$A = 90° - L \pm d$。

表4.1 每月21日的赤纬近似值

赤纬近似值d	正值		负值	
	春季	夏季	秋季	冬季
0°	3月21日		9月21日	
11°20′	4月21日	6月21日		10月21日
20°10′	5月21日	7月21日		11月21日
23°27′		8月21日		12月21日

6)日出及日落的方位角

全年中只有2天,太阳在正西落下。其余日期中冬季日出于东南落于西南,夏季日出于东北落于西北。

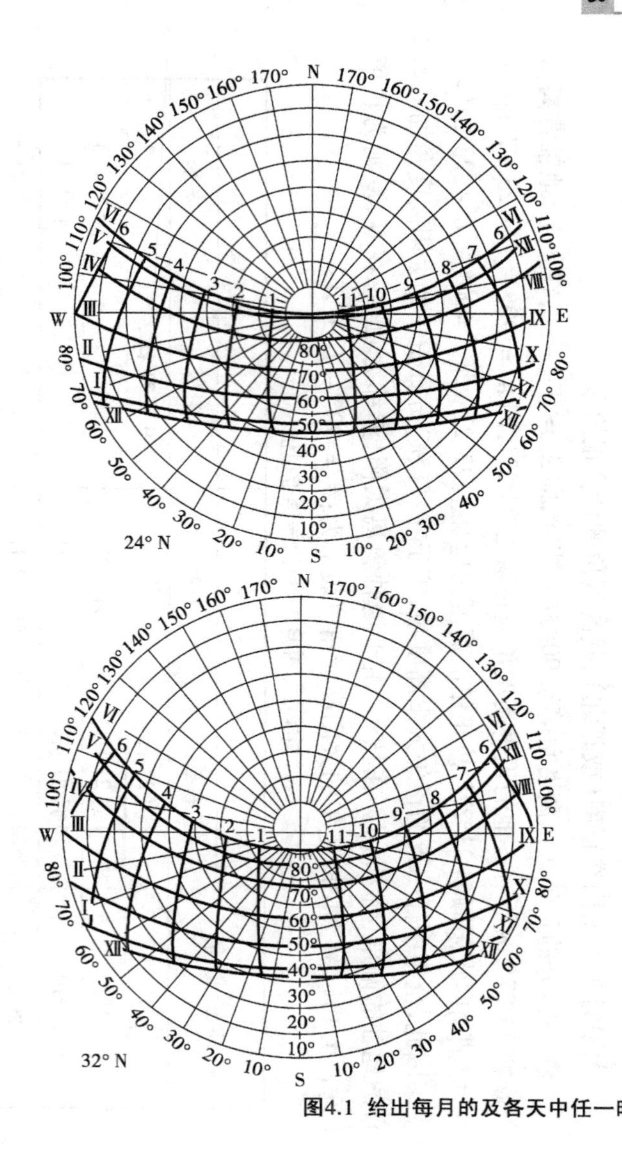

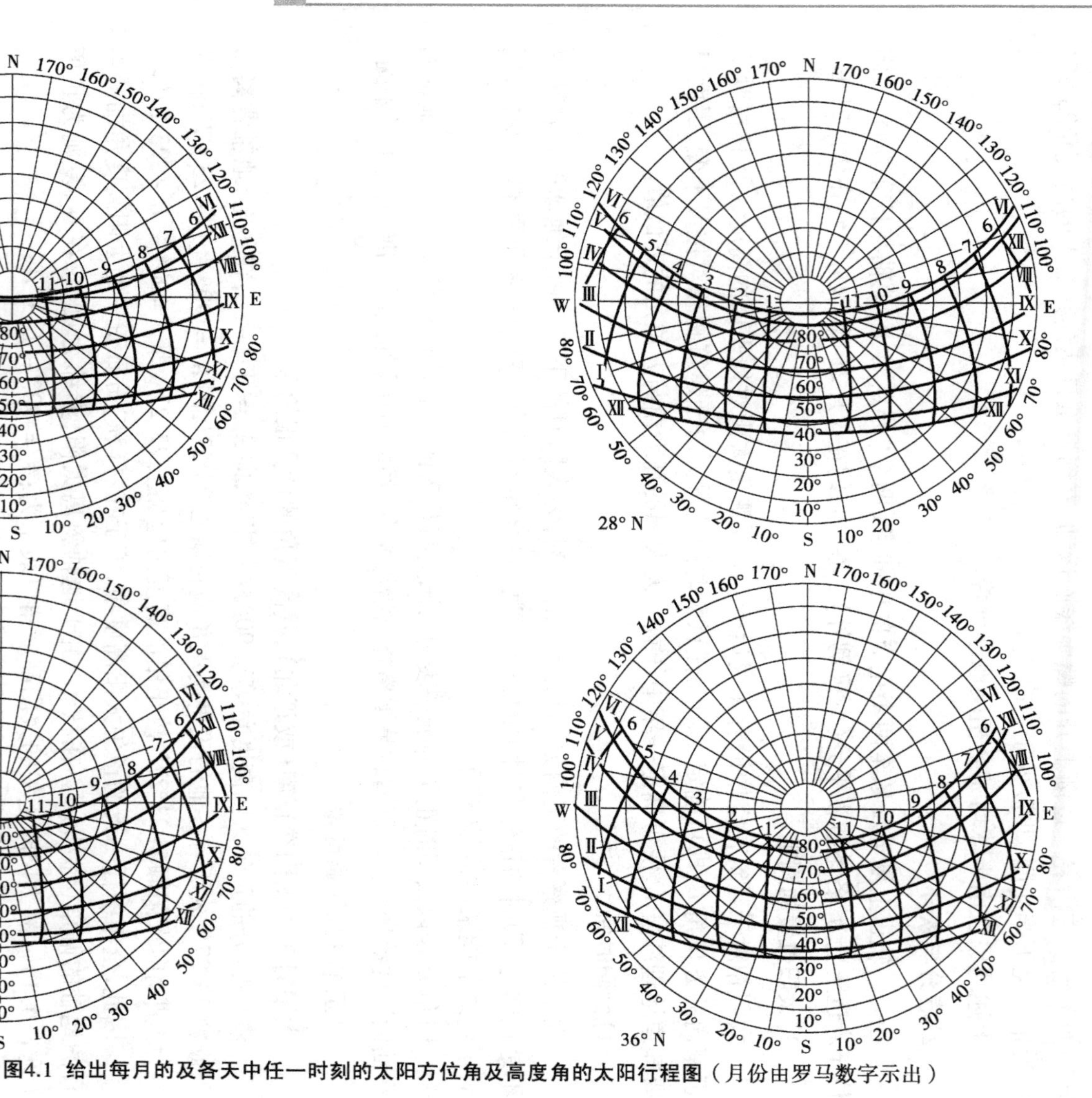

图4.1 给出每月的及各天中任一时刻的太阳方位角及高度角的太阳行程图（月份由罗马数字示出）

在赤道的不同季节中,落日的方位角总是在沿着地平线由西偏南23°27′至西偏北23°27′这一范围内变动。在较高的纬度上,日落方位角的季节变化幅度逐渐增大,直到在北极圈上,夏至日的日落方位角为西偏北90°,冬至日为西偏南90°(见表4.2)。

表4.2 夏至、冬至日出及日落时太阳的方位角

纬 度	夏至及冬至从东向或西向偏离的方位角	纬 度	夏至及冬至从东向或西向偏离的方位角
0°	±23°27′	40°	±31°
10°	±24°	50°	±39°
20°	±25°	60°	±53°
30°	±27°	66°33′	±90°

7)太阳运动的普遍方程式

下面给出根据纬度L、时角H、赤纬d计算高度角A及方位角B的普遍方程式:

$$\sin A = \sin L \sin d + \cos L \cos d \cos H$$

$$\sin B = \sin H \cos d \sec A$$

在日落时,方位角的方程式简化为下式:

$$\cos B = -\sin d \sec L \qquad (A = 0°)$$

4.1.2 太阳行程图

太阳行程图是一套应用极坐标按照纬度分别画出的圆形图表。从中,人们可直接读得任一日期、任一时刻的太阳高度角及方位角(见图4.1)。

设观察者位于图表的中心,罗盘的方位均标注在图表上代表地平线的圆周上。太阳高度角用等距的同心圆来量度,其角度数值标注在沿着南北向的轴线上。从东向西的曲线代表着每一月的太阳日行轨迹,简称日行线。日行线又被真太阳时的时间线穿过。日行线与时间线的交点确定着该时刻的太阳位置,可直接读得太阳高度角与方位角。日出与日落的方位角表示在地平线圈与日行线的交点上,其各自的时刻可根据时间线的相对位置而求出。

4.2 太阳辐射热

4.2.1 地表和建筑外表面上的太阳辐射

太阳辐射热量的大小用辐射强度I来表示。它是指1 m^2黑体表面在太阳照射下所获得的热量值,单位为kW/m^2(或W/m^2)。太阳辐射热强度可用辐射仪直接测量。太阳射线在到达大气层上界时,垂直于太阳射线方向的表面上的辐射强度I_0=1 353 W/m^2(I_0亦

称为太阳常数,是当太阳与地球距离为平均值时所量测的),而到达地球表面时则减小为1 025 W/m^2。表4.3为计算太阳辐射时,不同月份大气层外边界处太阳辐射强度值。

表4.3 不同月大气层外边界处太阳辐射强度

月份	1	2	3	4	5	6	7	8	9	10	11	12
$I/(\mathrm{W\cdot m^{-2}})$	1 405	1 394	1 378	1 353	1 334	1 316	1 308	1 315	1 330	1 350	1 372	1 392

到达地面的太阳辐射强度的大小取决于地球对太阳的相对位置(即地理纬度、季节、昼夜等),它与太阳辐射线对地面的高度角和它通过大气层的路径等因素有关。此外,高空中云量的多少(即透明度)对太阳辐射强度大小影响也很大。当遇到100%的云量时,太阳直射辐射会减小到零。

太阳光谱主要是由0.2~3.0 μm的波长区域组成的。太阳光谱的峰值位于波长0.5 μm附近,到达地面的太阳辐射能在紫外区(0.2~0.4 μm)占的比例很小,约为1%,可见光线区(0.4~0.76 μm)和红外线区占主要部分。当太阳射线照射到围护结构外表面时,一部分被反射,另一部分被吸收,二者的比例决定于表面粗糙度和颜色。表面愈粗糙,颜色愈深,则吸收的太阳辐射热愈多。而同一种材料对于不同波长的热辐射的吸收率(或反射率)是不同的,黑色表面对各种波长的辐射几乎都是全部吸收,而白色表面对不同波长则显著不同,对于可见光线几乎90%都反射回去。

建筑外围护结构外表面主要受到以下因素的影响,包括太阳直接辐射、天空散射辐射、地面或其他建筑的反射辐射,以及来自大气、地面和其他建筑的长波辐射。这些因素同时对围护结构外表面产生影响,其表面的热平衡表达式为

$$q_s + q_R + q_B + q_g = q_0 + q_{ca} + q_{ra} \tag{4.1}$$

式中 q_s——围护结构外表面所吸收的太阳辐射热量,W/m^2;

q_R——围护结构外表面所吸收的地面和其他建筑的反射辐射热量,W/m^2;

q_B——围护结构外表面所吸收的大气长波辐射热量,W/m^2;

q_g——围护结构所吸收的地面热辐射,W/m^2;

q_0——围护结构外表面向壁体内侧传热量,W/m^2;

q_{ca}——围护结构外表面与周围空气进行的对流换热量,W/m^2;

q_{ra}——围护结构外表面向周围环境的辐射散热量,W/m^2。

4.2.2 地球表面上的太阳辐射计算方法

1)太阳辐射在大气层中的衰减

太阳光经过大气层时,其强度按指数规律衰减,也就是说,经过d_x距离的衰减梯度与本身辐射强度成正比,即

$$-\frac{\mathrm{d}I_x}{\mathrm{d}x} = KI \tag{4.2}$$

解此式可得

$$I_x = I_0 \exp(-Kx)$$

式中 I_x——距离大气层上边界 x 处，在与阳光射线相垂直的表面上（即太阳法线方向）太阳直射强度，W/m^2；

K——比例常数，m^{-1}，K 值越大，辐射强度的衰减就越迅速，因此 K 值也称消光系数，其值大小与大气成分、云量多少等有关；

x——光线穿过大气层的距离。

太阳位于天顶时，到达地面的法向太阳直射辐射强度为 $I_1 = I_0 \exp(-Kl)$，或

$$\frac{I_1}{I_0} = P = \exp(-Kl) \tag{4.3}$$

式中 P——大气透明系数，它决定于大气中所含水汽、水汽凝结物和尘粒杂质的多少，大气透明程度越好，P 值越大，表明大气越清澈，到达地表面的太阳辐射强度越大。

2）太阳直接辐射

任意平面上得到的太阳直接辐射，与阳光对该平面的入射角有关，其所接受的太阳直接辐射强度 I_{Di} 为

$$I_{Di} = I_{DN} \cos i \tag{4.4}$$

式中 I_{DN}——法向太阳辐射强度，W/m^2；

i——入射角，即太阳光与照射表面法线的夹角。

对于水平面，$i + h = 90°$，则

$$I_{DH} = I_{DN} \sin h_s \tag{4.5}$$

式中 h_s——太阳高度角，即在水平面时，太阳入射角与太阳高度角互为余角。

直接辐射有其明显地年变化、日变化和随纬度变化。在一天中，日出、日落时直接辐射最小；中午直接辐射最强。同样，在一年中，夏季直接辐射最强，冬季最弱。

3）散射辐射

散射辐射的大小同样也与太阳高度角及大气透明度有关。随着太阳高度角增大时，到达近地面层的直接辐射增大，散射辐射也就相应的增大；相反，太阳高度角减小时，散射辐射也弱，一日内正午前后最强，一年内夏季最强。大气透明度小时，云层中参与散射作用的质点增多，散射辐射增强；反之，减弱。而且云也能强烈地增大散射辐射量。阴天的散射辐射比晴天大。

在进行建筑热工设计和计算时，建筑围护结构外表面从空中所接受的散射辐射包括3项，天空散射辐射、地面反射辐射和大气长波辐射。其中天空散射辐射是主要项。

①天空散射辐射。天空散射辐射是阳光经过大气层时，由于大气中的薄雾和少量尘埃等，使光线向各个方向反射和绕射，形成一个由整个天空所照射的散乱光。因此，天空散射辐射也是短波辐射。多云天气散射辐射增多，而直射辐射则成比例地降低。

②地面反射辐射。太阳光线射到地面上以后，其中一部分被地面所反射，由于一般地面和地面上的物体形状各异，可以认为地面是纯粹的散射面。这样，各个方向的反射就构

成由中短波组成的另一种散射辐射。一般认为,水平地面是接收不到地面反射辐射的,垂直面所获得的地面反射辐射强度 I_R

$$I_R = \frac{1}{2}\rho_R I_{SH} \tag{4.6}$$

式中 I_{SH}——水平面所接受的太阳总辐射强度,W/m^2;

ρ_R——地面的平均反射率。

根据气象台实测资料得出,ρ_R 值为0.174~0.219。但是,由于气象台是在草地上观测得到的 ρ_R 值,而一般城市并非全部草地。对混凝土路面来说,反射率 ρ_R 值可达0.33~0.37,故一般城市地面反射率可近似取0.2,有雪时取0.7。这些数值对了解地面对太阳辐射吸收情况是很有用的。

③大气长波辐射。阳光透过大气层到达地面的途中,其中一部分(约10%)被大气中的水蒸气和二氧化碳所吸收。同时,它们还吸收来自地面的反射辐射,使其具有一定温度,因而会向地面进行长波辐射,这种辐射称为大气长波辐射。其辐射强度 I_B 可按黑体辐射的四次方定律计算,即

$$I_B = C_b\left(\frac{T_s}{100}\right)^4\phi \tag{4.7}$$

式中 C_b——黑体的辐射常数,5.67 $W/(m^2 \cdot K^4)$;

ϕ——接受辐射的表面对天空的角系数,对于屋顶平面可取为1,对于垂直壁面可取为0.5;

T_s——天空当量温度,K。

可借助于所谓天空当量辐射率 ε_s 的定义式(4.8)求得

$$\varepsilon_s = \left(\frac{T_s}{T_a}\right)^4 \tag{4.8}$$

式中 T_a——室外空气黑球温度,K。

天空的当量辐射率计算式有许多,一般常用 Brunt 方程式计算,即

$$\varepsilon_s = 0.51 + 0.208\sqrt{e_a} \tag{4.9}$$

式中 e_a——空气中的水蒸气分压力,kPa。

这样,大气长波辐射计算式可改写为

$$I_B = C_b\left(\frac{T_s}{100}\right)^4 \times (0.51 + 0.208\sqrt{e_a})\phi \tag{4.10}$$

天空当量温度则为

$$T_s = \sqrt[4]{0.51 + 0.208\sqrt{e_a}}\, T_a \tag{4.11}$$

4) 总辐射

在地表面上任意倾斜面上,所获得的太阳总辐射强度 $I_{S\theta}$ 等于该倾斜表面上所接受的直接辐射强度 $I_{D\theta}$ 和散射辐射强度 $I_{d\theta}$ 的总和。通常在给出太阳总辐射强度的数据时,散射辐射一般只考虑了天空散射辐射对地面的影响,即

$$I_{S\theta} = I_{D\theta} + I_{d\theta} \quad (4.12)$$

同样,总辐射的变化规律如下:日出以前,地面上总辐射并不大,其中只有散射辐射;当日出后,随着太阳的升高,太阳直接辐射和散射逐渐增加。但直接辐射增加得较快,相应散射辐射在总辐射中所占的成分逐渐减小;当太阳高度升到约等于8°时,直接辐射与散射辐射相等;当太阳高度为50°时,散射辐射值仅相当总辐射的10% ~20%;到中午时太阳直接辐射与散射辐射强度均达到最大值;中午以后二者又按相反的次序变化。云的影响可以使这种变化规律受到破坏。例如,中午云量突然增多时,总辐射的最大值可能提前或推后,这是因为直接辐射是组成总辐射的主要部分,有云时直接辐射的减弱比散射辐射的增强要多的缘故。在一年中总辐射强度(指月平均值)在夏季最大,冬季最小。

总辐射随纬度的分布一般是纬度愈低,总辐射愈大。有效总辐射是考虑了大气和云的减弱之后到达地面的太阳辐射。由于赤道附近云多,辐射减弱得也多,因此有效辐射的最大值并不在赤道,而在北纬20°。

4.2.3 阳光调节城市分类

我国太阳能资源的利用是采取三级区划系统,即以地区总辐射年总量为分区指标的一级区划;以各月日照时数大于6 h的天数这一要素为指标的二级区划;以太阳能日变化的特征值为指标的三级区划。表4.4是按一级区划指标划分的太阳能资源带。

表4.4 太阳能资源利用的一级区划指标

名 称	符 号	指标/($W \cdot m^{-2} \cdot a^{-1}$)	名 称	符 号	指标/($W \cdot m^{-2} \cdot a^{-1}$)
资源丰富带	Ⅰ	≥2 024	资源较贫穷带	Ⅲ	1 349 ~1 628
资源较丰富带	Ⅱ	1 628 ~2 024	资源贫乏带	Ⅳ	≤1 349

对建筑节能而言,冬季太阳辐射是正面因素;夏季太阳辐射是负面因素。全年太阳总辐射将正面因素和负面因素混在一起,不利于分析。因此,按冬季太阳总辐射进行城市建筑供暖的太阳能资源分类;按夏季太阳总辐射进行城市建筑遮阳要求分类,合称为城市阳光调节分类。

4.3 争取冬季阳光

4.3.1 建筑的日照间距

冬季不同朝向墙面太阳辐射强度的日变化特征:

从图4.2和表4.5,看出冬季以南向墙面峰值日射强度为最大,西南(东南)向墙面峰值日射强度次之,西(东)向墙面峰值日射强度较小,北向墙面峰值日射强度最小。此外,南向墙面峰值出现在12:00,西南(东南)向墙面峰值出现在13:00—14:00(10:00—11:00),西(东)向墙面日射强度峰值出现在14:00—15:00(9:00—10:00),西北东北和北向墙基本上全天处于阴影中。

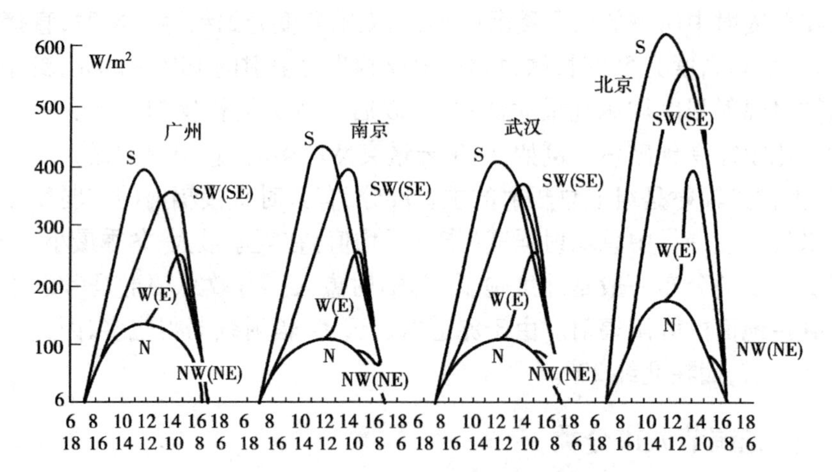

图4.2　冬季不同朝向墙面日辐射变化曲线

不同朝向墙面日射强度峰值一般是随纬度增高而增大,但也与各地天气-气候特点有关。

表4.5　武汉冬季不同朝向墙面峰值强度和出现时间

墙　面	时　间	强度/(W·m^{-2})	墙　面	时　间	强度/(W·m^{-2})
南墙	12:00	410	西(东)墙	14:00—15:00 (9:00—10:00)	245
西南(东南)墙	13:00—14:00 (10:00—11:00)	370	西北(东北)墙 北墙	12:00	102

在建筑日照设计时,应考虑日照时间、面积及其变化范围,以保证必需的日照或避免阳光过量射入。日照设计中,有一个衡量日照效果的最低限度的指标作为设计的依据,这个指标就称为日照标准。

建筑日照环境中的日照时间不同于气象上的日照时数,它只考虑建筑物的相互遮挡而不考虑天气状况。日照标准是要底层居室的窗台面在冬至日应保证有效连续日照时间不得小于2 h。在规划设计时,就必须在建筑物之间留出间距,以保证达到日照标准。这个间距就是建筑物的日照间距。

1)平地日照间距的计算公式(见图4.3)

$$\tan h_s = \frac{H - H_2}{D} \tag{4.13}$$

可导出

$$D = \frac{H_1}{\tan h_s} \tag{4.14}$$

式中　H——建筑总高；

H_2——底层窗台高，$H_1 = H - H_2$；

h_s——冬至日正午太阳高度角。

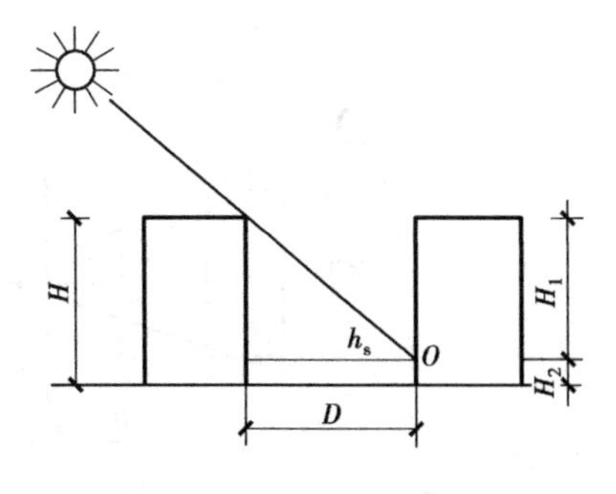

图 4.3　平地日照间距计算

在实际应用中，通常将 D 值换算成与 H 的比值。间距值 D 可根据不同的房屋高度计算出。这样，可根据不同纬度城市的冬至日正午太阳高度角计算出建筑物高度与间距的比值。

2）坡地日照间距的计算公式

在坡地上布置住宅时，其间距因坡度的朝向而异，向阳坡上的房屋间距可以缩短，背阳坡则需加大；同时，又因建筑物的方位与坡向变化，都会分别影响到建筑物之间的间距。一般来讲，当建筑方向与等高线关系一定时，向阳坡的建筑以东南或西南向间距最小，南向次之，东西向最大，北坡则以建筑南北向布置时间距最大。向阳坡间距计算公式（见图4.4a）

$$D = \frac{[H - (d + d')\sin\alpha\tan i - W]\cos\omega}{\tan h_0 + \sin\alpha\tan i\cos\omega} \tag{4.15}$$

背阳坡间距计算公式（见图4.4b）

$$D = \frac{[H + (d + d')\sin\alpha\tan i - W]\cos\omega}{\tan h_0 - \sin\alpha\tan i\cos\omega} \tag{4.16}$$

式中　D——两建筑的日照间距，m；

H——前面建筑的高度，m；

W——后面建筑底层窗与室外地面高差，m；

α——建筑物法线面的太阳投射角；

i——建筑物法线面的地面坡度角；

h_0——太阳高度角；

ω——墙方位角；

d, d'——分别为前、后建筑物地面设计基准点与外墙的距离。

建筑所处的纬度高，冬至日太阳高度低。要满足日照标准，建筑物在冬至日正午前后2 h获得满窗日照，所需要的日照间距就比低纬度地区大。建筑物的日照间距是由日照标准，当地的地理纬度、建筑朝向、建筑物的高度、长度及建筑用地的地形等因素决定的。在建筑设计时，应该结合节约用地原则，综合考虑各种因素来确定建筑的日照间距。

在居住区平面规划中，建筑群体错落排列，不仅有利于内外交通的畅通和丰富空间景观，也有利于改善日照时间。进行日照分析，保证所有建筑满足日照标准要求。这种分析不是对单栋建筑的孤立分析，而是对包括已建成建筑在内的所有建筑的综合分析。

中纬度地区，虽然由于顺街偏东南或偏西南会形成夏日西晒之弊，只要加强西北向或东北向窗和墙的遮阳与隔热处理，争取冬季多获得日照仍是必要的。在同一走向的街道中，由于街道的相对间距不同，每天被两侧房屋遮挡太阳光线的时间也不同，其日照时间也有很大差异。对于纬度在29°左右，南北走向街道中的可照时间是随街道之间的相对间

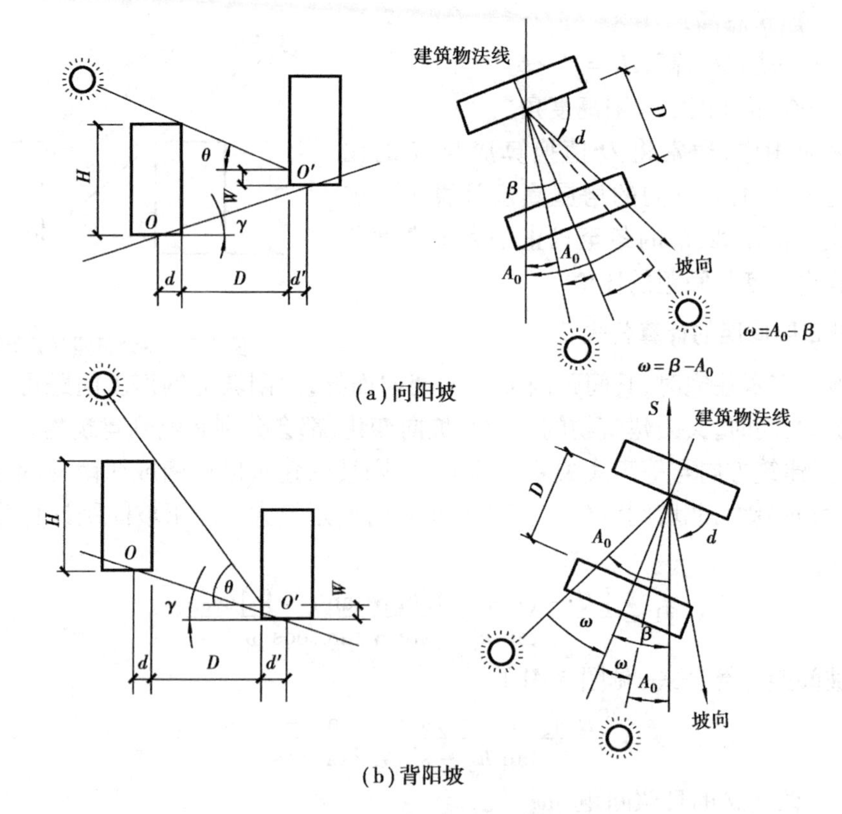

图4.4　坡地日照间距关系

距系数(L/H)的增大而增加。当间距系数 L/H 增大到3以上时,可照时间的增加趋于平缓。街道日照时间一般夏季比冬季平均多1~2 h(L 为道路两侧房屋之间的间距,H 为房屋的高度)。

日照间距的计算通常以冬至日正午正南向太阳照至后栋建筑底层窗台高度 O 点为计算点。表4.6是夏热冬冷地区部分城市满足冬至日正午前后2 h满窗日照间距系数 L_0。

表4.6　夏热冬冷地区部分城市日照间距系数 L_0

地区	南向	南偏东(西)					
		10°	20°	30°	40°	50°	60°
上海	1.42	1.43	1.41	1.33	1.22	1.07	0.89
南京	1.47	1.48	1.45	1.38	1.26	1.11	0.92
合肥	1.46	1.47	1.44	1.37	1.25	1.10	0.91
南昌	1.29	1.31	1.28	1.22	1.12	0.98	0.82
武汉	1.39	1.40	1.38	1.31	1.20	1.05	0.87
长沙	1.27	1.29	1.26	1.20	1.10	0.97	0.80
成都	1.39	1.41	1.38	1.31	1.20	1.05	0.87

注:日照间距 $D=L_0H$,H 为前栋建筑计算高度。

4.3.2 太阳能采暖

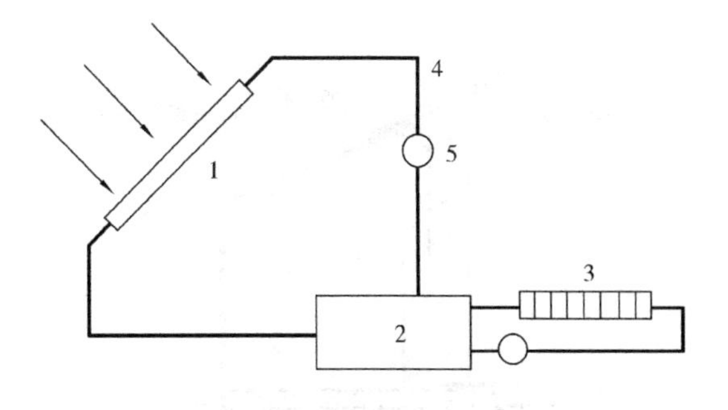

图 4.5 主动式系统供暖示意图

1—集热器;2—储热;3—散热;4—管道;5—水泵或风机

建筑上利用太阳能采暖可分为主动式和被动式两大类。

主动式太阳能采暖系统通常由太阳能集热器、管道、散热器、风机或泵以及储热装置等组成,如图 4.5 所示。当工质(载热体)为水时,则常用水泵提供循环动力,当工质为空气时,则常用风机提供循环动力。这种系统控制、调节比较方便、灵活,人处于主动地位,但第一次性投资大,技术复杂,维修管理工作量大,而且仍然要耗费一定数量的常规能源,因此用这种系统单纯采暖的很少。对于居住建筑和中小型建筑主要采用被动式太阳能采暖。

被动式太阳能采暖不需要水泵等动力设备,常用的形式是白天阳光通过南向窗口进入室内直接为房间供暖,其中一部分被热容量大的建筑构件如墙壁、地板等吸收储存,夜间再慢慢地向室内释放,使房间保持一定的温度,达到采暖的目的。被动式太阳能采暖的缺点是冬季平均供暖温度偏低,特别是连阴天,需补充辅助能源。

按照利用太阳能方式可分为以下两种:

1)间接得热式

间接得热的基本形式有:特朗伯集热墙、水墙和附加阳光间。

(1)特朗伯集热墙　该集热墙是由法国太阳能实验室主任 Felix Trombe 博士首先提出并实验的,故通称"特朗伯墙"。图 4.6 为特朗伯集热墙的工作原理示意图,将集热墙向阳外表面涂以深色的选择性涂层加强吸收并减少辐射散热,使该墙体成为集热和储热器,待到需要时(夜间)又成为放热体。离外表面 10 cm 左右处装上玻璃或透明塑料薄片,白天有太阳时主要靠空气间层被加热的空气通过墙顶与底部通风孔向室内对流供暖,夜间则主要靠墙体本身的储热向室内供暖。这时要关闭特朗伯墙的通风孔,玻璃和墙之间设置保温窗帘,墙体向室内辐射热量并与室内空气对流换热。

储热墙通常为混凝土墙或实心砖墙,这些重质墙体热容量大、热惰性大,因此储热多、放热慢,温度波动延迟时间较长,有利于减缓夜间室内温度下降。储热墙的厚度因用途而异,Trombe 等认为混凝土墙厚度为 400 ~ 500 mm 最适宜,美国 Balcomb 等指出,如果室温在 18 ~ 24 ℃波动,则 300 mm 混凝土墙最理想。

(2)水墙　特朗伯墙的储热材料用水代替也能达到同样的效果,因为水的比热是混凝土或砖的 5 倍左右,故储存同样多的热量,用水比用混凝土或砖等建材的重量要轻。因此水墙的研究得到了普遍关注。

图 4.7 为 20 世纪 70 年代美国 Steve Baer 住宅试验的水墙太阳能房。水盛于铁桶内,外表有黑色吸热层,放在向阳的玻璃窗后。玻璃窗外设有隔热盖板,通过滑轮,用手柄可

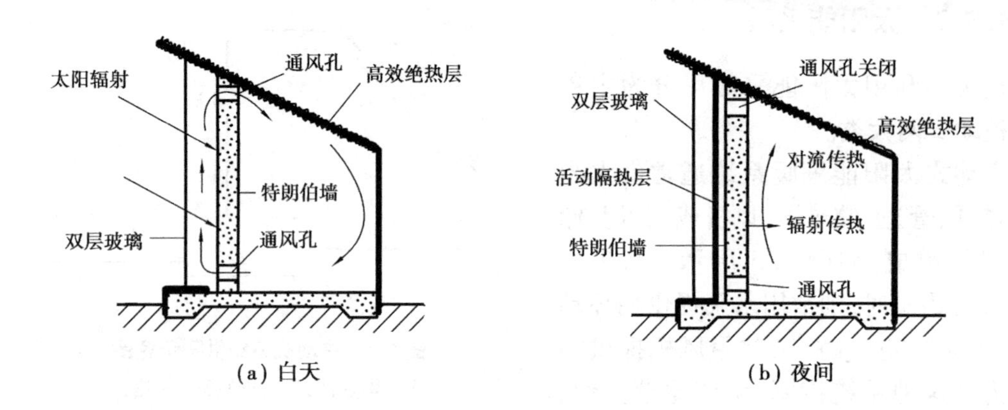

图4.6 特朗伯集热墙冬季工作状况

操作其上下。冬季白天将盖板放平作为反射板,将太阳辐射反射到水桶,增加吸收,夜间则关闭盖板,减少热损失。夏季则相反,白天关闭盖板,减少进热,夜间放平盖板,向外辐射降温。

水墙容器一般用金属或玻璃钢制成,表面颜色以黑色为最好,容积为它前面的窗玻璃面积乘以 30 cm 左右。

(3)附加阳光间　附加阳光间属一种多功能的房间,除了可作为一种集热设施外,还可用作为休息、娱乐、养花、养鱼等空间,是冬季让人们置身于大自然中的一种室内环境,也是为其毗连的房间供热的一种有效设施。图4.8为几种形式的附加阳光间。

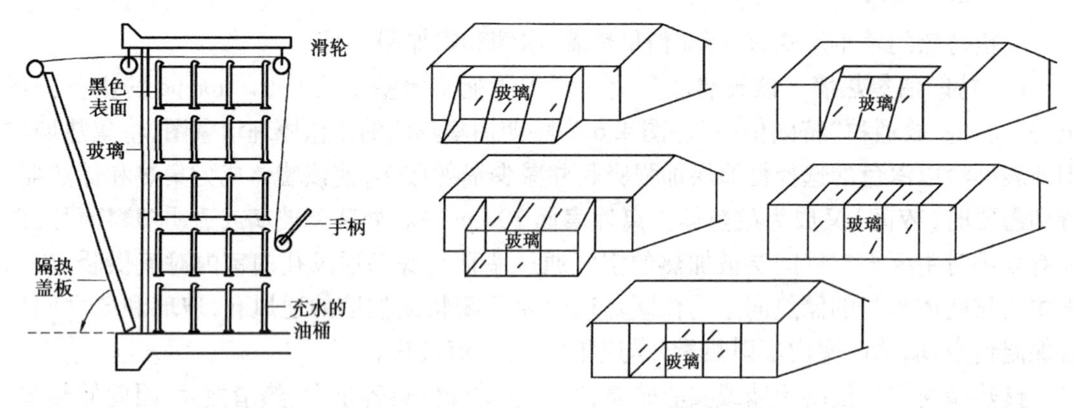

图4.7 太阳能水墙

图4.8 附加阳光间的形式

附加阳光间除最好能在南向墙面全部设置玻璃外,还应在毗连的主房坡顶部分加设倾斜玻璃。这样做可大大增加进热量,但倾斜部分的玻璃擦洗比较困难。另外,当夏季时,如无适当的隔热措施,阳光间的气温往往变得过高。当冬季时,由于玻璃的保温能力非常差,如无适当的附加保温措施,则日落后室内气温将会大幅度地下降。以上这些问题必须在设计这种设施之前充分考虑,并提出解决这些问题的具体措施。

附加阳光间的优点:有附加阳光间的年度热损失只相当于无该阳光间的 1/2;附加阳光间的管理比特朗伯墙简单;可以种花卉、果树,成为毗连种植温室,同时还可晾晒衣服;

开阔视野，舒展心情；夏季可开窗通风，并设窗帘等遮阳，防止直射热。

2）直接得热式

被动式太阳能采暖系统中，最简单的形式就是"直接得热式"。这种方式升温快、构造简单，不需增设特殊的集热装置，与一般建筑的外形无多大差异，建筑的艺术处理也比较灵活。同时，这种太阳能采暖设施的投资较小，管理也比较方便。因此，这种方式是一种最易推广使用的太阳能采暖设施。

图4.9为直接得热式太阳房的工作原理示意图。冬季让太阳从南向窗射入房间内部，用楼板层、墙及家具设施等作为吸热和储热体，当室温低于这些储热体表面温度时，这些物体就会像一个大的低温辐射器那样向室内供暖，辐射供暖比空气对流供暖更有效而舒适。当然，其所需舒适温度比对流供暖的要求低。此外，为了减少热损失，夜间必须用保温窗帘或窗盖板将窗户覆盖。实验与理论均证明，保温窗帘盖在窗户冷侧（外侧）可消除或大大减轻窗玻璃内侧面的凝结。不管是直接得热式还是间接得热式，被动式太阳能采暖建筑设计要想获得成功，必须满足下列原则：建筑外围护结构需要很好的保温；南向设有足够大的集热表面；室内布置尽可能多的储热体；主要采暖房间紧靠集热表面和储热体布置，而将次要的、非采暖房间围在它们的北面和东西两侧。

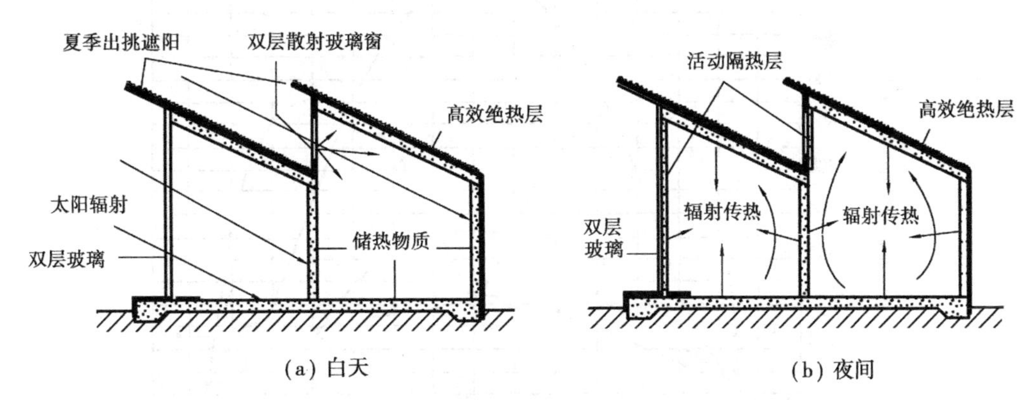

图4.9　直接得热式太阳房工作状况

国内外利用太阳能被动采暖的地区多为冬季日照率较高（50%以上）采暖期较长的寒冷地区，而且成功的被动太阳能采暖示范建筑多为小平房或小楼房。对于日照率偏低（50%以下）的地区的多层住宅，如何尽量利用太阳能，优化建筑设计，改善室内热环境条件，达到高水平的室内热舒适，仍是一个重要课题。

利用太阳能采暖的节能建筑设计可遵循如下方法：

①加大南窗面积以获得尽可能多的太阳能。南向窗墙比取60%，北向窗墙比取20%，以满足采光和通风的要求。

②外墙与屋面合理保温。外墙传热系数范围宜为0.87～1.05 W/(m^2·℃)；屋顶宜为0.58～0.95 W/(m^2·℃)。

③窗户遮阳宜为活动装置，冬季可移开。

④主立面以朝南为最佳。

⑤外窗、外门及阳台门要加橡胶密封条。

⑥为避免卧室及起居室结露，在安排厨房、厕所时要注意主要使用房间与辅助房间能隔断，并合理利用穿堂风，最好设置机械排风装置。

⑦考虑冬夏两季的热环境要求，确定室内隔墙的蓄热性能。

⑧建筑外表面宜用深色。

4.4 夏季遮蔽阳光

4.4.1 夏季太阳辐射特点

图4.10为夏季不同朝向墙面太阳辐射强度的日变化规律，其日变化比冬季要复杂。

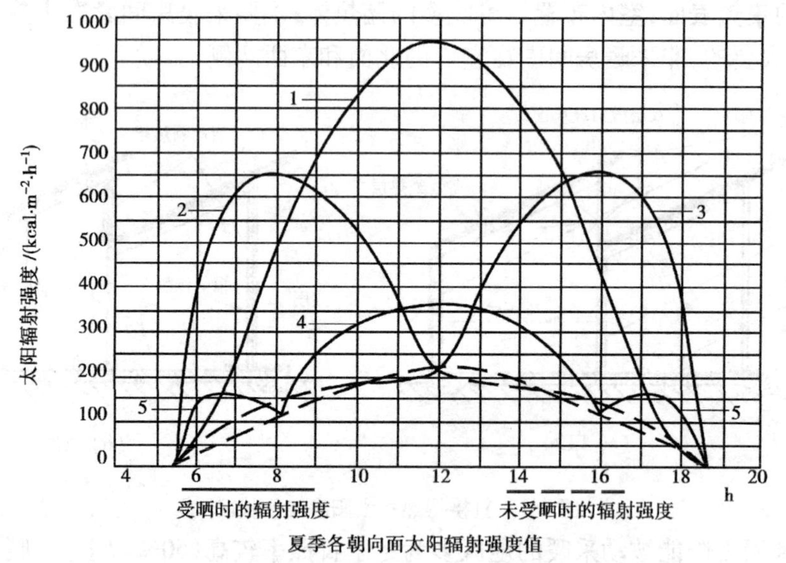

图4.10 夏季不同朝向墙面日辐射变化曲线

1—水平面；2—东向垂直面；3—西向垂直面；4—南向垂直面；5—北向垂直面

从图4.10上看出北向墙面日射强度一天中有两个最高值和两个最低值。最高最低值出现的时间随纬度改变而改变。其他朝向墙面，每天只有一个最高，其出现时间，除南向墙皆出现在12时以外，其他朝向也随着纬度而改变，西南（东南）向墙峰值强度基本上出现在15:00(9:00)时，西（东）向墙峰值出现在15:30(8:30)到16:00(8:00)，西北（东北）向墙出现在16:00(8:00)到17:00(7:00)，有随纬度增高而后延（提前）的趋势。

夏季，不同朝向墙面日射强度的峰值，以西（东）向墙为最高，西南（东南）向墙面次之，西北（东北）向又次之，南向墙更次之，北向墙为最小。另外，不同朝向墙面日射强度峰值在北纬20°~40°地区，随着纬度增加而增大，但西北（东北）向和北向墙面随纬度变化较小。当纬度大于北纬40°以后,辐射量随纬度增加反而逐渐减小。

4.4.2 建筑屋顶的遮阳

屋顶遮阳构架可以实现通过供屋面植被生长所需的适量太阳光照的同时,遮挡过量太阳辐射,减少屋顶的热流强度(见图4.11),还可以延长雨水自然蒸发时间,从而延长屋顶植物自然生长周期,有利于屋面植被的生长。屋顶遮阳构架使冬季透过80%太阳直射辐射;夏季遮挡85%太阳直射辐射,可以改善屋顶空间热环境,图4.12所示为屋顶遮阳下每月21日正午时刻透光系数。

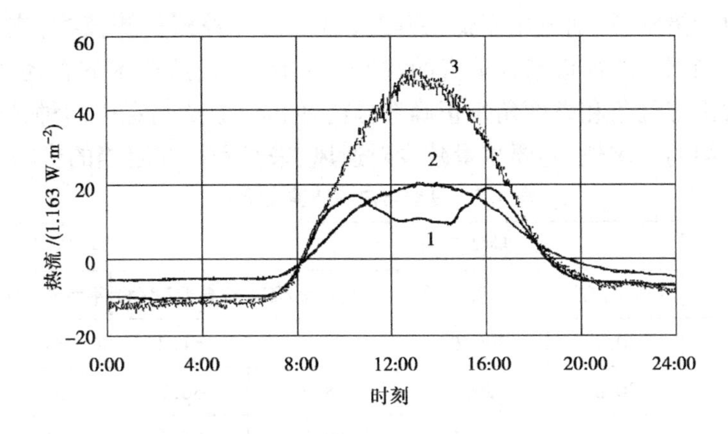

图4.11 遮阳屋顶、隔热板屋顶、大阶砖通风屋顶热流强度比较

1—加气块屋顶设百叶遮阳 $R_0=0.45$;2—隔热板屋顶 $R_0=1.13$;3—架空大阶砖屋顶 $R_0=0.36$

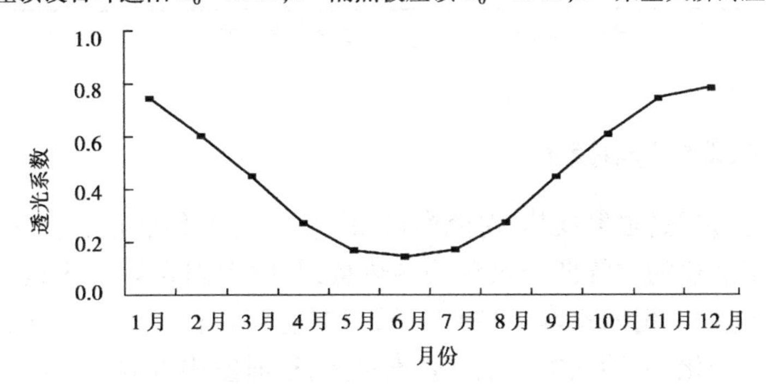

图4.12 屋顶遮阳每月21日正午时刻透光系数

4.4.3 绿化的遮阳作用

茂盛的树木能挡住50%~90%的太阳辐射热。草地上的草可以遮挡80%左右的太阳光线,据实地测定:正常生长的大叶榕、橡胶榕、白兰花、荔枝和白千层树下,在离地面1.5 m高处,透过的太阳辐射热只有10%左右;柳树、桂木、刺桐和芒果等树下,透过的是40%和50%。由于绿化的遮阴作用,建筑物和地面的表面温度可降低很多,绿化了的地面比一般的地面辐射热低4~15倍。

午后,混凝石和沥青地面最高表面温度竟达到50 ℃以上,草地仅有40 ℃左右。

在太阳辐射下,混凝土表面温度最高,可分别高出泥土温度19 ℃,草坪温度10 ℃以上。草坪的初始温度最低,在午后下降也较快,到18:00时后低于气温。在太阳辐射下由于植被的蒸腾和蒸发作用,降低了对土壤的加热作用,相反在没有太阳辐射时,在长波辐射冷却下能迅速将热量从土壤深部传出,说明种植植被是较为理想的地表覆盖材料。

种植植被能遮挡大量的太阳辐射热,避免太阳直接辐射进入室内,使传入室内的热量大大减少,从而降低了建筑室内气温,节约建筑空调制冷能耗。表4.7为重庆夏季种植屋面室内自然温度的实测值。利用绿化和结合建筑构件的处理来解决遮阳问题。常见的处理结合构件的手法有:加强挑檐,设置百叶挑檐、外廊、凹廊、阳台、旋窗等。利用绿化遮阳是一种经济有效的措施,特别适用于低层建筑,可在窗外种植蔓藤植物,或在窗外一定距离种树。根据不同朝向的窗口选择适宜的树形很重要,可按照树木的直径和高度,根据窗口需遮阳时的太阳方位角和高度角来正确选择树种和树形及确定树的种植位置。树的种植位置除满足遮阳的要求外,还要尽量减少对通风、采光和视线阻挡的影响。

表4.7 夏季室内热环境实测值

围护结构	种植屋面			一般平屋面		
	最高温度/℃	平均温度/℃	最低温度/℃	最高温度/℃	平均温度/℃	最低温度/℃
屋面外表面	30.7	29.6	28.3	61.2	39.4	27.5
屋面内表面	30.5	29.3	28.5	36.7	32.6	29.2
室内空气温度	31.3	30.1	29.3	35.9	32.7	29.1
室内外墙内表面	31.4	30.1	29.7	32.8	30.9	29.8

注:1—测试时间周期为24 h;2—测试在白天关窗,夜间开窗的自然通风条件下进行。

4.4.4 窗玻璃的遮阳技术

窗玻璃的传热过程是辐射换热、对流换热和导热的综合传热过程。在夏季,窗玻璃从太阳和被太阳辐射加热的空气两个热源获得热量,其中太阳直射得热是主要因素。在白天,太阳辐射热透过窗户射入室内(见图4.13),加热室内空气,使室内气温升高。由于太阳辐射强度随时间变化,大约在中午辐射强度最大,这时室内气温也急剧上升。傍晚太阳落山后,室外空气温度开始下降,当其低于室内温度后,室内热量开始通过窗内表面向外表面传递,或在开窗的情况下通过室内外空气的对流换热,使室内气温降低。因此,夏季白天的热流方向是从室外通过建筑外门窗流向室内,夜间则是室内向室外散热。在冬季,室内气温一般均高于室外气温,热流的基本流向是室内热量通过窗内表面向室外表面传递,其传热过程可参见图4.14。但白天太阳辐射(直射)热是从室外到室内,这有利于提高室内温度。

窗的隔热性能主要是指在夏季窗阻挡太阳辐射热射入室内的能力。采用各种特殊的热反射玻璃或贴热反射薄膜有很好的效果,特别是选用对太阳光中红外线反射能力强的热反射材料更理想,如低辐射玻璃。但在选用这些材料时要考虑到窗的采光问题,不能以

太阳辐射
直接辐射
+表面换热
吸收
表面反射
二次放射
室外
室内

图 4.13　夏季窗玻璃的传热

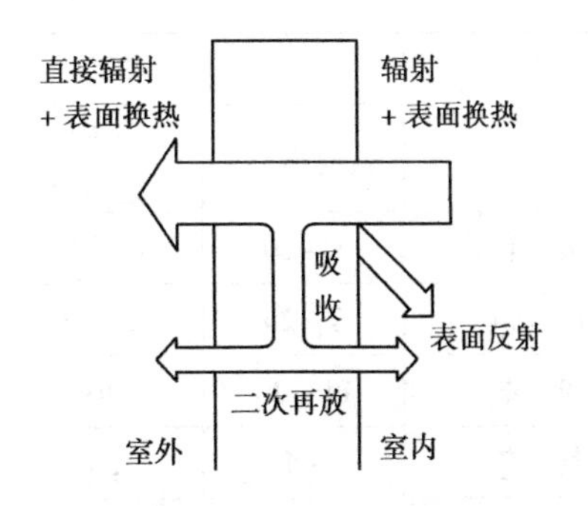

图 4.14　冬季窗玻璃的传热

损失窗的透光性来提高隔热性能；否则，它的节能效果会适得其反。中空玻璃的主要性能见表 4.8。

表 4.8　不同玻璃原片构成的中空玻璃的性能

玻璃种类	构　成	可见光			太阳辐射热			传热系数/ $(W \cdot m^{-2} \cdot K^{-1})$
		透射率/%	反射率/%	吸收率/%	直射透射率/%	总透射率/%	反射率/%	
浮法双层	$F_3+A_6+F_3$	83.0	14.8	8.8	77.2		14.0	3.4
中空玻璃	$F_6+A_6+F_6$	81.5	14.7	16.2	70.8		13.0	3.2
彩色双层	$H_3+A_6+F_3$	64.8~75.5	10.7~13.1	22.6~28.8	60.9~66.6		10.3~11.4	2.7~3.0
中空玻璃	$H_6+A_6+F_6$	49.7~67.4	8.7~11.4	39.8~46.9	45.3~51.4		7.3~8.8	2.7~3.0
镀膜双层	$R_6+A_{12}+F_6$	29.0	43.0	36.0	35.0	44.0	29.0	1.8
中空玻璃	$R_6+A_{12}+F_6$	23.0~47.0		47.0~51.0	15.0~25.0	22.0~33.0	24.0~38.0	1.6
低辐射玻璃	$L_a+A_{12}+F_6$	75	13		49		21	1.8
中空玻璃	$L_b+A_{12}+F_6$	56	14		33		18	1.7

注：F—浮法玻璃，浅色；A—空气层；H—彩色玻璃；R—镀膜玻璃；L—低辐射玻璃；下角标数字为玻璃或间层厚度，mm。

1）热反射玻璃

镀膜玻璃是在玻璃表面上镀以一层或多层金属或金属氧化物（如 Cu，Ag，Au，TiO_2，Cr_2O_3等）的特种玻璃，具有突出的光、热效果，其品种主要有低辐射玻璃和热反射玻璃（又称为太阳能控制膜玻璃。热反射玻璃可反射大部分太阳辐射热，可见光透过率在 8%～40%，它是一种很好的热反射材料。其常用品种的技术指标见表 4.9。但热反射玻璃的可见光透过率太低，会严重影响室内采光，导致室内照明能耗增加，其增加值甚至会大于空调节能冷耗的值，反而使总能耗上升，得不偿失，在设计使用时应慎用。

低辐射玻璃有较高的可见光透过率和良好热阻隔性能，可让 80% 左右的可见光直射入室而获得很好的采光效果，并对阳光中的长波部分有良好的反射作用，同时又能将 90% 左右的室内物体的红外辐射热保留在室内，起到保温作用。此外，它还能阻隔紫外线，避免室内物体褪色、老化。低辐射玻璃的主要性能见表 4.10。

表4.9　热反射玻璃的技术指标

品　种	可见光			太阳辐射热		遮阳率/%
	透射率/%	室内反射率/%	室外反射率/%	透射率/%	反射率/%	
银　色	8~20	30~36	28~38	6~16	20~32	24~38
银灰色	8~20	32~40	20~36	7~18	20~30	26~38
浅　蓝	14~20	40	18~22	12~18	14~18	28~38
茶　色	8~12	25	9	6~10	8	31
金　色	8~20	26~30	12~18	6~16	10~15	22~38
浅金色	24~40	34~46	24~34	22~36	22~30	40~48

表4.10　低辐射玻璃的性能

产品编号	可见光		太阳辐射热		遮阳系数
	透射率/%	反射率/%	透射率/%	反射率/%	
1	74	11	48	16	0.66
2	61	9	31	7	0.46
3	54	8	23	6	0.38
4	44	7	29	9	0.44

彩色玻璃又称为吸热玻璃，有一定的吸热作用和热反射作用，在市面上使用量较大，它也存在可见光透过率偏低的情况。表4.11中是几种玻璃品种的光热性能对比，可根据不同的建筑和要求选择使用。

表4.11　几种玻璃的光热性能

玻璃种类	可见光		遮阳系数	辐射率/%
	透过率/%	反射率/%		
透明玻璃	89	8	0.95	84
着色玻璃	44~45		0.69~0.72	
热反射玻璃	8~40	12~50	0.23~0.70	40~70
低辐射玻璃	77	14	0.66~0.73	8~15

2)薄膜型热反射材料

薄膜型热反射材料是指在聚合物膜(如聚酯膜)上镀有一层厚度为10~100 mm的特殊的连续金属或金属氧化物膜(与镀膜玻璃类似)，一般产品的主要性能特点是可见光透过率在10%~60%，太阳热辐射反射率在40%~70%，是良好的热反射材料。可直接装贴于窗户玻璃上,起到隔热作用。我国现有产品可见光透过率偏低,通常在30%以下,但热反射率可达70%左右,这些产品的缺点与热反射玻璃一样,用于节能建筑的节能效果可能不佳。此类产品经改进后,可以获得性能适宜的产品。表4.12中列出一些新型薄膜有关技术参数,可供设计时选用。

表4.12 一些热反射薄膜的光、热性能

编号	可见光		太阳能		遮阳系数	紫外线透过率/%	太阳能吸收率/%
	透过率/%	反射率/%	透过率/%	反射率/%			
1	5	5	46	8	0.65	5	46
2	7	58	10	49	0.25	1	41
3	18	5	50	8	0.70	5	42
4	15	60	12	55	0.24	1	33
5	35	8	45	17	0.62	1	38
6	35	19	35	17	0.55	1	48
7	50	5	66	8	0.84	1	26
8	48	13	48	12	0.64	1	40
9	70	11	63	9	0.82	1	28
10	84	9	84	9	0.99	1	7

3)新型节能玻璃

(1)光致变色玻璃　所谓光致变色玻璃,是指一种光致变色的非晶态材料。其特点是经可见光照射后,玻璃产生光的吸收,使颜色或透光性发生变化,太阳光照强度越大,透过玻璃的阳光越少;而当光照停止后,又能自动恢复到原始透明状态。在夏季,光致变色玻璃可起到很好的遮阳作用,但由于技术上和经济上的一些原因,尚未在建筑上应用。

(2)电致变色玻璃　长期以来,人们试图寻找一种光热性质可随意调节的功能材料。电致变色材料的发现很快引起了人们的极大兴趣,其特点是通过外界电信号的变化而连续可逆地调节其光学性质,为这种材料作为节能材料的应用提供了潜在的可能。利用这种原理,可制作成电致变色玻璃应用于窗户,动态地调节太阳能的输入或输出,灵活调节透光量,形成调光智能窗户。因其可实现光密度连续可逆的变化,而且低功耗(自流电压2~3 V),故作为节能玻璃窗材料可广泛用于建筑、飞机、汽车等。全固态电致变色玻璃的光谱性质如图4.15所示。

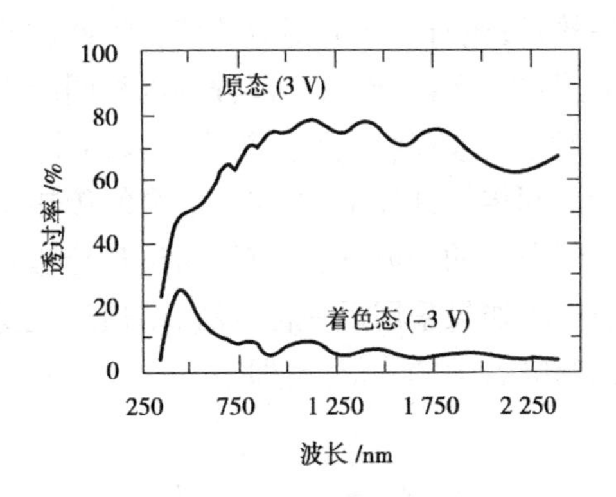

图4.15 全固态电致变色玻璃的光谱性质

通常,电致变色玻璃由玻璃上 5 层功能膜组成,其结构包括:透明玻璃、透明导电层、电致变色层、离子导电层、离子储存层、透明导电层、透明玻璃。其中,电致变色层是电致变色玻璃的核心,离子导电层提供电子在电致变色层和离子储存层之间传输,没有电子传导,透明导电层给电致变色层和离子储存层提供电子,离子储存层作为离子的储存源。目前,主要存在的问题是产品生产技术复杂,价格昂贵,并且它的使用寿命也存在一些问题。

4.4.5 外窗能耗的数理模型

室外气象状况通过玻璃窗对室内热环境的影响有两个方面:一方面是室内外气温差,通过玻璃导热进行热交换;另一方面是由于阳光的透射会直接造成室内得热。这两方面对室内热环境的影响是双重的,一是影响室内气温,二是玻璃温度影响室内辐射温度的平均值和均匀性。

1)通过玻璃窗的传导得热

由于玻璃热惰性小,通过玻璃窗的热传导可以按照稳态传热考虑,即 n 时刻通过玻璃窗的传热量 $HG(n)$ 为

$$HG(n) = KF[t_a(n) - t_r(n)] \tag{4.17}$$

式中 K——玻璃窗的传热系数,W/(m²·K);

F——玻璃窗的面积,m²;

$t_a(n)$——n 时刻室外空气温度,℃;

$t_r(n)$——n 时刻室内空气温度,℃。

2)透过玻璃窗的太阳辐射得热

阳光照射到窗玻璃表面后,一部分被反射掉;另一部分直接透过玻璃进入室内成为房间得热量;还有一部分则被玻璃吸收使玻璃温度提高,其中仅有一部分以长波热辐射和对流方式传至室内,而另一部分则以相同的方式散至室外。

对于被玻璃吸收后又传入室内的那部分太阳辐射热量可以用室外空气综合温度的形式考虑到传热计算中,即在玻璃窗的传热温差中考虑,因为玻璃吸收太阳辐射后相当于室外空气温度的增值,也可以作为透过窗玻璃的太阳辐射中的一部分计入房间的太阳辐射得热中。如果采用后一种方法,则通过无遮阳窗玻璃的太阳辐射得热 HG_g 应包括透过的全部和吸收中的一部分,即

$$HG_g = HG_\tau + HG_\alpha \tag{4.18}$$

$$HG_\tau = I_{Di}\tau_{Di} + I_d\tau_d \tag{4.19}$$

$$HG_a = \frac{R_a}{R_a + R_r}(I_{Di}\alpha_{Di} + I_d\alpha_d) \tag{4.20}$$

式中 HG_τ——透过单位玻璃面积的太阳辐射得热量,W/m²;

I_{Di}——射到窗玻璃表面上的太阳直射辐射强度,入射角为 i,W/m²;

I_d——投射到窗玻璃上的太阳散射辐射强度,W/m²;

τ_{Di}——窗玻璃对入射角为 i 的太阳直射辐射的透过率；

τ_d——窗玻璃对太阳散射辐射的透过率；

HG_α——由于窗玻璃吸收太阳辐射热所造成的房间得热；

α_{Di}——窗玻璃对入射角为 i 的太阳直射辐射的吸收率；

α_d——窗玻璃对太阳散射辐射的吸收率；

R_a——窗玻璃外表面的换热热阻；

R_r——窗玻璃内表面的换热热阻。

由于玻璃本身种类有多种，而且厚度也各不相同，即使都是无遮挡的玻璃窗通过同样大小的玻璃窗的太阳得热量也不尽相同。因此，目前国内外常以某种类型和厚度的玻璃作为标准透光材料，取其在无遮挡条件下的太阳得热量作为标准太阳得热量，并用符号 SSG 表示。当采用其他类型或厚度的玻璃，或者玻璃窗内外具有某种遮阳设施时，只对标准太阳得热量加以不同的修正即可。目前，英国以 5 mm 厚的普通窗玻璃作为标准透光材料，美国、日本和我国均采用 3 mm 厚的普通窗玻璃作为标准透光材料。标准玻璃的太阳得热量 SSG 的计算公式为

$$
\begin{aligned}
SSG &= (I_{Di}\tau_{Di} + I_d\tau_d) + \frac{R_a}{R_a + R_r}(I_{Di}\alpha_{Di} + I_d\alpha_d) \\
&= I_{Di}\left(\tau_{Di} + \frac{R_a}{R_a + R_r}\alpha_{Di}\right) + I_d\left(\tau_d + \frac{R_a}{R_a + R_r}\alpha_d\right) \\
&= I_{Di}g_{Di} + I_d g_d \\
&= SSG_{Di} + SSG_d
\end{aligned}
\tag{4.21}
$$

式中 g_{Di}——在不同入射角 i 下，太阳直射辐射的标准太阳得热率；

g_d——太阳散射辐射的标准太阳得热率。

SSG_{Di}——标准透光材料的太阳直射辐射得热量；

SSG_d——标准透光材料的太阳散射辐射得热量。

以上是计算透光窗玻璃的太阳辐射得热量，要计算透光玻璃窗的太阳辐射得热量时，还应考虑到窗框的存在，采用玻璃的实际有效面积和阳光实际的照射面积。因此，透光玻璃窗的太阳辐射得热量的计算公式为

$$HGS = (SSG_{Di}x_s + SSG_d)SCx_fF \tag{4.22}$$

式中 x_s——阳光实际照射面积比，等于窗上的实际照射面积（即窗上阳光斑面积）与窗面积之比；

x_f——窗玻璃的有效面积系数，等于玻璃面积与窗口面积之比；

F——窗口面积；

SC——遮阳系数。

遮阳系数是指在采用不同类型或厚度的玻璃，以及玻璃窗内外具有某种遮阳设施时，对标准太阳得热量的修正系数。其定义为：在法向入射条件下，通过其透光系统（包括透光材料和遮阳措施）的太阳得热率，与相同入射条件下的标准太阳得热率之比，即

$$SC = \frac{\overline{g}_{Di=0}}{g_{Di=0}} \tag{4.23}$$

4.5 朝向与遮阳的阳光调节功能

4.5.1 朝向的阳光调节功能

朝向是指建筑物主立面(或正面)的方位角。

根据全年太阳的运动规律,在北半球南向垂直表面冬季日辐射量最大,夏季反而变小。夏季东西向垂直表面的太阳辐射最大。

对比分析太阳行程图的冬夏差别,可知南向具有良好的阳光调节作用,而东向—东北向、西向—西北向的阳光调节作用是恶劣的,夏季太阳辐射强烈,冬季太阳辐射微弱。

表4.13为夏热冬冷地区部分地区最佳和适宜的建筑朝向。

表4.13 夏热冬冷地区部分城市最佳和适宜的建筑朝向

地　区	最佳朝向	适宜朝向	不宜朝向
上　海	南—南偏东15°	南偏东30°—南偏西15°	北,西北
南　京	南—南偏东15°	南偏东25°—南偏西10°	西,北
杭　州	南—南偏东10°—15°	南偏东30°—南偏西5°	西,北
合　肥	南—南偏东5°—15°	南偏东15°—南偏西5°	西
武　汉	南偏东10°—南偏西10°	南偏东20°—南偏西15°	西,西北
长　沙	南—南偏东10°	南偏东15°—南偏西10°	西,西北
南　昌	南—南偏东15°	南偏东25°—南偏西10°	西,西北
重　庆	南偏东10°—南偏西10°	南偏东30°—南偏西20°	西,东
成　都	南偏东20°—南偏西15°	南偏东40°—南偏西30°	西,东

4.5.2 遮阳的阳光调节功能

建筑朝向受很多因素制约,不可能只考虑阳光调节的要求确定朝向。实际工程中,主要依靠遮阳技术调节阳光。在我国南方地区,即使是最佳朝向也需遮阳。图4.16是孟庆林教授提供的广州新白云机场南侧人行活动区的遮阳。该遮阳使人行活动区的热环境质量得到了显著改善。遮阳空间热环境测试结果表明:行人主要活动区域的WBGT指标低于27 ℃,属于比较舒适的区域。

一些地区,虽然全年日照严重不足,但夏季地面太阳辐射却高达1 000 W/m^{2}以上。在这种强烈的太阳辐射下,阳光直射到室内,严重影响建筑室内热环境,增加建筑空调能耗。夏

(a)

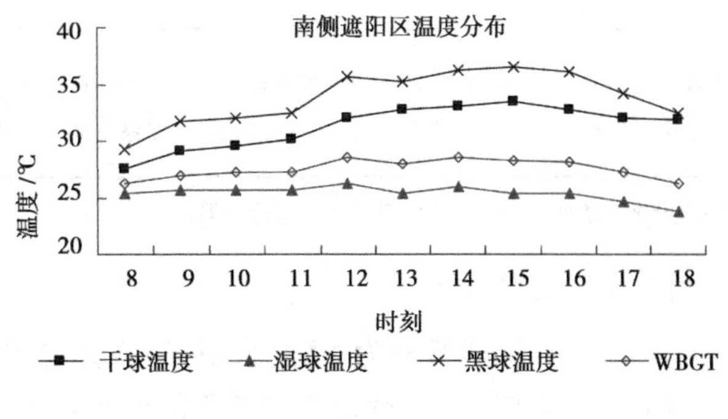

(b)

图 4.16 广州新白云机场南侧人行区遮阳

季的能耗损失,太阳辐射是其主要因素,应采取适当遮阳措施,以防止直射阳光的不利影响。

遮阳设施遮挡太阳辐射热量的效果除取决于遮阳形式外,还与遮阳设施的构造处理、安装位置、材料与颜色等因素有关。各种遮阳设施的效果,一般以遮阳系数来表示,见表 4.14。遮阳系数是指在照射时间内,透进有遮阳窗口的太阳辐射量与透进无遮阳窗口的太阳辐射量的比值。系数愈小,说明透过窗口的太阳辐射热量愈小,防热效果愈好。

表 4.14 建筑外遮阳系统的分类

铝合金卷帘(J)	按操作方式分:电动式(单控,单组控制,多组分级群控,智能控制,智能化楼宇控制),手动式(曲柄摇杆式,拉带式,弹簧式),电动附手动式(电动附摇杆,电动附拉带),遥控控制; 按安装构造方式来分:外悬式、外挂式、复合式(隐藏,吊挂)
织物外遮阳(Z)	按传动方式分:电动式,手动式(拉珠,弹簧,摇杆,皮带),电/手动式; 按材面料分:玻璃纤维覆裹 PVC,聚酯纤维覆裹 PVC,聚丙烯晴纶,涤纶布,亚克力布; 按外观分:折臂式、斜臂式、直臂(导轨导向式,导索导向式)、曲臂
铝合金百叶帘(B)	按传动方式分:电动式、手动式(摇杆,皮带,拉珠)、电动附手动式、遥控控制; 按导向方式分:导轨导向式、导索导向式
机翼外遮阳(L)	按安装形式分:水平式、垂直式; 按使用情况分:固定式、可调式(手动式,电动式,智能控制式,远程控制式); 按叶片形状分:单翼型、双翼型、翼帘型、机翼型; 按材料分:铝合金、陶板、木材、玻璃、塑料(PVC,PU)
格栅外遮阳(G)	按安装方式分:水平式、挡板式; 按使用情况分:固定式、可调式; 按材料分:铝合金、陶板、木材、玻璃、塑料(PVC,PU)
滑动挡板外遮阳(遮阳板)	按安装形式分:水平和垂直式; 按移动方式分:平滑、绕轴点旋转、折叠滑动; 按材料分:铝合金、金属板,陶板、木格栅、玻璃,织物

续表

中空玻璃内置百叶帘(N)	按传动方式分:电动式、手动式(摇柄、皮带,拉带)、电动附手动式、遥控; 按导向方式分:导轨导向式、导索导向式

注:本分类是依据国内现有的外遮阳产品进行分类。

1)遮阳形式的选择

遮阳的基本形式可分为4种:水平式、垂直式、综合式和挡板式。

(1)水平式遮阳　这种形式的遮阳能够有效地遮挡高度角较大的、从窗口上方投射下来的阳光。故它适用于接近南向的窗口,低纬地区的北向附近的窗口。

(2)垂直式遮阳　垂直式遮阳能够有效地遮挡高度角较小的、从窗侧斜射过来的阳光。但对于高度角较大的、从窗口上方投射下来的阳光,或接近日出、日没时平射窗口的阳光,它不起遮挡作用。故垂直式遮阳主要适用于东北、北和西北向附近的窗口。

(3)综合式遮阳　综合式遮阳能够有效地遮挡高度角中等的、从窗前斜射下来的阳光,遮阳效果比较均匀。它主要适用于东南或西南向附近的窗口。

(4)挡板式遮阳　这种形式的遮阳能够有效地遮挡高度角较小的、正射窗口的阳光,故它主要适用于东、西向附近的窗口。

在设计遮阳时,应根据地区的气候特点和房间的使用要求,以及窗口所在朝向,把遮阳做成活的遮阳装置。永久性的是在窗口设置各种形式的遮阳板;临时性的是在窗口设置轻便的布帘、各种金属或塑料百叶等。在永久性遮阳设施中,按其构件能否活动或拆卸,又可分为固定式或活动式两种。活动式的遮阳可视一年中季节的变化、一天中时刻的变化和天空的阴暗情况,调节遮阳板的角度。在寒冷季节,为了避免遮挡阳光和争取日照,可以收起或拆除。

表4.15是不同窗户遮阳的综合遮阳系数。

遮阳形式的选择,应从地区气候特点和窗口朝向来考虑。夏热冬冷地区宜采用热反射玻璃、软百叶、布篷等作为活动式遮阳。活动式遮阳多采用铝合金、工程塑料等,质轻,不易腐蚀,且表面光滑,反射阳光辐射性能好。织物型热反射材料是选用涤纶、维尼纶等化纤织物为基料,经聚合物树脂涂布、真空蒸发沉积金属薄膜而制成的一种新型热反射材料。常用的树脂是丙烯酸酯类单体或共聚物,金属一般选用高纯铝、铬及其合金。因在基材表面形成了一层光反射金属薄膜,故具有良好的隔热保温作用,其太阳辐射热透过率不到1%,可用来制作热反射窗帘和遮阳篷。

表 4.15　窗户的综合遮阳系数 C_g

窗户类型		日射透过率	无遮挡	内遮挡					窗帘				外遮挡			
				软活动百叶窗		卷轴遮阳板							外活动百叶窗		卷帘百叶	
						不透明		半透明	A	B	C	D				
				中间色	浅色	深色	白色	浅色					中间色	浅色	铝制两层	铝制一层
单层玻璃	普通 3 mm	0.84														
	普通 6 mm	0.78	1.00						0.65	0.55	0.45	0.35				
	普通 9 mm	0.72	0.94	0.64	0.55	0.50	0.25	0.30					0.15	0.12		
	普通 12 mm	0.67	0.90						0.60	0.52	0.43	0.35				
	有色 3 ~5 mm	0.74 ~0.71	0.87													
吸热玻璃 3 mm		0.64	0.83													
吸热玻璃 6 mm		0.46	0.69						0.49	0.44	0.38	0.33				
吸热玻璃 9 mm		0.33	0.60	0.57	0.53	0.45	0.30	0.36								
吸热玻璃 12 mm		0.24	0.53						0.39	0.36	0.33	0.30				
吸热玻璃	着灰色 古铜色 绿色	0.34		0.54	0.52	0.40	0.28	0.32								
反射玻璃			0.40	0.33	0.29				0.33	0.30	0.28	0.26				
双层玻璃	普通 + 普通	外/内														
	3 mm +3 mm	0.87/0.87		0.57	0.51	0.60	0.25	0.37	0.56	0.48	0.42	0.35	0.16	0.13	0.09	0.11
	普通 + 普通															
	6 mm +6 mm	0.80/0.80											0.19	0.15	0.13	0.15
吸热 + 普通(外) 6 mm +6 mm		0.46 0.80		0.39	0.36	0.40	0.22	0.30	0.43	0.39	0.35	0.32				
反射玻璃			0.30	0.27	0.26				0.27	0.26	0.25	0.24				
塑料	单层透明 3 mm	0.82	0.98													
	灰色 9 mm	0.56	0.75													
	贴反射膜 6 mm	0.12	0.21													

窗帘的疏密度和反射率

织物分类	符号	平均疏密度	织物反射率
稀疏网眼	A	0.40	0.10
半稀疏织物	B	0.20	0.30
较紧密织物	C	0.08	0.50
紧密织物	D	0.00	0.75

注:塑料指丙烯、聚碳酸酯塑料。外活动百叶窗指软活动百叶帘。

2)遮阳构件尺寸的计算

(1)水平式遮阳　任意朝向窗口的水平遮阳板挑出长度为

$$L = H \cot h_s \cos \gamma_{s\omega} \tag{4.24}$$

式中　L——水平板挑出长度,m;

H——水平板下沿至窗台高度,m;

H_s——太阳高度角,(°);

$\gamma_{s\omega}$——太阳方位角与墙方位角之差,$\gamma_{s\omega} = A_S - A_\omega$;

A_S——太阳方位角；

A_ω——墙方位角。

水平板两翼挑出长度按下式计算：

$$D = H \cot h_s \sin \gamma_{s\omega} \tag{4.25}$$

式中　D——两翼挑出长度，m。

(2)垂直式遮阳　任意朝向窗口的垂直遮阳板挑出长度为

$$L_1 = B \cot \gamma_{s\omega} \tag{4.26}$$

式中　L_1——垂直板挑出长度，m；

B——板面间净距(或板面至窗口另一边的距离)，m；

$\gamma_{s\omega}$——太阳方位角与墙方位角之差，(°)。

(3)综合式遮阳　任意朝向窗口的综合式遮阳的挑出长度，可先计算出垂直板和水平板两者的挑出长度，然后根据两者的计算数值按构造的要求来确定综合式遮阳板的挑出长度。

(4)挡板式遮阳　任意朝向窗口的挡板式遮阳尺寸，要先按构造需要确定板面至墙外表面的距离 L，然后按(4.24)式求出挡板下端至窗台的高度 H_0，即 $H_0 = \dfrac{L}{\cot h_s \cos \gamma_{s\omega}}$，再根据式(4.25)求出挡板两翼至窗口边线的距离 D，最后可确定挡板尺寸即为水平板下缘至窗台高度，即 $H - H_0$。

4.5.3　遮阳构造形式与气候适应性

相同的遮阳形式在不同的气候条件下节能效果是不一样的。

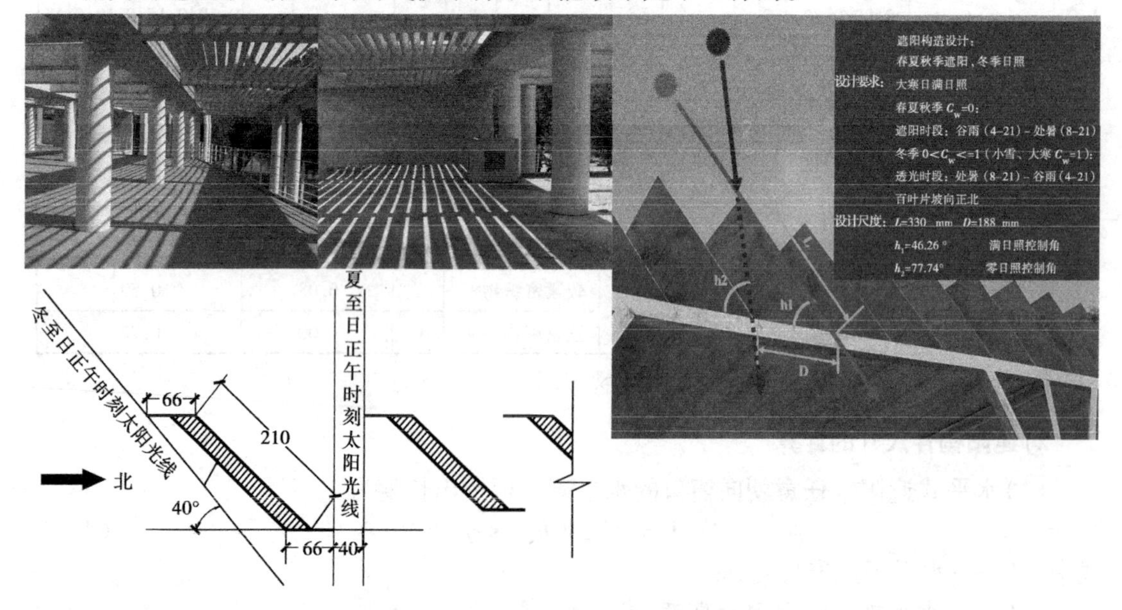

图 4.17　广州地区屋面遮阳构造设计

模拟研究发现了偏角度遮阳板在广州地区更有利于降低建筑物全年能耗，给出了最佳遮阳方案。图 4.17 是广州的屋面遮阳构造设计。图 4.18 是适用于南方的若干遮阳系统,图 4.19 是遮阳系数案例,图 4.20 是百叶遮阳系统说明。

类别	项目	内容	
卷帘遮阳J	照片简图		
	详图页码	J1~J9	
	遮阳系数 S_D	0.33~1.00	
	特点	适用于居住建筑外遮阳。帘片、卷帘盒有带保温材料的和普通型的。全部展开时有一定的隔声作用,但影响观景。有手动(摇柄、皮带)、电动两种开启方式	
织物遮阳Z	照片简图	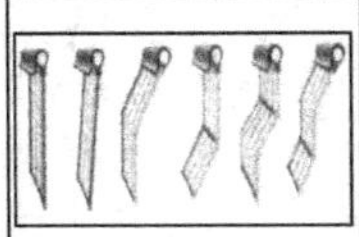	
	详图页码	导轨导向式 Z7~Z9	导索导向式 Z7~Z9
	遮阳系数 S_D	0.33~1.00	
	特点	不宜用在高层建筑外遮阳。帘布沿垂直墙面展开,系统关闭时,帘布可全部收在卷帘盒内。导轨式比导索式强度高。帘布有多种颜色供选择,既能阻热,又不影响观景。有手动(摇柄、皮带)、电动两种开启方式	
	照片简图		
	详图页码	斜臂式 Z10~Z11	折臂式 Z12~Z13
	遮阳系数 S_D	0.33~1.00	
	特点	不宜用在高层建筑外遮阳。系统打开时,帘布斜伸出垂直墙面;关闭时,支撑臂杆收藏在导轨中,底杆、帘布均收到卷帘盒中,不影响建筑立面	不宜用在高层建筑外遮阳。系统打开时,上下班部帘布沿垂直建筑立面展开,下部帘布斜伸出墙面;关闭时,折臂杆收藏在导轨中,底杆、帘布均收到卷帘盒中,不影响建筑立面
百叶帘遮阳B	照片简图		
	详图页码	导轨式 B9.B10.B13	导索式 B7.B8.B12
	遮阳系数 S_D	0.30~1.00	
	特点	不宜用在高层建筑外遮阳。系统关闭时,帘片可全部在卷帘盒内。可根据光线变化调整帘片角度,既遮阳,又不影响观景。导轨式比导索式强度高。有手动(摇柄、皮带)、电动两种开启方式	
铝合金机翼遮阳L	照片简图		
	详图页码	百叶水平安装 L7~L9	百叶垂直安装 L10~L12
	遮阳系数 S_D	0.30~0.90	
	特点	适用于公共建筑的外遮阳。有固定式、可调式。通过不同安装方式,实现建筑的多种遮阳形式。叶片形状有:单翼型、双翼型、翼帘型、机翼型	
铝合金格栅遮阳G	照片简图		
	详图页码	水平遮阳 G3	挡板式遮阳 G3
	遮阳系数 S_D	0.60~0.90	
	特点	适用于各种建筑的固定式外遮阳。在锯齿状的铝合金龙骨上,咬扣铝合金叶片(扣板),根据遮阳设计需要,选择不同开口率的龙骨	

遮阳系统检索表						图集号	06J506-1
审核	郭景	校对	余煜昕	设计	莫嘉立	页	3

图 4.18 遮阳系统检索表

按公式(3)计算得到的外遮阳系数为:

$S_D=1-(1-S_D^*)(1-\eta)^*=1-(1-0.63)(1-0.3)=0.74$

遮阳系数=0.7×0.74=0.52

("玻璃遮阳系数":透过实际窗玻璃的太阳能与透过3 mm厚标准窗玻璃的太阳能之比)

4.3.6 居住建筑的外遮阳系数应用举例

1) 依据《夏热冬暖地区居住建筑节能设计标准》JGJ 75—2003

综合遮阳系数S_w=(玻璃遮阳系数×窗玻璃面积比)×外遮阳系数

2) 例如:某工程玻璃遮阳系数=0.7(选用单片绿色玻璃),则:窗玻璃面积比=窗玻璃面积/整窗面积=1.91/2.25=0.85。外遮阳选用本图集中铝合金格栅遮阳系统(水平式,如图2),按表2透射比为0.15,格栅遮阳特征值x=A/B=0.4,查表1得到夏热冬暖地区,东向的拟合系数a=0.35,b=-0.69。

按公式(1)计算得到外遮阳系数为:

$S_D^*=ax^2+bx+1=0.35\times0.4^2-0.69\times0.4+1=0.78$

按公式(3)计算得到外遮阳系数为:

$S_D=1-(1-S_D^*)(1-\eta)^*=1-(1-0.78)(1-0.15)=0.81$

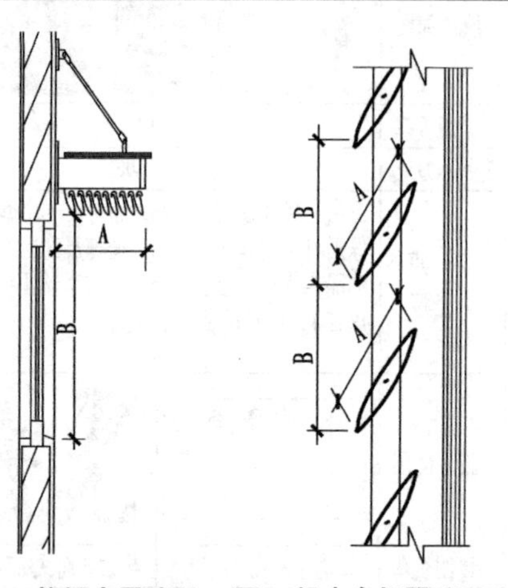

图2 格栅水平遮阳系数计算的特征尺寸

图3 铝合金机翼(百叶水平)遮阳系数计算的特征尺寸

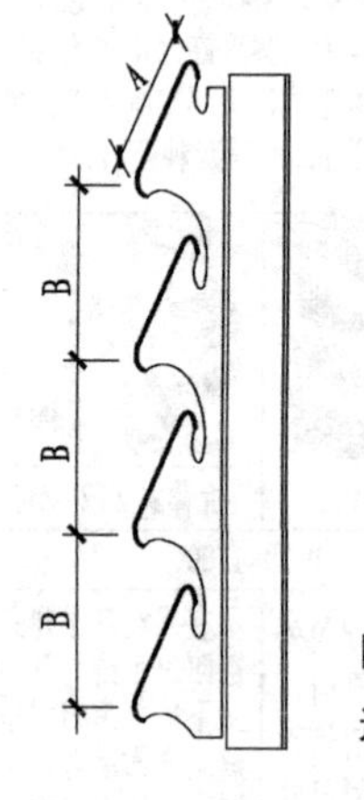

图4 格栅挡板式遮阳系数计算的特征尺寸

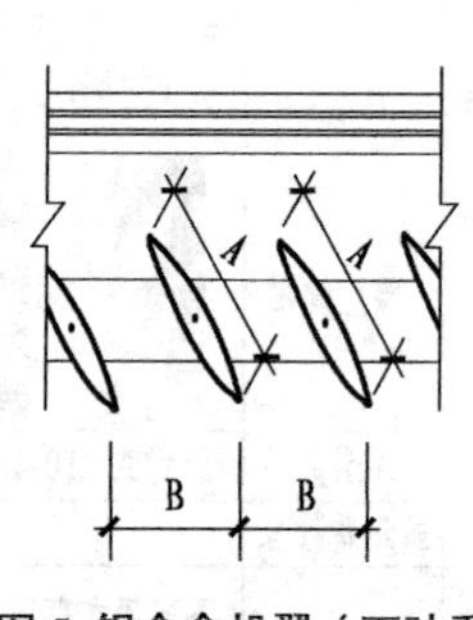

图5 铝合金机翼(百叶垂直)遮阳系数计算的特征尺寸

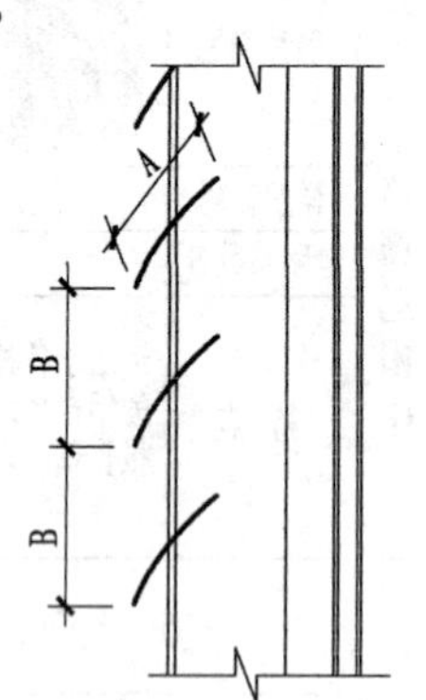
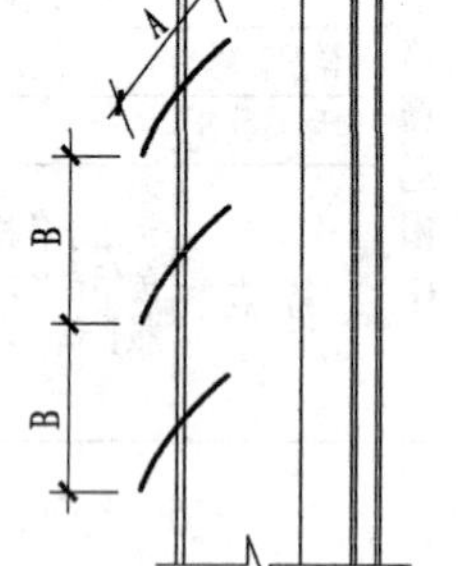

图1 百叶帘遮阳系数计算的特征尺寸

总说明						图集号	06J506-1
审核	孟庆林	校对	郭景	设计	张磊	页	6

图4.19 遮阳系数案例

百叶帘遮阳系统说明

1 适用范围

适用于低层、多层建筑的窗口、幕墙的外遮阳。当在高层建筑上或经常刮台风的地区使用时，应咨询专业厂家，考虑能否使用该种遮阳形式或采取的安全技术措施等问题。

2 遮阳设计

2.1 系统遮阳原理：通过调整帘片角度来控制射入光线，帘片角度可调节至最合适的位置。

2.2 遮阳系数：计算方法见本图集总说明4.3。

3 系统分类及组成

3.1 按导向装置分为导索导向系统、导轨导向系统。

3.1.1 导索导向系统组成及工作原理：

1）组成：帘片盒（俗称头箱）、导索、帘片、底杆、导索固定件、摇柄（手动方式）及安装构件。详见图1。

2）工作原理：帘片通过导索实现帘片的收缩与展开。

3.1.2 导轨导向系统组成及工作原理：

1）组成：帘片盒、导轨、帘片、底杆、安装构件、摇柄（手动方式）。详见图2。

2）工作原理：帘片通过在导轨中移动，实现系统的遮阳作用。

3.1.3 导轨导向系统比导索导向系统的强度高、抗风压性能强。

3.2 按驱动方式分为电动方式、手动方式。

3.2.1 电动方式：遮阳系统通过在帘片盒顶轨内的电动机，控制帘片的展开与收缩及调节帘片的角度，系统除3.1的组成部件外，还有电动机、连接件。一般对于装有自动控制系统的必须装风控、雨控感应装置。光控可根据具体情况选用。

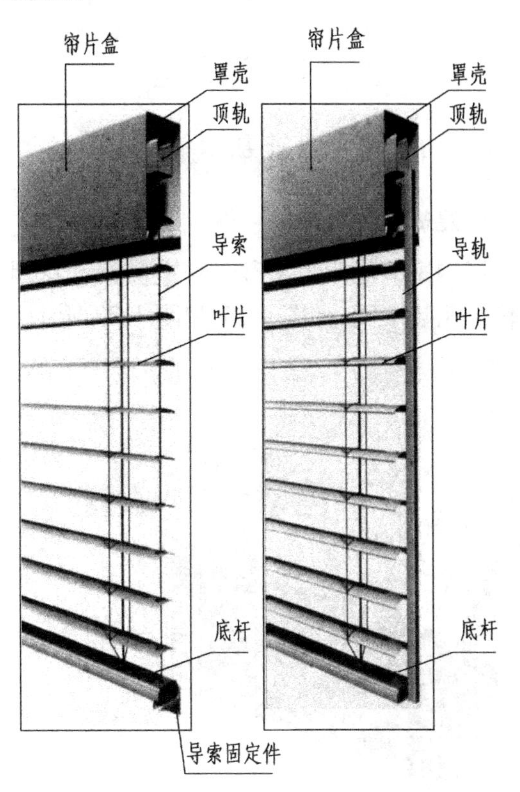

图1 导索系统示意　　图2 导轨系统示意

百叶帘遮阳系统	百叶帘遮阳系统说明			图集号	06J506-1
审核 郭景	校对	孙钢男	设计 余煜昕	页	B3

图4.20　百叶遮阳系统说明

在自然通风或空调条件下，太阳辐射、室外空气温度是影响室内热环境的主要因素。夏季，尤其是夜间当室外气温低于室内气温之后，建筑应尽可能利用此时室外风向，加强自然通风降低室内气温，排除潮气，保持室内空气清新。但同时建筑朝向的设计又要在白天减少对室内的辐射，降低空调的能耗。而在冬季又要抵御室外冷空气的侵入，尽可能获得阳光。这是建筑节能气候适应原理的又一表现。

4.6 遮阳系数对建筑能耗影响的模拟分析

4.6.1 模拟计算基本条件

1)建筑模型

以国家节能示范工程——重庆天奇花园为分析对象,建筑区别在于窗墙面积比和外窗传热系数不同,如图4.21和图4.22所示。建筑模型参数见表4.16。

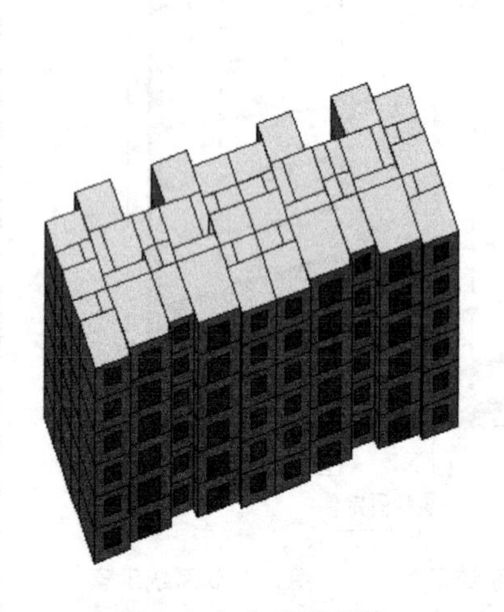

图4.21 建筑模型图

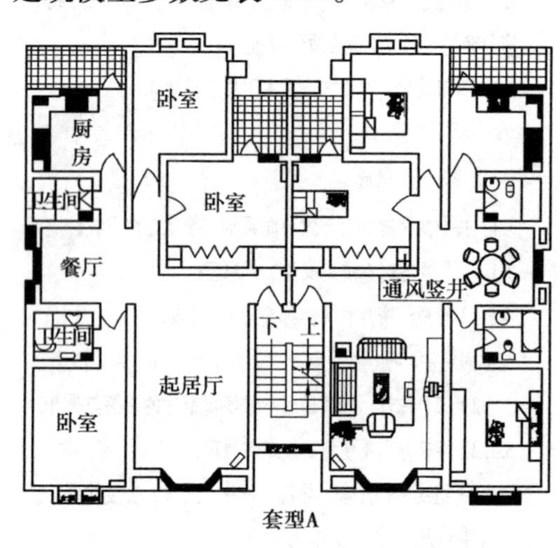

图4.22 标准层平面图

表4.16 建筑参数表

建筑面积/m^2	体积/ m^3	外墙面积 /m^2	屋顶面积/m^2	体形系数	窗墙面积比	
3 111.48	9 334.44	2 354.40	518.58	0.307	Ⅰ	0.275
					Ⅱ	0.5

2)围护结构参数

按照《重庆市居住建筑节能设计标准》(DB 50/5021—2002)4.0.8条文规定取值,见表4.17。

表4.17 围护结构传热系数值 单位:W/(m^2·K)

外墙	屋面	外窗		地面
1.47	1.0	Ⅰ	4.7(南、北),3.2(东、西)	1.88
		Ⅱ	2.5	

3)计算模拟的室外气象参数为典型气象年 TMY-2

4)室内环境设计温度冬季 18 ℃,夏季 6 ℃

5)能效比。空调额定能效比 2.3,采暖额定能效比 1.9

6)换气次数采暖和空调时,换气次数为 1.0 次/h

7)室内照明得热为 0.014 1 kW·h/(m^2·d),室内其他得热平均强度为 4.3 W/m^2

4.6.2 遮阳系数对建筑能耗的影响

针对Ⅰ,Ⅱ两水平的窗墙面积比,使外窗的遮阳系数在 1.0~0.1 范围变化,运用 DOE2IN 程序进行模拟。

1)遮阳系数与空调耗冷量的关系

模拟结果分析表明,在重庆地区,建筑不论何种朝向,随着遮阳系数的降低,空调耗冷量减小,且空调耗冷量与遮阳系数之间都有很强的线性关系,图 4.23 直观地表示了重庆地区各个朝向的空调耗冷量与遮阳系数的关系。

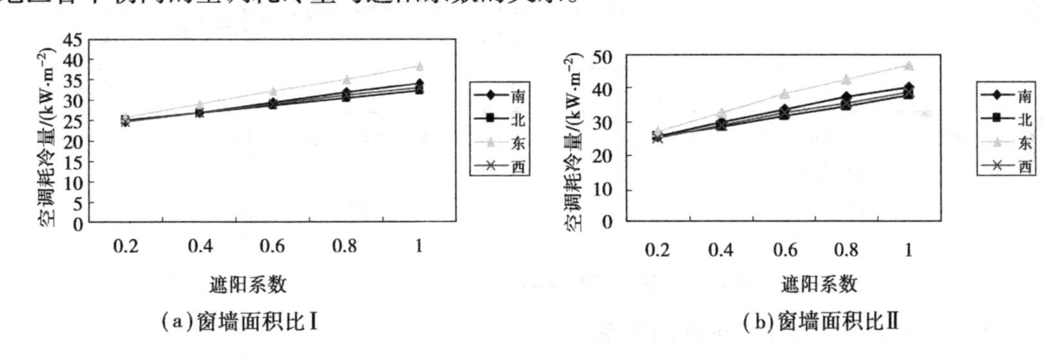

(a)窗墙面积比Ⅰ (b)窗墙面积比Ⅱ

图 4.23 空调耗冷量与遮阳系数的关系图

表4.18 中节能绝对值为遮阳系数降低0.1,空调耗冷量的减少值,单位 kW·h/m^2;节能率为遮阳系数降低 0.1,空调耗冷量的降低值与遮阳系数为 1.0 时的空调耗冷量的比值。

由表4.18 可知,窗墙面积比Ⅰ,Ⅱ的节能绝对值和节能率均最大出现在东向,最小为北向。Ⅰ窗墙面积比节能率为2.8%~4%,Ⅱ窗墙面积比为4.0%~5.2%,并且Ⅱ窗墙面积比各个方向的节能率均比Ⅰ窗墙面积比的高约 1.2%。可见,随着窗墙面积比的增大,改变各朝向外窗遮阳系数所引起的能耗变化也相应增大,但各朝向能耗变化的相对趋势是保持不变的。而且可以看出在重庆地区,尤其是在夏季太阳辐射对建筑能耗影响很大的东及东偏南朝向,遮阳应该加强,对建筑能耗影响较弱的北及北偏西朝向,遮阳要求相对较低。

表 4.18 遮阳系数对空调耗冷量的节能效果比较表

	朝 向	南	北	东	西
窗墙面积比Ⅰ	节能绝对值/(kW·h·m^{-2})	1.165	0.888	1.534	1.049
	节能率/%	3.4	2.8	4.0	3.2
窗墙面积比Ⅱ	朝 向	南	北	东	西
	节能绝对值/(kW·h·m^{-2})	1.846	1.515	2.464	1.654
	节能率/%	4.5	4.0	5.2	4.3

2)遮阳系数与采暖耗热量的关系

不论何种朝向,随着遮阳系数的减小,采暖耗热量逐渐变大,且采暖耗热量与遮阳系数之间都有很强的线性关系,图 4.24 直观地表示了各个朝向采暖耗热量与遮阳系数的关系。

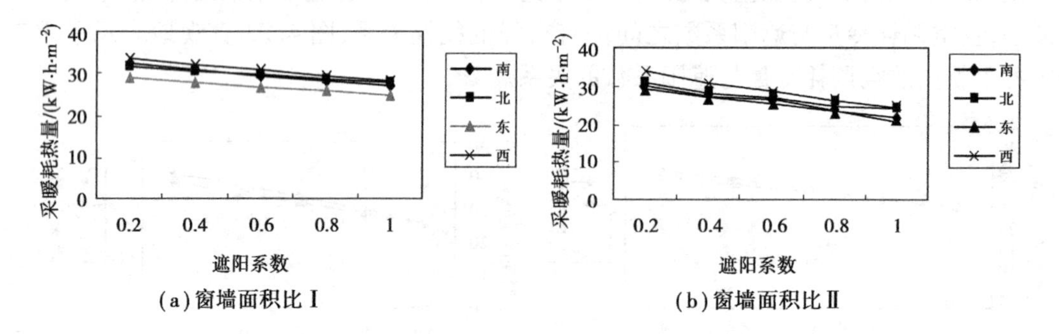

(a)窗墙面积比Ⅰ　(b)窗墙面积比Ⅱ

图 4.24 采暖耗热量与遮阳系数的关系图

3)全年度遮阳系数与全年能耗的关系

遮阳系数的减小有利于夏季空调耗冷量的降低,但同时增加了冬季采暖耗热量。图 4.25 反映了全年遮阳系数为定值的情况下,全年耗电量与遮阳系数之间的关系。

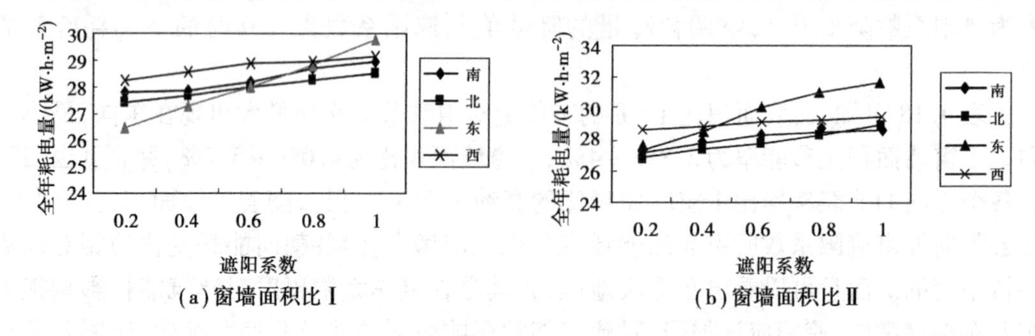

(a)窗墙面积比Ⅰ　(b)窗墙面积比Ⅱ

图 4.25 全年耗电量与遮阳系数的关系图

当全年遮阳系数不变时,各个朝向的全年耗电量均随遮阳系数的减小而减小。但只有东向的耗电量减少的幅度较大,其他朝向减小趋势较为平缓,尤其是西向。针对窗墙面积比I和窗墙面积比Ⅱ,仅将遮阳系数从 1.0 改成 0.2 时候的节能率作比较,结果见表 4.19。

表 4.19 遮阳系数对全年耗电量的节能效果比较表

节能率/%	$\frac{Q_{1.0}-Q_{0.2}}{Q_{1.0}}\times 100\%$			
朝　向	南	北	东	西
窗墙面积比Ⅰ	4.0	3.8	11.0	3.0
窗墙面积比Ⅱ	5.2	7.0	14.3	2.7

由表 4.19 可知，针对不同的窗墙面积比，改变遮阳系数而引起的节能率改变趋势是相同的，东向的节能率远远高于其他 3 个朝向，西向的节能率不明显，并且随着窗墙面积比的增大，东、南、北向的节能率也随之增大，仅西向减小少许。

4）活动外遮阳与全年能耗的关系

采用活动外遮阳措施，使遮阳系数夏季取 0.2/冬季取 0.8，对建筑进行模拟，图 4.26 表示各个朝向采用了不同遮阳系数与全年耗电量的关系。

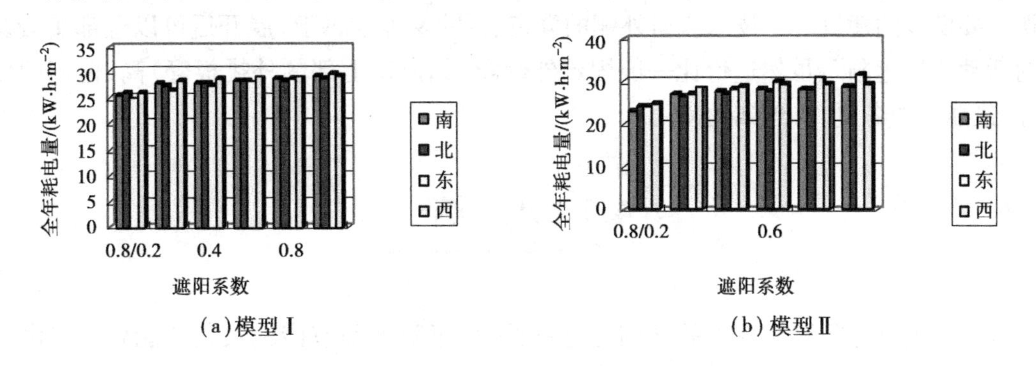

(a)模型Ⅰ　　(b)模型Ⅱ

图 4.26 全年耗电量与遮阳系数的关系图

表 4.20 活动外遮阳与遮阳系数节能效果比较表

模　型	朝　向	节能率 $=\frac{Q-Q_{活动}}{Q}\times 100\%$				
		$Q_{1.0}$	$Q_{0.8}$	$Q_{0.6}$	$Q_{0.4}$	$Q_{0.2}$
Ⅰ	南	11.5	10.7	9.1	8.1	7.8
	北	9.1	8.3	7.5	6.4	5.5
	东	16.6	13.9	11.3	9.2	6.3
	西	10.3	9.7	9.5	8.4	7.5
Ⅱ	南	18.3	17.9	17.2	15.7	13.8
	北	16.0	14.1	12.6	11.2	9.6
	东	23.7	21.7	19.5	14.8	11.0
	西	11.5	10.7	9.1	8.1	7.8

就表 4.20 中模型Ⅰ、Ⅱ而言，总体来说东向的节能率较大，采用活动外遮阳措施的节能效果比较明显，北向外窗节能效果较差。与表 4.19 对比，模型Ⅰ采用低辐射玻璃窗时

的东向节能率为11.0%,采用活动外遮阳的东向节能率为16.6%,模型Ⅱ采用低辐射玻璃窗的东向节能率为14.3%,而采用活动外遮阳措施的节能率为23.7%;再者,模型Ⅰ、Ⅱ采用低辐射玻璃窗时的西向节能率均不超过3%,然而采用活动外遮阳措施时的节能率均高于10%,节能效果非常理想。相对于遮阳系数0.2的外窗而言,南、西向外窗采用活动外遮阳措施的节能效果十分理想;相对于遮阳系数0.8的外窗而言,东、南向的节能潜力也比较大。并且,随着窗墙面积比的增大,各方向外窗的节能率也随之增大。

研究表明:在闭窗的情况下,有、无遮阳,室温最大温差值达12 ℃,平均差值8 ℃。而且有遮阳时,房间温度波幅值较小,室温出现最大值的时间延迟,室内温度场均匀。所以对现代建筑的空调能耗来讲,遮阳是夏季节约能源的主要措施之一。由于冬季的太阳辐射得热可提高室内的热环境质量,有利于建筑采暖,降低外窗的透过率对冬季采暖不利,而夏季相反,是防止太阳辐射热进入室内。可见,一味采用低辐射玻璃窗并不能达到理想的节能效果。活动外遮阳技术完美地解决了对太阳辐射热量的“用”与“防”,是重庆地区迫切需要发展的建筑节能技术。窗外侧的卷帘、百叶窗等就属于“展开后可以全部遮蔽窗户的活动式外遮阳”,虽然造价比一般固定外遮阳(如窗口上部的外挑板等)高,但遮阳效果好,最能兼顾冬夏,应当鼓励使用。

4.7 小 结

本章在了解太阳移动规律的基础上,探讨了全年阳光调节措施及其节能效果。由于太阳的移动规律,任何遮阳设施,包括固定遮阳的遮阳系数都是随时间变化的。采用活动外遮阳,有目的地调节不同季节不同时刻的遮阳系数,能获得很好的节能效果。

空调能耗及采暖能耗与遮阳系数均为线性关系,导致全年的能耗降低;遮阳对冬季采暖的副作用非常明显,所以不推荐居住建筑采用低辐射玻璃窗,应大力发展活动外遮阳技术。

减小夏季遮阳系数,增加冬季遮阳系数,节能率随之增大。

讨论(思考)题4

4.1 描述太阳的移动规律,怎样利用建筑布置进行下级建筑相互遮阳?

4.2 选择一个你熟悉的城市。分别按夏季和冬季调节阳光的要求将东、南、西、北、东南、西南、东北、西北8个朝向排序,分析两个顺序的一致性和差异性,结合得出该城市的朝向优劣排序。

4.3 怎样协调冬、夏阳光调节的矛盾要求?

4.4 从整体协调性原理,分析窗户外遮阳、阳光、通风3种之间的协调措施?

4.5　评价 Low-e 玻璃的阳光调节性能。
4.6　讨论活动外遮阳的阳光调节能力。
4.7　讨论遮阳系统的气候适应性与社会适应性。
4.8　分析全年阳光调节的整体协调问题。

参考文献 4

[1] 周正,付祥钊. 重庆市居住建筑节能65%技术体系研究[D]. 硕士学位论文. 重庆大学,2007.

[2] 张强,李娟. Low-e 玻璃在重庆地区的节能适应性研究[D]. 硕士学位论文. 重庆大学,2007.

[3] 资晓琦,何天祺. 深圳市高层综合办公建筑空调节能诊断与对策研究[D]. 硕士学位论文. 重庆大学,2007.

[4] 裴超,康侍民. 重庆市小城镇住宅外窗节能研究[D]. 硕士学位论文. 重庆大学,2007.

[5] 田智华,康侍民. 建筑遮阳性能的试验检测技术研究[D]. 硕士学位论文. 重庆大学,2005.

[6] 彭鹏,郑洁. 公共建筑昼光照明能耗特性的研究[D]. 硕士学位论文. 重庆大学,2006.

[7] 余晓平,付祥钊,黄光德,杨李宁. 夏热冬冷地区外窗性能对居住建筑能耗限值的影响[J]. 住宅科技,2007(4).

[8] 谢浩. 岭南居民的建筑遮阳[J]. 住宅科技,2007(4).

[9] 张宏,贺炬. 夏热冬冷地区窗户节能措施[J]. 住宅科技,2007(4).

5 围护结构保温隔热的合理要求与技术

保温隔热的合理性体现在保温隔热对建筑所在地的气候适应性，以及建筑使用特征的适应性和经济上的合理性等。

5.1 建筑围护结构的传热模型

5.1.1 建筑围护结构的热过程

建筑围护结构的热过程有夏季隔热、冬季保温以及过渡季节通风等多种状态，是室外综合温度波作用下的一种非稳态传热过程。如图5.1所示，夏季白天室外综合温度高于室内，外围护结构被加热升温，向室内传递热量；夜间室外综合温度下降，围护结构外表面向室外散热。夏季建筑围护结构外表面存在日夜交替变化方向的传热。由于白天强烈的太阳辐射，向室内的传热温差比夜间向室外的传热温差大得多。一天中，是以向室内传热为主的，向室外散热的作用是微弱的。尤其是密集建筑群和湿度大的地区，很难利用夜间的散热排除室内的热量。夜间排除室内热量，主要依靠通风。在全天通风条件下，围护结构受双向温度波作用，外表面受室外综合温度波作用，内表面受室内空气温度波作用。通风量大的建筑，室内空气温度随室外空气温度变化。因此，围护结构内表面温度变化主要由室外空气温度决定。而外表面温度变化由室外综合温度波决定。在夜间通风的条件

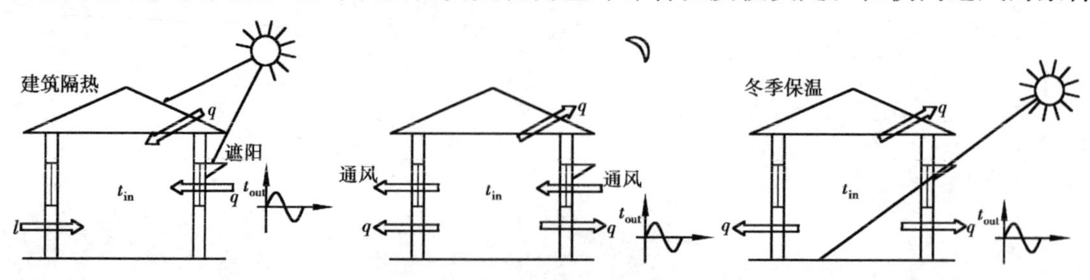

图5.1 建筑围护结构热量传递图

下,围护结构内表面温度变化主要由夜间室外空气温度和其热工性能决定。冬季除通过窗户进入室内的太阳辐射外,基本上是以通过外围护结构向室外传递热量为主的热过程。

因此,在进行围护结构保温隔热设计时,不能只考虑热过程的单向传递而把围护结构的保温性作为唯一的控制指标,应根据当地的气候特点,同时考虑冬夏两季不同方向的热量传递以及在通风条件下建筑热湿过程的双向性。

5.1.2　不透明围护结构(外墙、屋面)的传热模型

屋面和外墙为具有一定蓄热特性、不透明的物体,外扰通过屋顶和外墙的热传递过程是相同的。这些围护结构的外表面长期接受室外空气温度 t_a、太阳辐射 I_s、天空散射等扰量的作用。室外空气温度对外面的作用要受外表面换热热阻 $1/\alpha_a$ 的影响;太阳辐射的作用受壁面吸收率 ρ 的影响;室外空间散射则是围护结构外表面与周围环境之间进行相互长波辐射的总结果。由于屋顶和外墙都具有各自的热阻和热容,所以外扰的变化反映到内表面是有时间延迟的。另外,各外壁的内表面还可能会受到透过玻璃窗直接照射到该表面的太阳辐射 q 的影响。

外扰通过屋顶和外墙的热传递过程,不论是以导热形式还是以辐射形式进行,都是先作用到各个围护结构的内表面,使其温度发生变化,然后再以对流形式与室内空气进行热交换,以辐射形式在各个围护结构的内表面和家具之间进行热交换。

房间通过屋顶和外墙所接受的潜热量,将直接、全部、立即影响到室内空气状态。而所接受的显热量则不同,在通过屋顶和外墙传递给室内的显热量中,只有以对流形式出现的换热部分会即刻影响到室内空气温度,其余以辐射形式的换热,都要先作用于壁体表面使其温度发生变化以后,才能通过对流方式影响到室内空气温度。

通常围护结构的平面尺度远远大于其厚度,可按一维传热处理。屋顶和外墙的不稳定传热通常可按一维导热计算。而求解屋顶和外墙的一维不稳定传热,就是要求解如下两个偏微分方程:

导热微分方程式

$$\frac{\partial t(x,\tau)}{\partial \tau} = a\frac{\partial^2 t(x,\tau)}{\partial x^2} \tag{5.1}$$

傅里叶定律

$$q(x,\tau) = -\lambda\frac{\partial t(x,\tau)}{\partial x} \tag{5.2}$$

式中　a——壁体材料的导温系数(热扩散系数),$a=\frac{\lambda}{c\rho}$,m^2/h;

λ——壁体材料的导热系数,W/(m·K);

c——壁体材料的比热容,kJ/(kg·K);

ρ——壁体材料的密度,kg/m^3。

通过求解这两个偏微分方程式,可以得出各时刻围护结构各部位的温度分布和热流随时间的变化,即各时刻通过围护结构从室外向室内的传热得热量 $HG(n)$。

在求解出通过屋顶和外墙的得热量后，再建立围护结构各内表面的热平衡方程式和空调房间空气的热平衡方程式，组成房间热平衡方程组。求解房间热平衡方程组，即可得出维持房间热环境质量所需的冷热量。

围护结构内表面的热平衡方程式，用文字表示其通式：围护结构的导热量＋围护结构内表面与室内空气的对流换热量＋各表面之间的辐射换热量＋直接承受的辐射热量＝0。对于 n 时刻单位面积第 i 个表面来说，其热平衡方程式为

$$q_i(n) + \alpha_i^c[t_r(n) - t_i(n)] + \sum_{k=1}^{N_i} C_b \varepsilon_{ik} \varphi_{ik} \left[\left(\frac{T_k(n)}{100}\right)^4 - \left(\frac{T_i(n)}{100}\right)^4\right] + q_i^r(n) = 0 \tag{5.3}$$

式中 $t_r(n)$——n 时刻的室温，℃；

$t_i(n),t_k(n)$——n 时刻第 i 和第 k 围护结构的内表面温度，℃；

α_i^c——第 i 围护结构内表面的对流换热系数，W/(m^2·℃)；

C_b——黑体辐射常数，5.67 W/(m^2·℃)；

ε_{ik}——该围护结构内表面 i 与第 k 面围护结构内表面之间的系统黑度，其值约等于 i、k 表面自身黑度的乘积，即 $\varepsilon_{ik} \approx \varepsilon_i \varepsilon_k$；

φ_{ik}——围护结构内表面 i 对内表面 k 的辐射角系数；

N_i——房间不同围护结构内表面总数；

$q_i(n)$——n 时刻由于两侧温差，第 i 围护结构内表面所获得的传热得热量，W/m^2；

$q_i^r(n)$——n 时刻第 i 围护结构内表面直接获得的太阳辐射热量和各种内扰的辐射热量，W/m^2。

房间内空气的热平衡方程式用文字表示为：与各壁面的对流换热量＋其他各种对流得热量＋空气渗透得热量＋空调系统显热除热量＝单位时间内房间空气显热量的增值。用数学式表示为

$$\sum_{k=1}^{N_i} F_k \alpha_k^c [t_k(t_k(n) - t_i(n)] + [q_1^c(n) - q_2^c(n)] + \frac{L_a(n)(c\rho)_a[t_a(n) - t_r(n)]}{3.6} - HE_s(n) = V(c\rho)_r \frac{t_r(n) - t_r(n-1)}{3.6\Delta\tau} \tag{5.4}$$

式中 F_k——第 k 面围护结构的内表面面积，m^2；

$q_1^c(n)$——n 时刻来自照明、人体显热和设备显热等的对流散热量，$q_1^c(n) = HG_1C_1 + HG_{bs}C_b + HG_{as}C_a$，W；

HG_1,HG_{bs},HG_{as}——来自照明、人体和设备的显热得热量，W；

C_1,C_b,C_a——照明、人体和设备显热等得热量中对流部分所占的百分比；

$q_2^c(n)$——n 时刻由于吸收房间热量致使水分蒸发所消耗的房间显热量，W；

$L_a(n)$——n 时刻的空气渗透量，m^3/h；

$(c\rho)_a$——室外空气的单位热容，kJ/(m^3·℃)；

$(c\rho)_r$——室内空气的单位热容，kJ/(m^3·℃)；

$t_a(n)$——室外气温,℃;

V——房间体积,m^3;

$HE_s(n)$——n 时刻空调系统的显热除热量,W。

通过计算机求解上述方程可做各种深入细致的分析。

5.2 合理保温隔热的案例分析

围护结构的传热过程十分复杂,本节采用 DOE-2 软件分析保温隔热的合理性。

5.2.1 模拟分析的基本条件

1)建筑模型

建筑模型为重庆的一栋六层条形建筑的东段部分,建筑朝向为南向,西面墙为绝热墙,如图 5.2 所示。建筑模型参数见表 5.1。

表 5.1 建筑参数表

建筑面积/m^2	体积/m^3	外墙面积/m^2	屋顶面积/m^2	体形系数	窗户面积/m^2		窗墙比	
					南向	北向	南向	北向
1 789.32	5 010.09	1 320.48	298.22	0.323	143.35	102.41	0.35	0.25

2)室外气象数据为典型气象年 TMY-2

典型气象年的原始数据与历年平均值所用的原始气象年数据相同,采用其计算的年能耗反映的是建筑多年能耗的“平均”水平。

3)室内计算温度

冬季室内采暖温度设定为 18 ℃;夏季室内空调温度设定为 26 ℃。

4)采暖空调设备能效比

采暖、空调设备为家用空气源热泵空调器,空调额定能效比取 2.3,采暖额定能效比取 1.9。

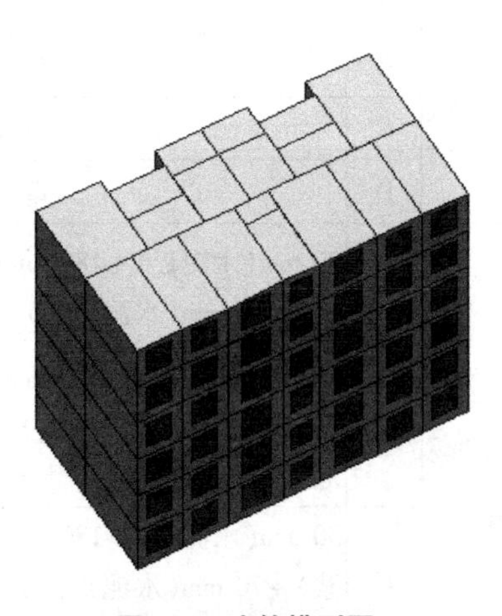

图 5.2 建筑模型图

5)不计内热源

由于本节着重研究不同围护结构条件下住宅的能耗情况,忽略内热源散热,包括照明、室内人员和电器设备等散热,以便于分析由护结构传热引起的能耗情况。

5.2.2 不同围护结构的组合方案及计算结果

1)围护结构方案组合

表5.2是各种围护结构的热工性能表,表5.3是围护结构的不同组合方案。其中,方案1是20世纪80—90年代重庆居住建筑的普遍状况,在此作为比较能耗大小的基准方案。

表5.2 外围护结构构成及热工性能表

围护结构	代码	围护结构构成(由外向内)	传热系数/[W·$(m^2·K)^{-1}$]
外墙	A	20 mm(水泥砂浆)+240 mm(实心砖)+20 mm(石灰水泥砂浆)	1.960
	B	20 mm(水泥砂浆)+20 mm(保温砂浆)+240 mm(空心砖)+20 mm(石灰水泥砂浆)	1.394
	C	20 mm(水泥砂浆)+180 mm(钢筋混凝土)+20 mm(空气层)+20 mm(聚苯乙烯EPS板)+20 mm(石灰水泥砂浆)	1.037
	D	20 mm(水泥砂浆)+180 mm(钢筋混凝土)+20 mm(空气层)+30 mm(聚苯乙烯EPS板)+20 mm(石灰水泥砂浆)	0.832
	E	20 mm(水泥砂浆)+180 mm(钢筋混凝土)+20 mm(空气层)+50 mm(聚苯乙烯EPS板)+20 mm(石灰水泥砂浆)	0.596
	F	20 mm(水泥砂浆)+180 mm(钢筋混凝土)+20 mm(空气层)+80 mm(聚苯乙烯EPS板)+20 mm(石灰水泥砂浆)	0.418
	G	20 mm(水泥砂浆)+180 mm(钢筋混凝土)+20 mm(空气层)+20 mm(石灰水泥砂浆)	2.048
外窗	A	单层玻璃钢窗	6.645
	B	单框普通单层玻璃铝合金窗	4.909
	C	单框普通双层玻璃铝合金窗	3.297
	D	单框双层低辐射玻璃塑钢窗	2.553
屋面	A	30 mm(水泥板)+180 mm(空气层)+10 mm(防水层)+20 mm(水泥砂浆)+70 mm(水泥炉渣)+120 mm(空心楼板)+20 mm(石灰水泥砂浆)	1.663
	B	30 mm(水泥板)+180 mm(空气层)+10 mm(防水层)+20 mm(水泥砂浆)+70 mm(水泥炉渣)+20 mm(聚苯板)+120 mm(空心楼板)+20 mm(石灰水泥砂浆)	0.928
	C	30 mm(水泥板)+180 mm(空气层)+10 mm(防水层)+20 mm(水泥砂浆)+70 mm(水泥炉渣)+30 mm(聚苯板)+120 mm(空心楼板)+20 mm(石灰水泥砂浆)	0.760
	D	30 mm(水泥板)+180 mm(空气层)+10 mm(防水层)+20 mm(水泥砂浆)+70 mm(水泥炉渣)+50 mm(聚苯板)+120 mm(空心楼板)+20 mm(石灰水泥砂浆)	0.558

表 5.3　外围护结构组合方案

方　案	外墙	外窗	屋面	备　注
方案 1	A	A	A	
方案 2	B	A	A	
方案 3	C	A	A	
方案 4	D	A	A	
方案 5	E	A	A	
方案 6	F	A	A	
方案 7	G	A	A	
方案 8	C	B	A	
方案 9	C	C	A	
方案 10	C	D	A	低辐射玻璃窗透过率为 0.65
方案 11	C	C	B	
方案 12	C	C	C	
方案 13	C	C	D	

2)计算结果

模拟计算结果见表 5.4。表中数值指单位建筑面积全年能耗或负荷。

表 5.4　不同方案的能耗水平　　单位:kW·h/m²

方案	采暖年耗热量 Q_{ri}	空调年耗冷量 Q_{li}	采暖年耗电量 $Q_{ri}/1.9$	空调年耗电量 $Q_{li}/2.3$
方案 1	39.64	40.73	22.90	16.36
方案 2	33.56	36.36	19.86	14.61
方案 3	29.82	33.73	17.93	13.59
方案 4	27.59	32.32	16.72	13.02
方案 5	25.00	30.60	15.32	12.33
方案 6	22.97	29.27	14.21	11.81
方案 7	40.59	41.41	23.41	16.64
方案 8	27.49	33.85	16.72	13.61
方案 9	24.90	33.99	15.36	13.64
方案 10	26.03	30.23	15.52	12.10
方案 11	23.00	32.12	14.33	12.90
方案 12	22.56	31.70	14.10	12.74
方案 13	22.02	31.19	13.80	12.54

从表5.4中的数据可以看出,外围护结构热工性能越好,建筑能耗越小。以方案1为基准,计算各个方案的节能率,结果列于表5.5。节能率的定义为

$$R = \frac{Q_1 - Q_i}{Q_1} \times 100\% \tag{5.5}$$

式中 R——节能率;

Q_1——案1单位面积建筑能耗;

Q_i——案i单位面积建筑能耗。

表5.5 重庆各种方案的节能率

方案	降低采暖耗热量	采暖耗电量和节能率		降低空调耗冷量	空调耗电量和节能率	
	$Q_{r1}-Q_{ri}$ /(kW·h·m^{-2})	$Q_{r1}-Q_{ri}$ /(kW·h·m^{-2})	R /%	$Q_{l1}-Q_{li}$ /(kW·h·m^{-2})	$Q_{l1}-Q_{li}$ /(kW·h·m^{-2})	R /%
方案1	0.00	0.00	0.00	0.00	0.00	0.00
方案2	6.08	3.05	13.30	4.37	1.75	10.70
方案3	9.82	4.98	21.72	6.97	2.77	16.92
方案4	12.05	6.18	27.00	8.41	3.34	20.44
方案5	14.64	7.59	33.12	10.13	4.02	24.61
方案6	16.67	8.69	37.96	11.46	4.55	27.84
方案7	-0.95	-0.51	-2.21	-0.68	-0.28	-1.72
方案8	12.15	6.18	26.97	6.88	2.75	16.82
方案9	14.74	7.54	32.92	6.74	2.72	16.60
方案10	13.61	7.38	32.23	10.5	4.26	26.03
方案11	16.64	8.57	37.41	8.61	3.46	21.14
方案12	17.08	8.81	38.45	9.03	3.62	22.14
方案13	17.62	9.11	39.76	9.54	3.82	23.37

5.2.3 围护结构热工性能对建筑能耗的影响

1)外墙

表5.3中方案1~7只改变外墙体材料热工特性。图5.3表示了单位面积采暖耗热量、单位面积空调耗冷量随外墙传热系数K值的变化规律。图5.4表示采暖节能率和空调节能率随外墙传热系数K值的变化规律。

由图5.3和图5.4可看出,随着外墙传热系数K值由2.0减小到0.4,采暖耗热量和空调耗冷量明显降低,采暖节能率和空调节能率也大幅度提高。不难发现,传热系数减小对采暖耗热量影响大于对空调耗冷量的影响。

方案1中的外墙传热系数由1.960 W/(m^2·K)降低到方案6的0.418 W/(m^2·K)时,年

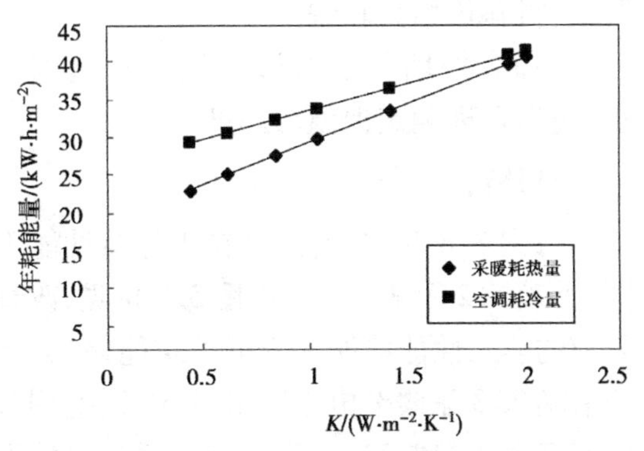

图 5.3　单位面积采暖耗热量和空调耗冷量随外墙 K 值的变化规律

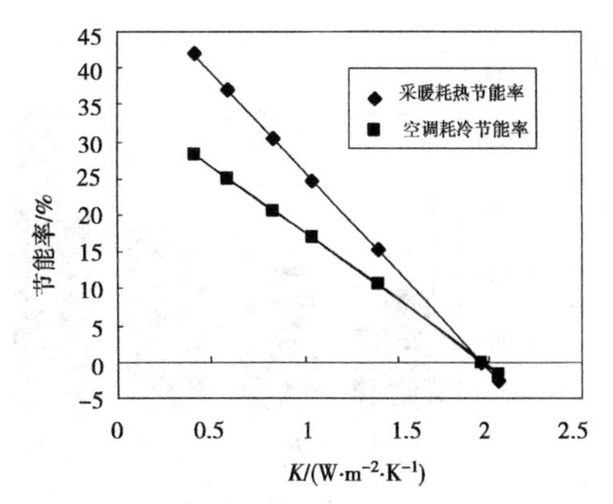

图 5.4　节能率随外墙 K 值的变化规律

耗热量降低了 16.67 kW·h/m^2,节约耗能率为 42.05%;年耗冷量降低了 11.46 kW·h/m^2,节约耗能率为 28.14%。方案 3～6 是在方案 7 的基础上设置保温层。方案 7 未加设保温层,其传热系数为 2.048 W/(m^2·K),耗热量为 40.59 kW·h/m^2、耗冷量为 41.41 kW·h/m^2;方案 3 中增加了 20 mm 聚苯板,传热系数降低了 1.011 W/(m^2·K),相应的耗热量降低了 10.77 kW·h/m^2、耗冷量降低了 7.65 kW·h/m^2。方案 4～6 中分别增加了 30,50,80 mm 的聚苯板保温层,如图 5.5 所示。单位传热系数的节能贡献是逐渐减少的。

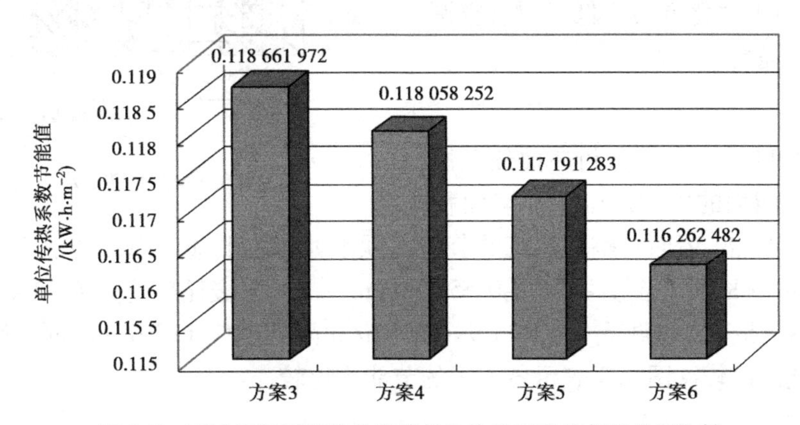

图 5.5　不同保温层厚度的外墙单位传热系数的节能效果比较

方案 3 较方案 7 加设 20 mm 保温层,由表 5.4 可知,每年单位面积节约采暖空调用电量 8.53 kW·h/m^2,按照目前重庆市国家电网所提供居民用电费为 0.52 元/(kW·h),每年总节约电费 8.53 kW·h/m^2 ×600 m^2 ×0.52 元/(kW·h) = 7 937.28 元。同理,也可算出方案 4～6 较方案 7 节约的电费。

聚苯乙烯 EPS 板的价格为 300 元/m^3,可以算出方案 3 中保温层材料价为 5 160 元。

图 5.6 显示了方案 3～6 较方案 7 每年空调节约电费与保温层材料价的比较关系,保温层造价比空调节约电费的增长要更为快速。可清晰地看出,方案 3 加设 20 mm 保温层,每年空调节约电费高达 7 937.28 元,保温层材料价 5 160 元,低于节约的电费。在方案 6 中,保温层材料价超过了节约的电费。这表明了当外墙保温层厚度太大时,节能效果上升

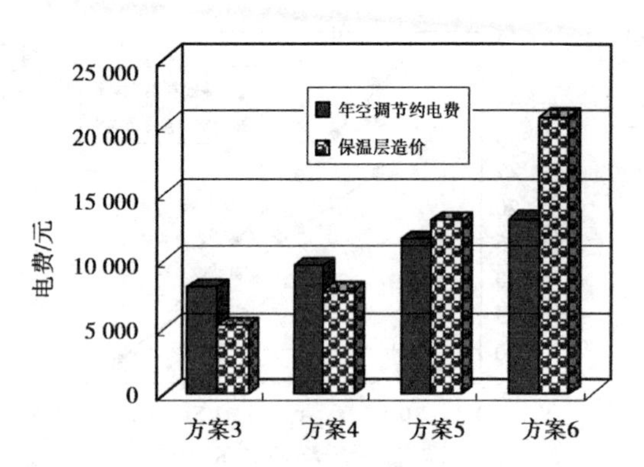

图 5.6　年空调节约电费与保温层造价比较

缓慢,材料价增大较快。

因此,外墙传热系数不能盲目追求过小,应当合理确定保温层厚度。

2)外窗

方案3,8,9,10 的区别在于外窗性能不同,见表5.2 及表5.3。由图5.7 可见,改善外窗的热工性能能明显降低建筑能耗(方案10 比方案3 采暖节电率高出10.61%,空调节电率高出9.11%)。方案3 到方案9 中外窗传热系数减小,采暖年节电率大幅度提高,但是空调年节电率几乎保持不变。在夜间当室外气温低于室内气温时,没有开窗通风,外窗的隔热性能较强,使得室内的热量不能很好地向室外散出,增大了夜间空调能耗,抵消了白天的节能效果。方案10 中,由于加强了遮阳,降低外窗的太阳辐射透过率对冬季采暖不利,采暖年节电率比方案9 低;但是,空调年节电率大幅度提高。

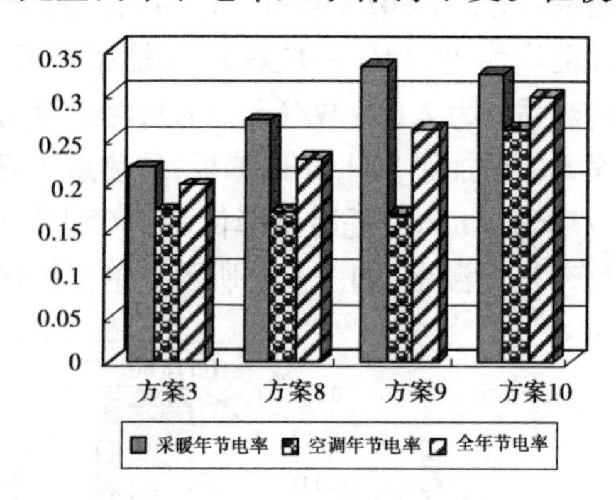

图 5.7　外窗节能率比较

3)屋面

从方案9,11,12,13 可分析屋面热工性能的改善对建筑能耗的影响。由于外墙面积是屋面面积的4.43 倍,屋面对整栋建筑的节能贡献不如外墙明显。屋面传热系数从方案9 的1.663 W/(m^2·K)降低到方案13 的0.558 W/(m^2·K),采暖耗热量从24.90 kW·h/m^2减少至22.02 kW·h/m^2,空调耗冷量从33.99 kW·h/m^2降低至31.19 kW·h/m^2。图5.8 表示各方案的耗能量比较。图5.9 表示各方案的节能率比较。

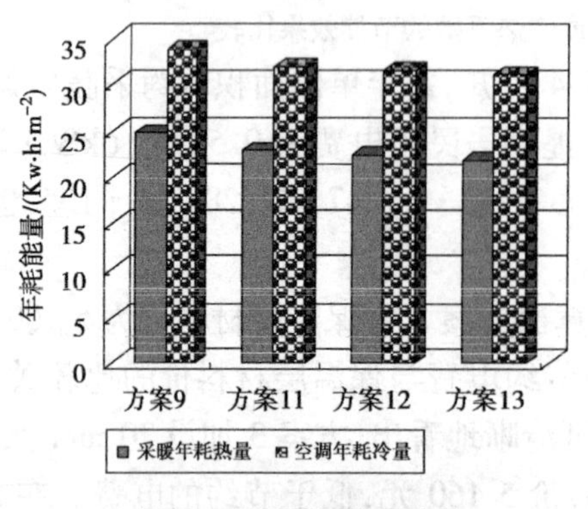

图 5.8　屋面耗能量比较

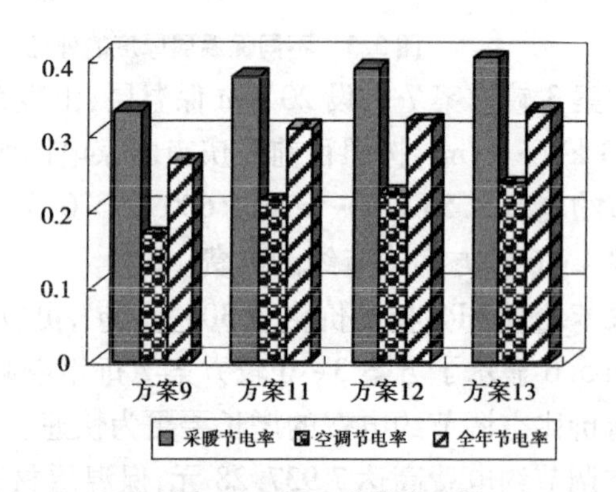

图 5.9　屋面节能率比较

5.3　各气候区围护结构保温隔热的合理要求

5.3.1　保温隔热的气候适应性

1）不同气候地区应采取相应隔热措施

严寒与寒冷地区墙体主要考虑冬季保温的技术要求，解决热桥是其主要问题。夏热冬暖地区主要考虑夏季的隔热，要求围护结构白天隔热好，晚上内表面温度下降快。夏热冬冷地区围护结构既要保证夏季隔热为主，又要兼顾冬天保温要求。夏季闷热地区，即炎热而风小的地区，隔热能力应大，衰减倍数宜大，延迟时间要足够长，使夏季内表面温度的峰值延迟出现在室外气温下降、可以开窗通风的时段，如清晨。

2）要根据房屋的用途选择不同的隔热措施

对于仅白天使用和昼夜使用的建筑有不同的隔热要求。仅白天使用的民用建筑，如学校、办公楼等要求衰减值大，屋顶延迟时间要有 6 h 左右。这样，内表面最高温度出现的时间是下午 7 时左右。对于住宅，一般要求衰减值大，屋顶延迟时间要有 10 h 以上，西墙要有8 h以上，使内表面最高温度出现在半夜。那时，围护结构已散发了较多的热量，同时室外气温也较低，可以用通风方式使室外凉爽空气直接进入室内，快速降低内表面温度。对于间歇使用空调的建筑，应保证外围护结构一定的热阻，外围护结构内侧宜采用轻质材料，既有利于空调使用房间的节能，也有利于室外温度降低、空调停止使用后房间的散热降温。

3）加强屋面与西墙的隔热

在外围护结构中受太阳照射最多、最强，也是受室外综合温度作用最大的是屋面，其次是西墙；在冬季，受天空冷辐射作用最强的也是屋面。所以，隔热要求最高的是屋顶，其次是西墙。

4）室内散热问题

有人认为，围护结构加强保温隔热后不利于室内的夜间散热，使室内夜间温度不能像室外那样下降。依据传热规律，要求已保温隔热的外围护结构承担建筑的散热在技术上是不合理的。建筑外围护结构基本功能之一就是用来隔断室内外两个空间的传热。要求它加强室内外两个空间的传热，与外围护结构的基本功能相冲突。而夏季夜间室内外温差平均不超过 3 ℃，即使不保温隔热的外墙，传热系数为 2.0 W/(m^2·℃)，一间有 10 m^2 外墙的房间，夜间通过外墙散热量只有 60 W，不足一个人的散热量，仍不满足房间的散热要求。夏季房间散热应利用通风进行。为此，要设计合理的进风口与出风口位置，以及适宜的通风口面积,而不是去考虑降低外围护结构的隔热水平。

5)热桥的处理问题

热桥是其材料导热系数明显大于外围护结构主体的那些局部构造。在严寒、寒冷地区,冬季室内外温差达20 ℃以上。热桥造成大量热损失,并引起结露,危害室内空气品质和保温隔热层的使用寿命。所以,必须严格进行保温隔热处理,消除热桥。但在夏热冬冷、夏热冬暖地区,冬夏室内外温差只有10 ℃左右,内外保温的热桥耗能和结露等问题都不及严寒、寒冷地区严重。

5.3.2 保温隔热的合理要求

建筑外围护结构的基本功能是在室内空间与室外空间之间建立屏障,分隔出一个适合居住者生存活动的室内空间,保证在室外环境恶劣时,室内空间仍能为居住者提供庇护。外门窗是穿越这一屏障联系室内外空间的通道。从建筑节能角度,外围护结构上的门窗的基本功能则是为了在室外环境良好时,亲近自然,改善室内环境。保温隔热的目的是为了加强外围护结构基本功能,提高建筑抵御室外恶劣环境(气候)的能力,削弱室内外的热联系,减少外围护结构的冷热耗量。要求保温隔热墙体在室外天气条件良好时散发室内热量是与围护结构的基本功能相冲突的,是不合理的。如前所述,散发室内热量应依靠开启门窗的通风。因此,本章不讨论保温隔热要兼顾散热的问题。

墙体保温隔热的程度和采用的技术不同,节能和经济效果差异很大,其优劣存在争议。实际上并不存在绝对的"谁优于谁",这仍然是气候、社会经济和整体上谁更协调的问题。应针对具体项目,分析其合理性。参照5.2节的方法可分析不同气候条件下,围护结构热工性能对能耗的影响,进而配合技术经济分析确定对其热工性能的要求。表5.6～5.8是在中国建筑科学研究院组织下,我国各地建筑节能专家共同研究的,适应我国各种气候区和现阶段社会经济发展水平的居住建筑节能50%阶段对围护结构热工性能的要求(征求意见稿)。表5.9是重庆市居住建筑节能65%标准对围护结构热工性能的要求。

分户墙和楼板保温隔热的合理性,取决于社会生活状态和建筑的使用情况。当楼上、楼下住户同时在家的可能性小时,楼板传热造成使用户在空调或采暖时的能耗增大约100%。此种情况下,楼板保温隔热是必要的。而当楼上、楼下住户生活规律相同时,室内热环境控制水平相近时楼板不保温是可以的,切忌以一概全。

表 5.6　我国各气候区居住建筑节能 50% 阶段所要求的围护结构热工性能(一)

围护结构部位		屋面				外墙/层				底面接触室外空气的架空或外挑楼板	分隔采暖与非采暖空间的隔墙、楼板	户门	阳台门下部门芯板	地面		外窗(含阳台门透明部分及天窗)			
		≥10层	7~9层	4~6层	≤3层	≥10层	7~9层	4~6层	≤3层					周边地面	非周边地面	窗墙面积比≤20%	20%<窗墙面积比≤30%	30%<窗墙面积比≤40%	40%<窗墙面积比≤50%
$K/(W\cdot m^{-2}\cdot K^{-1})$		严寒地区 I(A)区 (5 500 ℃·d≤HDD18<8 000 ℃·d)																	
		0.40	0.40	0.40	0.33	0.48	0.40	0.40	0.33	0.48	0.70	1.50	1.00	0.28	0.28	2.50	2.20	2.00	1.70
		严寒地区 I(B)区 (5 500 ℃·d≤HDD18<8 000 ℃·d)																	
		0.40	0.40	0.40	0.36	0.45	0.45	0.45	0.40	0.45	0.80	1.50	1.00	0.35	0.35	2.80	2.50	2.10	1.80
		严寒地区 I(C)区 (3 800 ℃·d≤HDD18<5 000 ℃·d)																	
		0.45	0.45	0.45	0.36	0.50	0.50	0.50	0.40	0.50	1.00	1.50	1.00	0.35	0.35	2.80	2.50	2.30	2.10
		寒冷地区 II(A) 区(2 000 ℃·d≤HDD18<3 800 ℃·d, CDD26≤100 ℃·d)																	
		0.50	0.50	0.50	0.45	0.50	0.50	0.50	0.45	0.50	1.20	2.00	1.70	0.50	0.50	2.80	2.80	2.50	2.0
寒冷地区 II(B) 区 (2 000 ℃·d≤HDD18<3 800 ℃·d, 100 ℃·d<CDD26≤200 ℃·d)																			
$K/(W\cdot m^{-2}\cdot K^{-1})$	轻钢轻质	0.50	0.50	0.50	0.45	0.50	0.50	0.50	0.45	0.60	1.00	2.00	1.70	$K/(W\cdot m^{-2}\cdot K^{-1})$		3.20	3.20	2.80	2.50
														S_C(东西/南北)		—	—	0.65/—	0.6/—
	重质	0.60	0.60	0.60	0.50	0.60	0.60	0.60	0.50					$K/(W\cdot m^{-2}\cdot K^{-1})$		3.20	3.20	2.80	2.50
														S_C(东西/南北)		—	—	0.65/—	0.6/—

注：①建筑朝向的范围:北(偏东 60°至偏西 60°);东、西(东或西偏北 30°至偏南 60°);南(偏东 30°至偏西 30°);

②外墙的传热系数是指考虑了结构性热桥影响后计算得到的平均传热系数;

③遮阳系数的确定:有外遮阳时,遮阳系数 = 玻璃的遮阳系数 × 外遮阳的遮阳系数;无外遮阳时,遮阳系数 = 玻璃的遮阳系数。

表 5.7　中国各气候区居住建筑节能 50% 阶段所要求的围护结构热工性能(二)

围护结构部位		屋面				外墙				底面接触室外空气的架空或外挑楼板	分户墙和楼板	户门		外窗(含阳台门透明部分及天窗)				天窗
		≥10层	7~9层	4~6层	≤3层	≥10层	7~9层	4~6层	≤3层					窗墙面积比≤20%	20%<窗墙面积比≤30%	30%<窗墙面积比≤40%	40%<窗墙面积比≤50%	天窗与屋顶面积比≤4%
夏热冬冷地区Ⅲ(A)区(1 000 ℃·d<HDD18<2 000 ℃·d,50 ℃·d<CDD26<150 ℃·d)																		
$K/(W \cdot m^{-2} \cdot K^{-1})$	轻钢轻质	≤0.4	≤0.4	≤0.4	≤0.4	≤0.5	≤0.5	≤0.5	≤0.4	≤1.5	≤2.0	≤3.0	$K/(W \cdot m^{-2} \cdot K^{-1})$	≤4.7	≤3.2	≤3.2	≤2.5	≤3.2
													S_C(东西/南北)	—	≤0.8/—	≤0.7/0.8	≤0.6/0.7	≤0.6
	重质	≤0.8	≤0.8	≤0.8	≤0.6	≤1.5	≤1.5	≤1.2	≤0.8				$K/(W \cdot m^{-2} \cdot K^{-1})$	≤4.7	≤3.2	≤3.2	≤2.5	≤3.2
													S_C(东西/南北)	—	≤0.8/—	≤0.7/0.8	≤0.6/0.7	≤0.6
夏热冬冷地区Ⅲ(B)区(1 000 ℃·d<HDD18<2 000 ℃·d,150 ℃·d<CDD26<300 ℃·d)																		
	轻钢轻质	≤0.4	≤0.4	≤0.4	≤0.4	≤0.5	≤0.5	≤0.5	≤0.4	≤1.5	≤2.0	≤3.0	$K/(W \cdot m^{-2} \cdot K^{-1})$	≤4.7	≤3.2	≤3.2	≤2.5	≤3.2
													S_C(东西/南北)	—	≤0.7/0.8	≤0.6/0.7	≤0.5/0.6	≤0.5
	重质	≤0.8	≤0.8	≤0.8	≤0.6	≤1.5	≤1.5	≤1.0	≤0.8				$K/(W \cdot m^{-2} \cdot K^{-1})$	≤4.7	≤3.2	≤3.2	≤2.5	≤3.2
													S_C(东西/南北)	—	≤0.7/0.8	≤0.6/0.7	≤0.5/0.6	≤0.5
温和地区Ⅴ(A)区(600 ℃·d≤HDD18<2 000 ℃·d, CDD26<50 ℃·d)																		
	轻钢轻质	≤0.4	≤0.4	≤0.4	≤0.4	≤0.5	≤0.5	≤0.5	≤0.4	≤1.5	≤2.0	≤3.0	$K/(W \cdot m^{-2} \cdot K^{-1})$	≤4.7	≤4.0	≤3.2	≤2.5	≤4.0
													S_C(东西/南北)	—	≤0.8/0.8	≤0.7/0.7	≤0.6/0.6	≤0.6
	重质	≤0.8	≤0.8	≤0.8	≤0.6	≤1.0	≤1.0	≤1.0	≤0.8				$K/(W \cdot m^{-2} \cdot K^{-1})$	≤4.7	≤4.0	≤3.2	≤2.5	≤4.0
													S_C(东西/南北)	—	≤0.8/0.8	≤0.7/0.7	≤0.6/0.6	≤0.6

注:同表5.6。

表 5.8　中国各气候区居住建筑节能 50% 阶段所要求的围护结构热工性能(三)

<table>
<tr><td colspan="2" rowspan="2">围护结构部位</td><td colspan="4">屋面</td><td colspan="4">外墙</td><td rowspan="2">底面接触室外空气的架空或外挑楼板</td><td rowspan="2">分隔采暖空调与非采暖空调空间的隔墙</td><td rowspan="2">分户墙和楼板</td><td rowspan="2">户门</td><td rowspan="2"></td><td colspan="4">外窗(含阳台门透明部分及天窗)</td><td>天窗</td></tr>
<tr><td>≥10层</td><td>7~9层</td><td>4~6层</td><td>≤3层</td><td>≥10层</td><td>7~9层</td><td>4~6层</td><td>≤3层</td><td>窗墙面积比≤20%</td><td>20%<窗墙面积比≤30%</td><td>30%<窗墙面积比≤40%</td><td>40%<窗墙面积比≤50%</td><td>天窗与屋顶面积比≤4%</td></tr>
<tr><td rowspan="15">K/(W·m⁻²·K⁻¹)</td><td colspan="19">夏热冬冷地区Ⅲ(C)区(600 ℃·d<HDD18<1 000 ℃·d,100 ℃·d<CDD26<300 ℃·d)</td></tr>
<tr><td rowspan="2">轻钢
轻质</td><td rowspan="2">≤0.5</td><td rowspan="2">≤0.5</td><td rowspan="2">≤0.5</td><td rowspan="2">≤0.4</td><td rowspan="2">≤0.75</td><td rowspan="2">≤0.75</td><td rowspan="2">≤0.75</td><td rowspan="2">≤0.6</td><td rowspan="4">≤1.5</td><td rowspan="4">≤2.0</td><td rowspan="4">≤2.0</td><td rowspan="4">≤3.5</td><td>K/(W·m⁻²·K⁻¹)</td><td>≤4.7</td><td>≤4.0</td><td>≤3.2</td><td>≤2.5</td><td>≤3.2</td></tr>
<tr><td>S_C(东西/南北)</td><td>—</td><td>≤0.8/—</td><td>≤0.7/0.8</td><td>≤0.6/0.7</td><td>≤0.6</td></tr>
<tr><td rowspan="2">重质</td><td rowspan="2">≤1.0</td><td rowspan="2">≤1.0</td><td rowspan="2">≤1.0</td><td rowspan="2">≤0.8</td><td rowspan="2">≤1.5</td><td rowspan="2">≤1.5</td><td rowspan="2">≤1.2</td><td rowspan="2">≤1.0</td><td>K/(W·m⁻²·K⁻¹)</td><td>≤4.7</td><td>≤3.2</td><td>≤3.2</td><td>≤2.5</td><td>≤3.2</td></tr>
<tr><td>S_C(东西/南北)</td><td>≤0.8/—</td><td>—</td><td>≤0.7/0.8</td><td>≤0.6/0.7</td><td>≤0.6</td></tr>
<tr><td colspan="19">夏热冬暖地区Ⅳ区(HDD18<600 ℃·d, CDD26<200 ℃·d)</td></tr>
<tr><td rowspan="2">D ≥3.0</td><td colspan="4" rowspan="2">1.0</td><td colspan="4">2.0</td><td colspan="4" rowspan="4"></td><td rowspan="4">S_C(东、南、西向/北向)</td><td>≤0.60</td><td>≤0.50</td><td>≤0.40</td><td>≤0.30</td><td rowspan="4">≤0.5</td></tr>
<tr><td colspan="4">1.5</td><td>≤0.80</td><td>≤0.70</td><td>≤0.50</td><td>≤0.40</td></tr>
<tr><td>3.0>D ≥2.5</td><td colspan="4">1.0</td><td colspan="4">1.0</td><td>≤0.90</td><td>≤0.80</td><td>≤0.70</td><td>≤0.50</td></tr>
<tr><td>D<2.0</td><td colspan="4">0.5</td><td colspan="4">0.7</td><td>≤0.90</td><td>≤0.80</td><td>≤0.70</td><td>≤0.50</td></tr>
<tr><td colspan="19">温和地区Ⅴ(B)区(HDD18<600 ℃·d, CDD26<50 ℃·d)</td></tr>
<tr><td rowspan="2">轻钢
轻质</td><td colspan="4" rowspan="2">—</td><td colspan="4" rowspan="2">—</td><td rowspan="4">—</td><td colspan="3" rowspan="4"></td><td>K/(W·m⁻²·K⁻¹)</td><td colspan="4">—</td><td rowspan="4"></td></tr>
<tr><td>S_C(东西/南北)</td><td colspan="4">—</td></tr>
<tr><td rowspan="2">重质</td><td colspan="4" rowspan="2">—</td><td colspan="4" rowspan="2">—</td><td>K/(W·m⁻²·K⁻¹)</td><td colspan="4">—</td></tr>
<tr><td>S_C(东西/南北)</td><td colspan="4">—</td></tr>
</table>

注:同表 5.6。

表 5.9 重庆市居住建筑节能 65% 标准所要求的围护结构热工性能
（围护结构各部分的传热系数 K 和热惰性指标 D 的限值）

围护结构部位			$K/(\mathrm{W \cdot m^{-2} \cdot K^{-1}})$	
			$D \leqslant 3.0$	$D > 3.0$
体形系数≤0.3	屋面		≤0.8	≤1.0
	外墙		≤1.0	≤1.4
	底面接触室外空气的架空或外挑楼板		≤1.5	
	窗户	窗墙面积比≤0.25	≤3.8	
		0.25＜窗墙面积比≤0.35	≤3.2	
		0.35＜窗墙面积比≤0.5	≤2.5	
		窗墙面积比＞0.5	≤1.8	
0.3＜体形系数≤0.35	屋面		≤0.8	≤1.0
	外墙		≤0.9	≤1.3
	底面接触室外空气的架空或外挑楼板		≤1.5	
	窗户	窗墙面积比≤0.25	≤3.8	
		0.25＜窗墙面积比≤0.35	≤3.2	
		0.35＜窗墙面积比≤0.5	≤2.5	
		窗墙面积比＞0.5	≤2.0	
0.35＜体形系数≤0.4	屋面		≤0.8	≤1.0
	外墙		≤0.8	≤1.2
	底面接触室外空气的架空或外挑楼板		≤1.5	
	窗户	窗墙面积比≤0.25	≤3.2	
		0.25＜窗墙面积比≤0.35	≤2.5	
		0.35＜窗墙面积比≤0.5	≤2.0	
		窗墙面积比＞0.5	≤1.8	
0.4＜体形系数≤0.45	屋面		≤0.6	≤0.8
	外墙		≤0.8	≤1.0
	底面接触室外空气的架空或外挑楼板		≤1.0	
	窗户	窗墙面积比≤0.25	≤2.5	
		0.25＜窗墙面积比≤0.35	≤2.0	
		0.35＜窗墙面积比≤0.5	≤1.8	
		窗墙面积比＞0.5	≤1.8	

注：①平均传热系数以整面墙计，热惰性指标也取整片墙面积加权平均值。

②当外墙、屋面的面密度 $\rho \geqslant 200\ \mathrm{kg/m^2}$ 时（由砖、混凝土等重质材料构成的墙、屋面）可不计算热惰性指标。

5.4 墙体保温隔热措施

墙体保温隔热技术可分为自保温隔热和复合保温隔热两大类。后一类墙体是由绝热材料与墙体本体复合构成。绝热材料主要是聚苯乙烯泡沫塑料、岩棉、玻璃棉、矿棉、膨胀珍珠岩、加气混凝土等。根据绝热材料在墙体中的位置,可分为内保温、外保温和中间保温3种类型。与单一材料节能墙体相比,复合节能墙体采用了高效绝热材料,具有更好的热工性能,但其施工难度大,质量风险增加,造价也要高得多。

5.4.1 墙体内保温

1)构造

在这类墙体中,绝热材料复合在外墙内侧。构造层包括:

①墙体结构层:为外围护结构的承重受力墙体部分,或框架结构的填充墙体部分。它可以是现浇或预制混凝土外墙、内浇外砌或砖混结构的外砖墙,以及其他承重外墙(如承重多孔砖外墙)等。

②空气层:切断液态水分的毛细渗透,防止保温材料受潮,同时外侧墙体结构层具有吸水能力,其内侧表面由于温度低而出现的冷凝水在空气层的阻挡下,被结构材料吸入的水分不断地向室外转移、散发。另外,空气间层还增加了热阻,造价比设置隔气层要低。

③绝热材料层(如保温层、隔热层):节能墙体的主要功能部分,采用高效绝热材料(导热系数小)。

④覆面保护层:防止保温层受破坏,同时在一定程度上阻止室内水蒸气浸入保温层。

2)内保温节能墙体的应用特点

①设计中不仅要注意采取措施(如设置空气层、隔气层),避免冬季由于室内水蒸气向外渗透,在墙体内产生结露而降低保温隔热层的热工性能,根据当地气候条件和室内温度分析冷热桥是否有结露的可能及结露的位置。还要注意采取措施消除这些保温隔热层覆盖不到的部分产生"冷桥"而在室内侧产生结露现象,一般出现在内外墙、外墙和楼板相交的节点,以及外窗梁、过梁、窗台板等处。

②施工方便,室内连续作业面不大,多为干作业施工,有利于提高施工效率、减轻劳动强度,同时保温层的施工可不受室外气候(如雨季、冬季)的影响。但施工中应注意避免保温材料受潮,同时要待外墙结构层达到正常干燥时再安装保温隔热层,还应保证结构层内侧吊挂件预留位置的准确和牢固。

③由于绝热层置于内侧,夏季晚间外墙内表面温度随空气温度的下降而迅速下降,可减少烘烤感。但要注意,由于室外热空气中水分向墙体迁移,在空气层与结构层之间凝结。

④由于这种节能墙体的绝热层设在内侧,会占据一定的使用面积,若用于旧房节能改造,在施工时会影响室内住户的正常生活。当不能统一进行外墙保温隔热改造时,愿意改造的住户可以结合家装,用内保温提高自家外墙的热工性能。

⑤不同材料的内保温,施工技术要求和质量要点是不相同的,应严格遵守其相关的技术标准。

5.4.2 墙体外保温

1)构造

在这类墙体中,绝热材料复合在建筑物外墙的外侧,并覆以保护层。

(1)保温隔热层　采用导热系数小的高效保温材料,其导热系数一般小于0.05 W/(m·K)。

(2)保温隔热材料的固定系统　不同的外保温体系,采用的保温固定系统各有不同。有的将保温板黏结或钉固在基底上,有的为两者结合,以黏结为主,或以钉固为主。超轻保温浆料可直接涂抹在外墙外表面上。

(3)面层　保温板的表面覆盖层有不同的做法,薄面层一般为聚合物水泥胶浆抹面,厚面层则仍采用普通水泥砂浆抹面。有的则用在龙骨上吊挂薄板覆面。

(4)零配件与辅助材料　在外墙外保温体系中,在接缝处、边角部,还要使用一些零配件与辅助材料,如墙角、端头、角部使用的边角配件和螺栓、销钉等,以及密封膏如丁基橡胶、硅膏等,根据各个体系的不同做法选用。

2)外墙外保温应用特点

(1)利于消除冷热桥　采用高效保温材料后,热桥的问题趋于严重。在寒冷的冬天,热桥不仅会造成额外的热损失,还可能使外墙内表面潮湿、结露,甚至发霉和淌水。外保温容易消除结构热桥。

(2)减少进入墙体的太阳辐射热　在夏季,外保温层能减少太阳辐射热进入墙体和室外高温高湿空气对墙体的综合影响,使墙体内温度降低、梯度减小,有利于稳定室内气温。

(3)保护内部的砖墙或混凝土墙　室外气候不断变化引起墙体内部较大的温度变化发生在外保温层内,使内部的主体墙冬季温度提高,湿度降低,温度变化较为平缓,热应力减少,因而主体墙产生裂缝、变形、破损的危险大为减轻,寿命得以大大延长。

(4)施工难度大,质量风险多　当空气温度及墙面温度低于5 ℃或高于30 ℃时,黏结保温层及抹灰面装修层的施工质量难保证。快进入冬季时在潮湿的新建墙体上做保温层,由于墙体正在逐渐干燥,其中的水分要通过保温层向外逸出,其内部有结露的危险。雨天施工时易被雨水冲刷。

(5)抹灰面层　不同的外保温体系,面层厚度有一定差别。但总体要求是,面层厚度必须适当,薄型的一般在10 mm以内。厚型的抹灰面层,则为在保温层的外表面上涂抹水泥砂浆,厚度为25~30 mm。如果面层厚度过薄,结实程度不够,就难以抵抗可能产生外力的撞击;但如果过厚,加强材料距外表面较远,又难以起到抗裂的作用。

由抹灰面层、特别是厚型抹灰面层的自重形成的荷载,可通过一端固定在抹灰层内,另一端锚固入主体墙内的钢筋作连杆,传递到主墙体结构层内。连杆可以垂直于墙面,也可以与墙面形成一定的倾角。

为便于在抹灰层表面上进行装修施工,加强相互之间的黏结,有时还要在抹灰面上喷涂界面剂,形成极薄的涂层,上面再做装修层。外表面喷涂耐候性、防水性和弹性良好的涂料,也能对面层和保温层起到保护作用。

(6)基层处理　固定保温层的基底应坚实、清洁。如旧墙表面有抹灰层,应与主墙体牢固结合、无松散、空鼓表面。施工前,对于墙面上的污物、松软抹灰层及油漆等均应彻底铲除干净。长有苔藓的旧墙面,要用杀虫剂彻底清洗。新砌砖墙的砖缝,要全部用砂浆夯实密封,不得有漏缝部位。对于旧墙面上的凹凸不平处,要事先凿平修补好,以保证基面平整一致。

为使与基底黏结良好,在黏结保温板前,往往要在墙面上涂刷界面剂。

(7)保温层施工　保温板的黏结,宜从外墙底部边角处开始,依次黏结,相邻板材互相靠紧、对齐。上下板材之间要错缝排列,墙角处板材之间要咬口错位。黏结时轻轻按揉拍压保温板,做到位置横平竖直。

门窗角部的保温板,均应切成刀把状,不得在角部接板。保温板的切割要精确,以保证板边对接紧密。门窗口周边侧面,也应按尺寸塞入保温板避免产生热桥。

保温板的黏结剂应按规定配料并搅拌均匀,然后将和易性良好的黏稠的黏结剂涂抹在保温板底面上。黏结剂的涂布对于不同体系有一定差别:有的是全面涂布,并刮出水平条纹;有的是涂布于四周,并在中间均匀布设若干黏结点。

在底层墙体防潮层以下的外表面贴保温板前,要做防潮处理,以避免地下水分通过基础、墙体内的毛细作用被吸入保温层中,影响其使用寿命和保温效果。

基底墙体有变形缝处,保温层也应相应留出变形缝,以适应建筑物位移的要求。

在用机械锚固法固定保温板时,钻眼深度应按实际需要,不宜过深,所钻孔眼不要歪斜,不应穿透墙体,孔底至内侧墙表面距离至少 25 mm。空心墙体更应注意,锚固件头部不要损坏。如果对固定件或作基底的墙体有疑问,可做拔出力检验。

5.4.3　热桥的成因与处理

1)热桥的成因

建筑物因抗震和构造的需要,外墙若干位置都必须和混凝土或者金属的梁、柱、板等连接穿插。这些构件材料的导热系数大,此部位的热流密度远远大于墙体平均值,造成大量冷热量流失,工程上称为(冷)热桥。热桥部位必然使外墙总传热损失增加。墙体温度场模拟计算结果表明,在370 mm砖墙条件下,热桥使墙体平均传热系数增加10%左右;内保温240 mm砖墙,热桥能使墙体平均传热系数增加51% ~59%(保温层愈厚,增加愈大);外保温240 mm砖墙,能够有效消除热桥,这种影响仅2% ~5%(保温层愈厚,影响愈小)。平屋顶一般都是外保温结构,故可不考虑这种影响。对于一般砖混结构墙体、内保温墙体和夹芯保温墙体,如不考虑这种情况,则耗热量计算结果将会偏小,或使所设计的建筑物达不到预期的节能效果。而考虑这一影响的做法主要有两种:一种是考虑热桥影响,用外墙平均传热系数来代替主体部位的传热系数;另一种是将热桥部位与主体部分开考虑,热桥部位另行确定其传热系数。我国工程实际中普遍采用前者。

2)消除热桥的措施

单一材料和内保温复合节能墙体不可避免地存在热桥,应对热桥进行保温处理。

(1)龙骨部位的保温　龙骨一般设置在板缝处,以石膏板为面层的现场拼装保温板内,可采用聚苯石膏板复合保温龙骨。北京某住宅工程,非保温龙骨与保温龙骨在板缝处的表面温度降低率分别为9.7%和2.4%。

(2)丁字墙部位　在此处形成的热桥是不可避免的。可保持有足够的热桥长度,并在热桥两侧加强保温。如表5.10所列,可以外墙热阻R_a和隔墙宽度S来确定必要的热桥长度l,如果l不能满足表列要求,则应加强此部位的保温做法。

表5.10　根据R_a、S选择l值计算表

$R_a/(m^2 \cdot K \cdot W^{-1})$	S/mm	l/mm	$R_a/(m^2 \cdot K \cdot W^{-1})$	S/mm	l/mm
1.2~1.4	≤160	290	>1.4	≤160	280
	160~180	300		160~180	290
	180~200	310		180~200	300
	200~250	330		200~250	320

在一个工程内,R_a为1.12 $m^2 \cdot K/W$,S为250 mm,l没有达到330 mm,外墙与隔墙交接的丁字角处只有10.15 ℃(接近室温18 ℃、相对湿度60%状况的露点温度),降低率为35.4%,从构造上对此处加强保温后,降低率可减少到17.9%。

(3)拐角部位　外墙拐角部位温度与外墙内板面温度相比较,降低率很大,工程案例中可达58%。加强此处的保温后,降低率减少到22%。

外墙交角处(外墙转角、内外墙交角、楼地板或屋顶与外墙的交角等),一方面由于放热面F'_o比吸热面F'_i大,另一方面在相同面积上,角部由室内吸收的热量,比主体部分的吸热量少,所以交角内表面温度远比主体内表面温度为低。装配式板材建筑中,交角处同时又有金属构件形成(冷)热桥,冬季其内表面温度更低。

为改善外墙交角的热工性能,具体处理时受到构件加工、运输过程中的安全以及装配施工中一系列条件的限制。可用聚苯乙烯泡沫塑料增强加气混凝土外墙板转角部分保温能力的一种方案。为防止雨水或冷风侵入接缝,在缝口内需附加防水塑料条。类似的方法也可用于解决内墙与外墙交角的局部保温。屋顶与外墙交角的保温处理,有时比外墙转角还要复杂,较简单的处理方法之一是将屋顶保温层伸展到外墙顶部,以增强交角的保温能力。

5.4.4　外墙绿化隔热措施

要达到外墙绿化隔热的效果，外墙在阳光方向必须大面积的被植物遮挡。常见有两种形式：一种是植物覆盖墙面，如图5.10所示；另一种是在外墙的外侧种植密集的树林，利用树阴遮挡阳光，如图5.11所示。

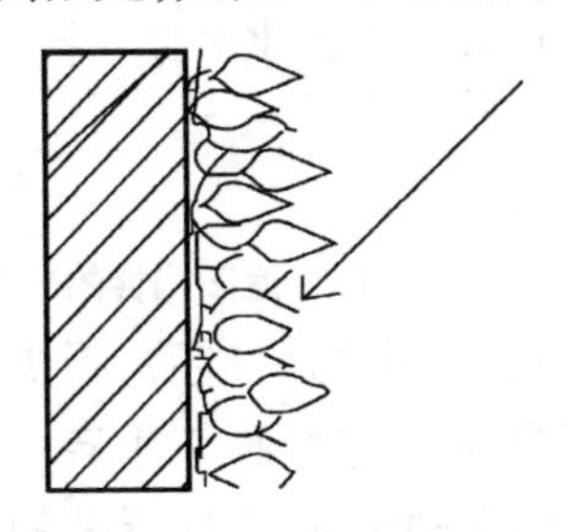

图5.10　爬墙植物遮阳

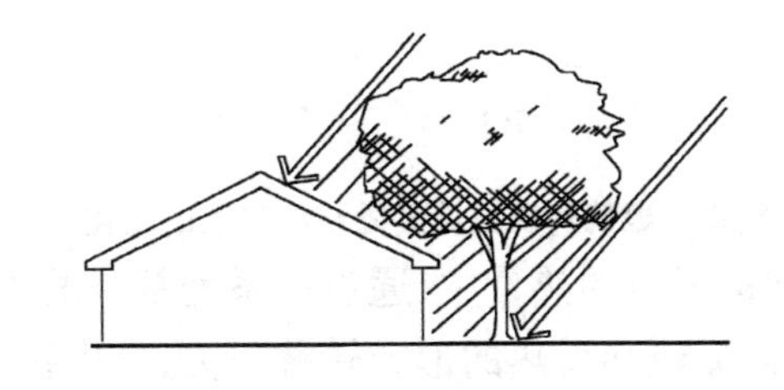

图5.11　植树遮阳

爬墙植物隔热的效果与植物叶面对墙面覆盖的疏密程度（用叶面积指数表示）有关，覆盖越密，隔热效果越好。这种形式的缺点是植物覆盖层妨碍了墙面通风散热，墙面平均温度略高于空气平均温度。植树隔热的效果与投射到墙面的树阴疏密程度有关，由于树林与墙面有一定距离，墙面通风比爬墙植物的情况好，墙面平均温度几乎等于空气平均温度。

为了不影响房屋冬季争取日照的要求，南向外墙宜种植落叶植物。冬季叶片脱落，墙面暴露在阳光下，成为太阳能集热面，能将太阳能吸收并缓缓向室内释放，节约常规采暖能耗。

外墙绿化具有隔热和改善室外热环境双重热效益。被植物遮阳的外墙，其外表面温度与空气温度相近，而直接暴露于阳光下的外墙，其外表面温度最高可比空气温度高15 ℃以上。为了达到节能建筑所要求的隔热性能，完全暴露于阳光下的外墙，其热阻值比被植物遮阳的外墙至少应高出50%，需要增大隔热层热阻才能达到同样的隔热效果。在阳光下，外墙外表面温度随外墙热阻的增大而增大，如图5.12所示。最高可达60 ℃以上，对周围环境产生明显的加热作用，而一般植物的叶面温度最高为45 ℃左右。因此，外墙绿化还有利于改善小区的局部热环境，降低城市的热岛强度。

与建筑遮阳构件相比，外墙绿化隔热效果更好。各种遮阳构件，不管是水平的还是垂直的，它们遮挡了阳光，同时也成为太阳能集热器，吸收了大量的太阳辐射，大大提高了自身的温度，然后再辐射到周围，也辐射到其遮阳的外墙上，如图5.13所示。因此，被它遮阳的外墙表面温度仍然比空气温度高。有生命的植物，具有温度调节、自我保护的功能。在日照下，植物把根部吸收的水分输送到叶面蒸发，日照越强，蒸发越大，犹如人体出汗，使自身保持较低的温度，而不会对它的周围环境造成过强的热辐射。因此，被植物遮阳的外墙表面温度低于被遮阳构件遮阳的墙面温度，外墙绿化遮阳的隔热效果优于遮阳构件。

植物覆盖层所具有的良好生态隔热性能来源于它的热反应机理。太阳辐射投射到植物叶片表面后，约有20%被反射，80%被吸收。由于植物叶面朝向天空，反射到天空的比

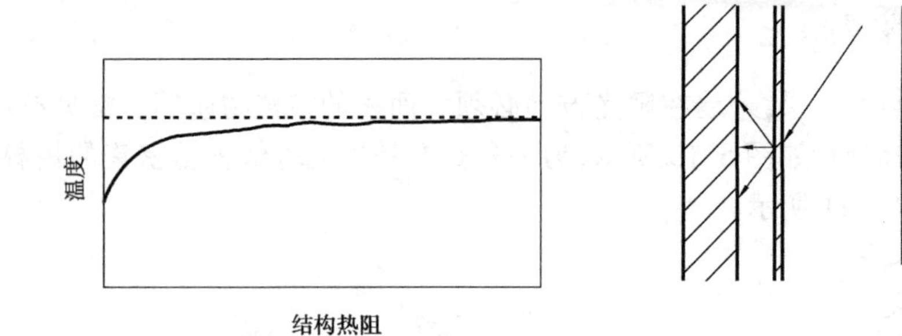

图 5.12 建筑外表面温度随结构热阻的变化　　图 5.13 遮阳构件的热交换

率较大。在被吸收的热量中,通过一系列复杂的物理、化学、生物反应后,很少部分储存起来,大部分以显热和潜热的形式转移出去,其中很大部分是通过蒸腾作用转变为水分的汽化潜热。图 5.14 为植物与环境的热交换中显热交换和潜热交换各自所占的分量。可以看出,潜热交换占绝大部分,而且日照越强,潜热交换量越大。潜热交换的结果是增加了空气的湿度,显热交换的结果是提高了空气的温度。因此,外墙绿化热作用的主要特点是:增湿降温。对于干热气候区,外墙绿化有非常明显的改善热环境和节能效果。对于湿热地区,一方面降低了干球温度,减少了墙体带来的显热负荷,节能;另一方面,由于增加了空气的含湿量,可能使新风的潜热负荷增加,增加了新风处理能耗。综合起来,外墙绿化是节能还是耗能,这取决于墙体面积和新风量之间的相对大小关系,通常仍是节能的。

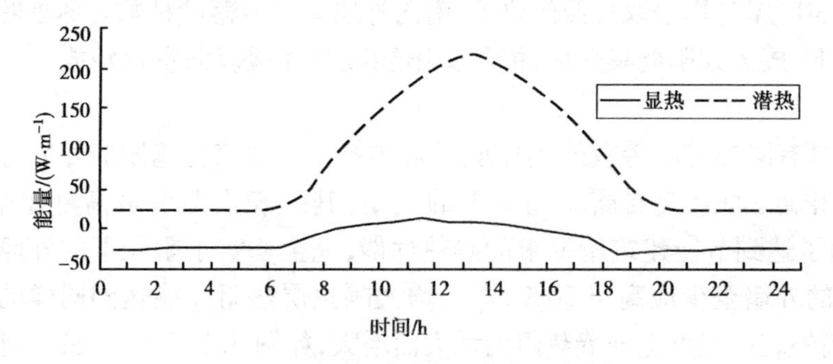

图 5.14 植物与空气的显热交换和潜热交换

外墙绿化具有良好的热性能,然而要达到遮阳隔热的效果却并非易事。首先,遮阳植物的生长需要较长的时间,遮阳面积越大,植物所需的生长时间越长。凡是绿化遮阳好的建筑,其遮阳植物都经过了多年的生长期,如爬墙植物从地面生长到布满一幢 3 层楼的外墙大约需要 5 年;其次,遮阳植物的生长高度有效,遮阳的建筑一般为低层房屋。

为了加快遮阳效果的形成,可以采取分段垂直绿化、预先培植遮阳植物进行移栽的办法将屋顶和外墙做成阶梯形的,或者从外墙伸出种植构件。这样,就可以减少外墙绿化的形成时间,还可用于多层建筑。在国家夏热冬冷地区节能建筑试点工程——重庆天奇花园住宅楼设计中,采取了外墙分段垂直绿化技术。其具体做法是:在西墙上设计由柱子和圈梁组成的构架,并在构架上设置种植槽和集中喷灌系统,在绿化植物和墙面之间形成约 300 mm 宽的间距。在夏季,当植物垂吊在构架上时,构架与墙面之间的间距就形成了良好的通风竖井，加强了西墙的散热性能，避免了常见的爬墙植物遮阳所出现的墙面通风散热差的弊端。

5.5 屋面保温隔热技术

5.5.1 实体材料层保温隔热屋面

1)一般保温隔热屋面

实体材料层保温隔热屋面一般分为平屋顶和坡屋顶两种形式。由于平屋顶构造形式简单，所以它是最为常用的一种屋面形式。设计上应遵照以下设计原则：

①选用导热性小、蓄热性大的材料，提高材料层的热绝缘性；不宜选用容重过大的材料，防止屋面荷载过大。

②应根据建筑物的使用要求、屋面的结构形式、环境气候条件、防水处理方法和施工条件等因素，经技术经济比较确定。

③屋面的保温隔热材料的确定，应根据节能建筑的热工要求确定保温隔热层厚度，同时还要注意材料层的排列，排列次序不同也影响屋面热工性能，应根据建筑的功能，地区气候条件进行热工设计。

④屋面保温隔热材料不宜选用吸水率较大的材料，以防止屋面湿作业时，保温隔热层大量吸水，降低热工性能。如果选用了吸水率较高的热绝缘材料，屋面上应设置排气孔以排除保温隔热材料层内不易排出的水分。

设计人员可根据建筑热工设计计算确定其他节能屋面的传热系数 K 值、热阻 R 值和热惰性指标 D 值等，使屋面的建筑热工要求满足节能标准的要求。

2)倒置式屋面

所谓倒置式屋面，就是将传统屋面构造中保温隔热层与防水层“颠倒”，将保温隔热层设在防水层上面。由于倒置式屋面为外隔热保温形式，外隔热保温材料层的热阻作用对室外综合温度波首先进行了衰减，使其后产生在屋面重实材料上的内部温度分布低于传统保温隔热屋顶内部温度分布，屋面储热量始终低于传统屋面保温隔热方式，向室内散热量也较小。因此，这是一种隔热保温效果更好的节能屋面构造形式。

倒置式屋面主要特点如下：

①可以有效延长防水层使用年限。“倒置式屋面”将保温层设在防水层之上，大大减弱了防水层受大气、温差及太阳光紫外线照射的影响，使防水层不易老化，因而能长期保持其柔软性，延伸性等性能，有效延长使用年限。据国外有关资料介绍，倒置式屋面可延长防水层使用寿命2~4倍。

②保护防水层免受外界损伤。由于保温材料组成不同厚度的缓冲层，使卷材防水层

不易在施工中受外界机械损伤。同时又能衰减各种外界对屋面冲击产生的噪声。

③如果将保温材料做成放坡(一般不小于2%),雨水可以自然地排走。因此,进入屋面体系的水和水蒸气不会在防水层上冻结,也不会长久凝聚在屋面内部,而是通过多孔材料蒸发掉;同时,可避免传统屋面防水层下面水汽凝结、蒸发,造成防水层鼓泡而被破坏的质量通病。

④施工简便,利于维修。倒置式屋面省去了传统屋面中的隔气层及保温层上的找平层,施工简化,更加经济。即使出现个别地方渗漏,只要揭开几块保温板就可以进行处理。

综上所述,倒置式屋面具有以上优点,在国外被认为是一种可以克服传统做法缺陷而且比较完善与成功的屋面构造设计。倒置式屋面的构造要求保温隔热层应采用吸水率低的材料,如聚苯乙烯泡沫板、沥青膨胀珍珠岩等,而且在保温隔热层上应用混凝土、水泥砂浆或干铺卵石做保护层,以免保温隔热材料受到破坏。保护层采用混凝土板或地砖等材料时,可用水泥砂浆铺砌;以卵石做保护层时,在卵石与保温隔热材料层间应铺一层耐穿刺且耐久性、防腐性能好的纤维织物。

倒置式屋面的施工应注意以下几个问题:

①要求防水层表面应平整,平屋顶排水坡度增大到3%,以防积水。

②沥青膨胀珍珠岩配合比为:每立方米珍珠岩中加入100 kg沥青,搅拌均匀,入模成型时严格控制压缩比,一般为1.8~1.85。

③铺设板状保温材料时,拼缝应严密,铺设应平稳。

④铺设保护层时,应避免损坏保温层和防水层。

⑤铺设卵石保护层时,卵石应分布均匀,防止超厚,以免增大屋面荷载。

⑥当用聚苯乙烯泡沫塑料等轻质材料做保温层时,上面应用混凝土预制块或水泥砂浆做保护层。

5.5.2 通风屋面

通风屋顶在我国夏热冬冷地区和夏热冬暖地区广泛地采用。由于屋盖由实体结构变为带有封闭或通风的空气间层的结构,因此提高了屋盖的隔热能力。通过实验测试表明,通风屋面和实砌屋面相比虽然二者的热阻相等,但它们的热工性能有很大的不同,以重庆市荣昌节能试验建筑为例:在自然通风条件下,实砌屋顶内表面温度平均值为35.1 ℃,最高温度达38.7 ℃,而通风屋顶为33.3 ℃,最高温度为36.4 ℃,在连续空调情况下,通风屋顶内表面温度比实砌屋面平均低2.2 ℃,而且通风屋面内表面温度波的最高值比实砌屋面要延后3~4 h,显然通风屋顶具有隔热好、散热快的特点。

在通风屋面的设计施工中,应考虑以下几个问题:

①通风屋面的架空层设计应根据基层的承载能力,架空板便于生产和施工,构造形式要简单。

②通风屋面和风道长度不宜大于15 m,空气间层以200 mm左右为宜。

③通风屋面基层上面应有保证节能标准的保温隔热基层,一般按冬季节能传热系数

进行校核。

④架空隔热板与山墙间应留出 250 mm 的距离。

5.5.3 种植屋面

在我国夏热冬冷地区和华南等地,过去种植屋面的应用很普遍。

种植屋面分覆土种植和无土种植两种:覆土种植是在钢筋混凝土屋顶上覆盖种植土壤 100 ~ 150 mm 厚,种植植被隔热性能比架空其通风间层的屋顶还好,内表面温度大大降低。无土种植具有自重轻、屋面温差小、有利于防水防渗的特点,它是采用水渣、蛭石或者是木屑代替土壤,重量减轻了而隔热性能反而有所提高,且对屋面构造没有特殊的要求,只是在檐口和走道板处须防止蛭石或木屑在雨水外溢时被冲走。据实践经验,植被屋顶的隔热性能与植被覆盖密度、培植基质(蛭石或木屑)的厚度和基层的构造等因素有关,还可种植红薯、蔬菜或其他农作物。但培植基质较厚,所需水肥较多,需经常管理。草被屋面则不同,由于草的生长力和耐气候变化性强,可粗放管理,基本可依赖自然条件生长。草被品种可就地选用,亦可采用碧绿色的天鹅绒草和其他观赏的花木。种植屋面是这一地区屋面最佳隔热保温措施,它不仅改善了环境,还能遮挡太阳辐射进入室内,同时还吸收太阳热量用于植物的光合作用、蒸腾作用和呼吸作用,改善了建筑热环境和空气质量,辐射热能转化成植物的生物能和空气的有益成分,实现太阳辐射资源性的转化。通常种植屋面钢筋混凝土屋面板温度控制在月平均温度左右,具有良好的夏季隔热、冬季保温特性和良好的热稳定性。表 5.11 为四川省建科院对种植屋面进行热工测试数据。

表 5.11　有、无种植层的热工实测值表

项　目	无种植层	有蛭石种植层	差　值
外表面最高温度 /℃	61.6	29.0	32.6
外表面温度波幅 /℃	24.0	1.6	22.4
内表面最高温度 /℃	32.2	30.2	2.0
内表面温度波幅 /℃	1.3	1.2	0.1
内表面最大热流 /($W \cdot m^{-2}$)	15.36	2.2	13.16
内表面平均热流/($W \cdot m^{-2}$)	9.1	5.27	3.83
室外最高温度/℃	36.4	36.4	
室外平均温度/℃	29.1	29.1	
最大太阳辐射强度/($W \cdot m^{-2}$)	862	862	
平均太阳辐射强度/($W \cdot m^{-2}$)	215.2	215.2	

在进行种植屋面设计时,应注意以下几个主要问题:

①种植屋面一般由结构层、找平层、防水层、蓄水层、滤水层、种植层等构造层组成。

②种植屋面应采用整体浇筑或预制装配的钢筋混凝土屋面板作结构层,其质量应符

合国家现行各相关规范的要求。结构层的外加荷载设计值(除结构层自重以外)应根据其上部具体构造层及活荷载计算确定。

③防水层应采用设置涂膜防水层和配筋细石混凝土刚性防水层两道防线的复合防水设防的做法,以确保其防水质量。

④在结构层上做找平层,找平层宜采用1∶3(质量比)水泥砂浆,其厚度根据屋面基层种类(按照屋面工程技术规范)规定为15~30 mm,找平层应坚实平整。找平层宜留设分格缝,缝宽为20 mm,并嵌填密封材料,分格缝最大间距为6 m。

⑤栽培植物宜选择长日照的浅根植物,如各种花卉、草等,一般不宜种植根深的植物。

⑥种植屋面坡度不宜大于3%,以免种植介质流失。

⑦四周挡墙下的泄水孔不得堵塞,应能保证排水。

5.5.4 蓄水屋面

蓄水屋面就是在屋面上储存一薄层水用来提高屋顶的隔热能力。水在屋顶上能起隔热作用的原因,主要是水在蒸发时要吸收大量的汽化潜热,而这些热量大部分从屋面所吸收的太阳辐射中摄取,所以大大减少了经屋顶传入室内的热量,相应的降低了屋面的内表面温度。蓄水深度与隔热效果热工测试数据见表5.12。

表5.12 不同厚度蓄水层屋面热工测定数值

蓄水层厚度/mm 测试项目	100	150	200	510
外表面最高温度/℃	43.63	42.90	42.90	41.58
外表面温度波幅/℃	8.63	7.92	7.60	5.68
内表面最高温度/℃	41.51	40.65	39.12	38.91
内表面温度波幅/℃	6.41	5.45	3.92	3.89
内表面最低温度/℃	30.72	31.19	31.51	32.42
内外表面最大温度/℃	3.59	4.48	4.96	4.86
室外最高温度/℃	38.00	38.00	38.00	38.00
室外温度波幅/℃	4.40	4.40	4.40	4.40
内表面热流最高值/(W·m^{-2})	21.92	17.23	14.46	14.39
内表面热流最低值/(W·m^{-2})	-15.56	-12.25	-11.77	-7.76
内表面热流平均值/(W·m^{-2})	0.5	0.4	0.73	2.49

注:本表选自重庆大学(原重庆建筑大学)热工测试资料。

用水隔热是利用水的蒸发耗热作用,而蒸发量的大小与室外空气的相对湿度和风速之间的关系最密切。相对湿度的最低值发生在14:00—15:00附近。我国南方地区中午前后风速较大,故在14:00左右水的蒸发作用最强烈,从屋面吸收而用于蒸发的热量最多。而这个时刻内的屋顶室外综合温度恰恰最高,即屋面传热最强烈的时刻。这时就是在一般的屋顶上喷水、淋水,亦会起到蒸发耗热而削弱屋顶的传热作用。因此,在夏季气候干热,白天多风的地区,用水隔热的效果必然显著。

蓄水屋顶的也存在一些缺点。在夜里屋顶蓄水后外表面温度始终高于无水屋面,这时很难利用屋顶散热,且屋顶蓄水增加了屋顶静荷重,以及为防止渗水还要加强的屋面防水措施。在设计和施工时,应注意以下问题:

①蓄水屋顶的蓄水深度以50~100 mm为合适,因水深超过100 mm时屋面温度与相应热流值下降不很显著,水层深度以保持在200 mm左右为宜。

②屋盖的荷载。当水层深度 $d=200$ mm时,结构基层荷载等级采用三级(即允许荷载 $p=300\ \text{kgf/m}^2$, $1\ \text{kgf/m}^2=9.8$ Pa);当水层 $d=150$ mm时,结构基层荷载等级采用二级(即允许荷载 $p=250\ \text{kgf/m}^2$)。

③刚性防水层。工程实践证明,防水层的做法采用厚40 mm、200号细石混凝土加水泥用量0.05%的三乙醇胺,或水泥用量1%的氯化铁,1%的亚硝酸钠(浓度98%),内设 $\phi4$,200 mm×200 mm的钢筋网,防渗漏性最好。

④分格缝或分仓。分隔缝的设置应符合屋盖结构的要求,间距按板的布置方式而定。对于纵向布置的板,分格缝内的无筋细石混凝土面积应小于50 m²;对于横向布置的板,应按开间尺寸以不大于4 m设置分格缝。

⑤泛水。泛水对渗漏水影响很大,应将防水层混凝土沿檐墙内壁上升,高度应超过水面100 mm。由于混凝土转角处不易密实,宜在该处填设如油膏之类的嵌缝材料。

⑥所有屋面上的预留孔洞、预埋件、给水管、排水管等,均应在浇筑混凝土防水层前做好,不得事后在防水层上凿孔打洞。

⑦混凝土防水层应一次浇筑完毕,不得留施工缝,立面与平面的防水层应一次性做好,防水层施工气温宜为5~35 ℃,应避免在负温或烈日暴晒下施工,刚性防水层完工后应及时养护,蓄水后不得断水。

5.6 地面的防潮和节能设计

我国南方湿热地区由于湿气候影响,在春末夏初的潮霉季节常产生地面结霜现象,因为大陆上不断有极地大陆气团南下与热带海洋气团赤道接触时的锋面停滞不前所产生,这种阴雨连绵气候常达1个月,虽然雨量不大,但范围较广。当空气中温、湿度迅速增加,可是室内部分结构表面的温度,尤其是地表的温度往往增加较慢,地表温度过低。因此,当较湿润的空气流过地表面时,常产生结露现象。

地面防潮应采取的措施如下:

①防止和控制地表面温度不要过低,室内空气湿度不能过大,避免湿空气与地面发生接触。

②室内地表面的表面材料宜采用蓄热系数小的材料,减少地表温度与空气温度的

差值;

③地表采用带有微孔的面层材料来处理。

对于有架空层的住宅一层地面来讲,地板直接与室外空气对流,其他楼面也因这一地区并非建筑集中连续采暖和空调,相邻房间也可能与室外直接相通,相当于外围护结构通常 120 mm 的空心板无法达到节能热阻的要求,应进行必要的保温或隔热处理,即冬季需要暖地面,夏季需要冷地面,还要考虑梅雨季节由于湿热空气而产生的凝结。地板设计除热特性外,防潮也是需要考虑的问题。

节能住宅底层地坪或地坪架空层的保温性能应不小于外墙传热阻的1/2(传热阻从垫层起计算)。当地坪为架空通风地板层时,应在通风口设置活动的遮挡板,使其在冬季能方便关闭,遮挡板的传热阻应不小于 $0.33\ m^2 \cdot K/W$。

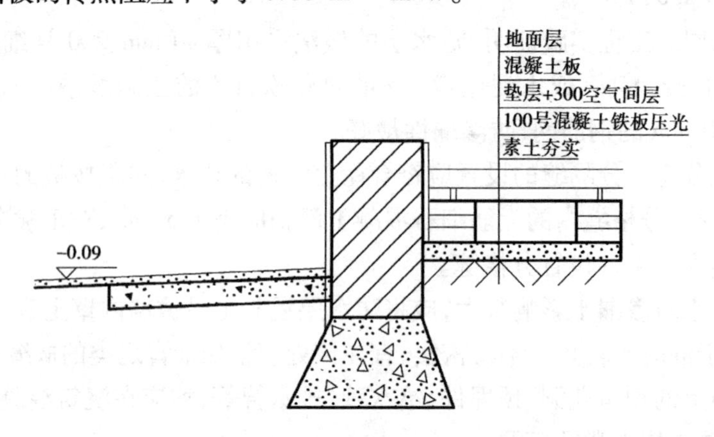

图 5.15　空气防潮技术地面

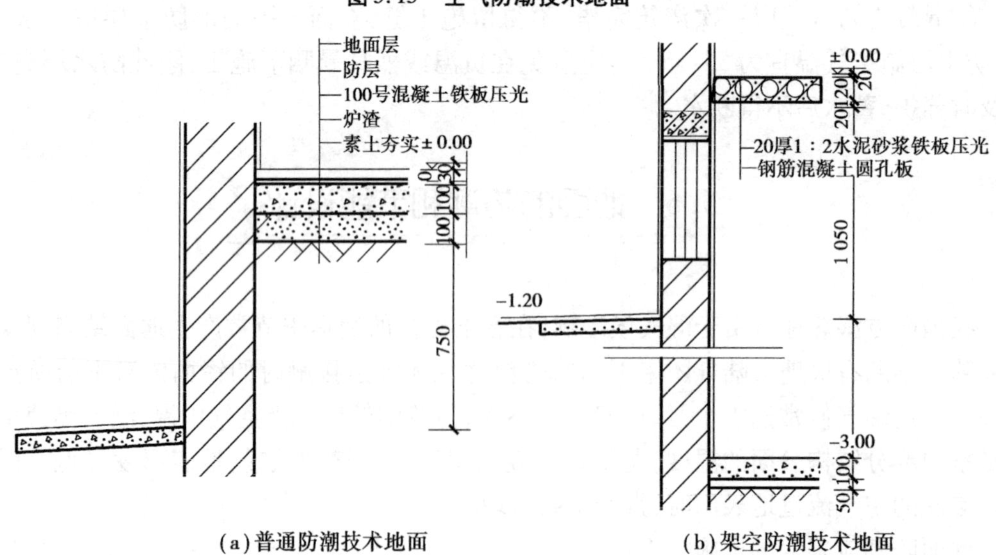

(a)普通防潮技术地面　　(b)架空防潮技术地面

图 5.16　几种普通空气防潮技术地面

底层地坪的防潮构造设计可参照图 5.15 和图 5.16 选择。其中,图 5.15 是用空气层

防潮技术,必须注意空气层的密闭。对于防潮地坪构造做法,均应具备以下3个条件:

①有较大的热阻,以减少向基层的传热。

②表面层材料导热系数要小,使地表面温度易于紧随空气温度变化。

③表面材料有较强的吸湿性,具有对表面水分的"吞吐"作用。

讨论(思考)题5

5.1 分析围护结构保温隔热的气候适应性问题。

5.2 讨论冷热桥负面影响的严重程度与气候之间的关系。

5.3 分析围护结构保温隔热节能效果与气候之间的关系。

5.4 研究讨论各气候区对围护结构热工性能要求科学性与合理性。

5.5 对比分析墙体内外保温的技术特点,讨论其各自的适用范围。

5.6 分析论证住宅楼板保温的社会适应性,提出应做楼板保温的各种社会情况。

参考文献5

[1] 周正,付祥钊. 重庆市居住建筑节能65%技术体系研究[D]. 硕士学位论文. 重庆大学,2007.

[2] 胡铁山,付祥钊. 地下建筑热湿环境与热湿耦合对流传递模型研究[D]. 硕士学位论文. 重庆大学,2006.

[3] 龙恩深,付祥钊. 建筑能耗基因理论研究[D]. 博士学位论文. 重庆大学,2005.

[4] 陈启高. 建筑热物理基础[M]. 西安:西安交通大学出版社,1991.

[5] 重庆市建设委员会. 居住建筑节能65%设计标准(DBJ 50-071—2007)[S]. 重庆:2007.

[6] 中国建筑科学研究院,重庆大学. 夏热冬冷地区建筑建筑节能设计标准(JGJ 134—2001)[S]. 北京:中国建筑工业出版社,2001.

[7] 中国建筑科学研究院. 公共建筑节能设计标准(GB 50189—2005)[S]. 北京:中国建筑工业出版社,2005.

[8] 付祥钊. 长江流域住宅空调和外墙热工性能[J]. 住宅科技,1995.

6　改善通风

通风是指室内外空气交换，是建筑亲和室外环境的基本能力。改善通风是在增强建筑通风能力的基础上提高对通风的调节能力。通风的前提是室外空气状态良好。通风的直接效果是室内空气品质(温度、湿度及其他污染浓度)趋近于室外。评价建筑的通风效果不一定非要测量风量，也可以通过测量室内外空气品质的差异评估通风效果。差异越小，通风效果越好。

通风的作用并非都是正面的，这取决于室内外空气品质的相对高低。只有当室外空气的品质全面优于室内时，通风才能起到全面改善室内空气环境的作用；反之，如室外发生空气污染事件或室外空气热湿状态不及室内时，则需要杜绝或限制通风。因此，改善通风需要对建筑的通风能力，进行必要的控制。

空气品质参数众多。很多时候，室外空气的一些品质参数优于室内，另一些品质参数劣于室内，通风同时具有正、负两种作用。此时应该怎样通风？工程学的基本思想很简单：用利去弊。常见的一种情况是：室外空气的污染物浓度比室内小，而热湿状态比室内差。通风降低了室内空气污染物浓度，却恶化了室内热湿环境，或者造成大量采暖、空调的新风能耗。国际建筑节能发展过程中，一度没有处理好这一问题，不恰当地限制通风量造成普遍的室内空气品质下降，损害了大众的身体健康、造成重大经济损失。另外，夏秋季的蚊虫、个人隐私与安全、城市噪声等问题，也都要影响到通风的技术难度和效果。改善通风应注意气候适应性、社会适应性和整体协调性。

6.1　通风的作用与类型

6.1.1　通风的作用

按所起的作用通风可分为卫生通风与热舒适通风两类：

1)卫生通风

卫生通风的作用是排除室内空气污染物，保障室内空气品质符合卫生标准。单独的卫生通风系统主要用于采暖空调系统运行时。此时，通风一方面起到改善室内空气品质的作用,另一方面则造成采暖空调系统的新风能耗。解决这一矛盾的措施之一是提高通风效率,用最少的通风量达到室内空气品质的卫生标准。

2)热舒适通风

热舒适通风的作用是排除室内余热、余湿,使室内处于热舒适状态。当然,热舒适通风同时也排除室内空气污染物,保障室内空气品质,起到卫生通风的作用。热舒适通风的前提条件是室外空气处于舒适状态,否则通风会恶化室内热环境。国外的一自动控制的卫生间排湿通风器,在该国使用很普遍,效果很好;引入我国南方效果却很差,不但未解决卫生间的潮湿问题,反而使整套住房湿度增加。这种通风器的自控很简单,在其设在卫生间的排风口处有一湿度传感器,当传感器感知空气湿度超过设定值时,就启动通风机排风。室外空气从其他房间渗入补充到卫生间。中国南方很多时候室外空气的湿度超过了设定值,造成通风器持续运行。室外高湿度的空气持续进入,使得其他房间潮湿。而它本国没有这样的高湿天气。另外,我国南方住宅夏季全天开窗通风,由于午后室外气温高,通风使大量热风侵入室内不但造成当时室温的上升,而且使室内大量蓄热,夜间室温难以下降。

6.1.2 通风需求量

1)卫生通风的需求量

根据物质平衡原理,可推导出稳定状态下卫生通风的需求量 G_i,即

$$G_i = \frac{X_i}{Y_{pi} - Y_{oi}} \tag{6.1}$$

式中 X_i——室内空气污染物 i 的散发量,g/s;

Y_{pi}, Y_{oi}——卫生通风时,排风和进风(室外空气)中污染物 i 的浓度,g/m^3。

排风中污染物浓度与室内呼吸区空气的污染物浓度 Y_{ni}存在如下关系

$$Y_{pi} = f(Y_{ni}) \tag{6.2}$$

要达到卫生标准,必须使呼吸区污染物的浓度不超过卫生标准允许的限值 Y_{ni}^0,即

$$Y_{ni} \leqslant Y_{ni}^0 \tag{6.3}$$

以上3式可以确定卫生通风的需求量。从数学上讲,第二个方程的求解涉及求解室内空气中的污染物浓度场。实际工程中,其困难在于 X_i 和 Y_{ni}^0。现代建筑室内空气污染物对人体的危害,医学和卫生学都远未研究清楚,因而许多污染物的卫生浓度限值并不确切。另一方面,对室内各种空气污染物的散发量 X_i 的研究也不充分,其散发的定量规律,多数尚未认识。由于这些基础信息的缺乏,尽管有强大的计算工具,仍不能确切地计算所需要的卫生通风的需求量。实际工作中,通常根据理论与实践的结合确定每人所需要卫生换气量和房间的换气次数,如居住建筑节能设计标准规定,居住建筑卫生换气次数为1次/h。

上述3式尽管目前仍很少能用于计算通风量,但仍然对卫生通风有很大的指导作用。

2)讨论

①绿色环保的室内装饰材料、用品和行为方式有助于减少 X_i,减少新风量的需求量以

节能。

②排风口在室内高浓度区(污染源附近),提高 Y_{pi},减少新风需求来节能。

③在室外空气品质较好的区域取新风,使 Y_{ni}降低,也有利于减少新风需求而节能。

④优化气流组织,提高通风效率,降低呼吸区污染物浓度,有利于减少新风需求而节能。

⑤实际中,X_i 的散发量是不稳定的。需要根据 X_i 的变化规律制定卫生新风量的提供方案,并监测呼吸区污染物浓度 Y_{ni}的变化,调整新风供应量。因此,新风系统的风机应是可以控制的。

6.1.3 不同动力的通风与应用

通风按动力可以分为自然通风、机械通风、混合通风 3 类。

1)自然通风

动力主要来自于室内外空气温差形成的热力和室外风具有的风力。热力和风力一般都同时存在,但二者共同作用下的自然通风量并不一定比单一作用时大。协调好这两个动力是自然通风技术的难点。自然通风不消耗商品能源,受到建筑节能和绿色建筑的特别推荐。但自然通风保障室内热舒适的可靠性和稳定性差,技术难度大。通常认为自然通风没有风机等动力系统,可以节省投资。实际上,有的工程为满足自然通风的要求,土建建造费用增加是非常显著的。当然,综合初投资、运行费、节能与环保,自然通风无疑是应该优先使用的。

2)机械通风

依靠通风装置(风机)提供动力,消耗电能且有噪声。但机械通风的可靠性和稳定性好,技术难度小。因此,在自然通风达不到要求的时间和空间,应该辅以机械通风。在自然通风和机械通风的使用方面,工程实际中存在简单粗糙、轻率放弃自然通风的现象:当局部空间自然通风达不到要求时,就整个空间、整幢建筑都采用机械通风;当某个时段自然通风达不到要求时,就全年 7 860 h 都放弃自然通风,采用机械通风。实际上,通过努力大多数时间和空间,自然通风是可以满足要求的。

3)混合通风

综合使用自然和机械通风的一种通风方式。混合通风将自然通风和机械通风的优点综合起来,弥补二者的不足,达到可靠、稳定、节能和环保的要求。尽可能地在能采用自然通风的时间和空间里使用好自然通风,在自然通风达不到要求的时间和空间,辅以机械通风。

6.1.4 控制通风的核心思想

由于在不同的时间和空间,通风有其不同的正面和负面的作用。控制通风的核心思想是把握通风的规律,认清通风的作用,了解通风的需求,在各个时间和空间上正确采用通风方式。合理控制通风量，最大限度地发挥通风的正面作用，抑制负面影响。通常要分析思考以下问题：

①此时此地是应该采用卫生通风，还是热舒适通风？通风量多大？

②此时此地自然通风能否保障要求的通风量？

③如能保证，自然通风系统应怎样设计和运行？

④若不能保证，机械通风应该怎样辅助自然通风，才能既保障要求的通风量，又尽可能地减少机械通风系统的规模和运行时间？

6.2 自然通风的原理与应用

6.2.1 自然通风原理在现代建筑中的应用

采用自然通风方式的根本目的就是取代(或部分以取代)空调制冷系统。而这一取代过程有两点至关重要的意义：一是实现有效的被动式制冷，当室外空气温湿度较低时自然通风可以降低室内温度，带走潮湿气体，达到人体热舒适；二是可以提供新鲜、清洁的自然空气(新风)，满足人和大自然交往的心理需求，有利于人的生理和心理健康。自然通风是一项古老的技术，又是一项很难掌握的技术，涉及很深的理论，至今仍是国际建筑界研究的一个难题。自然通风最基本的动力是风压和热压。

1)风压通风

人们所常说的“穿堂风”就是利用建筑两侧的风压差产生穿过建筑内部的室内外空气交换。当风吹向建筑物正面时，因受到建筑物表面的阻挡而在迎风面上产生正压区。气流再绕过建筑物各侧面及背面，在这些面上产生负压区。风压就是建筑迎风面和背风面的压力差，它与建筑形式、建筑与风的夹角和周围建筑布局等因素相关。当风垂直地吹向矩形建筑时，前墙正压，两侧墙和后墙负压；斜吹，两迎风墙为正压，背风墙为负压。任何情况下，平屋面均在负压区内。

当风垂直吹向建筑立面时，迎风面中心处正压最大，在屋角及屋脊处负压最大。在迎风面上的正压通常为自由风速动压力(风压)的0.5~1.0倍；而在背风面上，负压为自由风速动压力的0.3~0.4倍。建筑的同一表面上压力分布并不均匀，压力由压力中心向外逐渐减弱，负压区的压力变化小于正压区。

风向垂直于建筑表面时，迎风墙的正压平均为风压的76%，墙中心为95%，屋面为85%，侧墙为60%。侧墙负压平均为-62%，靠近上风部分为-70%，处下风墙角为-30%；后墙负压较均匀，平均为-28.5%，屋面负压平均为-65%，靠近上风处为-70%，下风处为-50%。

风与墙面斜交时，沿迎风墙产生显著的压力梯度，背风墙负压较均匀。风与墙面夹角为60°的迎风墙上,上风角点为风压的95%,并沿下风方向减弱至零;相对背风墙面平均负压为-34.5%,另一类夹角为30°的墙面上压力范围由上风处的30%减至下风处的-10%,相对的背风墙面平均负压为-50.3%。

前后墙风压差 Δp_W 可近似为

$$\Delta p_W = k \frac{\rho}{2} v^2$$

式中 k——前后墙空气动力系数之差(风与墙的夹角为60°~90°,可取 $k=1.2$,当 $\alpha<60°$ 时,$k=0.1+0.018\alpha$);

ρ——空气密度,kg/m³;

v——室外风速,m/s。

由风压引起的通风量 N 用下面的方法计算:

当风口在同一面墙上(并联风口)时

$$N = 0.827 \sum A \left(\frac{\Delta p}{g}\right)^{0.5} \tag{6.4}$$

当风口在不同墙上(串联风口)时

$$N = 0.827 \left[\frac{A_1 A_2}{(A_1 + A_2)^{0.5}}\right] \left(\frac{\Delta p}{g}\right)^{0.5} \tag{6.5}$$

式中 $\sum A$——通风口总面积,m²;

A_1, A_2——两墙上风口面积,m²;

Δp——风口两侧的风压差,Pa。

风压通风量为

$$N = kEAv \tag{6.6}$$

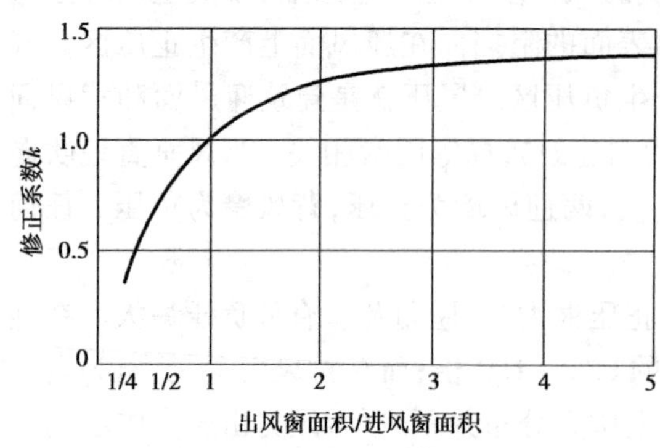

图6.1 进、出风口面积不等时的修正系数

式中 k——出风口与进风口面积比的修正系数,见图6.1;

E——进风口流量系数,当风垂直于窗口时,$E=0.5\sim0.6$,当风与墙面成45°角时,风量 N 应减少50%;

A——进风口面积,m²;

v——进风风速,m/s。

为了充分利用风压来实现建筑自然通风,首先要求建筑外部有较理想风环境(平均风速一般不小于3~4 m/s)。其次,建筑应朝向夏季夜间风向,房间进深较浅(一般以小于14 m为宜),以便形成穿堂风。此外,自然风变化幅度较大,在不同季节和时段,有不同的风速和风向,应采取相应措施(如适宜的构造形式,可开合的气窗、百叶等)来调节引导自然通风的风速和风向,改善室内气流状况。

建筑间距减小,后排建筑的风压下降很快。当建筑间距为3倍建筑高度时,后排建筑的风压开始下降;间距为2倍建筑高度时,后排建筑的迎风面风压显著下降;间距为1倍建筑高度时,后排建筑的迎风面风压接近零。

利用风压进行自然通风的典范之作当属伦佐·皮亚诺设计的Tjibaou文化中心。新卡里多尼亚是位于澳大利亚东侧的南太平洋热带岛国,气候炎热,常年多风。因此,最大限度地利用自然通风来降温,便成为适应当地气候、注重生态环境的核心技术。文化中心是由10个被皮亚诺称为"容器"(cases)的棚屋状单元组成,形成3个村落。每个棚屋大小不同,最高的达28 m。常年光顾南太平洋的强劲西风是大自然给这个小岛的恩赐,贝壳状的棚屋背向夏季主导风向,在下风向处产生强大的吸力(形成负压区)。在棚屋背面开口处形成的正压,使建筑内部产生空气流动。针对不同风速(从微风到飓风)和风向,设计者通过调节百叶的开合和不同方向上百叶的配合来控制室内气流,从而实现完全被动式的自然通风,达到节约能源、减少污染的目的。

2)热压通风

"烟囱效应"即热空气上升,从建筑上部风口排出,室外新鲜的冷空气被吸入建筑底部,当建筑内温度分布均匀时,室内外空气温度差越大,进排风口高度差越大,则热压作用越强。热压与进排风口高度差H的关系为

$$\Delta p_{\text{stack}} = \rho g H \beta \Delta t \tag{6.7}$$

式中 β——空气膨胀系数,℃$^{-1}$;

Δt——室内外温差,℃。

热压作用下的自然通风量N可用式(6.8)计算

$$N = 0.171\left[\frac{A_1 A_2}{(A_1 + A_2)^{0.5}}\right]\left[H(t_n - t_w)\right]^{0.5} \tag{6.8}$$

式中 A_1,A_2——进、排风口面积,m^2;

t_n,t_w——室内、外温度,℃;

H——进、排风口中心高差,m。

由于室外风的不稳定性,并且通常存在周围高大建筑、植物等的遮挡影响。许多情况下在建筑周围形不成足够的较稳定的风压,设计者倾向于以热压作为基本动力来组织或设计自然通风。迈克尔·霍普金斯设计的英国国内税务中心位于诺丁汉市的传统街区。由于建筑本身呈院落式布局(共7个组团),高度仅为3~4层,加上受紧凑的城市格局的影响,建筑周边的风速较小,不能很好地满足自然通风的需求。霍普金斯在控制建筑进深(13.6 m)以利于自然采光、通风的基础上,设计了一组顶部可以升降的圆柱形玻璃通风塔,并兼作建筑的入口和楼梯间。玻璃通风塔可最大限度地吸收太阳的能量,提高塔内空气温度,从而进一步加强烟囱效应,带动各楼层的空气循环,实现自然通风。该建筑实现了城市密集环境中的完全被动式降温。冬季时可将塔顶降下封闭排气口,这样通风塔便成为一个玻璃暖房,节省采暖能耗。

在热压和风压综合作用下的自然通风非常复杂,风压和热压什么时候相互加强,什么

时候相互削弱很难完全预知。因此,建筑进深小的部位多利用风压来直接通风,而进深较大的部位多利用热压来达到通风的效果。

受建筑功能的影响,大学的实验与办公大楼大多是矩形平面(如,大进深,长走廊,两侧是实验室和办公室),加上许多实验室在工作过程中会产生热量,并大量使用人工照明,为带走这些热量,建筑物通常采用大规模的空调系统。但位于英国莱切斯特的蒙特福德大学机械馆则例外,建筑师肖特和福德将庞大的建筑分成一系列小体块,这样既在尺度上与周围古老的街区相协调,又使得自然通风成为可能。位于指状分支部分的实验室,与办公室进深较小,可以利用风压直接通风;而位于中央部分的报告厅、大厅及其他用房则依靠热压进行自然通风。报告厅部分的设计温度定为 27 ℃,当室内温度接近设计温度时,与温度传感器相连的电子设备会自动打开通风阀门,达到要求的新风量。整幢建筑完全是自然通风,外围护结构采用厚重的蓄热材料,使得建筑内部的得热量降至最低,几乎不使用空调。由于这些技术措施,虽然机械馆总面积超过 1 万平方米,相对同类建筑而言,其全年能耗却很低。实际测试表明,在室外气温为 31 ℃的情况下,建筑各部分房间的温度大多不超过 23.5 ℃,效果极佳。

风的垂直分布特性使得高层建筑上部比较容易实现自然通风,但其焦点问题往往会转变为高层建筑内部(如中庭、内天井)及周围区域的风速是否会过大,对于周围风环境、特别是步行区域造成负面影响。

在法兰克福商业银行的设计过程中,针对塔楼中庭(60 层)的自然通风状况进行了大量计算机模拟和风洞试验。与一般建筑不同,最关注的不是风速够不够大,而是风速会不会太大。计算和试验的结果正如所担心的那样,如果整个中庭从上到下不加分隔,那么在很多情况下中庭内部将产生无法忍受的强大紊流气流。

对于一些大型体育馆、展览馆、商业设施等,由于通风路径(或管道)较长,流动阻力较大,单纯依靠自然的风压,热压往往不足以实现自然通风。而对于空气和噪声污染比较严重的大城市,直接自然通风会将室外污浊的空气和噪声带入室内,不利于人体健康,常采用一种机械辅助式自然通风系统。该系统有一套完整的空气循环通道,辅以符合生态思想的空气处理手段(如土壤预冷、预热、深井水换热等),并借助一定的机械方式来保证室内通风。

英国新议会大厦和德国新议会大厦位于城市最重要的地段,其通风方式都非常类似——机械辅助式自然通风。伦敦的空气污染和交通噪声是设计者不得不面对的现实。迈克尔·霍普金斯设计了一套机械辅助式自然通风系统,整个建筑的通风流程由机械通风流段和自然通风流段前后衔接而成。为避免汽车尾气等有害气体及尘埃进入建筑内部,将整幢建筑的进气口设在檐口高度,并在风道中设置过滤器和消声器,最大限度地除尘、降噪。新鲜空气通过机械通风装置吸入各层,并从靠近走廊一侧的送风口送出,为机械通风流段。利用热压的自然通风流段是房间内热气体通过房间上方靠近外墙的排风口进入排气道,最终从屋顶排出。进气和排气通道均设置在外墙,彼此平行相邻。每 4 个开间为一组,共用一套进、排气装置。在冬季,冷空气在进入房间之前先与即将排出的热空气进行热交换,这有利于缓解冷空气对人体的刺激,并减少热损失。在夏天,则利用地下水来冷却空气,这使得建筑年设计能耗低达 90 kW · h/m^2。福斯特在德国新议会大厦的手法与霍氏如出一辙,进风口位于建筑檐口,排风口位于玻璃穹顶的顶部。但整个系统更为复杂,机械装置的比例更大,此外福斯特还利用深层土壤来蓄冷和蓄热,并使之与自然通风相结合(夏季使空气预冷,冬季使空气预热),产生理想的节能效果。

6.2.2 通风与建筑的系统协调性

由于室外空气不是始终处于热舒适状态,通风需要调节和控制。通风的调节控制不能孤立进行,需要相应的建筑性能的支持,必须与整个建筑系统配合。

1)蓄热

将蓄热材料作为建筑围护结构可以延缓日照等因素对室内温度的影响,使室温更稳定、更均匀。高热容的外墙材料可使房间温度振幅减小 5 ℃,且使用蓄热材料不需要任何复杂的技术,因而被广泛地应用在生态建筑中。

蓄热材料也有其不利的一面。夏季蓄热材料在白天吸收大量热量,使得室温不至于过高;夜间蓄热材料会逐渐释放出热量,此部分热量若不及时排出,会使室内温度居高不下。此外,由于蓄热材料在夜间得不到充分的降温,第二天的蓄热能力显著下降。因此,夏季夜晚(22:00—6:00)利用室外温度较低,对房间及其蓄热体进行充分的通风降温,是改善夜间室内温度、发挥蓄热材料潜力的有效手段。充分的夜间自然通风可以使房间白天最高温度降低 2 ~ 4 ℃(材料蓄热性能越好降幅越大)。

2)双层(或三层)皮围护结构

双层(或三层)皮围护结构是当今生态建筑中所普遍采用的一项先进技术,被誉为“可呼吸的建筑皮肤”。它主要针对玻璃幕墙能耗高、室内空气质量差等问题,利用双层(或三层)玻璃作为围护结构,玻璃之间留有一定宽度的通风道并配有可调节的百叶。冬季双层玻璃之间形成一个阳光温室,增加了建筑内表面的温度有利于节约采暖能耗。夏季利用烟囱效应对通风道进行通风,使玻璃之间的热空气不断地被排走,达到降温的目的。此外,双层维护结构在玻璃材料的特性(如低辐射),除尘、降噪等方面都大大优于直接开窗通风。

3)建筑通风与太阳能利用

被动式太阳能技术与建筑通风是密不可分的。在冬季,利用机械装置将位于屋顶太阳能集热器中的热空气吸到房间的地板下,并通过地板上的气孔进入室内,此后利用热压原理实现气体在房间内的循环;实现利用太阳能采暖的目的,而在夏季的夜晚,则利用天空辐射使太阳能集热器迅速冷却(可比空气干球温度低 10 ~ 15 ℃),并将集热器中的冷空气吸入室内,达到夜间通风降温的目的。

4)建筑通风与计算机模拟技术

基于流体力学的模拟计算软件,直观地显示可能出现的气流状况,从而为改进建筑通风设计提供良好的参考。有些模拟软件可根据某一特定地区的气候资料计算出设计方案中任意房间的全年温度变化曲线,从而对该方案在节能方面的优劣进行评价。诸如此类的模拟计算对于建筑设计无疑会产生巨大的推动作用。

由于建筑朝向、形式等条件的不同,建筑通风的设计参数及结果会大相径庭。周边建筑、植被会彻底改变风速、风向;建筑的女儿墙、挑檐、屋顶坡度等也会在很大程度上影响建筑围护结构表面的气流。因此,在建筑通风及相关问题的研究和设计上不能教条,必须具体问题具体分析,并且要与建筑设计同步进行。

6.2.3 城市的风

城市住宅小区与城市郊区相比,下垫面粗糙度大,地区风速减少,风向会发生偏转,在垂直方向的风速轮廓线也会发生变化。对于年平均风速大于 2 m/s 的地区,建筑密集地段的风速要比郊区小 20% ~30%,有的甚至要减少约 40%。对于年平均风速小于 2 m/s 的地区,建筑密集地的风速要比郊区小 15% ~30%,差别以冬季最为明显。

风吹过城市时,风向会发生 10°~20°的变化,最大可达 30°以上的偏转,在高大的建筑群间穿行发生偏转,因摩擦力增大而风速减小。气流离开城市时,又会因摩擦力减小而发生反方向偏转,风速增大。城市热岛的出现又会使城市上空形成一个较弱的低压区,气流在热岛中心的上风侧会产生方向性偏转,从而引起气流在下风侧出现逆方向偏转。过去多以全年主导风向进行建筑功能分区布局,随着城市化进程加快和气候环境的变化,在城市和建筑小区的规划中已开始把季风期风频最小的方向作为规划布局的一个重要依据。

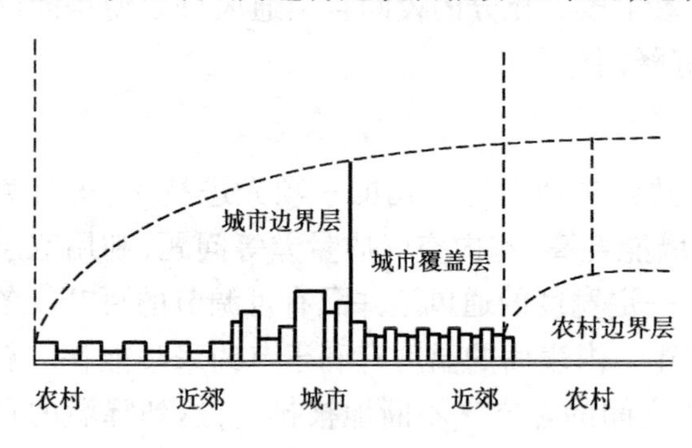

图 6.2 地表大气边界示意图

从地面到 500 ~1 000 m 高度内称为大气边界层,其厚度主要取决于地表面的粗糙度,平原开阔地区薄,丘陵和城市地区厚。城市规模的扩大、城市建筑高度的增加,必然显著增加大气边界厚度。风速在大气边界层呈指数规律或对数规律变化,如图 6.2 所示。近地面处风速为零,超过边界层高度后风速趋于稳定。

住宅小区中的低层建筑地段的风速为

$$v = K_0 v_0 \tag{6.9}$$

式中 K_0——风速修正系数,见表 6.1;

v_0——当地气象台公布的风速,m/s。

表 6.1 风速修正系数 K_0

建筑物位置	气象台位置	K_0
开阔地	开阔地/市区内	10/12
市区内	市区内/开阔地	10/0.8

开阔地段高层建筑的风速为

$$v = K_0 v_0 \left(\frac{h}{h_0}\right)^{1/5} \tag{6.10}$$

市区内建筑密集地段的风速为

$$v = K_0 v_0 \left(\frac{h}{h_0}\right)^{1/3} \tag{6.11}$$

式中 h——建筑物有效高度,m;

h_0——建筑地段至气象台风速计高度,m。

密集而高度相近的建筑群的有效高度 h 可取实际高度的 1.5 倍;当某个建筑的高度明显高于建筑群中的其他建筑时,其有效高度 h 与其实际高度相等;当一个建筑群中的迎风面有高大建筑物时,其后较低建筑的有效高度 h 很难确定,可参考一片密集而高度相近的建筑物的有效高度取值。

6.3 通风与建筑规划设计的整体协调性

6.3.1 建筑布局与通风的协调性

由于建筑物对地表下垫面风运动特性影响很大,相应风对建筑热环境也构成了很大影响。夏季合理的组织建筑群和室内的自然通风,冬季减少风对建筑能耗的影响对节能建筑的设计和建筑室内热环境的改善将起到重要的作用。

建筑周围的气流状况会因建筑物的形状、高度、独立单元或建筑群体,以及建筑群从高层建筑与低层建筑排列方式,迎风面和背风面的不同而异;同时,建筑物的迎风高度及进深尺度都会影响建筑周围气流状况的改变。因此,在建筑规划和设计中运用气流绕过建筑物所产生的规律,达到改善建筑热环境、节约建筑采暖空调能耗的目的。如图 6.3(a)所示,涡旋区产生的位置取决于建筑物的外形和风向,涡旋区大、正压亦大的部分,通风最有利,圆形建筑的涡旋区最小。如图 6.3(b)所示,建筑高度越高,深度越小,长度越大时,背面涡旋区就越大,对通风有利,但其背后的建筑,通风很不利。如图 6.3(c)所示,建筑物的开口应朝向主导风向,并在 0°~45°;当不可能时,凹口内自然通风口面积应不小于 15 m^2。

建筑平面的布局和单体形状的选择,建筑物的进深及其长度,建筑物的层高,建筑物的层数,承重方式,门窗的面积大小与数量,基础的材料与形式,以及用地的技术经济性等方面都影响着节能建筑的设计,都直接影响建筑能耗的大小。

如何解决建筑设计中隔热与保温的矛盾?如何在平面布局中争取最佳的朝向,使建筑冬季争取日照和夏季避免日晒?这些在建筑平面布局和单体设计中往往会与建筑自然通风要求发生矛盾或冲突(如居室的布局最好是南向或适当南偏东、南偏西)。但当该点夏季夜间主导风向是北面时,从夏季自然通风,创造室内热舒适条件和减少空调能耗方面

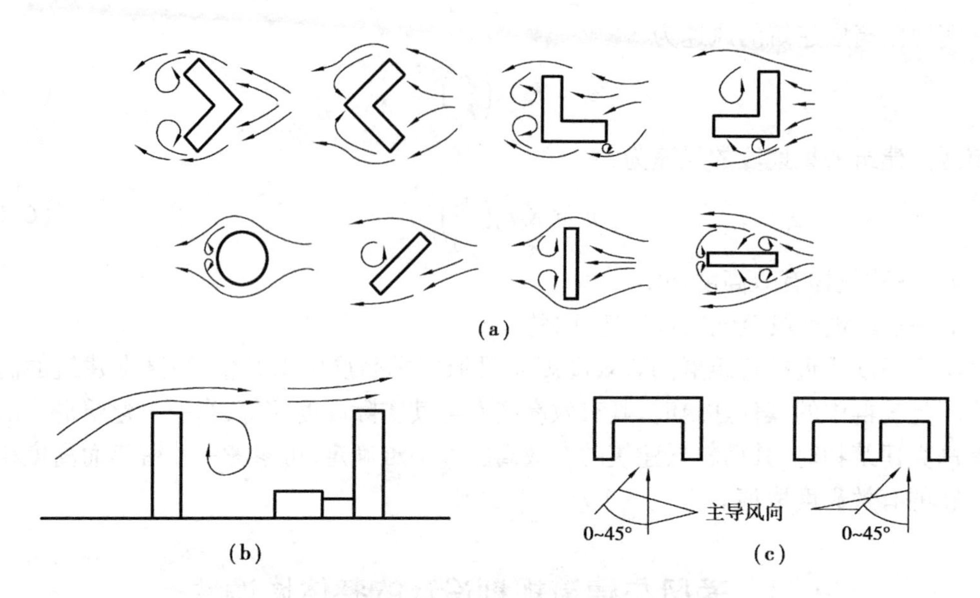

图 6.3　建筑体形与气流之间的气流分布曲线

考虑,也可能要求将居室布置在北向。又如,开窗面积增大有利于自然通风,也有利于心理的舒畅感和建筑立面景观的创造。但随着窗面积的增大,采暖空调能耗也会随之成比例地增大,而且还会因为室外气温过高时,自然通风控制不当,反而会将较高的室外气温带入室内,形成非常恶劣的室内热环境。再如,减小体型系数,加大进深有利于减少采暖空调的冷热耗量,但过大的进深又会使自然通风采光不良,反而增大能耗。

同样,房屋间距对建筑群的自然通风也有很大的影响。要根据风向投射角对室内风环境的影响程度来选择合理的间距。同时亦可结合建筑群体布局方式的改变以达到缩小间距的目的。综合考虑风的投射角与房间风速、风流场和漩涡区的关系,选定投射角在45°左右较恰当。据此,房屋间距以(1.3~1.5)H为宜。

建筑群体布局,一般可以从建筑平面和空间两个方面来考虑:

1)平面布局

一般采用行列式、错列式、斜列式、周边式等。对于夏热冬冷地区,从自然通风的角度来看,比行列式、周边式好,建筑相互挡风较小,如图 6.4 所示。错列式相当于加大了前、后建筑之间的距离,对通风有利;无风时,因热压作用产生巷道风。而且,错列式的前、后建筑之间的距离可稍微缩小,节约了建筑用地。当受到地形限制时,可采用斜列式,斜列式建筑可长可短;也可采用自由式方式根据地形、地势和朝向等条件灵活布置。周边式布局部分建筑的前、后都处于负压区,通风不好,而且部分建筑又处于东、西朝向。因此,周边式适合于严寒、寒冷地区的建筑群体布局,不适宜对通风要求的我国南方城市。

2)空间布置方式

同样也应注重建筑的自然通风,合理地应用建筑地形,做到“前低后高”和有规律地“高低错落”的处理方式。例如,利用向阳的坡地使建筑顺其地形的高低排列一幢比一幢高,在平地上建筑应采取“前低后高”的排列方式,使建筑逐渐加高;也可采用建筑之间

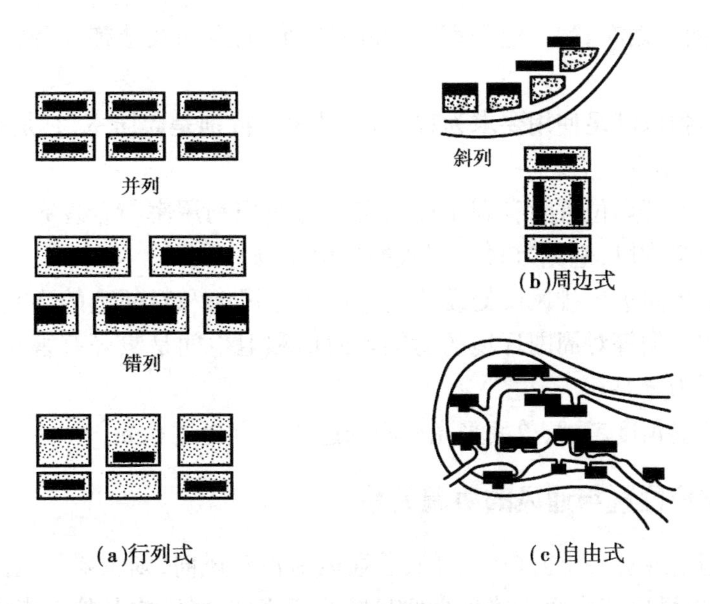

图 6.4　建筑群布置

"高低错落"的建筑群体排列,使高的建筑和较低的建筑错开布置,这些布置方式,使建筑之间挡风少,尽量不影响后面建筑的自然通风和视线,同时也减少建筑之间的距离,节约土地。居住小区的总平面布置应遵照以下基本原则:

①建筑群体的布局,宜采用有利于建筑群体间夏季自然通风的布置形式。如兼用错列式、斜列式、自由式和"高低错落"的处理方式。

②适宜的建筑间距,每户至少有一个居住空间在大寒日能获得满窗日照 2 h 的要求,尚应满足居住者对环境视野及卫生标准的要求。

③居住建筑应采用本地区建筑最佳朝向或适宜的朝向,尽量避免东西向日晒。

④应充分利用太阳能、风能、地热、水等自然能源,减少住宅小区的水泥地面,种植植被绿化。

6.3.2　建筑单体设计与通风的协调性

建筑单体的平、立面设计和门窗设置应有利于自然通风,但必须协调处理南、北向窗口的构造形式与隔热保温措施,避免风雨的侵袭,降低能源的消耗。

房屋与居室所需要的穿堂风应满足两个要求:气流路线应使新鲜空气首先流过人的活动范围和居住区,然后再从厨卫等污染区排出;居室的风速应达到 0.3 ~0.5 m/s。要满足这两个要求,在合理地布置建筑群的基础上须正确选择建筑的朝向、间距;选择合理的建筑平、剖面形式;合理地确定房屋开口部分的面积与位置、门窗的装置与开启方法和通风的构造措施等。因此,在节能建筑单体设计中,除了满足围护结构节能热工指标和采暖空调设备的能效指标外,应考虑以下因素:

①布置住宅建筑的房间时,最好将老人用卧室布置在南偏东,夏天可减少积聚的室外热,冬天又可获得较多的日照;儿童用房宜南向布置;由于起居室的高峰使用时间主要是

在晚上,宜南或南偏西布置,其他卧室可朝北;厕所、卫生间及楼梯间等辅助用房朝北、朝西均可。

②房间的面积以满足使用要求为宜,不宜过大。特别是起居室,它是整套居室采暖空调的中心地段,更不宜过大。

③门窗洞口的开启位置除有利于提高居室的面积利用率与合理布置家具外,最好能注意有利于组织穿堂风,避免"口袋屋"式的平面布局。

④厨房和卫生间进出排风口的设置要考虑主导风向和对邻室的不利影响,避免强风时的倒灌现象和油烟等对周围环境的污染。厨房和卫生间是氡等有害气体的产生源,合理的通风换气更为重要。

⑤从照明节能角度考虑,单面采光房间的进深不宜超过 6 m。

6.3.3 窗户位置与通风的协调关系

在相对二墙上各有一个窗户的房间,若通风窗正对风向,则主要气流由通风口笔直流向出风口,除在出风口那边两个墙角会到起局部紊流外,对室内其他地点影响很小。沿两个侧墙的气流很弱,特别是在通风口一边的两个墙角外(如风向偏斜 45°),即可在室内引起大量紊流,沿着房间四周作环行运动,从而增加沿侧墙及墙角处的气流量。相邻墙上分设窗户的房间,则风向垂直比偏斜效果好。

总之,气流在室内改变方向比气流直接由进风口至出风口好,见表 6.2。

表 6.2　窗户位置及风向对室内平均气流速度的影响(占室外风速的百分比)

进风口宽度与墙宽之比	出风口宽度与墙宽之比	窗户在相对二墙上		窗户在相邻二墙上		备　注
		风向垂直	风向偏斜	风向垂直	风向偏斜	
1/3	1/3	35	42	45	37	风向垂直
1/3	2/3	39	40	39	40	
2/3	1/3	34	43	51	36	
2/3	2/3	37	51	—	—	偏斜 45°
1/3	3/3	44	44	51	45	
3/3	1/3	32	41	50	37	
2/3	3/3	35	59	—	—	
3/3	2/3	36	62	—	—	
3/3	3/3	47	65	—	—	

当仅在一面墙上有窗时,窗户尺寸变化对室内平均流速的影响不大。仅在风从正面斜吹时,窗户尺寸增大到墙宽度,可以显著增大室内流速;斜吹时,沿墙宽度方向,风压变化大,造成窗口不同部分存在的显压差,气流能顺畅地从窗口一部分进,另一部分出。其他几种情况窗口各部分压力变化不大,扩大窗口尺寸影响不明显,见表 6.3。

表 6.3 仅一面墙上有窗时窗尺寸对室内平均速度的影响

（占室外风速的百分比）

风　向	窗　宽		
	1/3 墙宽	2/3 墙宽	3/3 墙宽
垂直吹向窗户	13	13	16
从正面斜吹	12	15	23
从背面斜吹	14	17	17

当在相对或相邻墙上有窗口时，窗口尺寸增大对室内气流速度影响甚大，但进、出风窗口需同时扩大。对于相对二墙上各有一面积相等的窗户的正方形房间，有

$$v_i = 0.45(1 - e^{-3.84x})v_0 \tag{6.12}$$

其中，v_i 为室内平均气流速度；x 为窗墙面积比；v_0 为室外风速。进、出风口面积不等的情况见表 6.4。

由于出风口大、进风口小，可得到稍高的平均流速和很大的最大流速。

表 6.4 进、出风口宽度对室内平均，最大气流速度的影响（占室外风速的百分比）

风向	出风口尺寸	进风口尺寸					
		1/3 墙宽		2/3 墙宽		3/3 墙宽	
		平均	最大	平均	最大	平均	最大
垂直	1/3 墙宽	36	65	34	74	32	49
	2/3 墙宽	39	131	37	79	36	72
	3/3 墙宽	44	137	35	72	47	86
偏斜	1/3 墙宽	42	83	43	96	42	67
	2/3 墙宽	40	92	57	133	62	131
	3/3 墙宽	44	152	59	137	65	115

6.4 穿堂风

6.4.1 穿堂风的室内平均气流速度

当所有的开口都面向同样的气压区时室内的气流很小，特别是当风与进风窗垂直时，室内的平均气流速度相当低。当有穿越通风时，尽管开口的总面积未增大，而平均气流速度及最大流速均超过前者 2 倍以上，见表 6.5。

表 6.5　穿堂风的室内平均气流速度(占室外风速的百分比)

是否穿越式通风	开口位置	风　向	开口的总宽度			
			2/3 墙宽		3/3 墙宽	
			平均	最大	平均	最大
否	单窗在正压区	垂直	13	18	16	20
		斜向 45°	15	33	23	36
	单窗在负压区	斜向 45°	17	44	17	39
	双窗在负压区	斜向 45°	22	56	23	50
有	双窗在相邻二墙上	垂直	45	68	51	103
		斜向 45°	37	118	40	110
	双窗在相对二墙上	垂直	35	65	37	102
		斜向 45°	42	83	42	94

6.4.2　在仅有单一外墙的房间内组织穿堂风

一般情况下,仅在一边开窗的房间由于开口内外的压力梯度很小,室内通风是不良的。当风向偏斜于外墙时,一股气流平行地沿着墙的纵长方向流动,在途中会产生微小的压力梯度,从而促使空气由高压部分流向低压部分。例如,在房间的同一墙面上的上风部分及下风部分分设两扇窗户,即可利用此种压力梯度,以改善由同一总面积的单窗所能形成的通风条件。但由于此压力梯度很小,所以增进的气流也是很有限的。

通过调整开口的细部设计,能大大改善仅有单一外窗的房间内的通风条件,其基本出发点是沿着外墙人工创造一种交错分布的正压区及负压区。例如,在两扇窗户之间或相邻的两侧各设置一块挑出的垂直板,即可得到这种压力差,如图 6.5 所示。

利用这种方法即可在前一扇窗户(对风而言)的外面形成正压区,而在后一扇窗户的外面形成负压区。由第一扇窗户进入室内的气流可由第二扇窗户流出,实际上形成了穿堂风。结合建筑艺术与功能设计,把这种为建立压力梯度所需的表面突出构件作为建筑整体设计协调中的一部分来考虑,可达到很好的效果。例如,在设计中可把阳台和开口(门、窗)联系在一起,以利用阳台的边墙作为调节气流的设施。这种安排方法和前述的处理方法主要区别在于正压区的位置正相反。在此情况下,室内的气流是由下风侧的窗户流向上风侧窗户。

如表 6.6 所示,在窗户总面积保持不变的情况下,采取 4 种不同的窗户安装方法,其差异是明显的。

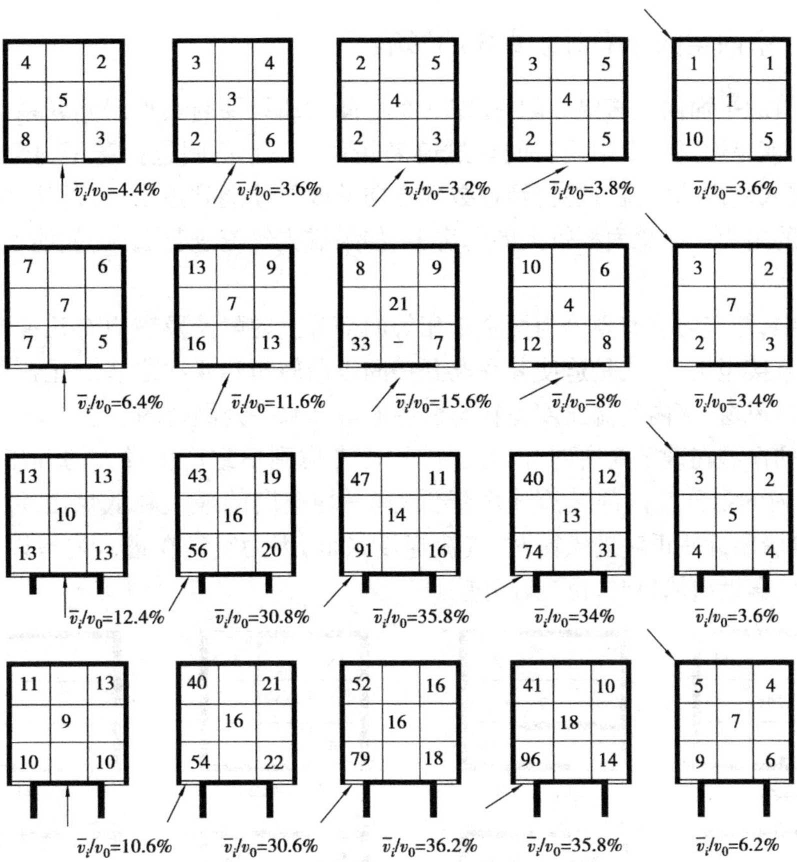

图 6.5　各种模型内平均气流速度之比较(窗户总宽度为墙宽的 1/3)

表 6.6　单面外墙室内的平均气流速度(占室外风速的百分比)

窗户面积/墙面积	窗户的数量及形式	风向				
		垂直	从正面斜吹 22.5°	从正面斜吹 45°	从正面斜吹 67.5°	从背面斜吹 45°
2/9	单窗:在墙正中	10.4	10.4	10.4	—	—
	双窗:在墙两端	11.8	16.8	17.5	8.9	5.4
	双窗:加垂直板	16.0	34.0	38.4	36.2	8.1
1/9	单窗:在墙正中	4.4	3.6	3.2	3.8	3.6
	双窗:在墙两端	6.4	11.6	15.6	8.0	3.4
	双窗:加垂直板	11.5	30.7	36.0	34.9	4.9
	双窗:与阳台组合	17.3	—	20.8	—	—

6.4.3 室内空间分隔对穿堂风的影响

只要建筑的平面面积需要分割,往往一个房间的通风要与其他房间联系,不是通过门的直接联系,就是通过一个中间房间如过道来联系。一套房间包括若干内部相互联系着的房间,则进入室内的气流可能要经过数次方向的改变才能到达出口,而这些偏转对气流会产生较大的阻力。在总面积较大的套房中,如果靠主气流进行通风,就能使速度的分布较为均匀。

在实验中,把室内空间划分为两个不相等的部分。内隔墙及窗户有几种安排,或是使气流由进口直接至出口,或是迫使其在离开房间以前转折达4次之多。在各种情况下,风向均垂直于进风窗,室内气流速度是在与窗中心等高水平处测得的。

所试验的模型在确定其内部开口尺寸时,已考虑到不致产生过大的气流阻力。由图6.6可见,室内的划分使内部气流速度降低,其平均速度的最大降低量由44.4%降低到30.2%;当隔墙靠近并正对进风窗时,气流速度最低,因为空气在进入内室以前先需转向之故。当隔墙靠近出风口时,情况较好些。

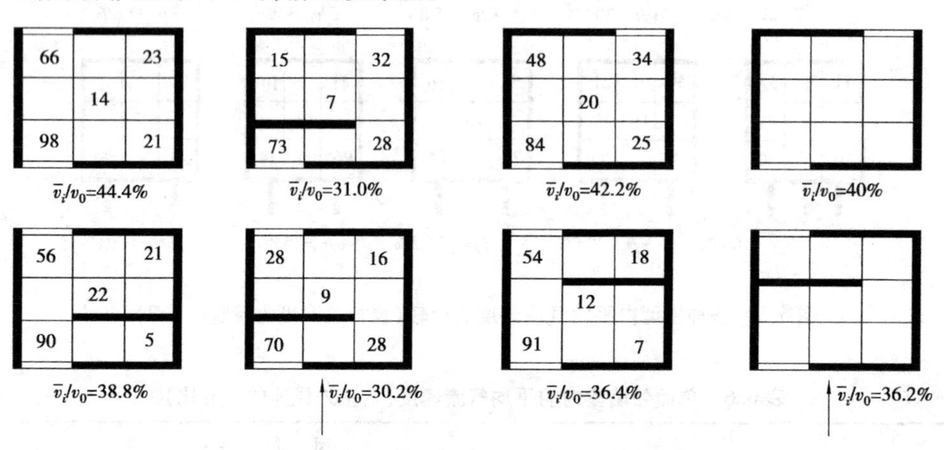

图6.6 房间再划分对室内气流速度分布的影响

由此可以推断,在气流必须经过一房间才能抵达另一房间的套房中,只要在需要通风的时候各房间之间的联系是畅通的,即可得到满意的通风,而位于上风侧的一间房,以稍大些为好。

6.4.4 纱帘的影响

为了防止蚊虫等,在窗口设了纱窗。看起稀疏的纱窗可使通过窗户的气流量大大减少,当室外的风速较低时更是如此,如用30#16孔的铁窗纱,总的气流量降低50%~60%。

在风洞实验中,发现窗纱的影响决定于风向及进风窗的个数与位置的组合条件。例如,在墙的正中开一个窗,由于安上纱帘引起的室内气流速度之降低量,偏斜风向下的要大于垂直风向者。当在墙上开设两个进风窗时,则未观察到上述由风向不同所造成的差别。

在窗户前方的整个阳台上安装纱帘,可改善在窗户上直接装纱窗时的通风条件。在此,风可以穿过大面积纱帘,然后在阳台内收缩并无阻碍地进入较小的窗孔。如果在出风口或后墙的阳台上增设纱窗,则所产生的影响就比前者为小。

6.5 楼梯间的通风

6.5.1 楼梯间内气流与温度

在室外风弱时,观测表明:夜间和清晨楼梯间的烟囱效应十分显著。楼梯内及通往室外各孔口处的气流不论方向还是大小都比较稳定。这段时间内,楼梯间内温度高于室外。室外空气从下部各楼层孔口进入楼梯间,从上部各楼层和屋顶孔口排出。各楼层孔口进排风分界面(中和面)并不在楼房半高度处。屋面上孔口排风能力往往较强,分界面往往较高。实测观察的9层住宅,分界面大约在2/3建筑高度处;2/3高度(即第六层)以下楼梯间外部孔口进风;2/3高度以上(第八、第九层及屋面)外部孔口排风;2/3高度处的第七层楼梯间外部孔口气流进、出不稳定,且很微弱。楼梯间内的气流是向上的,速度从楼房底部向上逐渐增加,大约在分界面处达到最大。随着高度增加而速度减小。楼梯间内温度随着高度增加,逐渐上升。低楼层段上升较快,每层0.4~0.7 ℃,中、上段上升气流量大。

白天(特别是午后)室外风较强,对楼梯间的烟囱效应干扰较大。楼梯间内气流不像夜间和清晨那样稳定。但方向除偶有变化外,六层以下基本是向下的。七层以上气流稳定向上,这与风在屋面上造成的负压有关。显然此时楼梯间内气流是由热压、风压共同造成,且二者作用大体相当。楼梯间内气温低于室外,越到下部各层越低。温度梯度下部小、每层0.1 ℃左右。中上部大,每层0.4 ℃左右,与夜间和清晨情况正相反。

全天楼梯间内气流方向随楼梯间内与室外气温之差而周期性变化。夜间和清晨楼梯间内气温高于室外,气流从下往上流;白天低于室外,气流从上往下流。室外风强时例外。楼梯间内气温总是上部高、下部低、温度竖向梯度 $dt/dH>0$。

重庆地区夜间和清晨的气象风速为1.0 m/s左右,其动压头大约0.58 Pa。在住宅区楼外实测值,则只有0.05~0.1 m/s。动压头仅$(1.45\sim5.80)\times10^{-3}$ Pa。气象风速10 m高处测值,30 m高处风速要更大一些。因此,楼梯间下部热压占主导地位,上部风压占优势。这将造成屋面上楼梯间出口稳定排风,楼梯间上部几层空气上流;同时,底层楼梯间出口也稳定排风,中下各层空气下流。

6.5.2 楼梯间热压对房间通风的影响

分析房间各内外孔口断面或缝隙的气流方向,有助于了解引起室内外换气和房间之间换气的主要原因。这里,通过现场观察实验方法分析孔口气流(夏季实验,房间实行间歇通风方案,外门窗白天关闭,夜间和清晨开启)。

白天外门窗关闭时,室内外换气主要经外门窗缝隙进行。在室外风较强的午后(2 m/s 左右),室外空气经迎风侧的外门窗缝隙进入室内,从背风侧的外门窗缝隙排出。室外为东南风的午后,南向孔口、东向孔口的上下缝隙都进风,北向孔口的上下缝隙都排风。但通楼梯间的入户门,上部缝隙进风,下部缝隙排风。

外门窗关闭时,室内各房间之间的换气,主要由各房间的温差引起。各内门断面往往存在逆向气流,断面上部从温度较高房间流向较低的房间,下部则反向,从温度较低房间流回较高的房间。这种内部各房间的换气使相互间温度趋于一致。卫生间气温与其他房间差异较大,门常闭,开启时间短暂,一旦门被开启,最初换气较其他孔口强烈,孔口下部气流很快把卫生间气味带到其他房间。有的卫生间内门的下部是百叶通气孔,外墙上部有开向室外的"排气孔"。设计者的想法是其他房间空气经百叶通气孔进入卫生间,从上部"排气孔"排出。但因卫生间气温通常低于其他房间,也低于室外,实际气流是从室外经"排气孔"进入卫生间,再从卫生间内门下部百叶通气孔进入其他房间。这样,卫生间气味不是排出室外,而是进入各房间。

热压是房间与室外,房间与房间之间温差形成的。另外,由于楼梯间上下贯通整幢楼房,整幢楼房与室外的气温差也形成热压,并通过楼梯间的烟囱效应表示出来。

在楼梯间内气温高于室外的夜间和清晨,低层房间内空气经入户门洞(入户门开启时)或入户门的缝隙(入户门关闭时),被烟囱效应吸入楼梯间。处于 9 层住宅楼第二层的套房,当通往楼梯间的入户门开启后,从室内流入楼梯间的气流大量增加。夜间和清晨由于楼梯间的烟囱作用,对于低楼层户,使处于穿堂气流下游段的房间通风量减小,上游房间通风量增加;或者使外门窗迎风的房间通风量增加,背风的房间风量减少。

在楼梯间热压作用下,空气经高楼层户的入户门进入房间,然后经房间外门窗排出室外,阻碍了外门窗的进风。因此,外门窗迎风的房间,通风量减少,外门窗背风的房间通风量可能增大。与低楼层户情况相反,在室外风弱时入户门关闭,主要靠房间内外温差造成换气,各外门窗基本上是上部排风下部进风。当入户门开启时,各外门窗基本上转变为全部排风。高楼层住户在入户门开启时,除离入户门远的阳台门外,全部外门窗均排风。阳台门的上部排气气流也增大、下部的进气气流则减少。

对于高楼层户从楼梯间进入房间的空气不是温度较低的、清新的室外空气,而是吸收了楼梯间、下层住房房间内散发的热量、空气污染物、气味等的污浊空气。因此,楼梯间的热压作用恶化了高楼层住户的室内热环境。

6.6 湿度控制与新风能耗季节划分

6.6.1 居住建筑室内湿源种类及其特点

建筑类型不同,其室内湿源产生特点及其对室内空气湿度的影响也不同。就住宅运行过程而言，导致室内空气湿度过高的湿源主要有：潮湿气候环境的室外空气进入室内的带湿、人体产湿、室内活动如烹调、沐浴、洗衣和湿式清扫等产湿。此外，对新建住宅还有湿润建筑材料的散湿，对住宅底层房间还有由于地下水位高或地面防潮措施不当造成的地面传湿、散湿等。从污染源控制角度分析，住宅室内活动的产湿地点比较集中，一般在厨房、卫生间或浴室，具有间歇产湿、产湿量大的特点。但这些房间一般可通过设置排气扇或集中排风系统来控制，即集中或分散地将局部高热高湿空气排至室外，并可维持湿热源所在房间一定的负压，有效防止局部湿热源向其他房间扩散，使其对居室如起居室、卧室等的影响降到最低。所以，计算空调房间的室内湿负荷与冷耗时可不计这些局部湿源的散湿量，而只在室内空气质量控制系统中将其视为室内空气污染源之一时采用通风方式加以隔离控制。

住宅室内人员产湿量相对稳定，国外研究表明，5 人普通家庭，在室温 25 ℃、相对湿度为 40% ~60% 时，一天产湿量约 5 L，相当于平均 0.042 kg/(h · 人)(BS5250:1995)。但不同国家由于其气候条件、人们的室内生活习惯和体质等不同，人体的产湿量也存在差异。我国对人体产湿过程的长期定量模拟研究起步相对较晚，但近年来随着计算流体力学的发展人们开始对人体产湿、建筑材料的传湿对室内环境的影响进行动态模拟与定量研究。对比商用建筑和公共建筑，由于其室内人员密度较大，夏季人体产生的湿负荷对空调冷负荷的影响不容忽视，空调负荷计算一般按现行规范、按不同劳动强度和不同室温人体产湿量的设计标准分别取值。对住宅建筑而言，室内人员密度小，且各房间的人数也不稳定，人们在起居室及卧室等房间的活动形式多为静坐，当室温低于 28 ℃时，成年男子的人体产湿量小于 0.082 kg/(h · 人)。在一段时间内，人体产湿量相对稳定，对室内空气湿度影响与潮湿地区通过围护结构开口或门窗缝隙渗入的室外空气带湿量相比，可不作为室内空气湿度控制的主要因素考虑，但对空调系统总的湿负荷而言，室内人体产湿仍是室内余湿的重要组成部分，空调负荷计算时必须加以考虑。围护结构材料的湿渗透过程、蓄湿散湿特性对室内空气湿度的影响程度和范围。在夏热冬冷地区利用建筑材料的被动除湿技术已成为建筑热物理领域中研究的一个热点。目前，建筑材料对室内空气湿度调节特性的定量研究，尚无成熟的技术可在实践中加以推广应用。

6.6.2 夏热冬冷地区居住建筑室内控制的特殊性

ASHRAE 通风标准非常重视湿度控制问题，在 ASHRAE62-1989 中推荐室内相对湿度宜在 30% ~60%，此后在 62R 中修订为：在潮湿地区的民用建筑，室内有人居住时相对湿度应不超过 60%，室内无人时应不超过 70%，室内相对湿度无下限规定。60% 的上限主要是考虑室内人员的热舒适要求，70% 的上限则是针对微生物生长的限制条件，从而考虑了建筑物不同运行条件下的室内空气质量要求。

我国夏热冬冷地区属潮湿气候区，在对居住建筑进行热湿环境改造和推行节能住宅标准时室内相对湿度控制尤为重要。夏季，天气炎热且空气潮湿，若不采取相应的降温除湿措施，居住热环境质量会很差，室内闷热程度会严重影响人们的工作和生活。标准相应规定,室内相对湿度冬夏季不大于70%,这考虑了本地区的气候特征、当前住宅发展状况和经济因素,在保证室内热环境质量的最低要求时,又照顾到室内空气质量控制要求。

在潮湿气候环境下,尤其在过渡季节和夏天的阴雨天气,随着新风量的增加,即使气温不高,但由于水蒸气分压力较高使室内空气相对湿度也会随之增加并可能超过热环境质量允许的上限值,由此带来的不利影响不但导致室内环境质量下降,新风湿负荷带来的新风能耗也增加。所以,新风除湿对改善室内居住环境质量和开展建筑节能工作都很重要。根据重庆市夏季室外空气参数逐时值计算得到的新风冷负荷构成中,由于气候潮湿新风湿负荷过大带来的潜热冷负荷占新风总冷负荷比例大。所以,对潮湿气候地区的住宅,新风除湿重于降温。当室外空气温度并不高(日平均温度低于26 ℃,最高温度不超过30 ℃)、而相对湿度很大(日平均大于80%)时(见图6.7),住宅若采用单一由温度控制的空调设备,设备运行时间很短或不运行,潮湿的室外空气进入室内将使室内空气湿度超过热环境质量标准的限值。

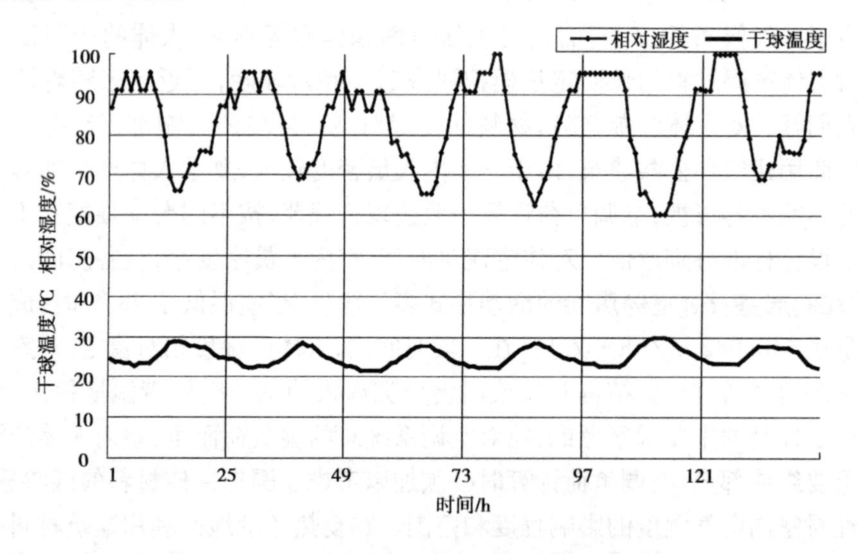

图6.7　成都6月份室外空气相对湿度和温度的变化

依靠单一的温度控制方式很难满足室内温湿度控制标准,尤其是湿度标准。室内潜热负荷主要来自于渗入的潮湿空气。为此,新风湿度控制应尽量减少渗入空气量,同时采用独立新风处理设备的方法对居室采用新风、回风分离的空气处理系统:对新风预处理至机器露点温度再送入室内,承担室内所有的潜热负荷,而房间空调器干工况运行(负荷显热比为1.0)。使居室内保持正压,从而达到室内湿度控制的目的。新风机组采用露点温度控制或含湿量控制,这不同于房间空调器的恒温控制或焓值控制,新风机组提供冷量的显热比应小于房间空调器的显热比,才能满足新风除湿的需要。空调除湿多工况运行与温湿度分别控制的复合式空气处理系统将成为暖通空调设计和设备开发的发展趋势。

6.6.3 不同通风方式下的室内空气湿度控制策略

根据短期天气变化特点充分利用室外温湿度的日变化周期性特点，采用白天限制通风、夜间强化通风的方式，将夜间低温的冷资源调配到白天用于高温时居室降温；利用建筑材料和室内装饰材料的蓄热、蓄湿特性对温湿度的峰谷值进行调配。实现气候资源在一天内的短期调配，从而达到节约能源的目的。

湿热气候条件下住宅室内环境湿度高，相应的需要人体周围有较高的气流速度，以增加汗液蒸发率，并尽可能地避免由于皮肤和衣服潮湿所带来的不舒适。但即使有充分的通风，在湿热气候下所能达到的舒适条件也是有一定限度的。

室外空气温度低于室内空气设计温度，按单纯降温通风条件可以进行强化通风来降低室内空气温度来消除室内蓄热，若此时室外空气的湿度高于室内空气的设计湿度，室外空气不做任何处理而直接进入室内，使室内空气相对湿度可能超过热环境质量标准允许的上限值，还会导致室内多孔建筑装饰材料的蓄湿增加和除湿能耗的增加。

夏季晴天采用间歇通风方式，当夜晚和清晨空调停止运行或按经济节能模式运行时，低温高湿的室外空气进入室内，对外围护结构而言，复合墙体的多层材料内部传热的温度梯度方向向外，而传湿的水蒸气压力梯度方向是向内的，材料的当量相对湿度由外向内减少，故墙体表面和内部不会因冷凝出现凝结水，但室内空气湿度会增大。应防止室外空气湿度过高引起的室内围护结构蓄湿导致的不利影响。节能的降温通风应以室内外空气焓差值作为运行方式控制参数，因为空气焓值综合反映了温度和湿度的大小，可作为新风冷耗大小的量度。

在空调、除湿和采暖工况下的通风，向室内提供符合卫生要求的最小新风量，为卫生通风。卫生通风时，室内空气相对湿度应不超过热环境质量标准规定的上限值。

6.6.4 室内参数对季节划分的影响

夏热冬冷地区住宅空调期是指采用间歇通风等无能耗或低能耗的被动冷却方式不能达到室内的舒适性热环境质量要求时空调设备运行的天数集合。若设室内热环境干球温度最高允许值为 $t_{n,c}$，设 $0.44t_{w,max}+0.56t_{w,min}$ 为室外加权日平均温度，用符号 $t_{w,jp}$ 表示，则属于空调期天数的判断条件为

$$0.44t_{w,max}+0.56t_{w,min}>t_{n,c} \text{ 或 } t_{w,jp}>t_{n,c} \tag{6.13}$$

若此时室外气温不满足式(6.13)，且高于采暖期室内最低温度 $t_{n,h}$，即在不属于空调期和采暖期的天数内，这时为保证室内环境质量需对室外空气进行除湿处理，能耗主要是新风的除湿能耗，因而把这样的天数单独作为除湿期天数。设 $\varphi_{w,p}$ 为室外空气日平均相对湿度，$\varphi_{n,max}$ 为室内热环境上限相对湿度，其余符号同前定义。所以，除湿期天数的判断条件为

$$t_{n,h}\leqslant 0.44t_{w,max}+0.56t_{w,min}\leqslant t_{n,c} \text{ 且 } \varphi_{w,p}>\varphi_{n,max} \tag{6.14}$$

与空调期相比，除湿期内室外日平均气温较低，室内空气温度随室外气温波动，但从

日平均温度来看,室内日平均温度与室外日平均气温比较接近,因而除湿期内室内空气温度不是定值,而是在 $t_{n,c}$ 和 $t_{n,h}$ 的范围内随室外空气温度变化的动态参数。采用当地室外逐时气象数据,可以求得室外 $t_{w,jp}$ 和 $\varphi_{w,p}$,判断是否属于除湿期。若属于除湿期,则设室内日平均温度等于室外日平均气温 $t_{w,p}$,再结合建筑室内允许的最大相对湿度和当地大气压力,按湿空气状态方程计算得到除湿期室内最大允许含湿量和最大允许焓值的逐日值,作为除湿期新风耗冷量计算的基础。

采暖期天数(HDD)的判断条件根据当地冬季日照率确定。冬季日照率<20%的地区,室外日平均温度<10 ℃的累年平均总日数为采暖期天数;冬季日照率为20%~30%的地区,室外日平均温度<9 ℃的累年平均总日数为采暖期天数;冬季日照率为30%~40%的地区,室外日平均温度<8 ℃的累年平均总日数为采暖期天数;冬季日照率为40%~50%的地区,室外日平均温度<7 ℃的累年平均总日数为采暖期天数。根据 TMY_2 室外空气逐时温度确定各地区的采暖期天数,并计算采暖期室外空气的平均温度 $\bar{t}_{w,h}$,见表6.7。采暖期采用的是 $t_{w,p}$ 一项指标,新风处理以加热为主。

表6.7 夏热冬冷地区主要城市采暖期室外空气温度指标 单位:℃

地　点	重庆	武汉	长沙	南昌	南京	上海	杭州	合肥	成都
$t_{w,p}$	≤10	≤8	≤9	≤8	≤7	≤7	≤7	≤7	≤9
$\bar{t}_{w,h}$	7.91	4.46	5.83	5.23	3.61	3.82	4.34	3.58	6.28

注:$\bar{t}_{w,h}$ 为采暖期室外平均温度。

根据上述节能住宅空调期、除湿期和采暖期的定义,采用 TMY_2 气象数据计算,得到夏热冬冷地区主要城市在不同室内设计参数下全年的空调期、除湿期和采暖期天数,见表6.8。

表6.8 夏热冬冷地区主要城市在不同室内设计参数下全年的空调期、除湿期和采暖期天数 单位:d

地点	重庆	武汉	长沙	南昌	南京	上海	杭州	合肥	成都
($t_{n,c}=28$ ℃,$\varphi_{n,max}=70\%$,$t_{n,h}=18$ ℃)									
空调期	69	46	66	65	43	40	57	28	13
除湿期	113	123	102	99	101	107	88	106	157
采暖期	60	84	92	67	91	77	69	85	77
($t_{n,c}=26$ ℃,$\varphi_{n,max}=70\%$)									
空调期	99	86	95	99	69	64	81	56	45
除湿期	87	85	75	67	77	85	66	82	126
($t_{n,c}=24$ ℃,$\varphi_{n,max}=70\%$)									
空调期	122	112	117	130	98	88	111	87	81

续表

地点	重庆	武汉	长沙	南昌	南京	上海	杭州	合肥	成都
除湿期	70	60	56	40	53	62	41	58	99
($t_{n,c}=28$ ℃,$\varphi_{n,max}=60\%$)									
除湿期	121	128	111	115	122	123	104	132	161
($t_{n,c}=26$ ℃,$\varphi_{n,max}=60\%$)									
除湿期	90	88	83	80	96	101	81	104	129
($t_{n,c}=24$ ℃,$\varphi_{n,max}=60\%$)									
除湿期	70	62	63	52	65	76	53	73	102
($t_{n,c}=28$ ℃,$\varphi_{n,max}=50\%$)									
除湿期	121	133	111	122	126	126	109	139	161
($t_{n,c}=26$ ℃,$\varphi_{n,max}=50\%$)									
除湿期	90	92	83	87	100	104	86	110	129
($t_{n,c}=24$ ℃,$\varphi_{n,max}=50\%$)									
除湿期	70	66	63	58	71	79	54	80	102

根据夏热冬冷地区住宅建筑空调期、除湿期和采暖期的划分原则,可以确定住宅全年新风系统卫生通风的转换条件,以及不同时期新风热湿处理工况与新风冷热耗量的关系。

如图6.8所示,X轴为室外空气温度t_w;Y轴为新风负荷,Y轴正向表示新风冷负荷、负向表示热负荷。B点$t_{n,h}$为采暖期室内空气设定干球温度,F点$t_{n,c}$为夏季室内最高允许干球温度。BCR线表示室外日平均相对湿度$\varphi_{w,p}$等于室内最高允许的相对湿度$\varphi_{n,max}$的临界线,作为除湿期划分的边界线之一,是划分热舒适通风区域与除湿期的分界线。FCD线为室外空气加权平均温度$t_{w,jp}$等于室内最高允许温度$t_{n,c}$的临界线,作为划分空调期的边界线。空调期内采用的是干球温度一项指标,所以其室外空气日平均相对湿度可能高于室内最高允许的相对湿度$\varphi_{n,max}$(如区域$FCREF$),也可能低于$\varphi_{n,max}$(如区域CDR),但由于该地区气候潮湿,前者出现的频率远远高于后者。

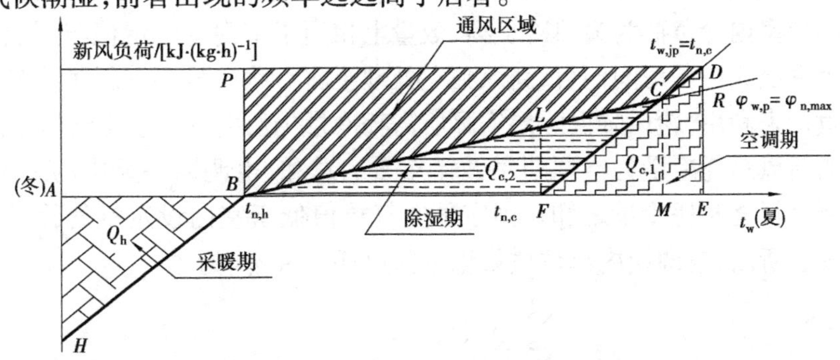

图6.8　全年新风冷热耗量与新风处理设备运行工况转换条件的关系

从面域分析,图中区域面积代表新风冷热耗量。*H* 点表示新风冬季最大热负荷,则区域 *ABHA* 为采暖期新风耗热量 Q_h,采暖期新风耗热量为加热新风耗热量,随着室外空气温度降低,新风耗热量增大。*D* 点表示新风夏季最大冷负荷,区域 *BLCFB* 为除湿期新风耗冷量 $Q_{c,2}$,区域 *FCDEF* 为空调期新风耗冷量 $Q_{c,1}$。此外,空调期和除湿期在出现时间上有相互交错的特点,在区域 *FLCM* 内,新风降温和除湿并重,在 *FC* 线上方为除湿期,下方为空调期。在空调期内,区域 *CDR* 的室外日平均相对湿度小于 $\varphi_{n,max}$,此时可只对新风进行干冷却,其余部分则要求湿冷却。在除湿期内,区域 *BLFB* 为独立除湿,新风不需要降温,而与空调期交错出现的 *LCF* 区域则需要降温除湿。可见,对空调期和除湿期的新风系统,单一的温度或湿度控制都难以实现空气不同热湿处理工况的转换,而必须根据室外空气温湿度的变化对新风系统的温湿度同时监控。

在除湿期和空调期以上的 *BLCD* 区域则采用通风方式满足室内热环境的舒适性要求,属于热舒适通风或降温通风区域。该区域判断指标也必须同时考虑室外空气温度和湿度两项指标,温度指标作为与空调期的划分界线(如 *CD* 线),湿度指标作为与除湿期的划分界线(如 *BC* 线)。可见,降温通风不能只采用室外空气温度一项指标。

6.7 新风全年能耗分析

6.7.1 新风耗冷量

新风耗冷量是指在新风的处理过程中,需由制冷机或天然冷源提供的冷量,其大小取决于新风热湿处理过程前后的焓差和新风量。

1)空调期新风耗冷量计算基本方法

在空调期内,新风被处理到低于室内设定空气状态焓值送入室内,此时处理单位质量的新风需消耗的冷量为室外空气焓值与新风处理后的露点焓值之差。这部分冷量除承担新风自身负荷以外还可承担部分室内显热冷负荷,相应减少了室内冷负荷的耗冷量,新风多承担的这部分室内冷负荷为显热冷负荷,数量上相当于室内空气焓值与露点焓值之差。对空调期整个系统或空调房间而言,新风独立处理至露点状态虽多消耗了冷量,但可作为承担室内冷负荷来利用,新风降温除湿实际所需耗冷量仍然由室内外空气焓差计算确定。

空调期的新风总耗冷量为空调期每天耗冷量的总和,空调期一天中的新风耗冷量等于该日内空调运行逐时耗冷量之和。当室外空气焓值低于室内设定空气状态焓值时,新风耗冷量为零。所以,空调期内单位质量流量新风耗冷量 $q_{c,1}$ 为

$$q_{c,1}=\frac{\sum\limits_{N=1}^{\mathrm{DNAC}}\sum\limits_{\tau=1}^{m}(i_w-i_n)}{3\,600}\qquad i_w>i_n \tag{6.15}$$

式中　$q_{c,1}$——空调期内单位质量流量的新风耗冷量,kW·h/(kg·h^{-1});

i_w, i_n——室外、室内空气的焓值,kJ/kg;

DNAC——夏季空调期天数,d;

m——对应每个空调期天数中室外空气焓值高于室内空气焓值的时数,h。

2)除湿期新风耗冷量计算基本方法

在除湿期内,若采用常规的冷冻除湿,新风处理后的机器露点为室内空气允许的最大含湿量与相对湿度90%的交点。除湿期内室内冷负荷很小或为零,因而新风露点送风使室内空气温度降低。当室内空气温度已经在热舒适区域内时,这部分使室内空气降温的冷量实际上被浪费掉。因此,除湿期采用冷冻除湿将新风处理至露点的耗冷量为最大理论耗冷量,简称除湿期冷冻除湿耗冷量。

除湿期内采用冷冻除湿单位质量流量的新风总耗冷量为

$$q_{c,2} = \frac{\sum_{N=1}^{DNDH} \sum_{t=1}^{n} (i_w - i_K)}{3\,600} \qquad i_w > i_K \tag{6.16}$$

式中　$q_{c,2}$——除湿期内单位质量流量的新风冷冻除湿耗冷量,kW·h/(kg·h^{-1});

i_w——除湿期室外空气焓值,逐时值,kJ/kg;

i_K——除湿期机器露点焓值,机器露点含湿量 $d_K = d_{n,max}$,相对湿度为90%,kJ/kg;

DNDH——除湿期天数,d;

n——对应除湿期每天中室外空气焓值高于机器露点焓值的时数,h。

新风除湿方式很多,不同除湿方式的耗冷量大小不同。除湿期内,室内空气温度随室外气温波动,且室外空气日平均温度低于室内热环境质量允许的设定温度。所以,除湿期内可不考虑新风的显热冷负荷。当新风直接处理至室内热环境质量允许的热舒适范围时,新风耗冷量取决于新风湿负荷即潜热冷负荷的大小,此时新风耗冷量最小,称为除湿期最小理论耗冷量,用符号 $q_{c,min}$ 表示。除湿期最小理论耗冷量为

$$q_{c,min} = \frac{0.001 r_q \sum_{N=1}^{DNDH} \sum_{t=1}^{n} (d_w - d_K)}{3\,600} \qquad d_w > d_K \tag{6.17}$$

式中　$q_{c,min}$——除湿期新风最小理论耗冷量,kW·h/(kg·h^{-1});

d_w——除湿期室外空气含湿量值,逐时值,g/kg;

d_K——除湿期机器露点含湿量,$d_K = d_{n,max}$,逐日值,g/kg;

r_q——单位质量水在常温常压下的汽化潜热,取2 440 kJ/kg(对应饱和温度25 ℃)。

所以,除湿期采用冷冻方式处理新风多消耗的冷量为

$$\Delta q_{c,2} = \frac{\sum_{N=1}^{DNDH} \sum_{t=1}^{n} [(i_w - i_K) - 0.001 r_q (d_w - d_K)]}{3\,600} \tag{6.18}$$

式中　$\Delta q_{c,2}$——采用不同新风除湿方式最大可节省的耗冷量,kW·h/(kg·h^{-1})。

这表明,要减少新风除湿期耗冷量,降低新风能耗,应从新风除湿方式上寻求新途径。

6.7.2 新风耗热量

采暖期新风耗热量 q_h 采用度日法,计算公式如下

$$q_h = \frac{24c_p(t_{n\cdot h} - \bar{t}_{w\cdot h})\text{HDD}}{3\,600} \tag{6.19}$$

式中 q_h——单位质量新风采暖期的耗热量,kW·h/(kg·h^{-1});

c_p——空气比定压热容,取 1.01 kJ/(kg·℃);

$t_{n\cdot h}$——采暖期室内空气设定温度,取 18 ℃;

$\bar{t}_{w\cdot h}$——采暖期室外平均温度,采用当地的 TMY_2 气象数据计算,℃。

6.7.3 新风冷热量分析

1) φ=70% 新风冷热耗量计算结果与分析

采用 TMY_2 气象数据,按夏热冬冷地区住宅空调期、除湿期和采暖期的判断条件和冷热耗量计算基本公式,φ_N=70%,不同设计温度下单位质量流量新风的冷热耗量如表 6.9 所示。

表 6.9 夏热冬冷地区主要城市单位质量流量新风冷热耗量 单位:kW·h/(kg·h^{-1})

地名		新风耗冷量			不同除湿方法可最大节省耗冷量	新风耗热量
		空调期	除湿期最小理论值	除湿期冷冻除湿耗冷量		
(室内最高允许温度 28 ℃,φ=70%)						室内设定温度 18 ℃
重庆		1.95	3.17	6.11	2.94	4.04
武汉		2.27	3.72	6.16	2.44	7.58
长沙		3.17	3.22	5.91	2.69	7.54
南昌		3.62	3.59	6.35	2.76	5.76
南京		2.58	3.49	6.22	2.73	8.82
上海		2.35	3.28	6.16	2.88	7.35
杭州		2.64	3.08	5.54	2.46	6.35
合肥		1.36	3.67	6.62	2.95	8.25
成都		0.36	4.22	8.92	4.70	6.02
平均	总耗冷量 8.70	2.26	3.49	6.44	2.95	总耗热量 6.86
(室内最高允许温度 26 ℃,φ=70%)						室内设定温度 18 ℃
重庆		5.57	2.59	4.89	2.30	4.04
武汉		5.80	2.65	4.39	1.74	7.58

续表

地　名		新风耗冷量			不同除湿方法可最大节省耗冷量	新风耗热量
		空调期	除湿期最小理论值	除湿期冷冻除湿耗冷量		
（室内最高允许温度 26 ℃，φ = 70%）						室内设定温度 18 ℃
长沙		7.20	2.42	4.39	1.97	7.54
南昌		8.26	2.36	4.20	1.84	5.76
南京		6.09	2.65	4.81	2.16	8.82
上海		5.38	2.60	4.93	2.33	7.35
杭州		6.35	2.21	4.04	1.83	6.35
合肥		3.65	2.72	5.01	2.29	8.25
成都		1.99	3.58	7.74	4.16	6.02
平均	总耗冷量 10.52	5.59	2.64	4.93	2.29	耗热量 6.86
重庆		10.36	1.83	3.49	1.66	4.04
武汉		10.45	1.81	3.43	1.62	7.58
长沙		12.20	1.74	3.11	1.37	7.54
南昌		13.79	1.31	2.38	1.07	5.76
南京		10.01	1.89	3.48	1.59	8.82
上海		9.37	1.66	3.31	1.65	7.35
杭州		10.80	1.35	2.47	1.12	6.35
合肥		6.87	1.94	3.56	1.62	8.25
成都		4.99	2.55	5.70	3.15	6.02
平均	总耗冷量 13.31	9.87	1.79	3.44	1.65	耗热量 6.86

注：除湿期新风耗冷量以冷冻除湿为比较基础，对夏热冬冷地区不同城市新风冷热耗量求平均。

计算结果表明：室内空气相对湿度一定时，随着夏季室内热环境温度临界值从 28 ~ 24 ℃降低，空调期天数增加，空调期新风耗冷量增加，同时除湿期天数减少，除湿期新风耗冷量减少，但空调期除湿期新风总耗冷量增加，平均室内空气温度每降低 1 ℃，新风空调除湿耗冷量平均增加 1.15 kW · h/(kg · h^{-1})。该地区不同城市的新风冷热耗量表明：南昌炎热程度最重，成都最潮湿，而南京相对最寒冷。从新风节能角度分析，要降低新风耗冷量，当室内设定温度较高时主要是降低除湿期新风耗冷量，气候越潮湿的地区新风除湿耗冷量越大。所以，通过采用不同的新风除湿方式成都地区新风除湿节能潜力最大，分别可达到 4.70，4.16，3.15 kW · h/(kg · h^{-1})（对应室内最高允许温度 28，26，24 ℃）；重庆次之，分别可达到 2.94，2.30，1.66 kW · h/(kg · h^{-1})。

2)相对湿度指标变化对新风耗冷量的影响分析

室内空气相对湿度的设定值不仅影响室内热环境的舒适性评价,而且对新风能耗产生重要影响。为分析室内相对湿度上限值的变化对新风耗冷量的影响,下面对室内相对湿度设定值分别为60%和50%两种情况下,计算夏热冬冷地区主要城市单位质量新风耗冷量,计算结果如表6.10所示。

表6.10 夏热冬冷地区主要城市单位质量新风耗冷量($\varphi_N=60\%,50\%$)

单位:kW·h/(kg·h^{-1})

参数	空调期耗冷量 $q_{c,1}$		除湿期新风耗冷量				总耗冷量 $q_{c,1}+q_{c,2}$	
			最小理论值		冷冻除湿 $q_{c,2}$			
$\varphi_{n,max}$	60%	50%	60%	50%	60%	50%	60%	50%
室内允许最高温度为28 ℃时								
重庆	4.41	7.12	6.96	10.53	12.43	18.07	16.84	25.19
武汉	4.03	5.97	7.35	11.23	12.88	18.81	16.91	24.78
长沙	5.91	8.82	6.37	9.63	11.27	16.48	17.18	25.30
南昌	6.34	9.16	6.86	10.52	11.86	17.65	18.2	26.81
南京	4.31	6.16	6.40	9.87	11.67	17.08	15.98	23.24
上海	4.06	5.76	6.60	10.19	12.03	17.25	16.09	23.01
杭州	4.96	7.41	5.88	9.08	10.63	16.00	15.59	23.41
合肥	2.42	3.58	6.89	10.68	12.77	18.93	15.19	22.51
成都	0.74	1.26	8.60	13.10	16.37	23.38	17.11	24.64
夏热冬冷地区平均值	4.13	6.14	6.88	10.54	12.43	18.18	16.57	24.32
室内允许最高温度为26 ℃时								
重庆	8.94	12.61	5.16	7.74	9.14	13.31	18.08	25.92
武汉		12.28	4.69	7.06	8.36	12.12	17.33	24.40
长沙	10.80	14.47	4.34	6.28	7.57	10.73	18.37	25.20
南昌	11.90	15.67	4.43	6.34	7.81	10.93	19.71	26.60
南京	8.31	10.97	4.35	6.44	7.93	11.29	16.24	22.26
上海	7.77	10.33	4.93	7.72	9.29	13.37	17.06	23.70
杭州	9.32	12.43	3.95	5.93	7.12	10.55	16.44	22.98
合肥	5.56	7.66	5.00	7.80	9.50	14.14	15.06	21.80
成都	3.55	5.27	6.29	9.76	12.07	17.88	15.62	23.15
夏热冬冷地区平均值	8.35	11.30	4.79	7.23	8.75	12.70	17.10	24.00

续表

参　数	空调期耗冷量 $q_{c,1}$		除湿期新风耗冷量				总耗冷量 $q_{c,1}+q_{c,2}$	
			最小理论值		冷冻除湿 $q_{c,2}$			
$\varphi_{n,max}$	60%	50%	60%	50%	60%	50%	60%	50%
室内允许最高温度为 24 ℃时								
重庆	14.30	18.44	3.40	5.15	6.07	8.95	20.37	27.39
武汉	14.04	17.74	3.15	4.82	5.88	8.46	19.92	26.20
长沙	10.06	19.99	3.00	4.26	5.20	7.30	15.26	27.29
南昌	18.03	22.38	2.36	3.41	4.32	6.09	22.35	28.47
南京	13.14	16.34	2.57	3.83	4.99	7.08	18.13	23.42
上海	12.34	15.33	3.31	5.10	6.27	9.16	18.61	24.49
杭州	14.28	17.89	2.29	3.37	4.16	6.03	18.44	23.92
合肥	9.43	12.91	3.48	5.36	6.56	9.29	15.99	22.20
成都	7.55	10.25	4.36	6.65	8.66	12.65	16.21	22.90
夏热冬冷地区平均值	12.57	16.81	3.10	4.66	5.79	8.33	18.36	25.14

注:新风总耗冷量为空调期耗冷量与除湿期冷冻除湿耗冷量的总和,以此作为比较基础。

对比表 6.8 ~ 表 6.10 计算结果,可以看出:

①相对湿度指标下降,除湿期天数增加,但增加幅度较小。这是因为夏热冬冷地区气候潮湿,月平均相对湿度都在 70% 以上,在 4—10 月室外日平均温度高于 18 ℃的天数内,日平均相对湿度低于 70% 的天数很少出现,因而当室内相对湿度指标从 70% 降到 50% 的过程中,对除湿期天数的影响很小,并且气候越潮湿的城市这一影响就越不明显。

②当室内热环境温度设定不变时,室内设定相对湿度降低时空调期和除湿期新风耗冷量都增加,并且室内设定温度越高,总耗冷量的增加就越明显。以夏热冬冷地区的平均耗冷量分析,室内相对湿度每降低 10%,新风总耗冷量分别增加 7.81,6.74,5.92 kW · h/(kg · h^{-1})(对应室内最高允许温度 28,26,24 ℃)。可见,当室内空气温湿度在满足 PMV 热舒适综合评价指标的前提下,为降低新风耗冷量,室内空气相对湿度不宜设得过低。

③当室内空气相对湿度一定时,室内设定温度降低时新风总耗冷量呈增加趋势,并且相对湿度设定值越高,干球温度设定值对新风总耗冷量的增加影响就越明显,按夏热冬冷地区新风耗冷量的平均值统计,室内设定温度每降低 1 ℃,新风总耗冷量平均增加 1.15,0.90,0.73 kW · h/(kg · h^{-1})(对应室内设定相对湿度分别为 70%、60% 和 50%)。可见,在满足 PMV 热舒适综合评价指标的前提下,当室内空气相对湿度越高,通过提高室内空气干球温度设定值来降低新风耗冷量的效果越明显。需要说明的是:当室内空气设定相对湿度为 50% 时,室内空气设定温度为 28 ℃时新风总耗冷量略大于设定温度为 26 ℃时的总耗冷量,这是由于空调期新风耗冷量增加的幅度小于除湿期冷冻除湿新风耗冷量降

低的幅度所致。

6.7.4 节能措施

卫生通风的新风供给方式应尽量采用独立新风系统。新风机组可考虑按户集中处理和按楼集中处理两种方式。目前,国内外市场上新风机组能处理的最小新风量一般在1 000 m^3/h以上,而建筑面积在100 m^2 的住宅卫生通风量一般在300 m^3/h 左右,因而为适应新风按户集中供给要求,新风机组还应向小型化发展。按楼集中的新风机组应能适应住宅新风负荷的参差性,通风机应具有变速功能,以适应总新风量变化的要求。对当前许多住宅还没有条件设独立新风系统的情况,可考虑安装带全热交换器的通风机,并与厨房、卫生间的排风系统联动,以保证室内正压和良好的室内空气品质。新风机组对新风进行热湿处理时,应能根据室外空气温湿度的变化,按图6.8 全年新风运行转换条件对处理后的空气温度和湿度同时控制。

夏热冬冷地区住宅通风应重视室内湿度控制,尤其是空调期和除湿期内的湿度控制。该地区住宅宜采用间歇通风方案,即空调和除湿设备运行的时数内按卫生通风方式提供新风量,空调和除湿设备停止运行的时数内按热舒适通风提供室内温湿度较低的新风,实现降温通风的目的。全年新风运行工况转换条件与新风冷热耗量的大小关系在图6.8 中给出,作为新风系统全年运行控制基础。

新建节能住宅应尽可能采用温湿度同时控制的独立新风系统,空调期和除湿新风热湿处理工况的转换应采用温湿度同时监控的策略。同样,通风区域的降温通风运行时间也应同时考虑室外空气的温湿度限制条件,才能同时满足室内热环境质量控制和降低新风能耗的要求。

6.8 改善夏季通风控制

6.8.1 夏季应改变全天持续自然通风的传统方式

长期以来,建筑界及普通居民一直把全天持续自然通风作为住宅夏季降温的主要手段之一。实践证明,这一手段在白天效果很差,甚至反而恶化室内热环境。

全天持续通风被长期采用有其社会历史原因:在社会经济发展水平和人民生活水平都很低的过去,住宅人员密度大,炊事清洗等热湿源及其他室内空气污染源和人混杂在一起,住宅围护结构热工性能差,遮阳隔热措施不力。室内散热量和通过围护结构传入室内的太阳辐射热,使室内气温即使在午后也超过室外。因而全天都有需要引入室外空气排除室内热量。另外,室内大量散湿和其他空气污染源造成室内空气品质恶劣,更促使居住者渴望开窗通风。夏季,住宅全天开窗通风的控制方式是与过于低下了社会住宅水平相适应的。

现在,上述社会情况已经发生根本性变化。住宅内人员密度减少,家庭人均居住面积已超过 12 m^2。厨房、卫生间和居室分开,炊事、清洗等室内热湿源得到控制,不再将热、湿量散发到居室内。这些变化使住宅白天特别是午后气温低于室外。这种情况下,白天进入室内的室外空气所起的作用发生了根本性改变,由原来的排除室内热量变为向室内带入热量,恶化室内热环境。因此,夏季全天持续自然通风的控制方式已经和社会居住水平不相适应,应予放弃。

6.8.2 夏季住宅宜采用间歇通风

为了降低室内气温在白天,特别是午后室外气温高于室内时,应限制通风,避免热风侵入,遏制室内气温上升,减少室内蓄热;在夜间和清晨室外气温下降、低于室内时强化通风,加快排除室内蓄热,降低室内气温。间歇通风就是特指这种白天限制通风,夜间强化通风的方式。

如表 6.11 所示,实验住宅内人居住面积为 7 ~8 m^2。厨房、卫生间的热、湿量不进入居室,窗遮阳设施良好。从表 6.11 可知,采用间歇通风,住宅内日最高气温可比室外低 3 ~5 ℃,日平均气温可比室外低 1 ℃左右。与全天持续自然通风相比,室内热环境得到显著改善。对比间歇自然通风和间歇机械通风的实验结果,前者在降低夜间和清晨的室内气温方面效果不好,室内清晨最低气温仍比室外高 1.8 ~2.9 ℃。这也意味着室内蓄热未得到彻底消除。夜间和清晨靠自然通风达不到充分降低室内气温、彻底消除室内蓄热的作用,此时室外风微弱。间歇机械通风在这方面的效果是显著的,可使室内外气温差小于 1 ℃。室内蓄热彻底消除,为遏制第二天白天室内气温过高准备了条件。

表 6.11 各种住宅间歇通风的降温效果

通风方式	住宅类型	室外气温日较差/℃	室内外气温差/℃		
			日平均	日最大	日最小
间歇自然通风	240 砖墙	7.1 ±0.8	−0.6 ±0.3	−3.1 ±0.6	2.0 ±0.8
	370 砖墙	8.9 ±0.7	−1.2 ±0.4	−4.8 ±0.8	1.8 ±0.3
	200 厚加气混墙	8.2 ±0.8	−0.3 ±0.2	−3.2 ±0.5	2.9 ±0.3
间歇机械通风	240 砖墙	7.1 ±0.8	−1.4 ±0.4	−3.3 ±0.4	<1.0
	370 砖墙	8.3 ±1.0	−1.9 ±0.5	−4.9 ±1.1	<1.0

注:"−"表示室内气温低于室外。

住宅间歇机械通风的一次投资和能耗与家用电扇相当。室内电扇只是提高了室内风速,起不到强化夜间通风、降低室内气温、消除室内蓄热的作用。合理设计的间歇通风的通风扇,既可进行通风换气,又能提供所需的室内风速。采用间歇机械通风的住宅可不使用电扇,不增加经济负担而获得比电扇更好效果,并能减少空调运行时间,会受到广大居民的欢迎。

6.8.3 夏季住宅间歇机械通风所能达到的效果

间歇机械通风的实质是利用夜间室外相对干、冷的空气，直接降低室内夜间气温和湿度，解决室内夜间闷热问题，同时消除住宅内在白天积蓄的热量和湿量，为在下一个白天借助住宅内部的蓄热、蓄湿作用，使室内气温和湿度不致过高准备好条件。因此，夜间通风的量和质是决定效果的两个主要因素。由于采用机械通风，通风量不再是个严重问题。制约降温效果的关键因素是夜间室外气温下降的程度，它可以用室外气温的日较差来定量表示。间歇机械通风的降温效果表现于室内气温白天低于室外，夜间接近室外。而室内日平均气温低于室外的程度可视为效果好坏的综合表示。

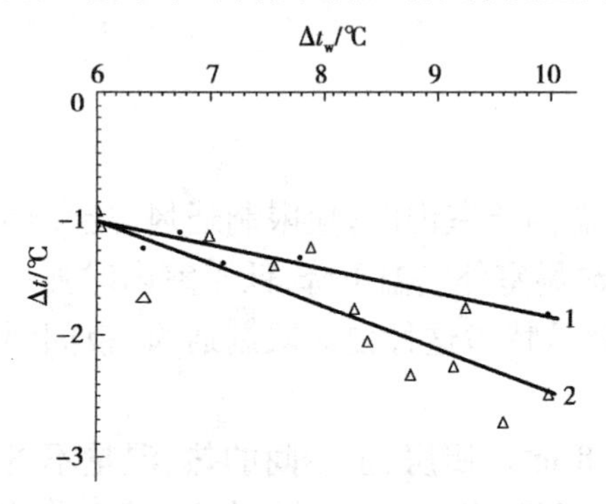

图 6.9 间歇机械通风住宅室内外日平均气温差与室外气温日较差的关系

如图 6.9 所示，Δt 为负值表示室内日平均气温低于室外。用于实验的 370 砖墙住宅和 240 砖墙住宅都是厨房、卫生间齐全的成套住房。居室人员密度，近似按 8 m²/人控制。关闭外门窗，限制通风；夜间机械通风量为 30 ~ 40 m³/h。

图中的曲线的线性回归方程如下：

对于 240 砖墙住宅，即曲线 1

$$\Delta t = -0.20\Delta t_w - 0.06\ ℃ \qquad (6\ ℃ \leqslant \Delta t_w \leqslant 10\ ℃) \tag{6.20}$$

对于 370 砖墙住宅，即曲线 2

$$\Delta t = -0.37\Delta t_w + 1.16\ ℃ \qquad (6\ ℃ \leqslant \Delta t_w \leqslant 10\ ℃) \tag{6.21}$$

可见，随着室外气温日较差的增大，室内平均气温低于室外的程度线性增加。当室外气温日较差小时，240 砖墙与 370 砖墙住宅间歇机械差异不明显。随着室外气温日较差的增大，370 砖墙住宅的效果逐渐优于 240 砖墙住宅。这反映了住宅蓄热能力对间歇机械通风效果的影响也是受室外气温日较差制约的。当室外气温日较差小时，夜间通风所能消除的室内蓄热量有限。住宅室内蓄热能力强的优越性发挥不出来。日较差增大后，夜间通风所能消除的蓄热量增加，使 370 砖墙住宅能在白天积蓄更多热量，遏制白天室内气温上升的能力随之增强。而 240 砖墙住宅则因为蓄热能力不足，不能有力遏制白天室内气温的上升，使室内日平均气温低于室外的程度不及 370 砖墙住宅。

如图 6.10 所示，显然 370 砖墙住宅热稳定性能好，室内气温日较差 Δt_n 比 240 砖墙住宅小，且随室外气温日较差的变化也较平缓。二者的线性回归方程如下：

对于 240 砖墙住宅，有

$$\Delta t_n = 0.69\Delta t_w - 1.68\ ℃ \qquad (6\ ℃ \leqslant \Delta t_w \leqslant 10\ ℃) \tag{6.22}$$

对于 370 砖墙住宅，有

$$\Delta t_n = 0.30\Delta t_w - 0.01\ ℃ \qquad (6\ ℃ \leqslant \Delta t_w \leqslant 10\ ℃) \tag{6.23}$$

根据上述现场实验获得的回归方程和室外气象参数可以初步预测夏热冬冷地区各城市住宅采用间歇机械通风的结果。预测方法如下：

室内日平均气温 $t_{n,p}$ 为

$$t_{n,p} = t_{w,p} + \Delta t \tag{6.24}$$

式中 $t_{w,p}$——夏季室外日平均气温；

Δt——室内外日平均温差，用式(6.20)或式(6.21)计算。

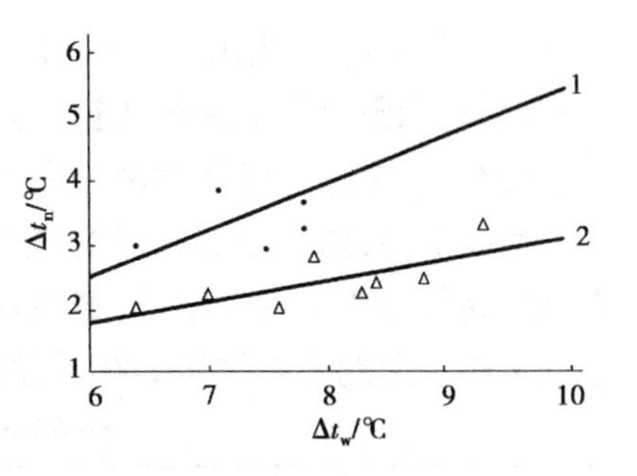

图6.10 间歇机械通风住宅室内气温日较差与室外气温日较差的关系

室内最高气温 $t_{n,max}$ 为

$$t_{n,max} = t_{n,p} + \frac{1}{2}\Delta t_n \tag{6.25}$$

式中 Δt_n——室内气温日较差，用式(6.22)或式(6.23)计算。

6.8.4 建筑白天限制通风的协调措施

限制通风的目的是防止热风侵入。只有当室内气温低于室外，住宅白天限制通风才是合理的；否则，不但不能获得预期效果，反而会使室内热环境比全天持续通风住宅更恶劣。要在关闭外门窗限制通风的情况下保持室内气温低于室外，需要建筑具备相关的整体协调性。

1)协调措施之一：住宅外围护结构的遮阳隔热措施得力

表6.12 窗口遮阳对白天限制通风的作用

墙 体	序 号	窗口遮阳措施	室内外最高气温差/℃	墙 体	序 号	窗口遮阳措施	室内外最高气温差/℃
重质	1	挂浅色内窗帘，窗外为外走廊	-3.6	轻质	1	挂浅色内窗帘，窗外为阳台	-3.7
	2	挂深色内窗帘，窗上有水平固定遮阳板	-2.9		2	窗口无遮阳措施	6.4
	3	窗口无遮阳措施	2.8		3	—	—

注：正值表示室内气温高于室外，负值则相反。

由表6.12可知，同为重质墙体，2号住宅的窗口遮阳措施不及1号，白天限制通风的效果也不及1号好。而重质墙体的3号和轻质墙体的2号，窗口无遮阳措施，大量太阳辐射进入室内，在限制通风的室内产生温室效应，室内最高气温显著高于室外，热环境比开窗通风还恶劣。特别是轻质墙体的2号，由于蓄热能力差，室内气温比室外高出6.4 ℃，窗口遮阳很关键,利用阳台和外走廊可以很好地满足窗口遮阳的要求,特别是南、北向窗。另外,活动遮阳可很好地解决窗口遮阳问题。

表6.13揭示了墙体材料和厚度对白天限制通风住宅内气温的影响。可知,随着墙体热工性能下降,白天限制通风的效果也降低,甚至反而恶化室内热环境。如3号和4号,室内最高气温明显超过室外,显然混凝土空心砌块和混凝土大板墙体住宅,白天不能限制通风。热工性能必须优于240砖墙住宅才具备白天限制通风的条件。

表6.13 墙体对白天限制通风的作用

序　号	墙　体	室内外最高气温差/℃	序　号	墙　体	室内外最高气温差/℃
1	370砖墙	-5.0	3	200厚混凝土空心砌块墙	1.7
2	240砖墙	-3.6	4	120厚混凝土大板墙	7.2

由于屋顶隔热措施不力造成顶层住宅室内过热,如同蒸笼,居住者感受到难忍的烘烤。这种情况下,当然不能关闭外门窗限制通风。但现场实验表明,热工性能好的屋顶,顶层住宅白天关闭外门窗限制通风,室内最高气温可比室外低4 ℃。另外,种植屋面、蓄水屋面等的隔热性能,也使顶层住宅白天限制通风成为可能。建筑节能设计标准使白天限制通风对外围护结构热工性能的要求能够满足。

2)协调措施之二:有效控制室内热、湿源

首先,室内人员密度不能太大。在那些拥挤的住房内,人体的散热、散湿会使室内气温和湿度即使在白天也高于室外,白天不能限制通风。现场实验证明,人均居住面积达到8 m^2/人以上的住宅,白天限制通风可取得良好的效果。

其次,控制炊事、清洗等过程产生的热、湿量。住宅设计要重视厨房、卫生间的排风,注意用局部排风控制厨房、卫生间内散发的热、湿量,使其不扩散到居室内。

居室内的湿式清扫过程应避开白天限制通风这段时间,最好在夜间强化通风之初进行,这既便于通过强化通风及时彻底地排除湿式清扫的散湿量,又有利于加快消除室内蓄热。白天限制通风时,也要尽量避免在居室内长时间使用电吹风、电熨斗等大量散热的设备。

白天限制通风时在居室内吸烟,虽不明显影响室内气温和湿度,但会严重污染室内空气,而且香烟烟雾将大量附着在室内各表面上,逐渐散发,长期影响室内空气质量。现场实验发现,在限制通风时发生过吸烟的居室,很长时间后仍嗅到烟味。

3)协调措施之三:室外空气湿度的控制

如果室外空气的含湿量高于室内舒适状态的含湿量,室外空气因卫生通风进入室内并降温,相对湿度增加,引起闷热和潮湿。在夏季湿热的城市,白天有人居住的房间,限制通风时,需要新风除湿措施相配合。夏季干热的城市,白天限制通风容易获得舒适的室内热环境。

6.8.5 夜间的通风量

夜间通风量越大,降低室内气温、排除室内蓄热的作用越大。但超过一定量后继续增大通风量对效果的改善不再明显,见图 6.11。图中曲线 1 针对 240 砖墙住宅,其回归方程为

$$\Delta t = \frac{1}{0.48 + 0.0149n} \quad (15 次/h \leqslant n \leqslant 85 次/h) \qquad (6.26)$$

式中 Δt——清晨住宅内外气温差,℃;

n——夜间通风量,次/h。

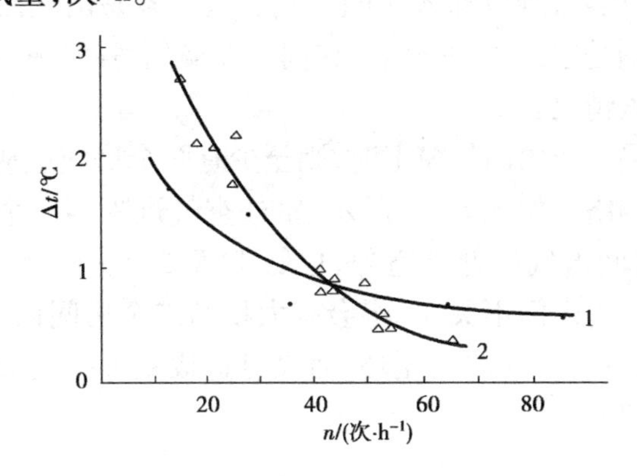

图 6.11 清晨室内外气温差 Δt 与夜间通风量 n 的关系

曲线 2 针对 370 砖墙住宅,其回归方程为

$$\Delta t = \frac{1}{-0.473 + 0.041n}$$

$$(20 次/h \leqslant n \leqslant 65 次/h) \qquad (6.27)$$

从图 6.11 可看出,在 40 次/h 以下,随着通风量的增加室内外气温差下降较快;超过 40 次/h 后,下降趋缓;达到 40 次/h,可将室内外气温差控制在 1 ℃以内,建议夜间通风量取 30 ~ 40 次/h。

6.8.6 通风扇的安装与运行

夏季连晴高温天气,夜间风小甚至静风,自然通风难保证 30 ~ 40 次/h 的通风量,需用通风扇强化住宅夜间通风,通风扇本身并不复杂,但通风扇的安装与运行并不像室内电扇那样简单,处理不当会严重影响效果。通风扇是和住宅一起组成通风系统,房间是风道,外门窗是进排风口,内门的开闭也要影响到通风的效果。

住宅通风扇的安装位置可分为两类:一类是安装在外墙或外门窗上,另一类是在内隔热墙或内门顶上。

通风扇安装在外墙或外门窗上,便于各个房间根据需要单独通风,互不干扰,可分为送风和排风两种。通风扇按送风方式运行,把室外空气直接送入房间,不但提供了所需的通风量,还可同时在室内形成较强的气流,适宜于睡眠以前的通风。送风房间内气压高于

室外和其他不送风房间。室内空气由外门窗排出，也从内门缝隙渗透到其他不送风房间。应注意的是，外门窗排出的室内空气很容易被通风扇吸入，重新送入室内，形成排气流短路，见图6.12。现场实测表明，安装在外门窗上的通风扇，送风的50%左右来自外门窗的排气，仅50%是室外空气。特别是外门窗外的阳台，加强了排气气流的短路。因此，通风扇尽量要远离外门窗安装，这就需在住宅设计时在外墙上的恰当位置预备安装换气扇的孔洞。若只能安装在外门窗上，需将通风扇进口伸出墙外表面之外。当有阳台时，则需伸出阳台之外，才能有效地减少外门窗排气的短路。当通风扇按排风方式运行时，室内气压低于室外和其他不排风房间。室外空气经外门窗进入室内，这时不会发生严重的排气短路，但是外门窗进气气流很弱，难以深入房间里端。室内容易出现滞区，当然也不容易获得较高的室内风速。特别是通风扇和外门窗在同一外墙的房间，窗口进气气流容易短路，这种通风方式适合于睡眠情况。

当通风扇安装在内隔墙或内门气窗上时，则至少有两个房间组成一串联通风系统，甚至整套住房成为一通风网络。如图6.13所示，室外空气进入第一个房间，再由通风扇送入第二个房间，第一个房间内气压低于室外、也低于第二个房间及其他无风机排风的房间。如果此时第一个房间的内门不关闭，将会有大量第二个房间内的空气从内门进入第一个房间，形成房间之间室内空气的大循环，而没有造成室外空气大量进入室内。因此，应关闭第一个房间的内门。

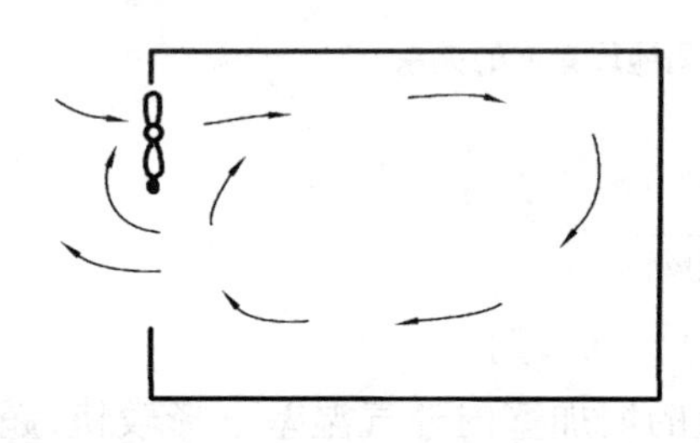

图6.12　通风扇造成气流短路

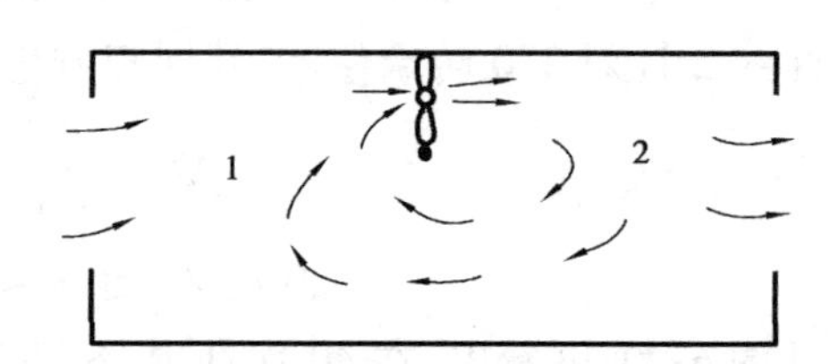

图6.13　房间之间的空气循环

另外，室外空气是在第一个房间内吸收了热、湿量后再送入第二个房间，显然第二个房间内的气温和湿度高于第一个房间。不过，第二个房间内气流速度要高于第一个房间。因此，宜把卧室作为第一个房间，起居室或其他房间作为第二个房间。这样，将两个或整套住房的各房间联锁在一起的通风方式在使用上是不太方便的。

6.8.7　夜间加强通风的整体协调性

作为住宅间歇机械通风用的通风换气扇，运行时间是夜间，噪声是一项特别重要的指标。目前，通风换气扇噪声在白天使用时不明显，但在夜深人静之时，仍然影响室内人员睡眠，要特别注意降低通风换气扇噪声。

通风换气扇风量应与房间容积相协调，宜分1 000，1 500，2 000 m^3/h，分别用于10 m^2以下、12 m^2左右、15 m^2左右的房间。夜间主要依靠夜间住宅周围的冷空气来降低室内气温，产生节能效果。如果住宅区域夜间气温不能迅速下降，夜间加强通风也就失去了意义。城市住宅区内建筑密度较大,难以靠夜间辐射很快冷却室外空气。夜间通风获得凉爽的室外空气,需要规划设计协调。在规划设计时要注意加强住宅区域的换气,避免住宅区处于城市热岛中。沿城市周边规划的住宅区,可利用夜间城市热岛环流,将远郊和乡间的冷空气引入住宅区提高住宅夜间强化通风的降温效果。

6.8.8 间歇通风的气候适应性与社会适应性

间歇通风节能的实质是利用冷空气这一自然冷源给建筑供冷。因此,适用于夏季空气干燥,气温日较差大,夜间气温低的地区。夏季潮湿的城市,间歇通风需要独立的新风除湿装置。

在社会适应性方面,首先要一个安全的社会,人们才能在夜间开着窗户放心睡觉。现在,城市建筑密集,开窗通风往往损害了私密性,拉上窗帘又削弱了通风效果。能遮挡各方面视线,又通风良好的窗口是间歇性通风所需要的。城市卫生和噪声、市民的生理和心理状态,也影响到夜间通风的应用。

讨论(思考)题 6

6.1 对比通风与围护结构保温隔热在建筑节能中的作用角色有何本质性不同。

6.2 分析不同性质的通风的独特作用,发挥其独特作用的技术措施。

6.3 怎么样贯彻优先使用自然通风的原则?

6.4 简述多元通风的应用措施。

6.5 简述通风与多元通风。

6.6 对比分析新风能耗与通风节能效果。

6.7 怎样改善通风?

6.8 怎样实现阳光调节、通风和保温隔热的协调性?

6.9 怎样把握通风的气候适应性与社会适应性?

参考文献 6

[1] 成镭,李百战. 重庆市临江住宅自然通风模拟研究[D]. 硕士学位论文. 重庆大学,2006.

[2] 范园园,付祥钊. 小湾水电站自然通风研究[D]. 硕士学位论文. 重庆大学,2003.

[3] 李小丰,何天祺. 琅琊山水电站地下厂房通风模型装置设计与试验研究[D]. 硕士学位论文. 重庆大学,2003.

[4] 徐光芬,李惠风. 某体育馆气流组织的 CFD 分析[D]. 硕士学位论文. 重庆大

学,2003.
[5] 朱平,刘方. 某候机楼空调气流组织数值模拟[D]. 硕士学位论文. 重庆大学,2005.
[6] 肖益民,付祥钊. 水电站地下洞室群自然通风网络模拟及应用研究[D]. 博士学位论文. 重庆大学,2005.
[7] 付祥钊. 长江流域住宅夏季通风降温方式探讨[J]. 暖通空调,1996.
[8] 付祥钊. 改善长江流域住宅热环境的通风措施[J]. 住宅科技,1994.
[9] 付祥钊. 长江流域间歇通风住宅外墙热工研究[J]. 住宅科技,1995.
[10] 付祥钊. 住宅间歇机械通风的有关问题[J]. 通风除尘,1995.

7 冷热源利用

为了维持建筑热环境的舒适与健康,需要向室内提供一定的冷量和热量。提供冷热量引起的能耗,一方面取决于所提供的冷热量的数量,另一方面取决于从什么样的冷热源获得冷热量、提供这些冷热量的技术原理和技术水平。本章主要介绍向室内提供冷热量的各种冷热源的利用原理和方法。

7.1 冷热源分类与评价指标

7.1.1 冷热源的定义与分类

1)冷热源及其设备的定义

从建筑节能角度,可对冷热源及其设备做如下定义:热源是能够提供热量的物体或空间;冷源是能够提供冷量(吸收热量)的物体或空间;冷热源设备是从冷热源获取冷热量的设备。这是从工程实际的层面上给出的定义,并非严格的物理学定义。按工程习惯,它将吸收热量视为提供冷量。

2)冷热源的分类

冷热源有各种类型,为了便于利用,可以从其提供冷热量的工作原理上将其分为两类:

①自然冷热源:自然界存在的可以直接提供冷热量的物体或空间,如太阳、天空、空气、水体、岩土等。所使用的设备称为自然冷热源设备。空气源、水源、岩土源热泵本质上都是自然冷热源设备。

②能源转换型冷热源:由人为控制的能量转变过程形成的可提供冷热量的物体或空间,如受控燃烧过程、电热转换过程、吸热的还原反应过程等。所使用的设备称为能源转换型冷热源设备。各种燃油、燃气、燃煤和电锅炉都是能源转换型冷热源设备。能量转换过程遵守能量转换与守恒原理,在提供冷热量上同样遵守传热学定律。

7.1.2 冷热源的评价指标

根据不同的需要,可以对冷热源做不同的评价。从建筑节能的气候适应性、社会适应性和整体协调性角度,需要从环境友好性和社会允许性、品位、容量、可靠性和稳定性、从中获取冷热量的技术难度、经济性等方面对冷热源进行评价。

1)环境友好性与社会允许性评价

建筑节能是人类解决能源环境问题的对策之一,环境友好性与社会允许性是评价冷热源的首要指标,不能因冷热源的开发利用造成新的环境问题和社会问题。例如,利用地下水作为冷热源技术的经济性被普遍看好,但因此造成的长期环境影响和社会影响是很难把握的。

①环境影响评价:首先是提供单位冷热量的 CQ_2,SQ_2 等环境污染物的排放量;其次是由于冷热量的提取,冷热源温度上升或下降对生态环境的影响,如对微生物生存与繁殖的影响等;再次是其他相关的环境生态影响。

②政策法规允许性:首先是城市规划、建设、管理方面的政策法规是否允许;其次是能源方面的政策法规。

③社会风俗允许性:主要是当地社会风俗文化、宗教信仰等方面的禁忌。

2)冷热源品位的评价

冷热源品位反映了冷热源的有效利用程度,关系到提供冷热量的技术难度与能耗水平。本书用冷热源的温度与接受冷热量空间温度(室温)的差值来表示。

以接受冷热量的空间或物体的温度 T_0 为基准温度,热源温度 T_h 与基准温度 T_0 的差 ΔT_1 为热源的品位,基准温度 T_0 与冷源温度 T_c 的差 ΔT_2 为冷源的品位。

$$\Delta T_1 = T_h - T_0$$

$$\Delta T_2 = T_0 - T_C$$

进而定义:若 ΔT_1 或 $\Delta T_2 > 0$,热源或冷源为正品位的;若 ΔT_1 或 $\Delta T_2 = 0$ 热源或冷源为零品位的;ΔT_1 或 $\Delta T_2 < 0$ 热源或冷源为负品位。

根据热工学原理,正品位的冷热源不消耗功,可自动地向所需冷热量的空间传递冷热量;而零品位和负品位的冷热源必须通过做功提高其品位,才能将冷热量提供给所需空间。做功是要耗能的。从建筑节能角度考虑,品位是衡量冷热源的一个基本指标。作为自然冷热源,ΔT_1 和 ΔT_2 越大,品位越高,有效利用程度越大,技术难度越小,能耗越低。作为能源转换型冷热源,其技术经济性主要在于能源转换的技术经济性和能源转换效率。

3)冷热源的容量

容量是衡量冷热源的另一个基本指标,如果冷热源的容量小于所需要的冷热量,则该冷热源不能单独承担提供冷热量的任务,还需配备其他的冷热源。容量有两个评价指标:其一是总容量 Q,指冷热源在某一冷热品位的基准上所能提供的总冷热量,单位是 kW · h;其二是时刻容量,指冷热源在确定的工况下单位时间内提供的冷热量 q,单位是 kW 或 W。

4)冷热源的可靠性与稳定性

根据实际工程利用的需要,从冷热源存在的时间角度评价冷热源的指标。可将可靠性的程度分为3类:Ⅰ等,任何时间都存在;Ⅱ等,在确定的时间存在;Ⅲ等,存在时间不确定,随机性大。

Ⅰ等可靠性最佳,无论什么时候都可以从它获取冷热量。Ⅱ等可靠性不能保证随时提供冷热量,但其存在的时间具有可把握的规律性。冷热源存在的时间与需要冷热量的时间之间的关系非常重要,若其存在时间包含了需要冷热量的时间,其可靠程度与Ⅰ等是相当的;若其存在的时间与所需冷热量的时间不一致,其可靠性就下降了。Ⅲ等可靠性由于时间上的不确定性,可应用性很差。可靠性差的冷热源需要有相应的时间调节措施、如蓄冷、蓄热才能在时间上保证冷热量的供给。这必然增加提供冷热量的技术难度,并极有可能增加能耗,降低冷热源利用的有效性。

定义冷热源可靠性参数 k。若冷热源存在的时间集合为 τ_1,需要冷热量的时间集合为 τ_2,则 $k=\dfrac{\tau_1 \cap \tau_2}{\tau_2}$,$k$ 值越大越可靠。

冷热源的稳定性是指冷热源在提供冷热量的过程中其容量和品位的变化特性。

定义冷热源容量稳定性参数 C_q 为

$$C_q = 1 - \frac{q_0 - q}{q_0} \tag{7.1}$$

式中 q_0——冷热源初始时刻的容量,kW;

q——冷热源提供冷热量 Q 后该时刻的容量,kW。

若始终有 $q=q_0$,则 $C_q=1$,这是容量最稳定的冷热源。若 q 逐渐减小,C_q 也逐渐减小。C_q 随 Q 衰减的速率可作为冷热源容量稳定性的评价指标。

定义冷热源的品位稳定性参数 $C_{\Delta T}$为

$$C_{\Delta T} = 1 - \frac{\Delta T_0 - \Delta T}{\Delta T_0} \tag{7.2}$$

式中 ΔT_0——冷热源的初始品位,℃;

ΔT——提供冷热量 Q 后的冷热源品位。

同样,$C_{\Delta T}$随 Q 衰减的速率可作为冷热源品位稳定性的评价指标。

冷热源的 C_q、$C_{\Delta T}$值越大,越稳定。该值为1时,表示稳定不变。按稳定性的差异,可分为3类:Ⅰ类,冷热源的容量和品位不随冷热量的提供过程变化,保持定值即 $C_q=1$,$C_{\Delta T}=1$,属极端稳定性;Ⅱ类,冷热源的容量和品位随冷热量的提供过程有规律的变化;Ⅲ类,冷热源的容量和品位随冷热量的提供过程无规律的变化。

由于Ⅰ类稳定性的冷热源,容量和品位在提供冷热量的过程中不变,其冷热源设备及其冷热输配系统都很简单,且易于调控;具有Ⅱ类稳定性的冷热源,其冷热源设备和冷热输配系统结构和运行调节都比较复杂;具有Ⅲ类稳定性的冷热源很难利用。

5)从冷热源获得冷热量的技术难度

从技术角度考察,从冷热源获取冷热量并向需求的空间输配和释放的难易程度,包括冷热源换热设备、冷热品位调节设备,从冷热源到需求空间的输配系统,末端冷热量提交设备的技术难度。

6)冷热源的经济性

冷热源的经济性是指设备要求、输送距离、投资与允许维护费用等,即从冷热源获取冷热量并输配、提交给需求空间的全过程所需要的寿命周期费用(含失效后的处理费用)与全寿命周期提供的冷热量的关系。冷热源经济性指标 E 计算公式表示为

$$E = \frac{\sum Q}{\sum F} \tag{7.3}$$

式中 $\sum Q$——全寿命周期提供的冷热量,kW·h;

$\sum F$——全寿命周期的费用,元。

7.2 冷热源设备的工作原理与评价指标

7.2.1 冷热源设备的工作原理

按冷热源的分类,可将冷热源设备分为两大类:一类是自然冷热源利用设备,另一类是冷热量产生设备。这两类设备的基本区别在于工作原理上。

自然冷热源利用设备的工作原理是通过做功将冷热源已有的品位提升,使之能提供需求空间,如各种热泵(包括气源热泵、水源热泵、岩土源热泵等)。可将其工作原理简称为"冷热提取"。

能源转换型冷热源设备的工作原理是将其他形式的能源转换为热能。例如,各类燃烧锅炉通过燃烧,将煤、石油、天然气等的化学能转化为热能;各类电热锅炉、电热器通过电热转换,将电能转化热能。可将其工作原理简称为"能源转换"。

"能源转换"受制于能源守恒定律,其效率不可能超过1;"冷热提取"不属于能源转换,不受能量守恒定律制约,其效率(能效比)可以远超过1。当前,建筑最常用的热源是通过煤、石油、天然气等燃料在能源转换设备——锅炉中燃烧产生热量;其次是利用电热转换产生热量。由煤、石油、天然气获得冷热量的主要问题是环境友好性差和社会持续供应时间不长。人类现阶段的任务就是从依靠损害环境且将耗竭的不可再生能源转向可再生的清洁能源。建筑所需冷热量的基准温度是20 ℃左右,相对于生产过程所需的高温热源和低温冷源是最容易从自然环境中获得的。所以,建筑的供热供冷应率先摆脱对煤、石油等不可再生能源的依靠,转向充分、全面利用自然冷热源。从能源品位的充分利用看,煤、石油、天然气燃烧等产生的热量品位可高达几千摄氏度,将其用于20 ℃左右的建筑采暖是极大的浪费。至于电热转换获得热量,鉴于我国电力大多数是火力发电,其环境友好

性仍然很差。再加上发供电效率只有34%左右,其一次能源利用率远比煤、石油、天然气等燃烧供热低。建筑获取冷热量的工作原理应该从“能源转换”改变为“冷热提取”。

7.2.2 建筑常用的能源转换型冷热量产生设备

1)燃煤锅炉

燃煤锅炉单位容积出力小、体积大、煤种适应性差、造价高,污染严重,难以达到环保标准,在征收环境资源费后运行费用会很高。从缓解全球气候变化和二氧化碳减排看,燃煤锅炉作为高碳热量产生设备受限用和禁用。

2)燃油锅炉

设备投资少,炉膛容积热负荷可比燃煤锅炉高近1倍。它不需要庞大的制煤粉设备,燃料油系统很简单,也不需要建立庞大的储煤场、储灰场和储粉仓。设备的检修和维护工作量较小。

燃料不需要进一步加工,输送方便只要提高温度,通过泵升压即可送入锅炉。因此,燃油炉的每吨蒸汽所消耗的电能较少。

尽管燃油锅炉产热量的二氧化碳排量低于燃煤锅炉,但仍然过多,且消耗大量宝贵的高质量燃料。在当前能源短缺、燃料油价很高的情况下,不烧油或少烧油都有着重要的经济意义。

3)燃气锅炉

燃气锅炉具有单位热量的碳排放显著下降、设备占地面积小、节省人力等优点,但安全性不高,燃料运输不便。

4)电锅炉

电锅炉本身无污染,电热能量转化率高,锅炉启/停速度快,运行负荷调节范围大,调节速度快,操作简单。同时,锅炉本体结构简单,安全性好,体积小、重量轻,外形布置灵活,占地面积小,自动化程度高。但是,由于我国电力主要来源于燃煤发电厂,建筑用电热锅炉的原始污染是非常严重的。由于我国发供电效率低,尽管电热锅炉的能量转化效率接近100%,其一次能源利用率仍然只有34%左右,其碳排量仍然很大,环境友好性很差。

5)热电联产设备供热

热电联产供热设备是利用燃料的高品位热能发电后,将其低品位热能供热,这是一种能源梯级利用的技术,具有节约能源,改善环境、提高供热质量、改善电力供应等综合效益。热电厂集中供热与分散供热相比,减少了分散小锅炉房的煤场、灰场的占地面积,具有节约燃料、经济、供热质量高、环保等优点,为建设现代化城市创造了条件。但是,由于热电联产的供热范围大,而且热电厂通常远离生活区,长距离输送,管网初投资高,输送水泵电耗为所输送热量的2%~4%,运行管理费用高。

能源转换型冷热量产生设备的主要性能指标包括:环境友好性、提供的冷热量、提供冷热量的品位、能源转换效率、经济性和社会允许性。

冷热量产生设备一次能源利用效率 η_0 计算公式为

$$\eta_0 = \frac{Q_1}{Q_0} \tag{7.4}$$

式中　Q_1——产生的冷热量；

Q_0——产生冷热量 Q_1 所消耗的一次能源热值。

由于冷热量产生设备的基本工作原理是能量转换，必须遵守能量守恒定律。能量转换过程中，必然有部分能量不能有效地收集利用。因此，冷热量产生设备的一次能源利用效率必然小于100%。

《公共建筑节能设计标准》(GB 50189—2005)对各种锅炉的额定热效率作出了强制性规定，见表7.1。

表7.1　锅炉额定热效率的规定

锅炉类型	热效率/%
燃煤(Ⅱ类烟煤)蒸汽、热水锅炉	78
燃油、燃气蒸汽、热水锅炉	89

7.2.3　冷热提取设备的性能指标

冷热量生产设备可根据冷热源的品位分为两类：

其一，对于品位足够高($\Delta T>0$)的冷热源，当直接向冷热量需求空间输送具有技术可行性和经济合理性时，冷热量提取设备的基本功能是从冷热源采集冷热量向需求空间输送。基本工作原理是从冷热源到采集设备的热量传递，如利用太阳能的太阳能集热器、采集夜空冷量的天空辐射器，以及各种高品位集热、废热及排热的采集设备等。

其二，对于品位低，甚至是零、负品位的冷热源，不可能直接向需求空间提供冷热量，需要先提升冷热源的热量品位，才能向需求空间提供。其冷热源提取设备具有采集冷热量和提升冷热量品位的两种功能。制冷机、热泵都属于这一类。

冷热提取设备的主要性能指标包括环境友好性、提供的热量、提高热量的品位、能效性能、经济性和社会允许性等。

第一类冷热提取设备的能效性能用集热(冷)效率 η 评价。它用冷热提取设备采集的冷热量与冷热源具有的冷热量之比，即

$$\eta = \frac{Q_1}{Q_0} \tag{7.5}$$

式中　Q_1——采集的冷热量，kW·h；

Q_0——冷热源具有的冷热量，kW·h。

第二类冷热提取设备的能效性能用EER(COP)评价。它用冷热量提取设备从冷热源获得的冷热量与其提取这些冷热量过程中所消耗的能量之比表示，即

$$\text{EER} = \frac{Q_{c1}}{E} \qquad \text{COP} = \frac{Q_{h1}}{E}$$

式中　Q_{c1}——获得的品位满足要求的冷量，kW·h；

Q_{h1}——获得的品位满足要求的热量，kW·h；

E——获得 Q_{c1} 和 Q_{h1} 所消耗的能源。

由于第二类冷热源利用设备的工作原理是冷热量的传递与品位提升,不是能量转换,因此获得的冷热量可能大于消耗的能量。其一次能源利用率大于1,当采集过程没有耗费额外能源时,其能效比和一次能源利用率可达无穷大,这与能量守恒并不发生矛盾。

7.3 太阳辐射的利用

7.3.1 太阳辐射热源的评价

太阳表面的辐射温度约为5 760 K,而地球大气层上界接受到的太阳辐射强度约为 1.73×10^{17} W。地球一年获得的太阳辐射热量为 1.8×10^{18} kW·h。这些太阳辐射主要以3种的返回方式返回太空:一种是短波太阳辐射返回,约占30%;另一种为大气、地面长波辐射返回,约占47%;最后一部分是通过水、气循环动力形成气候和天气过程,最后重新辐射回去,约占23%。地球蓄留的太阳辐射比例非常小,主要通过光合作用的只占0.02%,约 4.0×10^{13} W。要将现在蓄留的太阳能再形成煤、石油之类的能源,在人类生存期是做不到的。

太阳辐射作为热源的容量,时空差异大。我国具有丰富的太阳能资源,年日照时数在2 200 h以上的地区约占国土面积的2/3,年辐射量超过600 MJ/m^2,每年地表吸收的太阳能相当于170 000亿吨标准煤的能量,约等于上万个三峡工程发电量的总和。相比较而言,欧洲大部分地区的太阳能年辐射总量仅相当于我国的Ⅲ,Ⅳ类地区(分别见表7.2和表7.3)。从时间分布上看,夏季太阳辐射最大,冬季小。尤其是重庆、贵州北部为代表的4类地区,太阳辐射主要集中在夏季,冬季很少。

表7.2 我国不同类别地区的太阳能年辐射总量 单位:MJ/m^2

地　区	一类地区	二类地区	三类地区	四类地区
年辐射量	>6 700	5 400~6 700	4 200~5 400	<4 200

注:①前三类地区占国土面积的76%;②四川西南、贵州北部低值中心:3 340 MJ/m^2;③西藏南部最高值:9 200 MJ/m^2。

表7.3 欧洲大部分地区的太阳能年辐射总量 单位:MJ/m^2

地　区	赫尔辛基	汉堡	斯德哥尔摩	伦敦	维也纳
年辐射量	3 320	3 428	3 553	3 637	3 887
地　区	巴黎	米兰	威尼斯	雅典	里斯本
年辐射量	4 013	4 473	4 807	5 810	6 897

太阳辐射作为热源的品位是很高的。$\Delta T_h=6\ 000$ K左右,可以直接送入所需的空间。

太阳辐射作为热源，存在的可靠性属于Ⅱ类——在确定的时间存在；品位稳定性属于Ⅰ类——不随时间变化，保持定值；而容量稳定性属于Ⅲ类——随时间无规律地变化，随机性很大。

太阳辐射热的获得技术难度小、经济性好，主要困难是其能量密度小，需要的采集面积大，要求很大的空间设置太阳能采集器。这在建筑密集的城市是有难度的，甚至由此而影响了本来良好的社会允许性和环境友好性。2006年1月1日起施行的《中华人民共和国可再生能源法》第十七条对我国太阳能利用的法律地位做了明确的规定，解决了我国太阳能利用的社会允许性问题。国家鼓励单位、个人安装和使用太阳能热水系统、太阳能供热采暖和制冷系统、太阳能光伏等太阳能利用系统。世界各国建筑能耗中排放的CO_2约占全球排放总量的1/3。其中，住宅约占2/3，公用建筑占1/3。对可再生能源减排潜力的系统研究表明，太阳能光伏应用和太阳能建筑对于CO_2减排贡献。2010年，每年可减排1~5吨标准煤；2030年，每年可达到减排15~30吨标准煤。

针对太阳辐射量稳定差，随机性大的问题。措施是通过蓄热解决太阳辐射热变化规律与热负荷变化难以耦合的困难，必要时设置辅助热源。针对其能量密度小，开发大面积收集技术，如太阳能建筑一体化技术，利用大面积的建筑外表面（大面积）采集太阳能。针对其品位高，充分利用高品位，开发太阳能光伏电池，获得电能（高品位），以及太阳能辐射制冷（半导体制冷）、太阳能吸收式制冷。

7.3.2 太阳能利用的技术途径

目前，太阳能利用主要有两种技术途径，即光热利用和光伏利用。光热技术利用是通过转换装置把太阳辐射转换成热能的利用技术，如太阳能热水器、太阳房、太阳灶、太阳能温室、太阳能干燥系统等。太阳能光热发电是太阳能光热技术的一种，这项技术是利用集热器把太阳辐射热集中起来给水加热产生蒸汽，然后通过汽轮机、发电机发电。

光伏技术利用是通过转换装置把太阳辐射能直接转换成电能的利用技术。光电转换装置通常是利用半导体器件的光伏效应原理进行光电转换的，如太阳能电池、光伏发电站（系统）等。光伏技术成熟、可靠、长寿命、使用方便、无污染、无噪声，易于大规模生产。用太阳能电池组合可建成光伏电站，像常规电站一样为工业、农业、通信、人类生活提供可靠的能源。

光热利用比较简单直接，成本较低，容易普及，光伏利用，前景更广阔，将是以后发展的主流。

古往今来，世界各地的人们在从事建筑活动时都自觉的利用太阳能。例如，我们的祖先在修建房屋的时候都尽可能坐北朝南布置，增加采光集热。采用这些做法的传统建筑可以说是太阳能建筑的雏形。现代建筑学对太阳能建筑的解释是：用太阳能代替部分常规能源提供采暖、热水、空调、照明、通风、动力等一系列功能，以满足或部分满足人们的生活和生产需要的建筑。随着太阳能利用技术的不断发展，太阳能建筑已经从太阳能采暖建筑发展到可以集成太阳能光电、太阳能热水、太阳能吸收式制冷、太阳能通风降温、可控自然采光等新技术的建筑，其技术含量更高，适用范围更广。太阳能建筑不仅包括应用理论和方法，还在向能效评价、工程实测、环保生态等多方面深入。太阳能建筑的推广同样要重视其气候适应性，社会适应性和整体协调性。因地制宜，针对区域气候特征、经济发达程度以及建筑使用特征等因素，采用适宜的建筑技术和太阳能技术。太阳能建筑的发展应基于综合的、多角度的比较，包括建筑节能、投资平衡、复合其他可再生能源、选择配套的常规能源等。太阳能建筑的目标是尽可能的充分利用太阳能来满足建筑能耗的需求，减低常规能源在建筑能耗中的比例。

被动式技术是一种完全通过建筑朝向，周围环境的合理布置，内部空间和外部形体的巧妙处理以及材料、结构的恰当选择，集取、蓄存、分配太阳热能的建筑。其工作机理主要是"温室效应"，如被动式太阳房等。

主动式技术是全部或部分应用太阳能光电和光热新技术为建筑提供能源。例如，太阳能采暖系统：由太阳能集热器、管道、风机或泵、散热器及贮热器等组成；太阳能空调系统：目前采用太阳能溴化锂吸收式空调系统为建筑制冷；太阳能热水系统：应用太阳能集热器组成集中式或分户式太阳能热水系统为用户提供生活热水；太阳能光电系统：应用太阳能光伏电池、蓄电、逆变、控制、并网等设备构成太阳能光电系统。

综合应用包括建筑保温隔热材料运用、自然采光通风、太阳能光热光伏利用、遮阳、光影和舒适环境的创造等内容，全方位地对太阳能资源进行综合利用。

把太阳能同建筑结合起来，把几千年来房屋只是人类居住、遮风挡雨、御寒避暑的简单场所发展成具有独立能源、自我循环式的新型建筑，是建筑节能的发展方向。

今天，太阳能与建筑结合的方式已向"零能房屋"迈进，节能——有望实现建筑的低能耗乃至零能耗，环保——将对地球环境接近零污染。太阳能建筑是现在和将来建筑的发展趋势和方向。

1）太阳能墙

太阳能墙是在建筑物的墙体外侧装一层薄薄的黑色打孔铝板，能吸收照射在墙体上的80%的太阳能量。被吸入铝板的空气经预热后，通过太阳能墙体的热压作用送到建筑物内，从而节约能耗。

2）太阳能窗

有两种采用光热调节的玻璃窗：一种是太阳能温度调节系统，白天采集建筑物窗玻璃表面的暖气，然后把这种太阳能传递到墙和地板的空间存储，到了晚上再放出来；另一种是自动调整进入房间的阳光量，如同变色太阳镜一样，根据房间设定的温度，窗玻璃可变成透明或是不透明。

3）太阳能屋顶

一个装有100多平方米太阳能屋顶的家庭，相当于拥有了一套3.7 kW功率的发电机。这样的家庭装有两个电表：白天，太阳能屋顶发电，除了供自家使用，多余的电输送给大电网；晚上家里的各种电器启动，电网向家庭供电，最后按照两个电表的差值计算这个家庭的电费。

4)太阳能房屋

一座能在基座上转动跟踪阳光的太阳能房屋。该房屋安装在一个圆盘底座上,由一个小型太阳能电动机带动一组齿轮,使房屋底座在环形轨道上以 3 cm/min 的转动速度随太阳转动。这个跟踪太阳的系统所消耗的电力仅为该房太阳能发电功率的 1%,而该房太阳能发电量相当于一般不能转动的太阳能房间的 2 倍。

7.3.3 太阳能与建筑一体化

太阳能与建筑一体化不是简单地将太阳能与建筑"相加",而是要通过建筑的建造技术与太阳能的利用技术的集成,整合出一个新的节能建筑。

1)一体化的设计理念

建筑应该从一开始设计的时候,就要将太阳能系统包含的所有内容作为建筑不可或缺的设计元素加以考虑,巧妙地将太阳能系统的各个部件融入建筑设计的相关专业内容中,使太阳能系统成为建筑组成不可分割的一部分,而不是让太阳能成为建筑的附加构件。

就主动式太阳能建筑对太阳能利用的两种主要形式——光伏发电系统和光热转换系统而言,光伏发电系统在建筑上的外露部件主要是单(多)晶电池板,其颜色极为丰富。光热转换系统在建筑上的外露部件主要是太阳能集热板、集热管、管道,颜色目前以蓝黑色为主。如果将大部分太阳能构件进行隐藏、遮挡、淡化,则太阳能构件在建筑立面上很不明显,这种太阳能建筑形式称为隐藏式。反之,经过潜心设计,将太阳能外露部件与建筑立面进行有机结合,进行大胆地暴露,甚至夸张的展现,如将太阳能部件设计成现代立面装饰构架、屋顶飘板、幕墙、阳台挡板、遮阳构件、雨篷、花架、凉亭、装饰玻璃、建筑小品等。

科学、合理、巧妙的建筑设计对太阳能建筑来说尤为重要。无论是隐藏式还是彰显式,只要设计应用的好,使太阳能设备成为建筑的一个有机组成部分,它的确能为建筑增光添彩,否则无序地乱装将会影响建筑形象甚至有碍城市景观。好的太阳能建筑应从设计中就能品味出它独特的建筑风格,产生事半功倍、震撼人心的建筑艺术效果,体现出一种理性的美、高科技的美、时尚的美和未来的美。

2)一体化的应用标准

太阳能与建筑一体化,其应用标准必须是:环保无污染,节能达标;"主动式"与"被动式"多功能的综合应用,热水、通风、采暖、制冷和发电等单项或多项的综合应用,建筑能大面积收集太阳能,一举多得;系统持久耐用、性能优良、施工便利;太阳能与建筑必须融合、外观统一、协调,而不是简单的拼凑或附加;太阳能产品、构件能够实现预制板式的工业标准化、系列化和商业通用化,与屋顶和墙壁等建筑构件具有可替代性;具有可适用性、经济性、舒适性、美观性;建筑接收太阳能因地制宜,不得再另外占用土地和增加其他设施等。

3)一体化的系统工程

实现太阳能与建筑一体化,让太阳能与建筑进行有机地结合,需要在建筑物的规划、设计、建造、适用、维护及改造等活动中与房地产开发商、太阳能企业、设计单位、政府监管部门形成共识，使得太阳能系统与建筑统一规划、统一设计、统一施工、统一营运管护，将太阳能与建筑物完美结合。

7.4 利用夜空作为冷源

7.4.1 夜空的冷源特性

1）夜空的空间特性

夜空的空间特性表现为室外180°空间角度的天穹范围；在城市密集的建筑群中，只有最高建筑的屋顶才具有完整的180°空间角的夜空；其他建筑屋顶由于被高于它的建筑遮挡，所具有的夜空均小于180°空间角，尤其是夹在高层建筑缝隙中的低矮建筑。建筑侧墙侧窗的夜空只有最大值为90°空间角的天穹范围。由于建筑间的相互遮挡，实际远小于这个值。乡村建筑的夜空资源比城市丰富的多。

2）夜空的温度

夜空的温度受大气中水蒸气含量的影响，水蒸气含量越少，夜空温度越低，则 T_s 为

$$T_s = \sqrt[4]{0.51 + 0.208\sqrt{\rho_a}}\,T_a$$

或

$$T_s = \sqrt[4]{0.741 + 0.006\,2t_1}\,T_a \tag{7.6}$$

式中 ρ_a——大气中水蒸气分压力，kPa；

t_1——夜间空气的露点温度，℃；

T_a——空气温度，K。

当空气中水蒸气分压力 $p_a = 0$ kPa 时：$s = 0.845T_a$；若气温 $T_a = 303$ K，($t_a = 30$ ℃)，则 $T_s = 256$ K，即 $t_s = -17$ ℃，远低于夜间空气温度，这是优良的天然冷源。炎热干燥的中东地区，在最高温度超过45 ℃的持续高温季节中，就是利用夜空作冷源排除建筑白天的蓄热，获得宜居的室内环境，当然建筑的热工特性和白天的遮阳要良好。

当空气中水蒸气饱和时，$p_a = 3.16 \sim 5.5$ kPa（$t_a = 25 \sim 35$ ℃，$T_a = 298 \sim 308$ K）$T_s = (0.968 \sim 0.999)T_a$。这表明，在夜间空气潮湿的地区夜空的温度是接近于夜间气温的，其提供冷量的能力非常弱。我国长江流域虽然夏季高温不及中东地区，但由于气候潮湿，夜空温度不够低，夏季若无空调，夜间室内热环境会更恶劣。而中东地区建筑依靠良好的蓄热性能和低温夜空的利用，仍可以为当地居民提供适宜居住的室内热环境。

对于晴朗的夜空：当气温为 $t_a = 25 \sim 35$ ℃时，夜空温度 $t_s = -21 \sim -13$ ℃。

对于云层密布的夜间：当气温为 $t_a = 25 \sim 35$ ℃，夜空温度 $t_s = 15 \sim 35$ ℃。

夜空温度由空气温度和空气中水蒸气分压力决定。水蒸气分压力越低，夜空温度越

低,这是夏季可贵的天然冷源。

夜空作为冷源的环境友好性是很强的,其容量的大小取决于所具有的夜空空间角,夜空空间角是夜空资源多少的量度。社会允许性方面,关键在于不削弱他人的夜空资源,即不遮挡他人的夜空。

夜空作为冷源的品位主要取决于夜间的晴朗(空气的干燥)程度,以重庆为例,夏季连晴高温天气,夜间气温为28 ℃,相对湿度为70%,即水蒸气分压力为2.52 kPa。夜空温度 $T_s = \sqrt[4]{0.51 + 0.208\sqrt{2.52}} \times 301\text{K} = 288\ \text{K} = 15\ ℃$。26 ℃的室内设计温度,品位 $\Delta T_2 = (26 - 15)℃ = 14\ ℃ > 0$,是正品位冷源,有利用价值。

夜空存在的可靠性好。只要太阳降到地平线以下,就可作为冷源的夜空就存在了。

夜空冷源品位的稳定性较好。只要天气稳定,夜空冷源品位就不会因为提取冷量而下降,而且随着空气中水蒸气的结露,夜空的冷源品位会越来越高。

夜空作为冷源的持续性好,夜空冷源冷量的易获得性好,其关键设备是辐射换热器。

夜空冷源的经济性也较好的,但夜空作为冷源利用,成为一种资源主要表现为空间性,其最大的问题是在城市里各建筑可利用的夜空是有限的。

7.4.2 利用夜空作为冷源的关键问题

利用夜空作为冷源的关键问题有以下几个方面:

①与太阳能利用争夺空间。夜空集冷器怎样和太阳能集热器昼夜轮换利用天空?这需要开发新技术:白天太阳辐射集热(遮阳),夜间天空散热的双功能装置。

②只能通过辐射换热的方式从夜空获得冷量(类似太阳辐射的散射),要有足够的表面敞向夜空。城市和小区规划,建筑布局和立面处理,怎样为利用夜空创造条件?

③建筑内部怎样向夜空散热?怎样将建筑内翻向外?

④夜间采集冷量的蓄存与调节。

需要指出,冬季的夜空是巨大的耗热源,为了减少热损失,冬季为建筑遮挡夜空,如夏季为建筑遮挡太阳辐射一样,有很好的节能价值。

7.5 空气作为冷热源

7.5.1 空气的冷热源特性

常态下(100 kPa的气压,20 ℃的温度),干空气的密度为1.164 kg/m^3,比热容为1.013 kJ/(kg·K)。地球上的空气是含有水蒸气的湿空气。正因为空气中有水蒸气,地球上才有这么多复杂不同的气候和变化不定的天气过程。在湿空气焓湿图上可以观察到,湿空气的丰富状态及其各种变化过程。其主要的状态变化过程有:干升温与干降温过程、加湿升温过程、降温除湿过程等。通过这些过程不仅可以理解结露成霜的机理,获得舒适的空气环境技术,还可以通过这些过程从空气中获取冷热量。

空气具有良好的流动性和自膨胀性与可压缩性。在被提取热量过程中,空气必然引起其显热、潜热或全热的变化,直接表现为空气温湿度的变化。但由于空气良好的流动性,在良好的通风环境下被提取了冷热量的空气,可以顺畅地离开空气冷热源利用设备(气源热泵),而尚未被提取冷热量的空气及时补充到气源热泵,保持进入气源热泵的空气状态稳定。

冬季空气作热源的环境负效应表现为周围一定范围内气温的下降,当这一范围属于公共区域时,必须涉及社会允许性问题。由于整个供暖季节有 $t_w < t_n$,作为冬季热源的空气其热量品位自始至终都是负值,即 $\Delta t_1 < 0$ 是负品位的热源。

空气作为热源的存在可靠性是很好的,空气作为热源的容量和品位不会因热量的提取而下降(通风不良时例外),但必须依靠气源热泵提升品位才能利用,且品位会随冬季的持续和寒潮的来去而变化。通常建筑需要热量最多时,也正是空气热源的品位最低的时候。气源热泵在最高负荷时,对空气热源进行品位的最大提升,此时气源热泵的运行能效比最低,供热能力下降,不得不配备辅助热源。

夏季空气作为冷源的环境负效应不但表现为周围一定范围内温度的上升、环境热舒适性降低,而且还加剧了城市热岛效应。由于采用冷却塔排热的常规水冷冷水机组,实质上也是将空气作为冷源的。冷却塔在微生物生存繁殖方面有温床的作用和传播方面的推动作用,使夏季空气作为冷源的环境友好性进一步降低,而风机的噪声则使社会允许性下降。

由于夏季空气温度与室内温度的大小关系不像冬季那样单纯,空气冷源的品位是变化的。当 $t_w < t_n$ 时,为正品位。由于空气有良好的流动性,可直接利用通风技术向室内供冷,尤其是利用自然通风供冷时,其一次能源利用效率为无穷大。当 $t_w > t_n$ 时,为负品位,必须提升品位才能获得可用的冷量。

空气品位的稳定性还受空气流通条件的影响,若从滞留区取冷量,品位会迅速降低。空气作为冷源的易获得性很好。空气是春秋季(通风季)最好的冷源,尤其适用于室内发热大的建筑。

7.5.2 利用空气作为冷热源的关键问题与技术措施

利用空气作为冷热源需解决以下关键问题:

①品位低,甚至是负品位,随天气过程而变化,空气源热泵要有适应冷热源品位变化造成的品位提升幅度显著变化的能力。

②空气源热泵供冷、供热能力、能效比都与建筑需用冷、热量的变化规律相反。因此,如何合理地配制空气源热泵容量是其关键。

③城市建筑密度的增加,空气源热泵数量的增加都使热泵处的空气容易形成局部涡

流,空气源品位下降不但影响能效和出力,甚至使热泵不能运行。

④冬季室外气温 5 ℃左右、湿度大时,热泵室外换热器容易结霜,影响连续性供热。除霜技术的关键是把握好时机和除霜时段的长短。

⑤要重视解决噪声扰民问题,以保证社会允许性。

利用空气作为冷热源的主要技术措施如下:

①当空气源处于正品位时,尽量用通风措施向室内提供冷热量。

②尽量在负品位梯级较小时利用空气源热泵提供冷热量,如冬初、末,夏初、末和夏季阴雨天气;避开盛夏和严冬低温。

③蓄能调节,以余补欠。

④合理设置辅助冷热源。

⑤运行调控,防霜除霜。

⑥区域适用。空气作为夏季冷热源在我国各地都是普遍适用的,空气作为冬季热源在长江流域及其南方是适宜的,在严寒地区使用能效是不高的。

7.6 水作为冷热源

7.6.1 水体分类与水温特征

水具有流动性,是一种不可压缩性的具有黏滞性的流体。常态下,水的密度为 1 000 kg/m^3,比热容为 4.18 kJ/(kg·K),都远大于空气。单位体积所蓄存的冷热量远是空气的 3 545 倍;单位质量所蓄存的冷量是空气的 4 倍。

水体有多种存在形态,从运动状态上可分为 3 类:一是静止的水体,如湖泊、水库、水塘;二是流动的水体,如江河水、雨水、废水;三是不停止涨落的水,如海边的海水。

水体从空间位置上可分为 3 类:空气中的水、地表水、地下水。

1)滞止水体(湖泊、池塘、水库水等)

这类属于滞流水体,提取水体的冷热量会导致水温上升或下降。在利用湖泊、池塘、水库作为冷、热源时,不仅要考虑气候对水温的影响,更需考虑水体承担的冷热负荷对水温分布的影响。湖泊、池塘、水库等虽然宏观上是静止的,但在日照、夜空冷辐射、气温及风雨等因素作用下,仍然存在明显的内部流动,可分为风雨作用下的强迫流动和热不均匀下的自然对流。这两种内部流动都明显影响水体温度及其分布,再就是热传导对水温及其分布的影响。

2)江河水

江河水为流动水体,释放到水体的冷热量会及时被水流带走,不会在当地的水体中聚集,主要影响下游水温。江河水温度主要受上游流域气候和天气过程的影响。取决于上游流域地面温度。由于水往低处流的特性,上游流域海拔高,地表温度低,江河水从源头到下游,温度逐渐上升。在主流断面上,由于湍流作用,温度分布均匀。

太阳辐射除被水面吸收一部分外,其余部分能够透射入水体内部。这部分辐射在水体中随着水深的增加不断被吸收。其他因素如湖泊和水塘的表面积与水深等也影响到水体水温及分布特征。

3)近岸海水

这类水体体量大、冬夏变化不大,年温度差 10 ℃左右,日温差小。由于潮汐的搅混作用,上下温差很小。

7.6.2 水库、水塘的水温变化规律

水库、水塘水体量有限,水温受太阳辐射、天空辐射和气温影响大。

冬季:气温下降、夜空冷辐射、水体表层散热严重,表层温度低于中、下层水温,水体上冷下热,呈不稳定状态,上、中、下层冷热混掺强烈,上、下温差小,冬季末整个水体温度均匀,接近冬末气温。

夏季:气温和强太阳辐射作用下,表层吸热升温,水体上热下冷,呈稳定状态,冷热混掺难,靠导热向下传热,上下温差大,下层水温可一直保持冬末时的温度。图 7.1 ~ 图 7.4 是一滞流水体夏秋季自然水温分布(未从水体中提取冷热量)*。

研究成果表明,夏秋季节滞流水体竖向温度分布特点是上热下冷。从图 7.1 可看出,1.5 ~6 m 深水温随深度增加而显著下降,1.5 m 以上和 6 m 以下水温随深度的变化不显著。可将该滞流水体分为 3 层:上层为高温层,中层为过渡层,下层为低温层。图 7.2 和图 7.3 是当天午后 14:00 的温度分布。可以看出,夏季晴天的太阳辐射和高温空气的热作用主要局限于高温层,作用效应一方面使高温层温度进一步升高,另一方面使高温层范围有所下扩,过渡层和低温层不受影响。图 7.2 则表明进入秋季后气温下降,夜空冷辐射加强,使高温层温度明显下降;而风、雨作用使高温层进一步下扩,过渡层减薄;而整个夏秋季的从上到下的导热作用,使下层(低温层)温度略有升高(2 ℃左右)。图 7.3 为水面遮阳对滞流水体温度的影响,50% 的春季持续遮阳措施可使夏初时(6 月 1 日)上、中层水温降低 4 ℃左右,下层水温降低近 2 ℃。图 7.4 表明消除风的影响可使高温层近于消失,过渡层变薄,而下层的低温层显著上扩,且温度下降 3 ℃以上。

上述成果表明,深度超过 4 m 的滞流水体是优良的自然冷源。其中,水面 4 m 以下的冷源品位 Δt_2 可达到 15 ℃,不用提升品位就可直接向所需冷空间提供冷量。

---

* 地点:四川成都;研究者:范亚明。

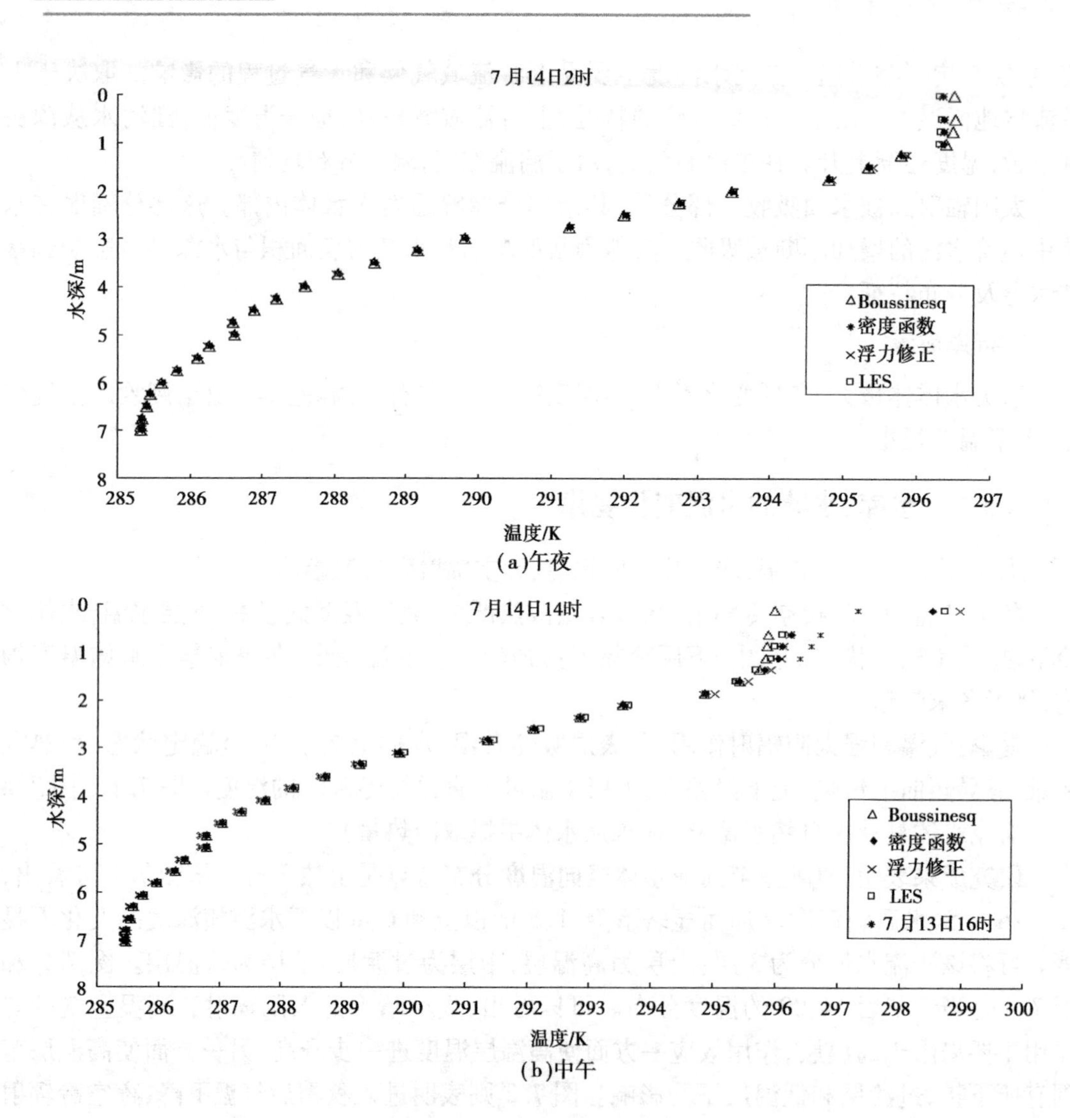

(a)午夜

(b)中午

图 7.1 滞流水体自然水温

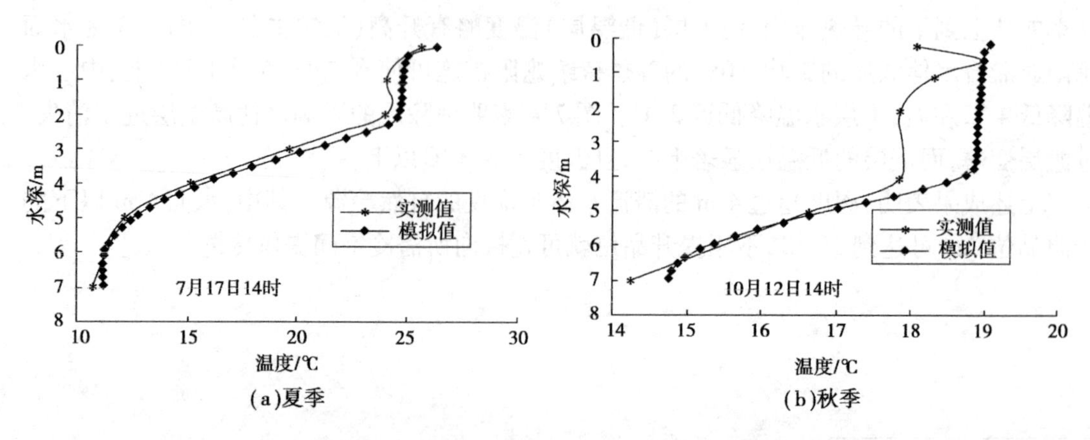

(a)夏季

(b)秋季

图 7.2 滞流水体自然水温的实测值与模拟值

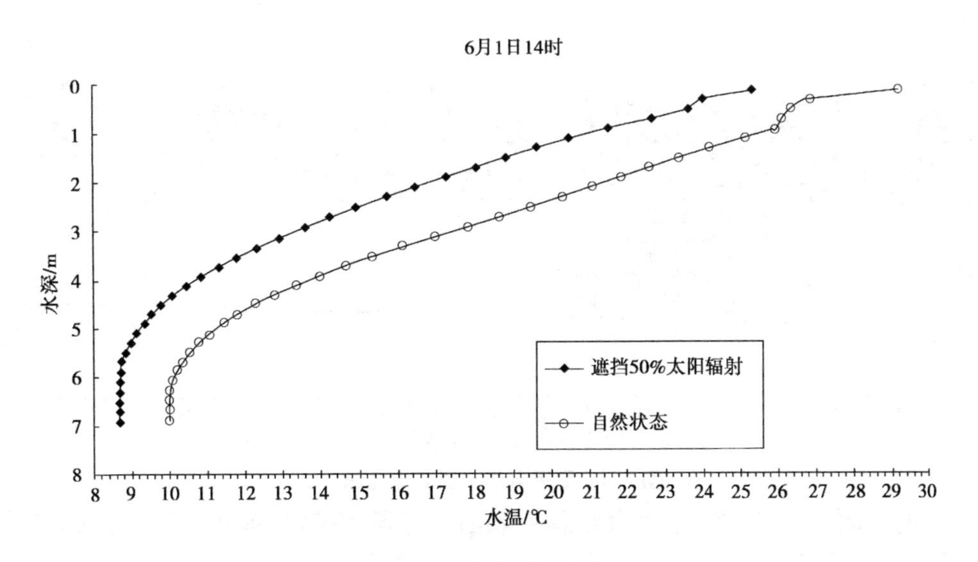

图 7.3　水面遮阳对水体温度的影响(模拟值)

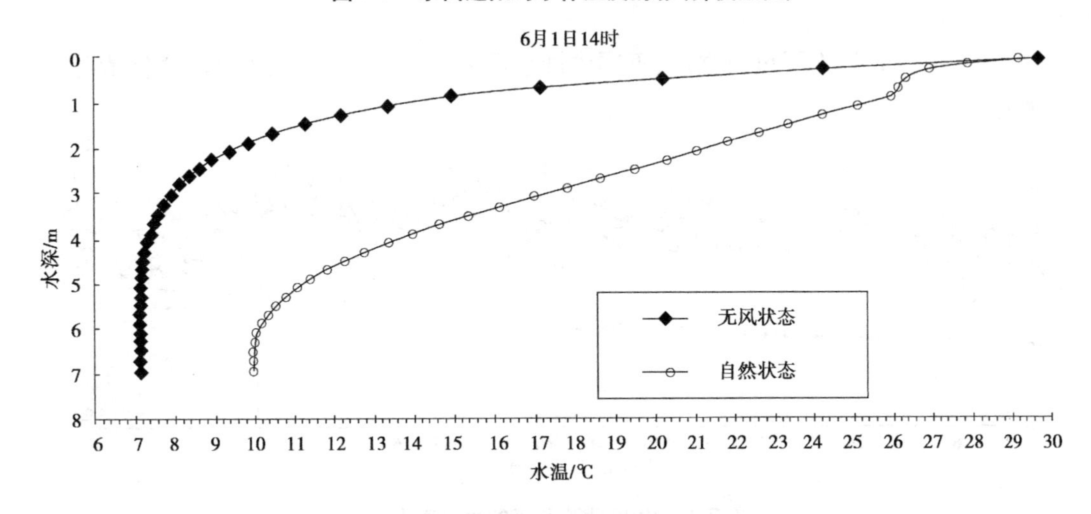

图 7.4　水面防风对水体温度的影响(模拟值)

7.6.3　滞止水体供冷能力及其影响因素分析

为了确定水体能提供的冷热量,需要了解水体在承担不同冷热负荷下水温分布及变化情况。除了前述水温及其分布的变化规律外,不同的取回水方式对滞流水体的冷热供应能力有显著影响。作为夏季供冷,理想的取回水方式是底层取水,回水回到与回水温度相同的水层,简称“底层取水同温层回水”。同温层回水的技术难度较大,较简单的是底层取水、表层回水。为了解这两种取回水方式下滞止水体的供冷能力差异,范亚明通过在已有的自然水温模型中添加源项,研究底部取水,各层回水方式下的水温分布情况。

图 7.5 揭示了滞止水体夏季自然水温的变化规律。从 6 月 1 日—8 月 31 日,在自然状态下,水塘表层的温度处于日平均气温与日最高气温之间,变化趋势基本与日平均气温一致。水体冷水层底部的温度整个夏季由 10.3 ℃升到 12.6 ℃,温升 2.3 ℃,平均每日温升仅

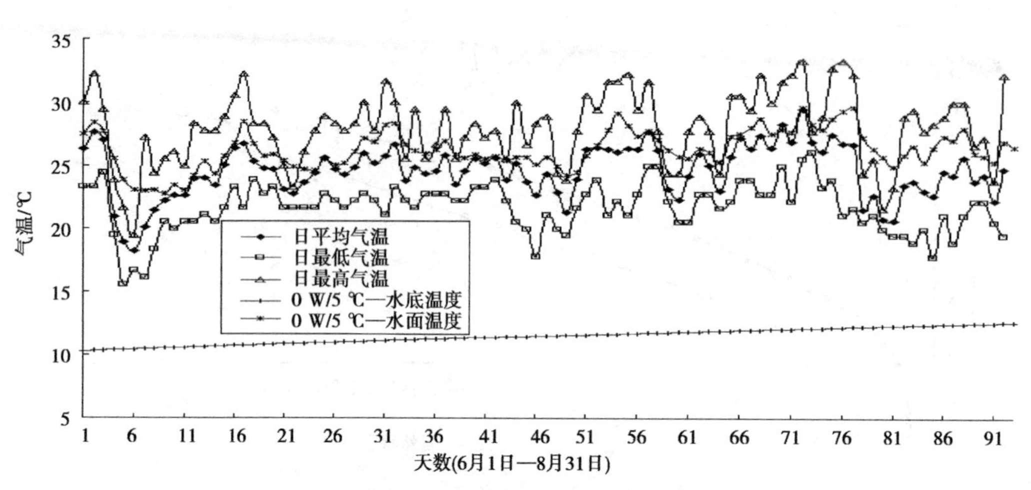

图 7.5 夏季自然水温变化规律

0.025 ℃,可直接作为冷冻水。但水体的深度和面积有限,底部可利用的低温冷水受到体量限制。当承担的冷负荷达到一定极限值后,水体的热分层会逐渐消失,整个水体的温度升高。

图 7.6～图 7.8 是不同负荷强度、不同供回水温差下,该水塘水温的夏季变化情况。

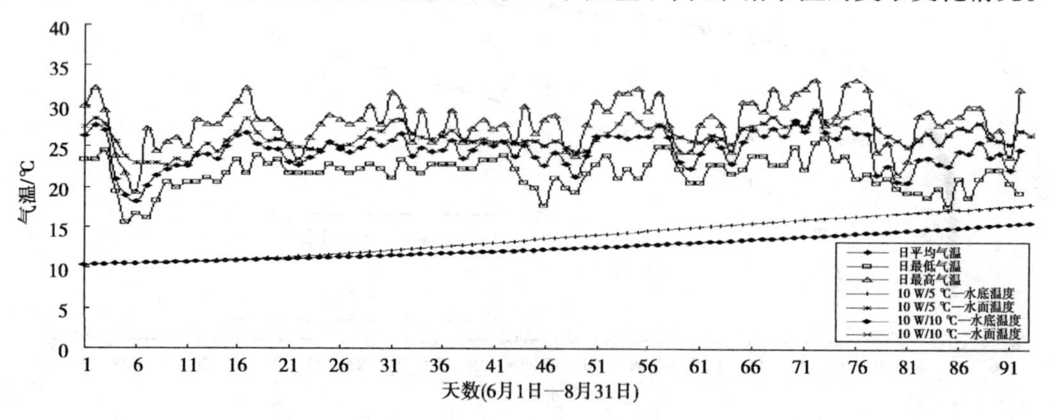

图 7.6 10 W 供冷强度的水温变化

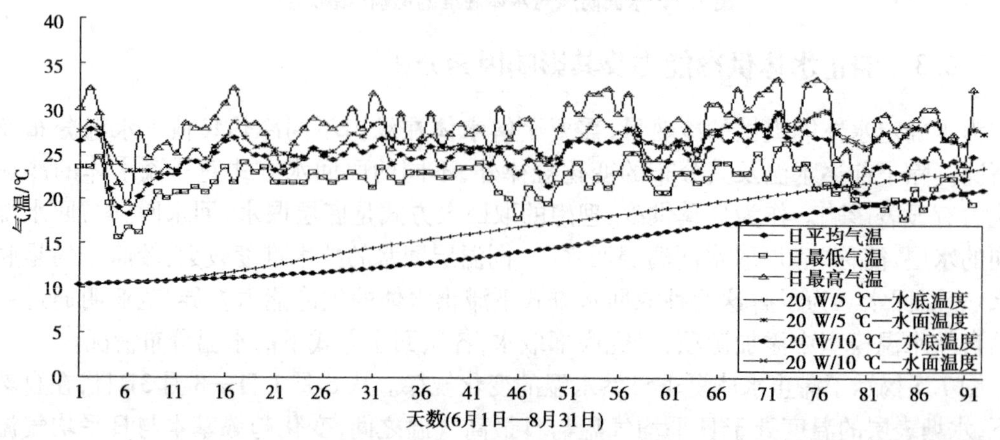

图 7.7 20 W 供冷强度的水温变化

图 7.6 显示,供冷强度为每平方米水面 10 W,供回水温差分别为 5 ℃和 10 ℃。在此工况下,底层水温上升缓慢,整个夏季都具有 $\Delta t_2 > 10$ ℃的正品位,对于具有换热能力强的末端设施(如冷地板、冷吊顶和冷墙等)的节能建筑是可以直接供冷的,尤其适合于热湿分控的干冷却。而同样负荷强度下,10 ℃的供回水温差比 5 ℃的取回水温差,在夏季后期(8 月份)显示出了差异。10 ℃的取水量可减少 1/2,加大供回水温差的意义是明显的。

图 7.7 显示,当供冷强度提高到每平方米水面 20 W 时,夏季后期底层水温将超过20 ℃,作为冷源的品位 $\Delta_2 < 6$ ℃,虽仍为正品位,但已不是直接供冷,需要启动热泵提升品位。

图 7.8 显示,当供冷强度提高每平方米水面 50 ~ 55 W 时,夏季中期(7 月份),底层水温就将超过 20 ℃;夏季后期(8 月份)将超过 25 ℃。但仍然优于冷却塔的供水温度。

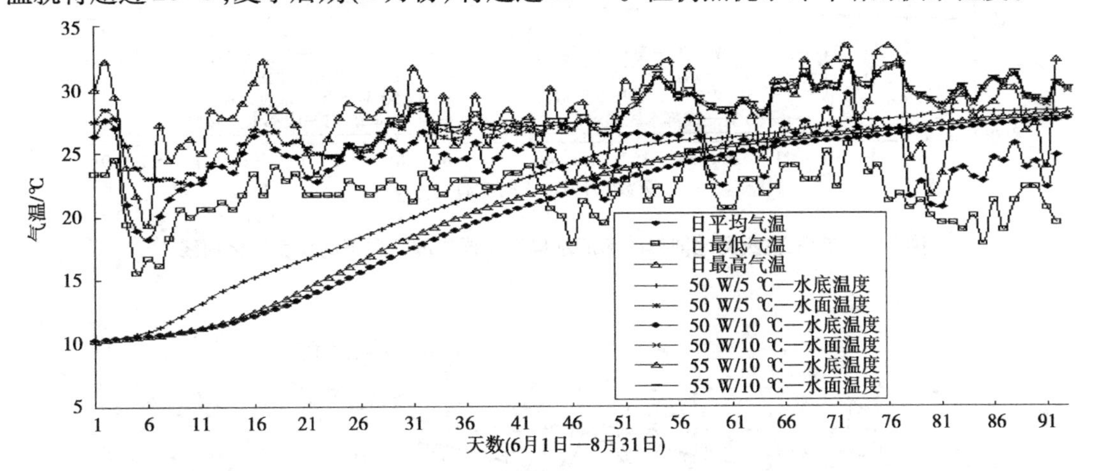

图 7.8　50 ~ 55 W 供冷强度的水温变化

水体在冬季由于水面散热,整个水体的温度达到全年最低,蓄存的冷量最大,冷源品质最高,经过春季和夏季,由于水面吸收热量,水体的温度上升,水体所蓄存的冷水数量和品质也随之降低。因此滞止水体的供冷性能一方面取决于冬季天气的寒冷程度,另一方面取决于春夏季的炎热程度。采暖度日数和空调度日数可以从一定程度上反映冬夏的气候状态,这里根据度日数选取了两个城市进行比较(见表 7.4):一个是成都,冬季比较寒冷,夏季不太炎热;另一个是重庆,冬季比较温和,夏季比较炎热的城市。图 7.9 是成都、重庆两地同样的滞流水体在不同供冷工况下的温度变化曲线,成都水体的供冷能力明显高于重庆。

表 7.4　成都、重庆的 HDD18 和 CDD26

城　市	HDD18/(℃·d)	CDD26/(℃·d)
成　都	1 454	27
重　庆	1 073	241

从图 7.10 可以看出,7 m 深水体的供冷能力是 5 m 深水体的 4.5 倍,滞流水体的深度是关键性参数。

回水位置对供冷能力的影响比较显著,应尽量采用同温层回水方式。

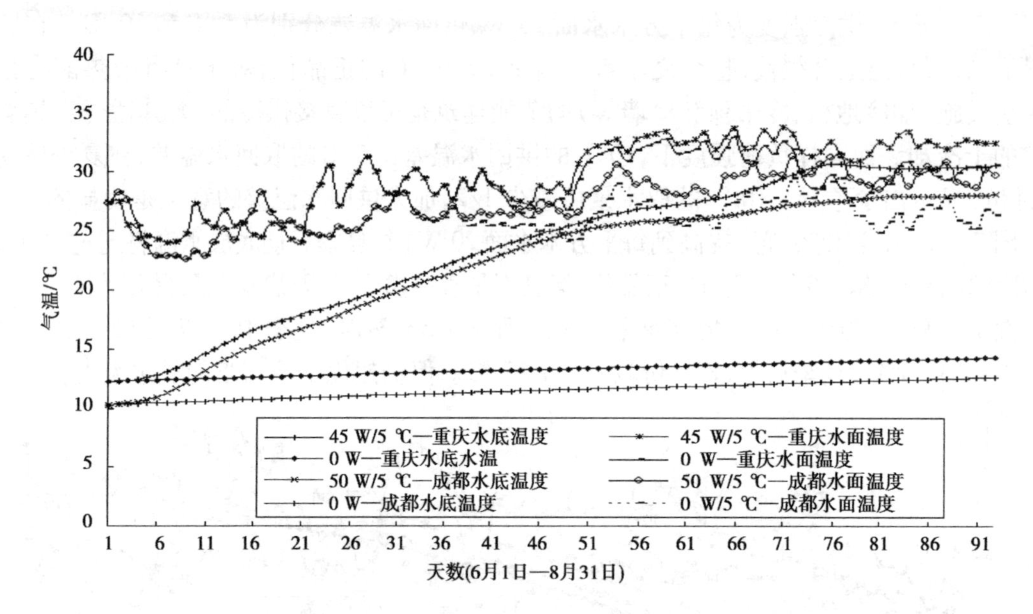

图 7.9　成都、重庆两地同样的滞流水体在不同供冷工况下的温度变化曲线

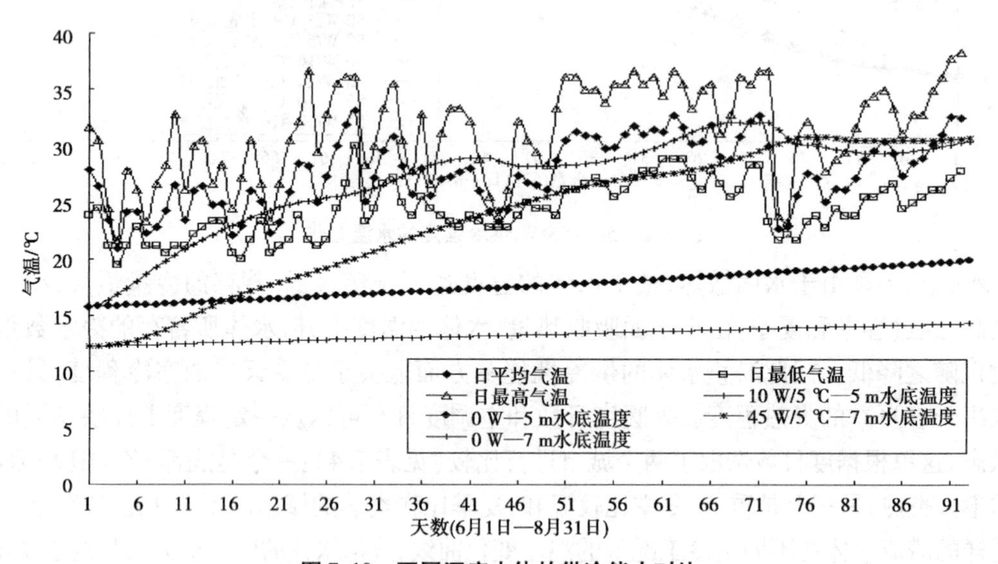

图 7.10　不同深度水体的供冷能力对比

图 7.11 显示了回水方式对水体供冷能力的影响。可以看出:在供回水温差为 5 ℃时,提供的冷量为单位水面面积为 30 W 时,采用同温层回水方式与表水层回水方式的冷源品质相差较大,从 6 月 1 日—8 月 31 日,采用同温层回水方式的水温明显低 1～2.5 ℃。由于供冷的初期底水层的水温较低,导致回水温度远远低于表层的温度。如果采取表层回水方式时,低温的回水与高温的表面水体发生混合,冷热混合损失使供冷能力降低,采用同温层回水,供冷能力得以保持。

滞流水体作为冷热源的环境限制主要是其供冷供热过程中,引起的水温变化对水体原生态的影响。相关国家标准是 GB 3838—2002。

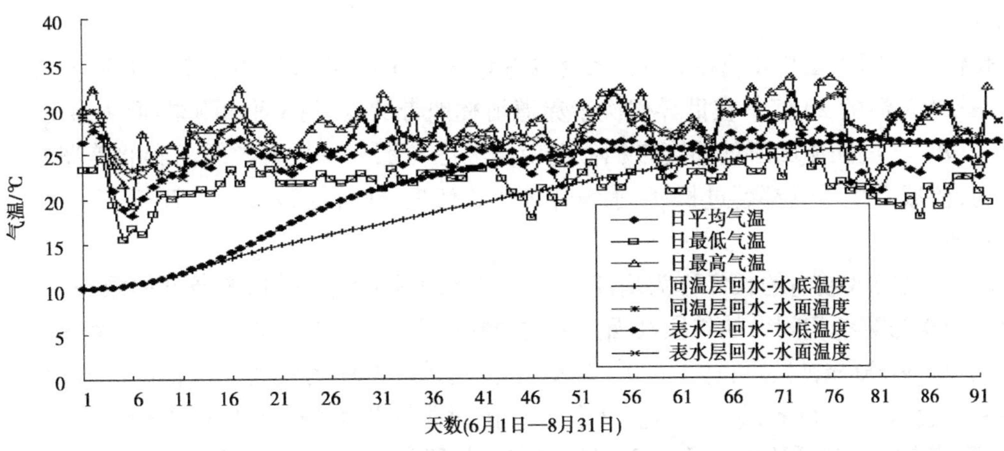

图 7.11　不同回水位置对水体供冷能力的影响

该标准依据地表水水域环境功能和保护目标，按功能高低将地表水依次分为 5 类：Ⅰ类，主要适用于源头水、国家自然保护区；Ⅱ类，主要适用于集中式生活饮用水地表水源地一级保护区、珍贵水生生物栖息地、鱼虾类产卵场、仔稚幼鱼的索饵场等；Ⅲ类，主要适用于集中式生活饮用水地表水源地二级保护区、鱼虾类越冬场、洄游通道、水产养殖区等渔业水域及游泳区；Ⅳ类，主要适用于一般工业用水及人体非直接接触的娱乐用水区；Ⅴ类，主要适用于农业用水区及一般景观要求水域。这 5 类地表水的环境质量标准基本项目标准限值，见表 7.5。

表 7.5　地表水环境质量标准基本项目标准限值(摘录)　　单位：mg/L

序号	分类 / 标准值 / 项目		Ⅰ类	Ⅱ类	Ⅲ类	Ⅳ类	Ⅴ类
1	水温		人为造成的环境水温变化应限制在：周平均最大温升≤1；周平均最大温降≤2				
2	pH 值		6～9				
3	溶解氧	≥	饱和率 90%（或 7.5）	6	5	3	2
4	高锰酸盐指数	≤	2	4	6	10	15
5	化学需氧量(COD)	≤	15	15	20	30	40
6	五日生化需氧量(BOD_5)	≤	3	3	4	6	10

7.6.4　江河水作为冷热源——以长江为例

长江干流宜昌以上段为其上游，长 4 504 km，流域面积 1.0×10^6 km²，其中巴塘河口至宜宾称金沙江，长 3 464 km。宜宾至宜昌河段习称川江，长 1 040 km。宜昌至湖口为中游，长 955 km，流域面积 0.68×10^6 km²。湖口以下为下游，长 938 km，流域面积 0.12 ×

10^6 km^2。

长江是中国水量最丰富的河流，水资源总量 9.616×10^{11} m^3，约占全国河流径流总量的36%，为黄河的20倍。在世界仅次于赤道雨林地带的亚马孙河和刚果河（扎伊尔河），居第三位。与长江流域所处纬度带相似的南美洲巴拉那——拉普拉塔河和北美洲的密西西比河，流域面积虽然都超过长江，水量却远比长江少，前者约为长江的70%，后者约为长江的60%。

四川、重庆区域内的长江称为川江。川江属于山区河流。受边界条件的限制，河道平面形态沿程为宽窄相间。峡谷段江面一般宽200~300 m，最敞段仅100余米，宽谷段江面一般宽600~800 m，最宽可达1 500~2 000 m。河道纵剖面为浅槽与深槽或深潭相间，江底高差一般为20~40 m，最大可达70余米。在深槽和深潭内，常年水温大约在10 ℃以下，蕴藏着丰富的优质冷源。重庆至三峡水库大坝段川江深泓纵剖面变化图，见图7.12。

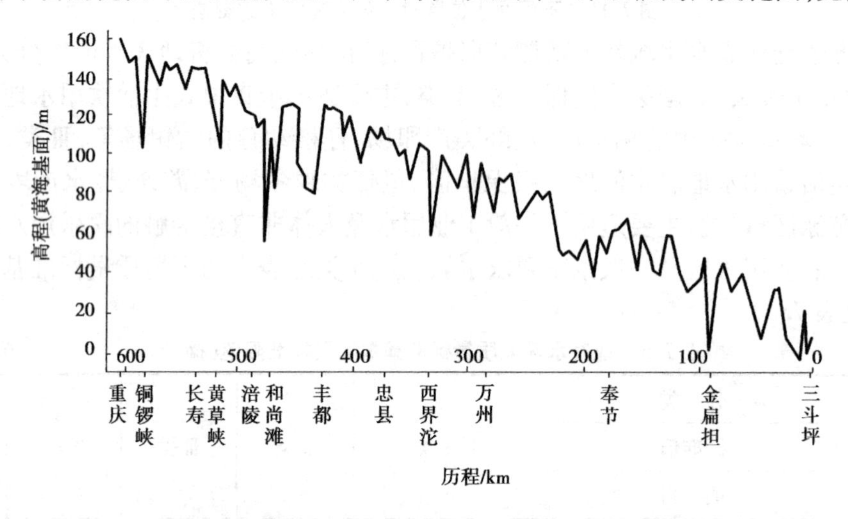

图7.12　重庆至三峡大坝段川江深泓纵剖面变化图

川江自宜宾至重庆有岷江、沱江、嘉陵江汇入，在涪陵有乌江汇入，年径流量沿程增大。自宜宾站至寸滩站多年平均年径流量由 1.498×10^{11} m^3 增至 3.566×10^{11} m^3，至宜昌又增至 4.512×10^{11} m^3，平均径流量是宜宾站的3倍。径流量集中在汛期（5—10月），约占全年的79%左右。洪峰流量一般可达40 000~60 000 m^3/s，枯水季节为3 000 m^3/s。1981年7月6日寸滩站实测最大流量为85 700 m^3/s，1978年3月24日实测最小流量仅为2 270 m^3/s。

以夏季汛期平均水流量50 000 m^3/s计算，提供 2.09×10^8 kW的冷量，水温只升高1 ℃。

以冬季以枯水流量3 000 m^3/s计算，提供 1.26×10^7 kW的热量，水温只降低1 ℃。

表7.6是在长江重庆段测得的流动断面温度分布。由表可以看出，深0.2~5 m流动的江水温度在垂直方向上没有变化。尽管空气与江水在表面有对流和蒸发换热，且江水表面受到太阳的热辐射，但江水冬夏温度在垂直方向上分布均匀。实测同样发现在水平方向上，江水温度也是均匀的。

表 7.6　水温的垂直分布测试表

测试时间	天气状况	水　深/m					
		0.2 m	0.5 m	1 m	2 m	3 m	5 m
7 月 31 日	晴　天	27.7 ℃	27.7 ℃	27.6 ℃	27.6 ℃	27.6 ℃	27.6 ℃
1 月 10 日	阴　天	11.5 ℃	11.5 ℃	11.5 ℃	11.5 ℃	11.5 ℃	—

水面空气温度和太阳辐射引起的换热、水体和接触土壤的热传导,对江水温度断面分布影响很小。这是由于江水湍流的作用,不能形成显著的温度梯度。因此在考虑取水位置时,通常可不考虑水深对温度的影响。

分析对比江水温度和空气干球温度的日变化情况。由图 7.13 和图 7.14 可以看出,在夏季日,最高气温 39.3 ℃,最低气温 33.2 ℃;最高水温 26.8 ℃,最低水温 26.3 ℃,江水温度较气温低 9～14 ℃,气温波动范围 6 ℃左右,水温波动仅有 0.5 ℃。

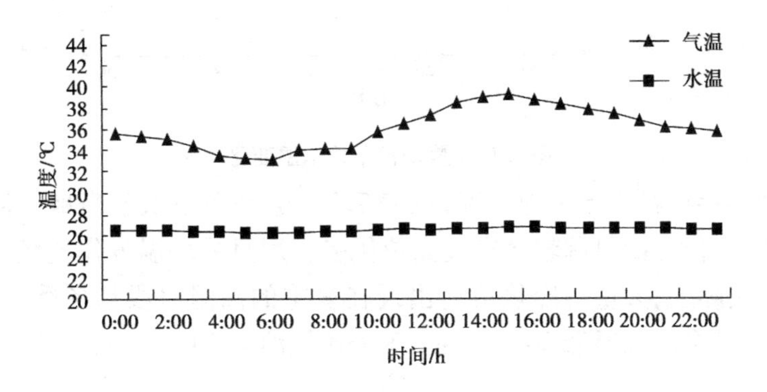

图 7.13　实测夏季长江水温和空气干球温度日变化

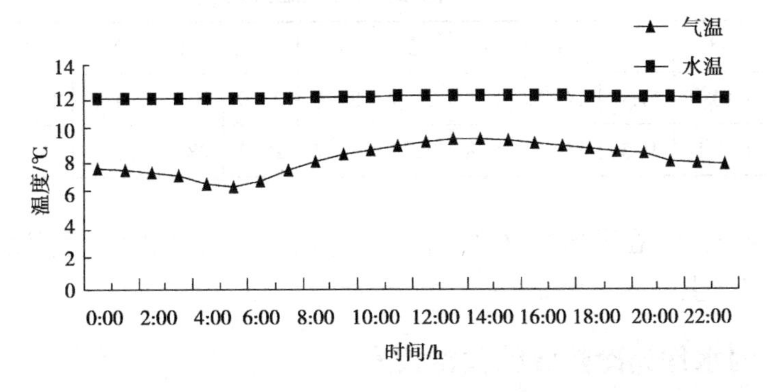

图 7.14　实测冬季长江水温和空气干球温度日变化

在典型冬季日,气温最高 9.4 ℃,最低 6.4 ℃;水温最高 12.1 ℃,最低 11.9 ℃。江水温度较气温高 2.7～5.5 ℃,气温波动范围 3 ℃左右,水温波动仅有 0.2 ℃。江水在夏季较气温较低,在冬季气温高,而且日波动变化小。

图 7.15 是夏季长江水温的日平均温度变化曲线,测得这条曲线的时间为 2007 年 7 月 1 日—9 月 30 日共计 92 天。地点为重庆朝天门附近。从图中可见水温在上升到最大值

26.4 ℃后，随着重庆上游地区大面积降雨，江水温度又出现了回落，并随着上游天气变化以及降雨波动。2007 年夏季日平均水温最低为 23.2 ℃(7 月 30 日)，最高为 26.4 ℃(7 月 9 日)，差值为(26.4 − 23.2)℃ = 3.2 ℃，3 个月内的日平均水温平均值为 25.0 ℃，日平均水温的逐日变化最大值为 0.6 ℃(如 7 月 9 日为 26.4 ℃，7 月 10 日为 25.8 ℃，(26.4 − 25.8)℃ = 0.6 ℃，0.6 ℃变化值共出现 3 次)，最低温度偏离平均值的温差为(25 − 23.2)℃ = 1.8 ℃，最高温度偏离平均值的温差为(26.4 − 25)℃ = 1.4 ℃，而 3 个月内的日平均水温测试值的标准差为 0.792 ℃。

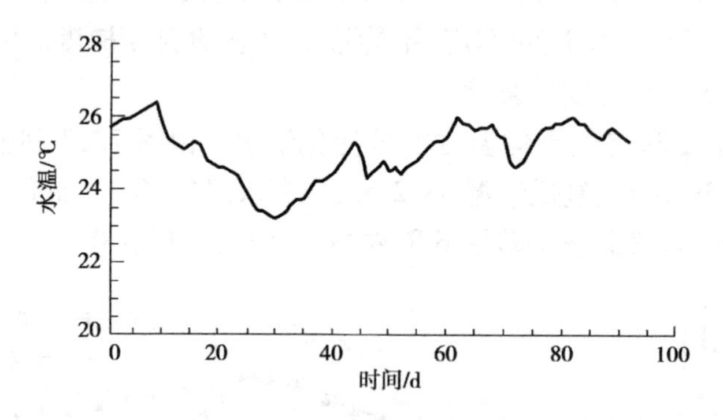

图 7.15　夏季日平均水温变化

长江水温度的年波幅小于本地气温，见表 7.7。通常夏季低于当地气温，冬季高于当地气温，这是江河水作为冷热源较之空气品位优势。用月平均温度作比较，并未充分展示长江水温优势。实际上，大量的冷热负荷出现在夏季的高温时段和冬季的低温时段。该情况下，长江水温夏季比气温低 20 ℃左右，冬季比气温高 10 ℃左右。其作为冷热源的品位优势非常显著。

表 7.7　重庆水温与气温比较

月　份	1	2	3	4	5	6	7	8	9	10	11	12
长江水温/℃	10.7	11.6	14.7	18.5	21.7	21.6	22.9	24.1	21.5	18.5	15.9	12.2
重庆气温/℃	7.5	9.5	14.1	18.8	22.1	25.2	28.6	28.5	23.8	18.6	13.9	9.5

长江水作为冷热源，在环境友好性、社会允许性、容量、可靠性、稳定性等方面都优于空气、滞止水体和岩土。

7.6.5　江河水作为冷热源的关键技术

提取江河水供冷供热应考虑江河水的综合利用，以及分摊取水、输水和水处理费用和能耗；除三峡水库的深层库水和川江深槽积水外，长江水温还不能直接供冷供热，还需要热泵提高品位。热泵最好能直接使用江河原水，减少水温损失，提高能效并减少工程费用。

热泵直接利用江河水作为冷热源，关键是防泥沙堵塞冷凝器。重庆长江段 2004 年监测的长江水质结果：枯水期污染指数为 0.20，属Ⅱ类水域水质；平水期污染指数为0.29，属

Ⅲ类水域水质；丰水期污染指数为0.28，属Ⅲ类水域水质；全年平均水质，属Ⅲ类水域水质。因此，满足实施水源热泵项目的地表水质要求。含沙量见表7.8。

表7.8　重庆上游长江的朱沱断面2004年各月的平均含沙量

月　份	1	2	3	4	5	6	7	8	9	10	11	12
含沙量/($kg \cdot m^{-3}$)	0.026	0.023	0.033	0.112	0.263	0.499	1.040	0.919	1.020	0.341	0.123	0.053

以长江水作为冷热源的主要设备是在最高含沙量（重庆段长江水含沙量为2.48 kg/m^3）下仍能正常运行的水源热泵主机。其关键技术是冷凝器防堵塞技术，重庆长江水夏季含沙量2.48 kg/m^3，冬季含沙量0.123 kg/m^3。

普通热泵机组为节省空间，使其尽量紧凑，且为增强换热，换热器内存在弯管、折返管、突扩管和突缩管等管件。流体在经过这些部件时形成涡旋，使得流态变得复杂。如弯管和折返管内存在明显的垂直于主流方向的二次旋流，使得在整个弯管和折返管内的流动呈螺旋流动的状态；突扩管和突缩管的拐角处存在漩涡。这些流态使得固液两相流容易产生固液分离，从而产生沉淀和污垢，降低换热效果，严重的情况下会堵塞管道，泥沙和水的固液两相流对换热管的影响很复杂，不同流态、不同的壁面边界、不同的管道结构都会产生不同的影响。用R表示管路的曲率，r表示管道半径，θ为管路弯曲的角度。取$R/r=5.0,10.0,20.0,40.0,60.0$，$\theta=90°$和$R/r=60.0$，$\theta=180°$的截面速度矢量图进行分析（$Re=2.8\times10^4$），见图7.16。由图(a)～(e)可以看出，当流体流过弯曲管时，由于流体惯性作用，在管壁靠近外侧（图中为左侧）的地方压力增大，靠近管壁内侧（图中为右侧）的地方压力减小，而上下两侧，压力变化不大，因此靠近壁面附近的流体沿着壁面由外侧

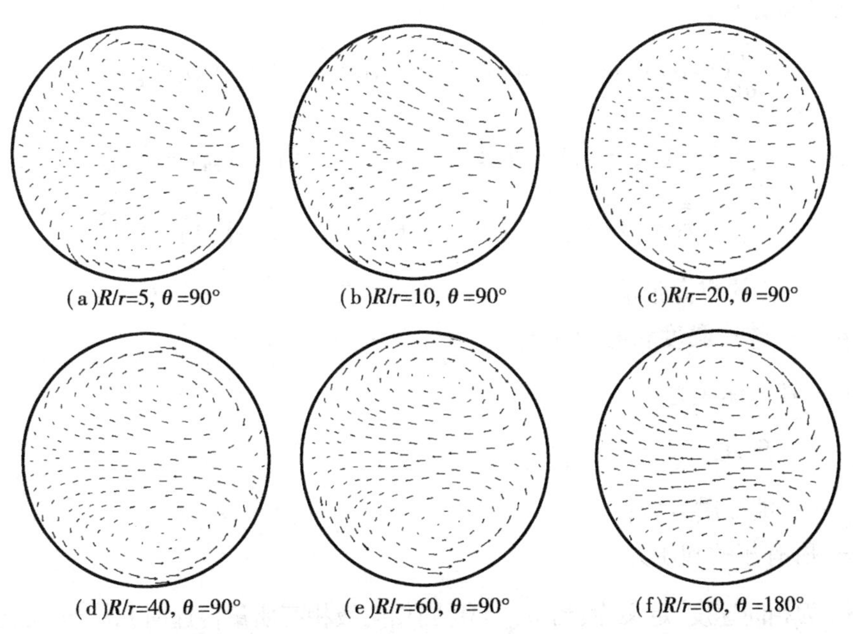

图7.16　截面速度矢量图

向内侧流动,而管中间的流体则由内侧向外侧流动,从而形成垂直于主流方向的两个对称的漩涡,并且涡旋中心更靠近管壁内侧。这两个漩涡和主流叠加在一起可使流体产生两股螺旋流,从图中也可以看出随着 R/r 的增大,即随着曲率的减小,漩涡中心更靠近管中心。而从图(e)和图(f)比较可以看出,从 90°~180°的管段内漩涡位置没有变化,这证明在弯曲管的后半段,二次流已经稳定,和管道中的主流一起可以形成以水平轴线为对称轴线的两个稳定的螺旋流。

为研究江水在换热管中流动时,泥砂的分布和扩散,可采用计算精度高的欧拉模型。

各相体积分数方程为

$$\sum_{q=1}^{n} \alpha_q = 1 \tag{7.7}$$

式中 α_q——q 相的体积分数。

液相的连续性方程为

$$\frac{\partial}{\partial t}(\alpha_l \rho_l) + \nabla(\alpha_l \rho_l \vec{v}_l) = \sum_{p=1}^{n} (\dot{m}_{sl} - \dot{m}_{sl}) + S_l \tag{7.8}$$

固相的连续性方程为

$$\frac{\partial}{\partial t}(\alpha_s \rho_s) + \nabla(\alpha_s \rho_s \vec{v}_s) = \sum_{p=1}^{n} (\dot{m}_{ls} - \dot{m}_{sl}) + S_s \tag{7.9}$$

式中 $\dot{m}_{ls}$——液相到固相的质量交换;

$\dot{m}_{sl}$——固相到液相的质量交换,当没有质量交换时 $\dot{m}_{sl}=0$。

通常情况下,源项 S_l 和 S_s 分别为零。

液相的动量方程为

$$\frac{\partial}{\partial t}(\alpha_l \rho_l \vec{v}_l) + \nabla(\alpha_l \rho_l \vec{v}_l \vec{v}_l) = -\alpha_l \nabla p + \nabla \bar{\bar{\tau}}_l + \alpha_l \vec{\rho}_l g + \sum_{p=1}^{n} (K_{sl}(\vec{v}_s - \vec{v}_l) + \dot{m}_{sl} \vec{v}_{sl} - \dot{m}_{ls} \vec{v}_{ls}) + \vec{F}_l + \vec{F}_{lift,l} + \vec{F}_{vm,l} \tag{7.10}$$

$$\bar{\bar{\tau}}_l = \alpha_l \mu_l (\nabla \vec{v}_l + \nabla \vec{v}_l^T) + \alpha_l \left(\lambda_l - \frac{2}{3}\mu_l \right) \nabla \vec{v}_l \bar{\bar{I}} \tag{7.11}$$

式中 $\bar{\bar{\tau}}_l$——液相的应力张量;

λ_l,μ_l——体积黏度和剪切黏度;

$\vec{F}_l$——其他体积力;

$\vec{F}_{lift,l}$——升力;

$\vec{F}_{vm,l}$——虚拟质量力;

p——所有相的和压力。

$\vec{v}_{sl}$和 $\vec{v}_{ls}$为相间速度,定义为:当 $\dot{m}_{sl}>0$(固相向液相有质量传递时),$\vec{v}_{sl}=\vec{v}_{ls}$;当 $\dot{m}_{sl}>0$(液相向固相有质量传递时),$\vec{v}_{sl}=\vec{v}_q$;同样,当 $\dot{m}_{ls}>0$,$\vec{v}_{ls}=\vec{v}_l$;当 $\dot{m}_{ls}>0$,$\vec{v}_{ls}=\vec{v}_{sl}$。$K_{sl}$为

相间动量交换系数，$K_{sl} = K_{ls}$。

对于固液两相流各种交换模型定义为

$$K_{sl} = \frac{\alpha_s \rho_s f}{\tau_s} \tag{7.12}$$

其中，系数f对于不同的交换模型有不同的形式，颗粒弛豫时间τ_s为

$$\tau_s = \frac{\rho_s d_s^2}{18\mu_l} \tag{7.13}$$

式中　d_s——固相颗粒体积。

对于稀疏固液两相流采用如下交换模型

$$K_{sl} = \frac{3}{4} C_d \frac{\alpha_s \alpha_l \rho_l |\vec{v}_s - \vec{v}_l|}{d_s} \alpha_l^{-2.65} \tag{7.14}$$

$$C_D = \frac{24}{\alpha_l Re_s}[1 + 0.15(\alpha Re_s)^{0.687}] \tag{7.15}$$

其中：

$$Re_s = \frac{\rho_l d_s |\vec{v}_s - \vec{v}_l|}{\mu_l} \tag{7.16}$$

同样对于固相，动量方程为

$$\frac{\partial}{\partial t}(\alpha_s \rho_s \vec{v}_s) + \nabla(\alpha_s \rho_s \vec{v}_s \vec{v}_s) = -\alpha_s \nabla p - \nabla p_s + \nabla \overline{\overline{\tau}}_s + \alpha_s \rho_s \vec{g} + \sum_{p=1}^{N}(K_{ls}(\vec{v}_l - \vec{v}_s) + \dot{m}_{ls}\vec{v}_{ls} - \dot{m}_{sl}\vec{v}_{sl}) + \vec{F}_s + \vec{F}_{lift,s} + \vec{F}_{vm,s} \tag{7.17}$$

应用上述欧拉模型进行分析，发现水冷式冷凝器的壳管式、套管式、板式冷凝器等几种形式中，套管式较为适应长江水质。套管式冷凝器是将一根或者多根换热内管套在一根外管中，制冷剂在内外管之间流动，长江水在内管流动。由于冷却介质只在换热管内流动，流道简单，流体不会产生滞流或者强烈涡旋，因此不容易产生沉淀，而且冷却水可以保持较高的流速，管道壁面不容易产生结垢。

在2007年7月8日—9月30日的长江水源热泵夏季运行期间，经过550 h运行，两个套管式换热器都未出现堵塞现象。

以下是3种长江水源热泵系统方案的节能性分析比较：

方案1：江水直接进入采用专门设计的套管式江水冷凝器的热泵系统。

夏季机组进水温度为：月平均水温最大值(25 +1)℃的水泵和管道温升，为26 ℃。

方案2：热泵机组+板式换热器+水处理系统。

夏季机组进水温度为：月平均水温最大值(25 +1)℃的水泵温升和管道温升以及板换温度损失1.5 ℃，水处理温升2.5 ℃，为30 ℃。

方案3：热泵机组+水处理系统。

夏季机组进水温度为：月平均水温最大值(25 +1)℃的水泵温升和管道温升以及水处理温升2.5 ℃，为28.5 ℃。

则方案 2 比方案 1 的单位制冷量功耗增加了

$$\frac{\Delta\lambda_{c2}}{\lambda_{c1}}=\frac{0.086}{0.223}=38.6\%$$

则方案 3 比方案 1 的单位制冷量功耗增加了

$$\frac{\Delta\lambda_{c2}}{\lambda_{c1}}=\frac{0.075}{0.223}=33.6\%$$

上述分析表明，开发允许长江水直接进入冷凝器、蒸发器的水源热泵主机，是开发利用长江水冷热资源技术的主攻方向。

7.6.6 抽取地下作为冷热源

地下 100 m 左右以内的浅层地下水温主要受当地气候条件影响，大多与当地年平均温度相近。低于 26 ℃的，是正品位的冷源；不小于 18 ℃的是零或正品位的热源。地下水只需用热泵稍作品位提升，即可向室内供冷、供热。利用地下水作为冷热源，热泵的能效比可达 5 以上，高于以空气和岩土作为冷热源的热泵。

在地下水丰富的地区，没有水流短路的情况下，地下水温是稳定的。实际上，在提取冷热量的过程中，地下水温的变化与回灌水的移动情况有相关。若回灌水很快移动到抽水的取水范围，抽水温度难以稳定，品位会明显地持续降低。回灌水移动到取水范围的时间，不但与回灌井和抽水井之间的距离有关，而且还以两井之间的地质结构有关。取水温度的变化，还与地下水热利用状况，若只是从中取热量，则取水温度会持续下降，直到停止取水（也停止回灌）后，才能逐渐恢复。若冷热量交替取用，水温将发生周期性波动。作为冷热源的品位不会严重恶化。

在易获得性方面，并不是处处都有可以作冷热源用的地下水。在四川盆地和长江中下游平原，浅层地下水丰富。储藏深度小，如地下水位成都只有 −10 m 左右；武汉只有 −20 m左右，而且有丰富的地表水和大气降水作为补给。这是利用浅层地下水作为冷热源条件较好的地区。

武汉某住宅小区，总建筑面积为 4 万平方米，热泵机组总制冷量为 3 200 kW，总制热量为2 500 kW，采用地下水作为冷热源。地下水供回水温度夏季为 18/32 ℃；冬季为 18/8 ℃。住宅小区空调耗电平均为 0.14 kW · h/(d · m^2)，相当于 14 kW · h/(a · m^2)的年空调耗电量，远低于《夏热冬冷地区居住建筑节能设计标准》规定的武汉地区住宅空调年耗电量限值 6.8 kW · h/(a · m^2)。

抽取更深的地下水作冷热源是地热冷源的一种利用方式。地下水热资源按温度分为低温（<90 ℃），中温（90 ~ 150 ℃）和高温（150 ℃），都是正品位的。中高温地热直接用作建筑热源是品位的浪费，不合理。低温热源较为适合作建筑热源。低温地热分布较中高温地热更为广泛。但仍不及浅层地下水分布，易获得性差。我国低温地热主要储存在水热区和热水盆地，温度在 25 ~ 90 ℃。

地下水作为冷热源的主要问题是环境友好性和社会允许性。当前对这一问题有两种不同观点：一种观点认为，只要实现了 100% 的回灌，即从地下抽出的水，在取用了其中的冷热源资源后，只要全部回灌到了地下，就可以大规模开发使用：另一种观点认为，在工程实际中，尤其是大规模工程应用中，100%的回灌是没有保证的。即使100%的回灌到了地下，地下水的原始分布，包括压力分布实际是恢复不了的。

前述采用浅层地下水作为冷热源的住宅小区，打了3口抽水井，5口回灌井，抽取的地下水全部回灌。分析计算表明，即使这样，地下水位仍有0.5～1.0 m的下降，地面沉降为0.5～1.0 cm。这只是4万平方米建筑在地下水资源丰富、水位高的武汉使用地下水作为冷热源，若更大规模的采用，情况会更担忧。

就地下水资源的保护而言，抽取浅层地下水作为冷热源的环境风险是很大的，应根据工程的水文地质情况作严谨的环境影响评价和社会允许性分析。抽取地下水作冷热源的环境风险主要在于改变了水的原始分布，包括水量和空间分布。原始分布的改变会出什么样的后果，很难估计。因环境风险不确定否定浅层地下水作为冷热源的方案是应该的，尽管其节能效果显著。

现在普遍认识到的是地下水位降低。地面沉降，危及建筑结构安全，甚至诱发地震。为了防止地面沉降，延长热储寿命和减轻地热水的环境污染，通常采取的措施也是回灌。但有资料表明，回灌也可能诱发地震，其原因可能是由于存在潜在的活动断层，抽取和回灌造成大规模的地下水移动，一旦超过启动断层运动所需的临界力，地震就可能发生。

地下水不同程度的含有硫化氢(H_2S)。在抽出地面后，很容易散发到空气中，对人体危害很大。低温度时，能麻痹嗅觉神经，高温度时可使人窒息死亡，对鱼类生存也构成威胁，并可能腐蚀设备材料。此外，地下水中不凝性气体80%～90%是二氧化碳。地下水抽出地面后压力下降，造成二氧化碳大量溢出。这直接违背建筑节能的主要目的——减排二氧化碳。

一些地下水含有医疗和农业生产的有益成分，通过商业广告而广为告知。但地下水也可能含有有害元素，如砷(As)、汞(Hg)、镉(Cd)、氟(F)和硼(B)等，以及各种盐类，在回灌和地表排放时，极易污染土壤和地表水，有害人体，危及种植和养殖。

几乎在所有的地下水中，都程度不同地含有氡(R_n^{222})、铀(U^{235}、U^{238})和钍(Th^{232})等放射性物质，其可能产生危害是不容忽视的。

另外，地下水不同程度的含有硫化氢(H_2S)。在抽出地面后，很容易散发到空气中，对人体危害很大。低温度时，能麻痹嗅觉神经，高温度时可使人窒息死亡，对鱼类生存也构成威胁，并可能腐蚀设备材料。此外，地下水中不凝性气体80%～90%是二氧化碳。地下水抽出地面后压力下降，造成二氧化碳大量溢出。这直接违背建筑节能的主要目的——减排二氧化碳。

因此，抽取地下水作冷热源的环境友好性和社会允许性是必须谨慎评价的。

关于地热是否属可再生能源，在专家中存在争议。2000年在日本孟买的地岩地热大会上，大多数专家认为可视为可再生能源，可再生能源与可持续发展有关系但又是两个不同的概念。“可再生”是说明资源的一个性质，而“可持续”是说明资源利用方式。可持续发展必须有可再生作为基础，没有再生能力是不可能持续发展的；而环境友好性是表示其存在与变化过程中,不对环境产生负面影响。水电是明显的、可再生能源,但水电站并不一定就是环境友好性的。因水电站建设而损害环境的已不是个别现象了,地热资源的开发利用也是如此。

地热的可持续利用,环境友好性的利用,需要研究。

至1998年底,北京钻成地热井185处,并以每年钻成20多处地热井的速度发展着。由于回灌不到位,水位年下降1.42~2.16 m。

天津塘沽区1993—1997年地热水开采量4.0×10^6 m^3/a,水位年下降2.6 m/a。

西安市已成地热井120余口,单井年开采水量8×10^4 m^3,可开采年限仅约20余年。从工程实践看,在现有技术水平下,地热的利用是不可持续的。

试验表明,储热层中地下水的运动状态受储热层孔隙结构的控制。孔隙型的储热层,地下水一般以均匀层流的流态移动。回灌水从回灌井注入层流中,以活塞式向外围推移。而在裂隙和岩溶型储热层中,地下水的流态为裂隙分散流和管式流。回灌水沿裂隙向外散流,进而向岩体中的孔隙和裂隙渗流。若有岩溶形成管式通道,大量的水首先沿管式通道向外流动,形成串流。若回灌水和抽水井有管式通道相通,回灌水进入抽水井的时间较短,即形成短路,抽水井会很快出现温度变化,失去冷热源的品位优势。

为了确定裂隙岩溶型储热层的回灌井位置,需在抽水井打成后进行非稳定流抽水实验,利用压降曲线的形状来确定边界条件,再结合构成分析选定回灌井位。

分析表明,储热层的再生与恢复能力与开采方式有关。用较短期的开采和再生恢复循环方式,比持续开采可获得更多的热量。

为了防止地下水被污染、系统堵塞,不同储热层对回灌水质有不同要求。经验表明,孔隙型储热层回灌问题较多,基岩裂隙岩溶液储热层当地压下降后自流回灌大多可行。有些地区通常在开采几年后,储热层压力会有所下降,有可能倚靠重力自流回灌。回灌措施因地而异,非常复杂,某一地成功的经验决不能随意推广。目前采取回灌只经历了30年左右,还有待积累经验,许多问题还有待研究。

7.7 岩土作为冷热源

7.7.1 岩土的温度特性

岩土与空气、水等流体的最基本区别是:岩土是固体,没有流动性,热量的传输主要依靠导热,传热能力不及空气和水,热交换困难。但另一个方面,由于岩土没有流动性,传热不易,因而长期蓄热性能好。

地表温度受当地太阳辐射、天空辐射和气温的作用,形成白天高、夜晚低;夏季高,冬季低的日周期和年周期温度波。由于岩土的不流动性和蓄热性能,地表温度波向地下传递时,产生了衰减和延迟。大约在0.5 m深度以下,日周期温度波已不明显;大约在5 m深度以下,年周期温度波可忽略不计。在没有别的扰动情况下,5 m深度以下的地表浅层岩土温度稳定在当地年平均气温水平上。该温度可称为岩土的原始温度。当从岩土提取冷热量时,岩土的原始温度场会发生变化,不再稳定。而且在停止提取冷热量后,也需要相当长的时间才能基本恢复原始温度场。即使只是钻孔(打井),孔(井)周围相当范围内的岩土的温度场都将受到破坏。利用岩土作为冷热源时,要充分注意这一特性。不能只从岩土的原始温度评价岩土作冷热源的可行性。而要分析整个使用寿命周期中岩土温度的变化,从而合理确定工程设计和运行调节方案。

岩土作冷热源的品位,是随使用时间而下降的。取冷时,岩土温度持续上升,必然导致冷凝温度上升,使制冷机的能效比降低,取热时,岩土温度持续下降,必然导致蒸发温度下降,使热泵的COP降低。以岩土作冷热源的系统季节(全年)能效比与运行模式相关。长期连续运行的季节能效比比较低。

7.7.2 岩土作为冷热源的层换热模型

用竖埋管岩土换热器从岩土中提取冷热量。其与周围岩土的换热状态可以在深度上分为3层:饱和换热层、换热层和未换热层。用L表示换热器的埋设深度,则

$$L = L_{饱和} + L_{换热} + L_{未} \tag{7.18}$$

式中 $L_{饱和}$——饱和换热层深度;

$L_{换热}$——换热层深度;

$L_{未}$——未换热层深度。

换热过程中,3个深度是动态变化的。换热之前,换热器整个深度L周围的岩土温度是其初始温度。这时,$L_{饱和}=0$,$L_{换热}=0$,$L=L_{未}$。热媒——水进入换热器后,换热从入口处开始。水在管内一边向下流动,一边通过管壁与岩土换热,温度逐渐接近岩土初始温度,直至不再有工程意义上的换热。同时,该范围内的岩土温度也发生变化,管壁周围的岩土温度向水温靠近,这就形成了换热层。这时,$L_{饱和}=0$,$L=L_{换热}+L_{未}$,属初始换热阶段,在回水管绝热的条件下,换热器出水温度等于岩土初始温度。随着换热的进行,从入口处开始,管壁周围的岩土温度逐渐接近进水温度,失去换热能力,形成饱和换热层。这时,$L=L_{饱和}+L_{换热}+L_{未}$,进入正常换热阶段。在回水管绝热的条件下,换热器出水温度仍等于岩土初始温度。在正常换热阶段,随着换热的进行,饱和换热层向下扩展;换热层向下移动;未换热层向下收缩。这一趋势发展下去,到一定时间未换热层向下收缩为零,$L_{未}=0$消失。正常换热阶段结束,换热衰减阶段开始。在进水温度不变的条件下,换热衰减阶段保持$L_{未}=0$,$L=L_{饱和}+L_{换热}$,但是$L_{饱和}$持续向下扩展,$L_{换热}$持续向下收缩,换热器的换热能力衰减,表现为出水温度持续向进水温度靠近,进出水温差持续减小,换热量持续下降。最后,在进水温度不变的条件下,饱和层向下扩展占据整个换热器,换热层向下收缩为零,$L=L_{饱和}$出水温度等于进水温度,换热量为零,换热衰减阶段结束。相对于不变的进水温度,岩土失去了作为冷热源的能力。

若是稳定的冷热负荷条件下,初始换热阶段和正常换热阶段的特征是相同的。差别从换热衰减阶段开始,换热器的换热能力衰减表现为:出水温度的持续变化(取冷时持续上升;取热时持续下降),使进水温度跟随着相应变化,以保持进出水温差不变,从而满足稳定的负荷要求。但是,提供的冷热量的品位下降,本来是可以直接供冷供热的却变为需要热泵提升品位;原来就使用了热泵的,使热泵能效下降,二者都增加了供冷供热的能耗。最后,出水温度的变化将导致热泵主机的停机保护。以品位衰减为特征的换热衰减阶段结束,岩土失去了作为冷热源的能力。相对于进水温度不变的条件,冷热负荷不变的条件下,换热衰减阶段要长很多。这是因为进水温度的变化,使原已没有换热能力的饱和层重新成为换热层。

若在变化的冷热负荷条件下,情况就复杂得多;若是持续上升的负荷,岩土将较快地丧失提供冷热量的能力;若是持续下降的负荷,岩土将较长时间地保持提供冷热量的能力;若是间断的负荷,在负荷间断时,换热衰减阶段尚未结束,之后又有足够的停歇时间让岩土扩散或汇集热量(换热器周围岩土具有一定恢复时间,在夏季状况下释放给岩土的热量逐渐向周围岩土进行扩散,在冬季状况下周围岩土热量向换热器区域扩散,使得换热器周围的岩土从下向上恢复,$L_{饱和}$减小,$L_{未}$ 逐渐增大,换热器的换热能力逐步得到恢复),岩土将持续地保持提供冷热量的能力;若是冷热交替的负荷,在交替时换热衰减阶段尚未结束,岩土也将持续地保持提供冷热量的能力,而且在每次交替之后,有一段时间可以获得很高品位的冷热量。

上述表明,利用岩土作冷热源,负荷特征是很关键的。

$L_{饱和}$,$L_{换热}$,$L_{未}$ 的动态变化是地埋管换热器换热能力变化的特性参数。3 个区域的大小变化直接决定了换热器的换热能力。换热强度和持续时间直接在 $L_{饱和}$,$L_{换热}$,$L_{未}$ 的数值上体现出来。$L_{饱和}$越大,表示换热器已持续换热时间较长;$L_{换热}$越大,表示换热器换热持续稳定; $L_{未}$ 大则表示换热器正常换热的时间还长。

如果进水温度不同,同样会影响换热器的换热能力。夏季进水温度越高,换热器承担的换热量就越大,在相同时间内,$L_{饱和}$向下延伸的长度就越大,$L_{换热}$和 $L_{未}$ 逐渐减小。当在夏季换热器的换热量达不到设计换热量,即 $L_{未}=0$ 时,地下换热器的出水温度就会过高(冬季出水温度过低),经过冷凝器之后,进到地埋管换热器的进水温度就会持续提高,地埋管换热器的 $L_{饱和}$逐渐增大,$L_{未}$ 逐渐减小,$L_{未}=0$ 后,地源热泵的 EER 开始下降。

目前,对于地埋管换热器的埋深,普遍存在的问题是没有考虑换热器所承担负荷的变化特性,盲目增大埋深深度。如果负荷的动态变化使得地埋管换热器的未换热层保持在一定的深度范围内,在全年负荷时段内,继续增加埋管深度已毫无意义。换热器的单位长度换热量只能作为方案阶段的估算依据,而不能作为实际确定地埋管换热器埋深的依据。从层换热理论看,换热器的单位长度换热量是动态变化的,且不同埋深的单位长度换热量也差异很大。因此,地埋管换热器的埋深必须根据负荷特性进行动态分析,才能得到与负荷特性一致的合理深度。

根据层换热模型,地埋管换热器在岩土中换热后,出水管到达地面前一定距离内,要经过饱和换热层。不管是冬季还是夏季,换热器在换热层进行热量交换后,升温后的流体或降温后的流体,均要损失热量。为防止饱和换热层对出水管的影响,对出水管在饱和换热层内进行保温是必须的,保温深度和饱和换热层的深度一致。这同样证明了另一个结论:进、出水管的热短路现象是存在的,但短路造成的热损失量要远小于饱和换热层造成的热量损失。但是,在实际运用过程中,由于不同的运行工况下饱和换热层的深度在发生变化,保温的深度也发生变化。为方便工程应用,应该确定一个最佳的经济保温深度。

根据层换热模型,负荷强度发生变化,地埋管换热器承担的负荷就发生变化,在保证一定的换热温差条件下,换热器的流量就发生变化;在负荷的持续系数[1]发生变化后,地埋管换热器的运行时间也发生变化,这实际是地埋管换热器承担的负荷发生了变化。因此,在负荷影响下,地埋管换热器的流量相应在一个范围内发生变化。相对动态变化的释热量而言,流体进入到地埋管换热器后,进入到换热层,当水温降到一定程度进入到 $L_{未}$ 深度范围内,流体温度和岩土温度差异不大,温差传热基本消失,此时换热器达到最大换热量。因此,在对应的负荷特征下,地埋管换热器具有一个最佳流量。在自建的 10 kW 浅埋竖直埋管地下蓄能系统试验装置上进行两年多的实测,验证了流量大小对地下蓄能系统有重要影响,经变水量测试和模型计算,系统水流量保持为 3 ~4 L/(min · kW)为最佳。根据试验结果[2],即在保持间歇运行(对应相应的负荷特性)及系统设计条件下,该系统最佳流量范围为 0.18 ~0.24 m^3/(kW · h),即系统单位装机容量下,地下环路的最佳流量为 0.18 ~0.24 m^3/h。要求在确定了系统装机容量后,应同时考虑水泵选型和地下环路的具体布置等因素来共同确定地下环路的流量,而不应该仅依靠主机的流量来确定,这是地源热泵系统设计时应特别注意的问题。

7.7.3 与岩土作为冷热源相关的负荷特征

前面已经指出,利用岩土作冷热源,负荷特征是关键。针对地源热泵的可行性和运行性能变化,从工程实际应用出发,提出以下 3 个特征量来描述动态负荷特征:历年负荷总量的累积特性、负荷强度的变化特性和负荷的持续特性。

1) 历年负荷总量的累积特性

它是指岩土冷热源的寿命周期内,要求岩土冷热源提供的冷热量的总代数和,冷量为负,热量为正。随着冷量的持续供应,热量大量聚集在换热器附近的岩土中,热量的扩散更加缓慢,地下换热器换热能力是持续衰减的。地下换热器换热能力的恢复,要依靠从周围岩土中将热量提取出来,反之亦然。如果历年累积的冷热负荷总量的代数和不为零,并逐年累积起来,就会导致岩土失去作为冷热源的能力。这成为决定岩土冷热源系统寿命的关键因素。

图 7.17 表征了 3 种典型的负荷总量累积变化特征。第一种是平衡型,若工程是冬季开始投入使用,地源热泵从大地提取热量,地下换热器周围岩土中的热量逐渐减少,温度逐渐降低,取热条件逐渐恶化,地源热泵能效比逐渐下降,直到取热结束。过渡季后,转为

夏季排热。冬季的取热为夏季排热创造了良好的条件，地源热泵排热初期的能效比很高。排热使地下换热器周围岩土中的热量逐渐增加，温度逐渐回升，排热条件逐渐恶化，能效比下降到排热结束。过渡季后，又将转为冬季取热工况。若此时夏季的累积排热总量与上一个冬季累积的取热总量相等。换热器周围岩土的热量和温度将恢复为原状。若每年均如此，负荷总量变化曲线如图 7.17 中的曲线①，始终零总负荷线下波动。每年触及 1 次零总负荷线，但不跨越零总负荷线。如果工程是夏季开始投入使用，则总负荷线在零总负荷线上波动，每年触及 1 次零总负荷线，但也不跨越零总负荷线，如图 7.17 中的曲线④。显然，冬季开始投入使用的工程，有利夏季的季节能效比的提高；夏季开始投入使用的工程，有利冬季的季节能效比的提高。

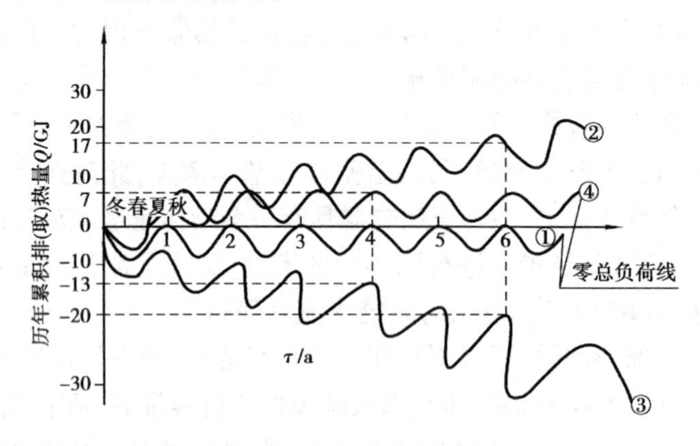

图 7.17　历年负荷总量累积曲线

冬季开始投入运行：①平衡型；②累积排热型；③累积取热型；

夏季开始投入运行：④平衡型。

在实际工程中，某一年负荷总量变化曲线可能向上或向下跨越零总负荷线。但必须在这一年后不长的时间内由相反的方向跨越零总负荷线，保持历年负荷总量累积曲线始终在零总负荷线上下波动。这样的负荷总量变化特征，大地的自然调节能力也能够充分发挥，表明地源热泵可能长期有效运行。

第二种负荷总量变化特征是累积排热型。仍以工程是冬季开始投入使用为例进行分析。冬季的取热使负荷总量变化曲线从零总负荷线下降，到冬季结束时曲线下降到最低点，随后的过渡季中，曲线水平伸展。到夏季排热时，曲线转而上升，若夏季排热总量超过冬季取热总量，曲线将向上跨越零总负荷线，下一个冬季的取热可能使曲线向下跨越零总负荷线，但由于取热量小于前一个夏季的排热量，曲线没有降到前一个冬季所达到的最低点。随后又一个夏季的排热，曲线再次向上跨越零总负荷线，并超过前一个夏季上升的高度。随着逐年的累积，负荷总量累积曲线越来越偏离零总负荷线，向上攀升，如图 7.17 中的曲线②。这意味着地下换热器周围岩土中累积的热量逐渐增加，温度逐渐上升，地源热泵排热的能效比逐年下降，最终不能运行。在这种情况下，必须采取措施增加取热量，将累积排热型调整为平衡型，才能实现地源热泵的长期持续使用。

第三种负荷总量变化特征是累积取热型。在这种负荷总量变化特征下长期运行，负荷总量累积曲线将逐年向下偏离零总负荷线，如图7.17中的曲线③。这意味着地下换热器周围岩土温度逐年下降，使地源热泵取热的能效比逐年下降，最终仍不能运行。调整的关键措施是增加排热。

上述分析表明，负荷总量的累积，决定了地源热泵系统的使用寿命。正常运行的地源热泵系统，通常具备一定的恢复期，这个恢复期实际为大地自然调节能力的表现，但这种调节能力必须受到负荷时间和负荷总量的限制。当负荷积累达到一定程度时，地下换热系统对大地的吸放热量就会超过大地的自然调节能力，即逐渐偏离零负荷总线，这种偏离度随自调能力的不同而不同。实际工程中，若不能消除累积取热型、累积排热型负荷总量变化特征，是不能采用地源热泵的，因此可用累积热量作为表征负荷总量变化性的特征参数。如图7.17中的曲线①和曲线④的历年累积热量为零，而曲线②的4年累积热量为7 GJ;6年累积排热量为17 GJ。曲线③的4年累积热量为13 GJ;6年累积排热量为20 GJ。曲线①和④的工程项目适宜采用地源热泵，曲线②和③的工程项目不宜采用地源热泵。

2）负荷强度的变化特性

对于地源热泵系统，负荷强度的概念是单位时间内为了维持要求的室内环境，需要地源热泵系统排放给大地或从大地吸取的热量。负荷强度的变化性可以分为日负荷强度变化特性、周负荷强度变化性、季节负荷强度变化性等。概念之间的区别主要在于考察变化性时间范围的不同，时刻负荷的变化量是表征负荷强度变化性的尺度。

负荷强度变化特性的特性参数用负荷强度的峰谷比 R_q 表示，其定义为在地源热泵系统的某持续运行时间段内，其峰值时刻负荷 q_h 与低谷时刻负荷 q_l 的比值，即 $R_q = \frac{q_h}{q_l}$。

在持续运行时间段内，负荷强度的峰谷比 R_q 越接近1，表示负荷稳定，对地源热泵地下换热器的影响容易评估。

对于日负荷强度变化特性用一日内地源热泵系统的运行时间段内的负荷峰值与该日内运行时间段内的低谷负荷的比值来表征；周负荷强度变化性、季节负荷强度变化性特征参数对应的时间段即为一周和一个运行季节。

负荷强度变化特性分析的目的在于工程的需要。如果自一次运行结束后，第二次运行前有一段停止运行的时间，使地下换热器周围岩土温度能够恢复到接近初始状态（即换热器周围岩土温度降低或升高到运行前岩土的初始温度，这个时间过程称为换热器岩土温度的恢复期），则主要进行日负荷强度变化特性分析；如果一日内不含恢复期，一周内地下换热器具有恢复期，使可能使第二周运行前地下换热器能够恢复到初始状态，这就应进行周负荷强度变化性分析；如果周运行期内仍不能恢复，这就应进行季节负荷强度变化性分析。

分析定义负荷强度的目的是为分析一个周期内地源热泵系统的能效服务的，它考虑了在该时间段内的负荷的具体变化。以日负荷强度为例，由于一天内室外气象参数和室内使用情况的变化，地源热泵的负荷值也相应变化。有时很高，有时很低，甚至在某些时间段内，地源热泵负荷可能为零。将一天24小时的地源热泵系统负荷进行逐时统计，可得到日负荷强度变化曲线。

3)负荷的持续特性

对于一个特定的建筑,在确定了室内设计参数后,地源热泵负荷是随时刻动态变化的。在某些时刻负荷大,在某些时刻负荷减小,甚至在某些时间段内负荷为零。地源热泵地下换热器的换热状态有两种情况:一种是换热器处于运行状态,即换热器内流体处于流动传热,室内余热或余冷持续作用在换热器上;另一种情况是换热器停止运行,即换热器内流体状态处于静态,以停止运行前的热状态和岩土进行传热,室内无余热或余冷作用换热器。在这两种状态下,换热器的传热状态是不同的。存在这两种情况的换热器实际处于间歇运行状态。系统不同的运行时间和不同的停机时间,对换热器的影响是不同的。因此,对于地源热泵系统,讨论负荷强度的变化性很重要。

在实际运行过程中,当负荷降低到一定程度时,设备设定的感知参数达到设备的停机条件,设备停机。停机后地下换热器处于一种恢复状态。这种恢复期状态持续的时间越长,对于地下换热器高能效运行越有利。如果系统处于连续运行状态,地下换热器处于连续换热状态,当运行时间达到一定程度时,地下换热器的换热能力到达一个极限值,如果负荷时间继续延长,地下换热器的换热性能开始恶化,并随时间的持续进一步降低,当持续时间到达岩土温度和进水温度接近时,换热器已无换热能力。系统的启停状态直接决定换热器的换热能力,因此,负荷的持续性所决定的设备启停状态是影响地源热泵的重要因素。

负荷的持续性,由负荷持续时间(等于地源热泵机组不间断地持续运行的时间 τ_a)以及负荷的中断时间(等于地源热泵机组两次连续运行之间的停机时间 τ_b)来表达,其特性参数是负荷持续系数 $R_\tau=\frac{\tau_a}{\tau_b}$。$R_\tau$ 越大,负荷的持续性越强。负荷的持续系数可分为一日内的负荷持续系数,一周内的负荷持续系数和一个天气过程中的负荷持续系数。

负荷总量和负荷强度既有联系,又有区别。负荷总量表征的重点是冷热量的总量,该总量是所研究的时间段内的负荷叠加值,但该参数无法体现在该时间段内的负荷变化。而负荷强度却紧密的把负荷的持续时间和状态联系起来。在相同负荷时间下,相对同一建筑,负荷强度的逐时叠加值和负荷总量在数值上相等,但两者对地下换热器的影响意义是不同的;相对不同的建筑,即使历年累积热量相同,负荷强度的变化特性却可能不一致,表现为平稳型和不平稳型。因此,可用高峰负荷延续时间和零负荷持续时间表征负荷持续性。平稳型的高负荷强度对地下换热器的换热不利,很快就会使大地失去自然调节能力;若负荷强度不平稳,在某些时间段内负荷强度大,在某些时间段内负荷强度小,甚至为零,这样的负荷特征使得地下换热器具备一定的恢复期,大地的自然调节能力也能够充分发挥,这对地下换热器的换热条件的改善是有利的。

从负荷分析看,并非所有工程均适合用岩土作为冷热源。负荷分析是决定岩土作为冷热源可行性的前提。

7.7.4 不同功能建筑的负荷特性

1)居住建筑的负荷特征

对于城市居住建筑,白天使用率低,夜晚使用率高。这一特点造成晚7:00到第二天凌晨8:00为主要的负荷时间。在其他时间段内,仍然有负荷时间,但是其负荷强度很低。在夏季夜晚,由于建筑物向天空的长波辐射以及夜晚的室外干球温度低于白天室外干球温度的两种因素下的共同作用下,导致夜晚的负荷强度是逐渐降低的,到清晨往往出现零负荷。继而转入到白天的低负荷时间段,因上班居住建筑的使用率下降,地下换热器获得恢复期。在夜晚直接转为高负荷状态,然后又逐渐降低。夏季居住建筑的这一负荷强度特点和负荷持续性与地下换热器的换热特性相适应。在冬季夜晚,由于外界温度的持续降低,夜晚的负荷强度是逐渐升高的,往往在黎明前达到最高值,直到日出和人们上班离家后,负荷降低。一般情况下,夏季负荷强度高出现在白天,恢复期大大缩短。

由于居住建筑的冷热负荷主要是室外气候造成的,因此在严寒地区的建筑,往往产生很大的历年累积取热量;湿热地区则会产生很大的历年累积排热量。二者都影响到地源热泵工程的使用寿命。而在夏热冬冷地区,居住建筑比较容易实现历年累积热量为零或接近零,使地源热泵可以长期运行。

2)办公建筑的负荷特征

对于办公建筑,使用特点是在白天使用率高,休息时间使用率很低甚至为零,一般情况下,夜晚和放假日使用率为零。这种建筑特性决定了负荷的持续性弱,在白天处于高负荷,在中午较短的时间内转为低负荷,下午上班后恢复高负荷,下午下班到第二天上班前负荷降低为零,这个时间为地源热泵地下换热器的恢复期,不管冬季和夏季均是这种状况。因此,在运行时间内,负荷强度平稳,负荷强度变化特性参数接近1;由于地源热泵的停机时间大于运行时间,负荷的持续性特性参数$R_\tau<1$,负荷的持续性弱,特别是一周内负荷持续性系数很小。负荷强度特性对地源热泵的地下换热器的工作性能不利,但是负荷的持续性却对地下换热器工作性能有利。评价办公建筑负荷特性对地下换热器的影响要看这两个因素中的主导因素。

3)商场的负荷特征

对于商场,使用特点是上午9:00到夜晚22:00处于使用期,22:00以后到第二天的上午9:00使用率为零。由于商场的特殊性,在双休及节假日的日负荷总量大。从商场的夏季负荷构成看,受到室外气候影响的维护结构的负荷占商场的总负荷的比率低,这就决定了商场全年排热量受到地区气象参数影响的关系小。冬季由于地区的不同,可能导致冬季地源热泵地下换热器吸热量不同,这决定了全年的累积排热量可能零,也可能大于零。

在地源热泵的使用时间里,商场负荷强度平稳,日负荷强度变化特性参数接近1;由于地源热泵的停机时间和运行时间接近,负荷的持续性特性参数$R_\tau\approx1$,负荷的持续性不强,但大于写字楼的负荷持续性。

4)宾馆建筑的负荷特征

对于宾馆(或综合楼),从使用时间和使用率住宅具有一定的相似性。由于人员密度的不断变化,以及夜晚负荷的集中性,决定了宾馆(或综合楼)的日负荷强度较均匀,在每日清晨前达到负荷的低谷。由于宾馆的使用要求(具备餐厅、商场、娱乐房等设施),负荷持续性很强,同时也决定了季节负荷总量很大。

宾馆的负荷特性对于地源热泵的应用是不利的。每日内设备停机时间很短,季节负荷时间内基本无恢复期,这导致地下换热器一直处于放热或吸热状态。在夏热冬暖地区,全年的主要时间是供冷状态,冬季基本无供热时间,这就会导致全年的累积负荷总量为累积排热型,系统使用到达一定程度后,大地就会失去自然调节能力,地下换热器将丧失换热能力。

5)小结

(1)影响地源热泵性能的动态负荷特性和特征参数

①历年负荷总量的累积特性。

②负荷强度变化特性。

③负荷的持续性。

(2)不同的建筑具有不同的动态负荷特性　居住建筑、办公楼、宾馆、商场等建筑特有的动态负荷特性直接影响到地源热泵岩土换热器的换热性能。地源热泵方案的确定,必须考虑建筑地区的气象条件和建筑功能。

7.7.5　岩土作为冷热源实例

某医院建筑层数为地下1层,地上11层,建筑面积为18 389.31 m²。该医院在空调系统设计时采用地源热泵空调技术,以大地作为冷热源,同时采用消防水池进行蓄冷蓄热的设计方案。垂直埋管系统共打井240孔,分5个区,每孔埋深80 m,U形管采用DN32铝塑复合管,各支路之间采用并联,同程式,地沟管采用PPR管。消防水池容积540 m³,作为蓄水池提供冷却水,见图7.18和图7.19。

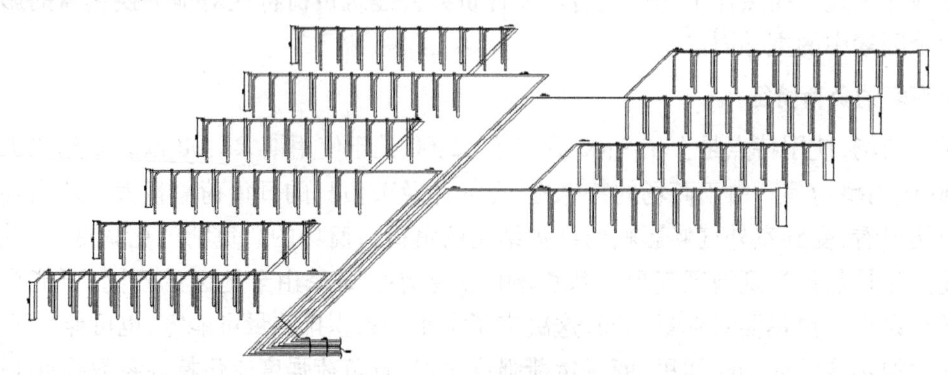

图7.18　地埋管系统图

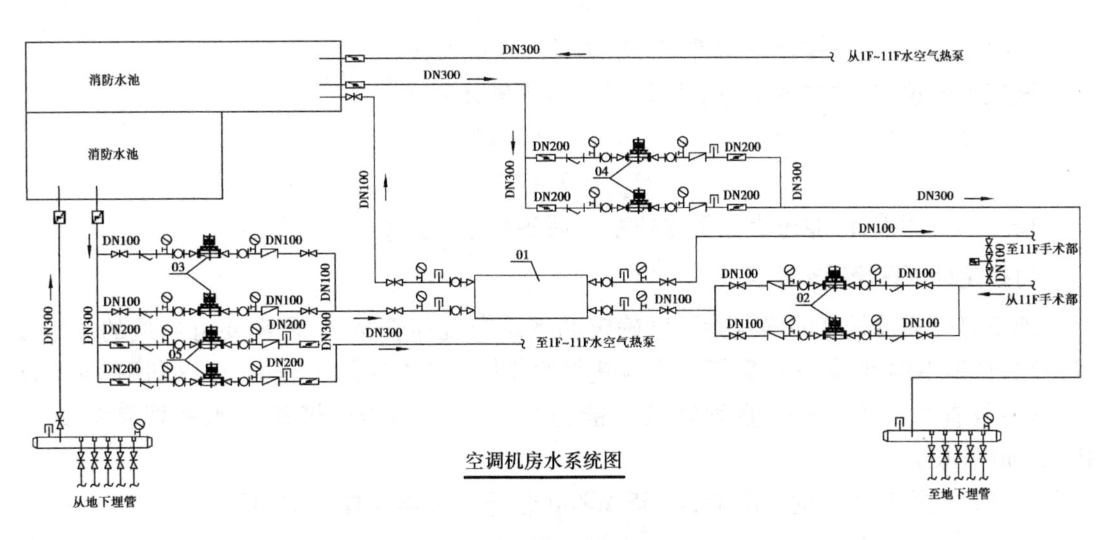

图 7.19　空调机房水系统图

医院住院部空调系统分为 3 个分系统:地源侧地下埋管换热器系统、第 1 ~10 层住院部空调系统和第 11 层手术部空调冷却水系统。第 1 ~10 层住院部空调系统采用每个病房安装水-空气源热泵,利用消防水池中的水作为冷热源,直接被热泵机组循环使用。第 11 层手术部空调冷却水系统采用水-水源机组,同样利用消防水池中的水作为机组的冷却水。

1)确定换热器埋管形式

地下换热器的埋管主要有两种形式:竖直埋管和水平埋管。选择哪种方式,主要取决于场地大小、当地岩石类型及挖掘成本。由于该医院住院部前面是个广场,场地比较宽敞,加上岩土层是砂岩,钻探比较方便,因此本设计采用竖直单 U 形管地下换热器。为保持各环路之间的水力平衡,地下换热器采用单个 U 形管并联的同程式系统。

2)地下换热器管材及埋管直径

地下埋管换热器应采用化学稳定性好、耐腐蚀、热导率大、流动阻力小的塑料管材及管件。目前国外广泛采用高密度聚乙烯作为地下换热器管材,推荐按 SDR11 管材选择壁厚,管径(内径)通常为 20 ~40 mm,国内大多采用国产高密度聚乙烯(PE)管材。本工程选择聚乙烯管(PE100),不需要接头,承压 1.60 MPa,公称直径为 32 mm。

3)所需的地下换热器换热量计算

夏季与冬季地下换热器的换热量可分别根据以下计算式确定,即

$$Q_{夏} = Q_0\left(1 + \frac{1}{COP_1}\right) \quad (夏季) \tag{7.19}$$

$$Q_{冬} = Q_K\left(1 + \frac{1}{COP_2}\right) \quad (冬季) \tag{7.20}$$

式中　Q_0——建筑冷负荷,kW;

　　　Q_k——建筑热负荷,kW;

COP_1，COP_2——热泵机组制冷、制热时的性能参数。

该工程要求，夏季与冬季地下换热器的换热量分别为

$$Q_{夏} = 2\ 074\ \text{kW}$$

$$Q_{冬} = 954\ \text{kW}$$

按夏季负荷设计，通过提供卫生热水平衡冬夏差异。

4）确定地下埋管换热器长度

地下热交换器长度的确定除了已确定的系统布置和管材外，还需要有当地的土壤技术资料，如地下温度、传热系数等。实验获得的单位管长在实际工程中，可以利用“换热能力”来计算管长。该工程垂直埋管换热能力为 35 ~ 55 W/m(管长)，水平埋管为 20 ~ 40 W/m(管长)。

设计时取换热能力的下限值，为 35 W/m(管长)，具体计算公式如下

$$L = \frac{1\ 000\ Q}{35} \tag{7.21}$$

故

$$L = \frac{2\ 074\ \text{W} \times 1\ 000}{35\ \text{W/m}} = 60\ 000\ \text{m}$$

5）地下换热器钻孔数及孔深

竖埋管管径确定后，可根据下式确定地源井数目，即

$$n = \frac{4\ 000\ W}{\pi v d_j^2} \tag{7.22}$$

式中 n——地源井数；

W——机组水流量，L/s；

v——竖埋管管内流速，m/s；

d_j——竖埋管管内径，mm。

假定流速为 0.4 m/s，则钻井数为

$$n = \frac{4\ 000\ W}{\pi v d_j^2} = \frac{4\ 000 \times 460/3.6}{3.14 \times 0.4 \times 32^2} = 397.4 = 398$$

井深 l 根据下式确定，即

$$l = \frac{L}{2n} = \frac{60\ 000\ \text{m}}{2 \times 398} = 75.38\ \text{m}$$

由于医院场地的限制，选择每口井深平均约为 80 m，打井 240 口。

地埋管的设计换热量为 1 344 kW，与夏季峰值负荷 2 074 kW 的差值由消防水池蓄冷承担。

讨论(思考)题 7

7.1　将冷热源划分为自然冷热源和能源转换型冷热源的意义和作用。

7.2　应该怎样科学合理地评价冷热源和选择、利用冷热源？

7.3　太阳辐射作为热源的优势在什么地方？在实际工程应用中，主要问题是什么？

7.4　在建筑密集的城市中，太阳能热利用有哪些特殊性和困难？怎样将建筑的阳光调节和太阳利用相协调。

7.5　夜空冷源的优势在哪里？需要解决哪些关键问题？怎样解决？

7.6　空气作为冷热源的优势在哪里？需要解决哪些关键问题？在密集的建筑群中利用空气作为冷热源的主要困难是什么？怎样克服？

7.7　水体作为冷热源，为何要对滞止水体和流动水体进行分析研究？在作为冷热源利用上各有什么特点和特性？各自的关键技术是什么？

7.8　抽取地下水作为冷热源的环境风险有哪些？当前应不应该大规模进行？

7.9　岩土作冷热源的特点是什么？有哪些关键技术？怎样利用岩土实现夏热冬用和冬冷夏用？

7.10　在冷热源利用中，怎样遵循气候适应性原理、社会适应性原理和整体协调性原理？

参考文献 7

[1] 付祥钊. 夏热冬冷地区建筑节能技术[M]. 北京:中国建筑工业出版社,2002.

[2] 王荣光,沈天行. 可再生能源利用与建筑节能[M]. 北京:机械工业出版社,2004.

[3] 蔡义汉. 地热直接利用[M]. 天津:天津大学出版社,2004.

[4] 李怀玉,郑洁. 重庆地区淡水源热泵技术应用研究[D]. 硕士学位论文. 重庆大学,2007.

[5] 王明国,付祥钊. 地源热泵系统工程案例分析[D]. 硕士学位论文. 重庆大学,2007.

[6] 曾宪斌,李娟. 地源热泵垂直U形埋管换热器周围土壤温度场的数值模拟[D]. 硕士学位论文. 重庆大学,2007.

[7] 朱磊,何天祺. 深圳市光伏幕墙技术性能与技术应用研究[D]. 硕士学位论文. 重庆大学,2007.

[8] 裴超,康侍民. 重庆市小城镇住宅外窗节能研究[D]. 硕士学位论文. 重庆大学,2007.

[9] 李涛,何雪冰. 北京农村住宅采暖节能研究及太阳能-蓄热地板传热特性理论分析[D]. 硕士学位论文. 重庆大学,2007.

[10] 伍培,付祥钊. 重庆污水源热泵系统的可行性分析与防垢、防腐蚀换热方案探讨[D]. 硕士学位论文. 重庆大学,2007.

[11] 丁豪,卢军. 地源热泵-辐射地板空调系统试验研究[D]. 硕士学位论文. 重庆大学,2005.

[12] 刘鹏,何天祺. 深圳市太阳能热水系统与建筑集成设计的研究[D]. 硕士学位论文. 重庆大学,2006.

[13] 郭永聪,付祥钊. 深圳建筑太阳能利用技术——深圳太阳能溶液除湿空调可行性研究[D]. 硕士学位论文. 重庆大学,2006.

[14] 胡彦辉,孙纯武. 垂直深埋U形管大地耦合式地源热泵冬季实验研究与三维数值模拟[D]. 硕士学位论文. 重庆大学,2003.

[15] 王勇,付祥钊. 动态负荷下地源热泵性能研究[D]. 博士学位论文. 重庆大学,2006.

[16] 丁国华. 太阳能建筑一体化研究、应用及实例[M]. 北京:中国建筑工业出版社,2007.

[17] 范亚明,等. 在福州地区以天然能源为热泵冷热源的应用前景[J]. 制冷与空调,2006.

[18] 付祥钊,等. 气源热泵与地板供暖联合运行实验研究[J]. 暖通空调,2005.

[19] 付祥钊,等. 两者地质气候条件对岩土换热器的影响[J]. 暖通空调,2002.

[20] 王勇,付祥钊. 地源热泵地下管群换热器设计施工问题[J]. 建筑热能通风空调,2000.

[21] 朱照华,付祥钊. 长江流域住宅采暖降温节能系统[J]. 住宅科技,1997.

8 暖通空调系统能源利用效率评价

建筑设备系统节能的基本要求是提高其能源的利用效率,包括两个方面的含义:一是在获得相同的使用功能的条件下,降低其能源输入数量,即提高能"量"的利用效率;二是在能量的使用过程中,尽量避免能量的有效性向无效性的转化,即提高能"质"的利用效率。

效率在本质上可用下式表示:

$$效率 = 出力 / 入力$$

效率的出力和入力应该是同一单位,故效率是无因次的。

8.1 暖通空调系统一次能源利用效率评价方法

8.1.1 暖通空调系统冷热源设备的性能系数

建筑物暖通空调系统的能源利用效率分析通常有两种方法。第一种方法依据的是能量转换的数量守恒关系,即热力学第一定律,通过分析,揭示出能量在数量上的转换、传递、利用和损失的情况,确定出某个系统或装置的能量利用或转换效率。采用这种分析方法和由此计算出的效率是基于热力学第一定律基础之上的,故称为"能分析"和"能效率",或称为"第一种效率"。

对于热设备(如锅炉),它的能效率即热效率,表示为输出热量与输入热量之比,这类设备的热效率一般小于1。

热泵和制冷机的效率被称为制热系数或制冷系数,也有称为"成绩系数"或"性能系数"的(Coefficient of Performance,COP)。由于它们从自然环境中获取了冷热量,所以COP值大于1。目前,常见的压缩式制冷机和热泵多是电力驱动的,也有用内燃机作为原动机来驱动热泵。蒸汽压缩式热泵或制冷机的性能系数可表示如下

$$\mathrm{COP}=\frac{Q}{W}\quad(制热) \tag{8.1}$$

$$\mathrm{COP}=\frac{Q_0}{W}\quad(制冷) \tag{8.2}$$

式中　Q——向高温热源提供的热量，kW；

Q_0——从低温热源提取的热量（即提供的冷量），kW；

W——外界提供给压缩机的功，kW。

蒸汽压缩式热泵制热性能系数理论最大值

$$COP_{max} = \frac{T}{T - T_0} \tag{8.3}$$

蒸汽压缩式制冷机制冷性能系数理论最大值

$$COP_{max} = \frac{T_0}{T - T_0} \tag{8.4}$$

式中　T_0——低温热源的绝对温度，即制冷机（热泵）的蒸发温度，K；

T——高温热源的绝对温度，即制冷机（热泵）的冷凝温度，K。

吸收式热泵或制冷机的性能系数可用下式表示

制热：
$$COP = \frac{Q}{Q_g} \tag{8.5}$$

制冷：
$$COP = \frac{Q_0}{Q_g} \tag{8.6}$$

式中　Q_g——吸收式热泵或制冷机工作时供给其发生器中的热量。

吸收式热泵制热性能系数理论最大值

$$COP_{max} = \frac{T}{T - T_0} \frac{T_g - T_0}{T_g} \tag{8.7}$$

吸收式制冷机制冷性能系数理论最大值

$$COP_{max} = \frac{T_0}{T - T_0} \frac{T_g - T}{T_g} \tag{8.8}$$

式中　T_g——吸收式热泵或制冷机工作时输入热源的绝对温度，K。

对于蒸汽压缩式热泵与制冷机，其性能系数理论最大值为绝对温度 T 与 T_0 之间进行的逆卡诺循环的制热和制冷性能系数；对于吸收式热泵与制冷机，其性能系数理论最大值为 T 与 T_0 之间进行的逆卡诺循环的制热或制冷性能系数，与在输入热源温度 T_g 与环境温度 T_0 或 T 之间进行的卡诺循环热机效率之积。由于卡诺热机的热效率恒小于 1，因此吸收式热泵或制冷机的性能系数理论最大值永远小于同温度范围的蒸汽压缩式热泵与制冷机的性能系数理论最大值，这是因为二者输入能源有质的不同，T_g 值越小，差异越大。

欲实现热泵或制冷剂性能系数理论最大值，要求制冷或热泵循环过程完全可逆，即无摩擦、无传热温差，这在实际过程中是无法实现的。但它是实际循环的楷模，它指明了提高蒸发温度、降低冷凝温度及提高吸收式热泵的供给热源温度是提高热泵与制冷机性能系数的基本方向。

8.1.2　建筑冷热源系统的一次能效比

建筑暖通空调系统的输入能源形式有多种，如电能、燃气热能、燃油热能、城市热网蒸汽或热水的热能等。以电动制冷机为例,其制冷系数为制冷量与输入电功率之比,没有考虑发电机组在发电过程中的损失、输配电过程的损失等。而溴化锂吸收式制冷机的热力系数仅表明生产一定的冷量时需要消耗的热量,没有反映出这些热量是怎样获得的;如果是蒸汽驱动的溴化锂吸收式制冷机,其输入热量为蒸汽的热量,而没有考虑锅炉产生这些蒸汽的损失;如果是直燃型溴化锂吸收式制冷机,其热量即为消耗的燃料(燃油、燃气)所提供的热量。因此,在进行不同设备系统的能源利用效率比较的时候,比较的基准应统一设为该设备或系统的一次能源利用效率,即该设备或系统的输出制冷量或制热量与其所消耗的一次能源量的比值,简称一次能效比,(Primary Energy Ratio,PER)表示,单位为 W/W。

①电动压缩式制冷机(热泵)的一次能效比为

$$\mathrm{PER} = \frac{Q_0}{W}\eta_f \eta_w \eta_y \tag{8.9}$$

式中 Q_0——制冷机的制冷量,或热泵的制热量,kW;

W——输入制冷机(热泵)的电功率,kW;

η_f——电厂的发电效率;

η_w——电网的输送效率;

η_y——压缩机的电机效率,一般取 0.9。

根据我国的具体情况,取电厂的发电效率 $\eta_f = 32\%$,电网的输送效率 $\eta_w = 95\%$。可知,电力驱动制冷机(热泵)的一次能效比为 PER = 0.304COP。

②溴化锂吸收式制冷机的驱动热源为蒸汽时,其一次能效比为

$$\mathrm{PER} = \frac{Q_0}{\dfrac{Q_g}{\eta_g \eta_{sg} \eta_{gd}} + \dfrac{W_{rb}}{\eta_f \eta_w \eta_y}} \tag{8.10}$$

式中 Q_0——溴化锂蒸汽吸收式制冷机的制冷量,kW;

Q_g——吸收式制冷机所消耗的热量,kW;

η_g——锅炉效率,一般为 0.6~0.75;

η_{sg}——室内外输送管道的热效率,一般为 0.93~0.94;

η_{gd}——锅炉房内管道热效率,一般为 0.9~0.95;

W_{rb}——溴化锂吸收式制冷机的溶液泵、冷剂泵、真空泵等的耗电量,kW。

式(8.10)中,分母的第二项为蒸汽型溴化锂吸收式制冷机溶液泵、冷剂泵、真空泵等所需的耗电转换成一次能源利用的情况。

③直燃型溴化锂吸收式冷热水机组使用燃气和燃油等燃料燃烧加热,由于燃气(天然气或煤气)、燃油(重油或轻质油)均属于一次能源,故直燃机的一次能效比为

$$\mathrm{PER} = \frac{Q_0}{G_r q_{rz} + \dfrac{W_{rb}}{\eta_f \eta_w \eta_y}} \tag{8.11}$$

式中 Q_0——直燃机的制冷(热)量,kW;

G_r——燃料的耗量,kg 或 m^3;

q_{rz}——使用燃料的热值,kJ/kg 或 kJ/m³,见表 8.1;

W_{rb}——直燃型溴化锂吸收式制冷机的燃烧器、溶液泵、冷剂泵、真空泵等的耗电量,kW。

表 8.1 各种燃料的热值

燃 料	平均低位发热量	折合标准煤
原煤	20 908(5 000)kJ(kcal)/kg	0.714 3kg 标准煤/kg
洗精煤	26 344(6 300)kJ(kcal)/kg	0.9kg 标准煤/kg
燃料油	41 816(10 000)kJ(kcal)/kg	1.428 6kg 标准煤/kg
柴油	42 652(10 200)kJ(kcal)/kg	1.457 1kg 标准煤/kg
天然气	38 931(9 310)kJ(kcal)/kg	1.33kg 标准煤/kg
焦炉煤气	16 726 ~ 17 981(4 000 ~ 4 300)kJ(kcal)/kg	0.571 4 ~ 0.614 3kg 标准煤/kg
压力气化煤气	15 054(3 600)kJ(kcal)/kg	0.514 3kg 标准煤/kg
沼气	20 908(5 000)kJ(kcal)/kg	0.714kg 标准煤/kg
电力当量	3 596(860)kJ(kcal)/kW·h	0.122 9kg 标准煤/kW·h
热力当量		0.034 12 kg 标准煤/MJ 0.142 86 kg 标准煤/1 000 kcal

④冷热源系统一次能效比的计算方法。空气源(风冷)热泵机组的室外侧换热器用风机来强制通风,而溴化锂吸收式机组和水冷的电动压缩式冷水机组则需要冷却水系统。冷却水系统包括水泵、输送管道和冷却塔。冷却水泵及冷却塔风机均要消耗一定的电能。冷却水泵的电能按下式估算

$$W_{lb} = \frac{1.05LH}{102\eta_p\eta_m} \tag{8.12}$$

式中 W_{lb}——冷却水泵的耗电量,kW;

1.05——富余系数;

L——水泵的流量,L/s;

H——水泵的扬程,mH_2O*;

$\eta_p\eta_m$——水泵与电机效率的乘积,一般取 0.6 ~ 0.7,大系统可取高值。

冷却塔风机的耗电 W_{lf} 值可按表 8.2 取值。

表 8.2 冷却塔风机耗电量 W_{lf}(kW/kW 冷量)

项 目	压缩式制冷系统	溴化锂吸收式制冷系统
冷却塔耗电	0.004 7 ~ 0.008	0.007 ~ 0.012

* $1\ mH_2O = 9.8\ kPa$。

因此,对于水冷电动压缩式冷水机组冷源系统,考虑冷却水泵、冷却塔的风机耗电的一次能效比为

$$\mathrm{PER_{CH}} = \frac{Q_0}{W + W_{\mathrm{lb}} + W_{\mathrm{lf}}}\eta_{\mathrm{f}}\eta_{\mathrm{w}}\eta_{\mathrm{y}} \tag{8.13}$$

对于风冷热泵机组冷源系统,考虑风机耗电的一次能效比为

$$\mathrm{PER_{CH}} = \frac{Q_0}{W + W_{\mathrm{lf}}}\eta_{\mathrm{f}}\eta_{\mathrm{w}}\eta_{\mathrm{y}} \tag{8.14}$$

对于直燃型溴化锂吸收式制冷机冷源系统的一次能效比为

$$\mathrm{PER_{CH}} = \frac{Q_0}{G_{\mathrm{rl}}q_{\mathrm{rz}} + \dfrac{W_{\mathrm{rb}} + W_{\mathrm{lb}} + W_{\mathrm{lf}}}{\eta_{\mathrm{f}}\eta_{\mathrm{w}}\eta_{\mathrm{y}}}} \tag{8.15}$$

对于蒸汽型溴化锂吸收式制冷机冷源系统,考虑冷却水系统耗电的一次能效比为

$$\mathrm{PER_{CH}} = \frac{Q_0}{\dfrac{Q_{\mathrm{g}}}{\eta_{\mathrm{g}}\eta_{\mathrm{sg}}\eta_{\mathrm{gd}}} + \dfrac{W_{\mathrm{rb}} + W_{\mathrm{lb}} + W_{\mathrm{lf}}}{\eta_{\mathrm{f}}\eta_{\mathrm{w}}\eta_{\mathrm{y}}}} \tag{8.16}$$

8.1.3 冷热输配系统的一次能效比

建筑物冷热输配系统能效比定义为建筑物的冷热负荷与冷热量输配系统耗功率的比值。冷热输配系统耗功率包括水系统的水泵及风系统中的风机的耗电功率。冷热输配系统的一次能效比为

$$\mathrm{PER_S} = \frac{\sum Q}{\sum N_{\mathrm{S}}}\eta_{\mathrm{f}}\eta_{\mathrm{w}} \tag{8.17}$$

式中 $\mathrm{PER_S}$——建筑冷热输配系统的一次能效比;

$\sum Q$——冷热输配系统输送至房间的冷热量,在数量上等于冷热源系统制备的冷热量减去输配系统的冷热量损失值,kW;

$\sum N_{\mathrm{S}}$——建筑冷热输配系统耗功率,kW。

8.1.4 暖通空调系统的一次能效比

建筑暖通空调系统由冷热源系统和冷热量输配系统(末端装置可视为输配系统的组成部分)构成。建筑暖通空调系统的输出是其服务的房间得到的冷热量的总和,输入是系统中所有耗能设备的能源消耗量。因此,其一次能效比为

$$\mathrm{PER_{ACS}} = \frac{\sum Q}{\mathrm{OE_{CH}} + \mathrm{OE_S}} \tag{8.18}$$

式中 $\mathrm{PER_{ACS}}$——建筑暖通空调系统的一次能效比;

$\mathrm{OE_{CH}}$——冷热源系统单位时间消耗的一次能源量,kW;

$\mathrm{OE_S}$——冷热输配系统单位时间消耗的一次能源量,kW。

根据冷热源系统、冷热输配系统及暖通空调系统的一次能效比的概念，不难得出三者的关系

$$\frac{1}{PER_{ACS}} = \frac{1}{PER_{CH}} + \frac{1}{PER_{S}} \tag{8.19}$$

需要注意的是，冷热源系统与冷热输配系统的能效存在相互的影响。例如，降低输配系统流量，可能减小输配系统输入功率，但由于流量减小，冷源设备中的换热设备传热性能降低，又会使其蒸发温度降低，压缩机的输入功率增大。因此，在分析某项节能技术措施的效果时，需要将整个暖通空调系统作为一个整体加以分析。

8.1.5　额定效率与期间效率

通常把设备或系统在规定的工作条件下输出的冷热量与输入能量之比作为该设备或系统的额定性能系数或能效比，此规定的工作条件称为额定工况。

采用能源利用效率评价暖通空调系统的节能性能时，暖通空调系统的负荷变化过程具有很重要的意义。在不同的负荷状况下，系统中的各设备的运行工况和效率是不相同的。对于建筑物来说，其全年的部分负荷出现的频率比设计负荷高得多；另外，不同的建筑物类型、不同的使用要求，其负荷变化特点也不相同。设计负荷效率高的系统，如果在部分负荷下效率不高，其全年运行能效往往不高。因此，仅用设计负荷状况下的效率不能正确评价暖通空调系统的节能性能。评价制冷机和热泵期间效率的 SEER 和 HSPF 指标的定义式分别如下

$$SEER = \frac{\text{制冷期间的总制冷量}}{\text{制冷期间的电力总消耗量}} \tag{8.20}$$

$$HSPF = \frac{\text{制热期间的总制热量}}{\text{制热期间的电力总消耗量}} \tag{8.21}$$

对于建筑冷热源系统、冷热输配系统及整个暖通空调系统，可分别定义其全年一次能效比如下

$$SPER_{ACS} = \frac{\sum Q_{\tau i}}{\sum OE_{CHi} + \sum OE_{Si}} \tag{8.22}$$

式中　$SPER_{ACS}$——暖通空调系统的全年一次能效比；

$\sum Q_{\tau i}$——暖通空调系统向房间全年提供的总冷热量，kW · h；

$\sum OE_{CHS}$——冷热源系统全年的一次能源消耗量，kW · h；

$\sum OE_{Si}$——冷热输配系统全年的一次能源消耗量，kW · h。

$$SPER_{CH} = \frac{\sum Q_{\tau i}}{\sum OE_{CHi}} \tag{8.23}$$

式中　$SPER_{CH}$——冷热源系统的全年一次能效比。

$$\mathrm{SPER_S} = \frac{\sum Q_{\tau i}}{\sum \mathrm{OE_{Si}}} \tag{8.24}$$

式中 $\mathrm{SPER_S}$——冷热输配系统的全年一次能效比。

显然,三者之间仍有如下关系

$$\frac{1}{\mathrm{SPER_{ACS}}} = \frac{1}{\mathrm{SPER_{CH}}} + \frac{1}{\mathrm{SPER_S}} \tag{8.25}$$

8.2 暖通空调系统的㶲分析

8.2.1 㶲分析法

提高能源量的利用效率是人们比较熟知的节能途径,但节能还有一个更重要的层面,就是要使能“质”的利用尽量合理,做到“物尽其用”。热力学第一定律指出各种形式的能量在数量上的关系(比如1 kW·h电全部转换成热量相当于123 g标准煤完全燃烧所放出的热量)。但不同形式的能量在质量(品质)上有很大的差别。比如用电直接加热采暖,就属于不合理用能;而用电驱动电动机,带动热泵从室外低温环境下采集热量向室内供暖就属于合理用能。这就需要用到基于热力学第一定律和热力学第二定律的㶲分析法。

在环境条件下任一形式的能量在理论上能够转变为有用功的那部分称为能量的㶲(Exergy),其不能转变为有用功的那部分称为该能量的𬉼(Axergy)。因此有:能量=㶲+𬉼,即

$$Q = EX + AX \tag{8.26}$$

在一定的能量中,㶲占的比例越大,其能质越高。定义能质系数φ_Q为

$$\varphi_Q = \frac{EX}{Q} \tag{8.27}$$

理论上,电能和机械能完全可变为有用功。即:能量=㶲,$\varphi_Q=1$,是“高品位能量”;而自然环境中的空气和海水都含有热能,但它们属于环境本身,此热能不能对环境作出有用功,$\varphi_Q=0$,是一种低品位能量。介于二者之间的能量=㶲+𬉼。如燃料的化学能、热能、内能和流体能等。热能的能质系数为

$$\varphi_Q = \left(1 - \frac{T_0}{T}\right) \tag{8.28}$$

在自然界中,不可能实现$T_0=0$和$T=\infty$,所以,热能的能质系数φ_Q不可能等于1。可以看出,热源温度越高,能质系数也就越大。在热能利用中,不应将高能级的热能用到低能级的用途,应尽量实现热能的梯级利用,减小应用的级差。

以电采暖问题为例,假定环境温度为0 ℃(273 K),采暖室内温度为20 ℃(293 K)。

则室温下热量 Q 的能质系数为

$$\varphi_Q = \left(1 - \frac{T_0}{T}\right) = \left(1 - \frac{273\ \text{K}}{293\ \text{K}}\right) = 0.068$$

而电能的能质系数为 1。二者能质系数之差为 0.932。电采暖使电能转换为室温下的热量后，其绝大部分的电㶲退化为没有用的炕。这不是“量”上的浪费，而是没有按“质”利用，是典型的“不合理用能”，是严重的浪费。但是，有时又可以鼓励蓄热式电采暖。在电厂负荷有较大的昼夜峰谷差时，利用夜间电力作电采暖，可以平衡峰谷，宏观上又是一种合理用能的方式。

根据热力学第二定律，可以用㶲效率来全面评价热能转换和利用的效果，即

$$\eta_e = \frac{EX_{gain}}{EX_{pay}} \tag{8.29}$$

式中 η_e——㶲效率；

EX_{gain}——被利用的或收益的㶲；

EX_{pay}——支付或消耗的㶲。

可以把㶲效率看作为收益㶲(即有效功)与热量㶲之比：

$$\eta_e = \frac{W}{EX_Q} \tag{8.30}$$

8.2.2 暖通空调系统的㶲分析

建筑物的采暖热源，如锅炉、直燃型溴化锂吸收式冷热水机组和热泵冷热水机组等，它们的任务是提供热量，因而热量㶲是收益部分，所消耗的各种能量中的㶲是代价㶲。

(1)锅炉和直燃机

$$\eta_{e,h1} = \frac{\left(1 - \frac{T_0}{T_H}\right)Q}{EX_f} \tag{8.31}$$

式中 Q——机组可以提供的热量；

T_H——供热热媒温度，K；

EX_f——输入燃料的㶲值。

(2)电力驱动的热泵

$$\eta_{e,h2} = \frac{\left(1 - \frac{T_0}{T_H}\right)Q}{W} \tag{8.32}$$

式中 W——机组输入功率。

制冷装置的任务是提供冷量，因此收益部分是冷量㶲，而代价㶲是消耗的各种能量中的㶲。于是，㶲效率可具体表示如下

(3)蒸气压缩式制冷

$$\eta_{e,cl}=\frac{\left(\frac{T_0}{Tc}-1\right)Q}{W} \tag{8.33}$$

式中 T_C——制冷机组提供的冷水温度,K。

(4)直燃机

$$\eta_{Ⅱ}=\frac{\frac{T_0}{T_c}-1}{EX_f} \tag{8.34}$$

燃料的化学㶲可按以下方法估算:

气体燃料 $EX_{fG}=0.950\Delta H_{u,h}$,液体燃料 $EX_{fL}=0.975\Delta H_{u,h}$。其中,$\Delta H_{u,h}$为燃料的高位热值。

仅用这些简单的㶲效率定义还不能进行空调制冷系统的㶲分析。需要根据图 8.1 中空调制冷系统的较复杂的㶲流模型做进一步分析。

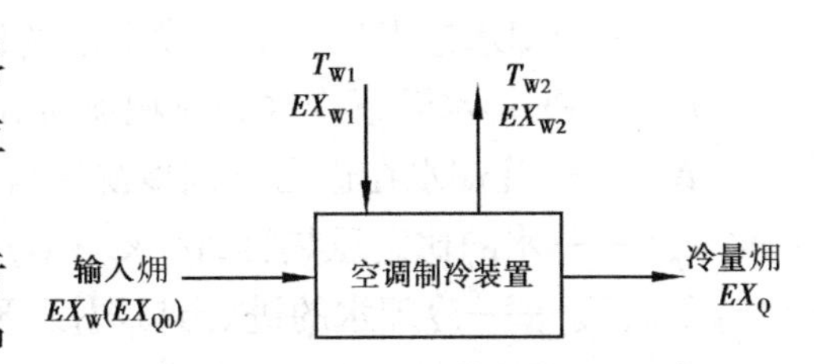

图 8.1 空调冷源装置的㶲流图

如图 8.1 所示的空调冷源,根据热力学第二定律,可以写出其㶲平衡方程式

$$EX_W+EX_{Q0}+EX_{W1}=EX_{W2}+EX_Q+Ⅱ \tag{8.35}$$

式中 EX_W——电力驱动制冷装置的输入功率,kW;

EX_{Q0}——输入直燃机的燃料㶲,kW;

EX_{W1},EX_{W2}——分别表示进出制冷装置的冷却水的㶲,kW;

EX_Q——空调冷源提供的冷量㶲,kW;

Ⅱ——制冷装置内部由于传热温差和阻力所引起的内部㶲损耗,kW。

因此,该冷源的㶲效率表达式为:

$$\eta_{Ⅱ}=\frac{EX_Q}{EX_W+EX_{Q0}+EX_{W1}-EX_{W2}}=1-\frac{Ⅱ}{EX_W+EX_{Q0}+EX_{W1}-EX_{W2}} \tag{8.36}$$

压力为p,温度为T的每千克稳流工质的焓㶲$EX(T,p)$可分解为在压力p下由于热不平衡引起的稳流工质热㶲和在环境温度T_0下由于力不平衡引起的稳流工质的机械㶲EX_{mech}两部分,即

$$EX(T,p)=EX_{th}+EX_{mech}=\int_{T_0,p}^{T,p}c_P\left(1-\frac{T_0}{T}\right)dT+\int_{p_0,T_0}^{p,T_0}v\,dp \tag{8.37}$$

若取T与T_0范围内的平均比热容$c_{p,m}$,则工质热㶲可表示为

$$EX_{th}=c_{p,m}\left[(T-T_0)-T_0\ln\frac{T_0}{T}\right] \tag{8.38}$$

对于不可压缩流体,工质的机械㶲可表示为

$$EX_{mech}=\bar{v}(p-p_0) \tag{8.39}$$

若将冷水视为不可压缩流体,并取平均比热容表示,可导出冷却水进出冷源装置的焓

㶲的变化量为

$$
\begin{aligned}
EX_{W1} - EX_{W2} &= \Delta EX_{th} + EX_{mech} \\
&= m_W c_{p,w}\left[(T_{W1} - T_{W2}) - T_0 \ln \frac{T_{W1}}{T_{W2}}\right] + m_W \bar{v}(p_1 - p_2) \\
&= m_W c_{p,w}\left[(T_{W1} - T_{W2}) - T_0 \ln \frac{T_{W1}}{T_{W2}}\right] + v_W \Delta p_W
\end{aligned}
\tag{8.40}
$$

式中　ΔEX_{th},EX_{mech}——分别表示冷却水进出口工质热㶲和机械㶲的变化量,kW;

m_W——冷却水的质量流量,kg/h;

$\bar{v}$——冷却水进出口平均温度下水的比容,m^3/kg;

v_W——平均水温下冷水的体积流量,m^3/h;

Δp_W——冷却水在进出空调冷源装置处的压力差,$\Delta p_W = p_1 - p_2$;

$c_{p,W}$——水的比定压热容,J/(kg·K);

T_{W1},T_{W2}——冷却水的进、出口温度,K;

T_0——环境温度,K。

而冷量㶲 EX_Q 可以表示为

$$EX_Q = Q\left(\frac{T_0}{T_W} - 1\right) \tag{8.41}$$

式中　T_W——制冷机组所提供的冷水温度,K;

Q——冷源的供冷量,W。

由此可得到空调冷源装置的㶲效率的表达式为

$$\eta_{II} = \frac{Q\left(\dfrac{T_0}{T_W} - 1\right)}{m_W c_{p,W}\left[(T_{W1} - T_{W2}) - T_0 \ln \dfrac{T_{W1}}{T_{W2}}\right] + v_W \Delta p_W + E_W + E_{Q0}} \tag{8.42}$$

8.3　建筑冷热源系统能源利用效率评价

8.3.1　冷热源系统的一次能效比评价

根据建筑物所在地区能够提供的能源、政府的相关政策、业主及设计者的观点,建筑的冷热源设备及系统的形式多种多样,主要有:电机驱动压缩机的蒸汽压缩循环冷水(热泵)机组、电机驱动压缩机的单元式空气调节机、蒸汽型溴化锂吸收式冷水机组、直燃型溴化锂吸收式冷热水机组、燃煤(气、油)锅炉等。根据 8.1 节中的一次能效比计算方法,分别计算出这些冷热源设备的一次能效比,见表 8.3。

表 8.3 冷热源设备的一次能效比

工况	冷热源形式	输入能源	额定工况时能效指标			季节平均		
			性能系数	热效率	PER	性能系数	热效率	PER
夏季制冷	活塞式水冷冷水机组	电	3.9		1.19	3.4		1.034
	螺杆式水冷冷水机组	电	4.1		1.25	3.60		1.094
	离心式水冷冷水机组	电	4.4		1.34	3.90		1.186
	活塞式风冷热泵冷热水机组	电	3.65		1.11	3.20		0.969
	螺杆式风冷热泵冷热水机组	电	3.80		1.16	3.40		1.034
	蒸汽双效 LiBr 吸收式冷水机组	煤	0.98		0.64	0.89		0.582
	直燃型双效 LiBr 吸收式冷热水机组	油/气	1.10		1.10	0.95		0.95
冬季制热	活塞式风冷热泵冷热水机组	电	3.85		1.17	3.45		1.049
	螺杆式风冷热泵冷热水机组	电	3.93		1.20	3.63		1.104
	直燃型双效 LiBr 吸收式冷热水机组	油/气		0.90	0.90		0.75	0.75
	电锅炉	电	1.0		0.304		0.9	0.274
	燃油/气锅炉	油/气		0.85	0.85		0.75	0.75
	采暖锅炉	煤		0.65	0.65		0.60	0.60

注:①额定工况:冷水机组——冷冻水进、出口温度 12/7 ℃,冷却水进出口温度 32/37 ℃;热泵冷热水机组——夏季环境温度 35 ℃,冷水出水温度 7 ℃;冬季环境温度 7 ℃,热水出水温度 45 ℃。

②蒸汽双效 LiBr 吸收式冷热水机组的输入热源按 0.6 MPa 蒸汽计算,单位制冷量的蒸汽耗量按 1.31 kg/(kW · h),蒸汽热值为 2 085 kJ/kg。

考虑冷却水泵及冷却塔风机的输入功率后,几种形式的冷源系统的季节平均一次能效比见表 8.4。计算时,电动蒸汽压缩式冷水机组的冷却水循环温差按 5 ℃考虑,直燃型双效 LiBr 吸收式冷热水机组泵的循环温差按 6 ℃考虑,冷却水泵扬程按 30 mH_2O 考虑;冷却塔风机耗电量分别取 0.006 kW/kW 和 0.008 kW/kW。

表 8.4 考虑冷却水系统耗电的几种冷源系统的一次能效比

工 况	冷热源形式	输入能源	机组性能系数	考虑冷却水系统耗能的季节平均 PER_{CH}
夏季制冷	活塞式水冷冷水机组	电	3.40	0.998
	螺杆式水冷冷水机组	电	3.60	1.057
	离心式水冷冷水机组	电	3.90	1.146
	直燃型双效 LiBr 吸收式冷热水机组	油/气	0.95	0.907

从表 8.3 和表 8.4 中的数据可以看出,单纯从一次能源利用效率角度出发,夏季冷水机组最节能,其次序是离心式冷水机组、螺杆式冷水机组、活塞式冷水机组,耗能最大的是蒸汽双效溴化锂吸收式冷水机组。因此,只有在夏季有可利用的热源,且经济上合理时,

才宜选用。当电厂及电网的效率提高,则电动蒸汽压缩式制冷机的优势更加明显。从冬季制热情况看,只要风冷热泵机组的制热性能系数大于3,则其一次能效比优于效率为90%的燃油/气锅炉供热。

对设备系统的能效分析不能只着眼于主机,而要将各种耗能的辅机全部考虑在内。比如近年来得到广泛推广的水源热泵系统,利用地下储水层的蓄热特性,做成开式系统。即从一口井取水,经热泵换热后再回灌至另一口井。水源热泵本身的COP值很高。但如果地下储水层比较深,或者当地地质条件要求的回灌压力比较大,就需要大扬程水泵。抽水泵和回灌泵的能耗应计入整个热泵系统的能耗之中,有可能系统的综合能效比将低于空气源热泵,这样的系统就是"得不偿失"的系统。

建筑能耗分析除了要了解设备系统在额定工况下的能源效率,更需要掌握设备系统在部分负荷下的能耗特性。

8.3.2 冷热源系统的㶲效率评价

以下根据样本提供的参数(见表8.5)分别对离心式冷水机组、螺杆式冷水机组、风冷热泵机组、以天然气为燃料的直燃式机组和以轻油为燃料的直燃式机组进行㶲分析。分别计算后可以得到表8.6的结果。

表8.5 几种冷源的样本参数

机组类型	制冷量/kW	输入功率/kW	燃料耗量	冷却水流量/($m^3 \cdot h^{-1}$)	冷却水压力损失/kPa
离心式冷水机组	1 231	242		255	62
螺杆式冷水机组	1 045	182		211	37
风冷热泵	1 090	318			
直燃机(天然气)	1 163	6.5	74.7 m^3/h	320	100
直燃机(轻油)	1 125	6.3	83 kg/h	293	68

注:以上参数均为额定工况下的参数。冷却水的进水温度为32 ℃,出水温度为37 ℃;冷冻水的供水温度为7 ℃;供冷工况时的环境温度T_0按上海夏季空调室外日平均温度选取,即T_0 = 307 K;取天然气的热值为46 000 kJ/m^3,轻油的热值为43 490 kJ/kg。

表8.6 几种冷源的㶲效率

机组种类	离心机	螺杆机	风冷热泵	直燃机(燃气)	直燃机(燃油)
㶲效率/%	48.7	55.3	33.1	12.2	11.0

从表8.6的计算结果来看,尽管各种冷水机组的性能系数COP都大于1,离心机和螺杆机的COP甚至可以达到4~6,从能分析的角度看它们的能源效率都很高。但是从㶲分析的角度来看,空调冷源的㶲效率都比较低。这主要是因为在制冷装置的工作过程中有

大量㶲退化。对于蒸汽压缩式制冷装置而言,㶲损失主要发生在压缩机、冷凝器和蒸发器;对于吸收式制冷机而言,㶲损失主要发生在发生器,几乎占了50%,其换热器和吸收器的㶲损失也很大。因此,要想真正提高各种制冷装置的㶲效率,还必须从㶲分析的角度出发,找出㶲损耗较大的部件,采取相应措施提高其效率。另外,离心机和螺杆机的㶲效率相对较高,而直燃机的㶲效率却很低。这是因为用天然气或燃料油的直燃机,其燃料燃烧温度很高,是高品位能源,而空调对象所需要的温度与环境温度相差不大,品位较低。因此,从㶲分析的角度来看,用直燃机作冷源并不合理。

以上是从能源利用效率的角度,对冷热源系统进行分析和评价。在实际工程应用中,由于实际市场上的设备价格、能源价格的影响因素众多,需要进行综合的技术经济分析,确定合理的冷热源系统方案。

8.4 热泵的能源利用效率

通过热泵技术从低温热源中取热,提升温度后,为建筑供热,解决建筑采暖和生活热水供应,是直接燃烧一次能源获取热量的主要替代方式。当采用热泵技术时,只要其电热转换效率大于3,就应是最节省一次能源的产热方式;由于热泵在夏季可以制冷,在既有夏季制冷、又有冬季采暖需求的地方,利用热泵作为建筑的冷热源系统,并不一定增加投资。

应用热泵技术的主要问题是从哪种低温热源中取热,怎样使低温热源能够提供足够的热量,同时热泵又能高效提取。根据低温热源的不同,热泵主要有空气源热泵、地表水源热泵、地下水源热泵、土壤耦合热泵、污水源热泵等。

8.4.1 空气源热泵系统

空气作为低位热源,可以取之不尽,用之不竭,空气源热泵装置的安装和使用也都比较方便,而且对换热设备无害,已成为热泵装置最主要的热源。应用空气源热泵的主要有以下两方面的问题。

1)热泵供热能力与建筑供热需求的矛盾

室外空气的状态参数变化对热泵的容量和制热性能系数影响很大。随着室外温度的降低、热泵的蒸发温度下降,制热性能系数及供热量也随之降低。但随着气温的下降,建筑物所需要的供热量却上升,这就存在着热泵的供热量与建筑物耗热量之间的供需矛盾。如图8.2所示,曲线 Q 表示某一特定建筑物需要的供热量随室外气温的变化关系,曲线A和B分别表示热泵A、热泵B的供热量随室外气温的变化关系,其中热泵A的容量大于热泵B。曲线A和B分别与曲线 Q 相交于 O_1 和 O_2 点,该交点即为平衡

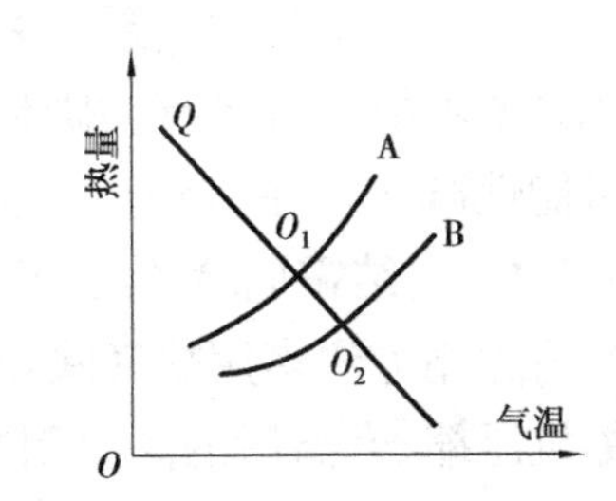

图8.2 空气源热泵的供热平衡温度

点,对应的室外气温称为平衡点温度,它表示在该温度下,某一特定建筑物的需热量与某一容量的热泵系统的供热能力相等。从图中可以看出,对于同一建筑物,热泵容量越大,平衡温度越低。当气温低于平衡点温度时,热泵供热能力不足,需要加入辅助热源供热。

因此,合理确定热泵系统的容量是空气源热泵技术应用的一个关键问题。应根据当地的气候特征、建筑物的负荷变化特征,综合考虑系统的投资及运行期间的能耗加以确定。

从国外空气热源热泵的运行经验看,对于气候适中,度日数不超过3 000 ℃·d的地区,采用空气源热泵是经济的。我国夏热冬冷地区的度日数(以18 ℃为基准)基本在800～2 000 ℃·d,适合于空气热源热泵的应用。从低温天气气温值来看,小于5 ℃期间的室外平均气温在1～5 ℃。如前所述,气温降低,热泵的供热能力和性能系数下降,空气热源热泵宜用室外气温高于-5 ℃的情况。夏热冬冷地区主要城市冬季室外采暖设计温度均在-3 ℃以上,热泵的供热量一般可达额定值的70%以上。这些地区夏季炎热,建筑物的空调负荷较大。由于该地区冬季室外温度较高,一般同一建筑物的冬季需热量只有夏季耗冷量的50%～70%,甚至更低,因此该地区使用热泵系统进行冷暖空调,可按照夏季供冷需求选取热泵容量,一般均不需加辅助热源就完全能满足冬季采暖要求。这样,由一套系统满足两种功能需求,既节约了能源,又节省了投资。

2)蒸发器结霜与除霜

当蒸发器表面温度低于0 ℃、且低于空气的露点温度时,其表面就会结霜。蒸发器表面微量凝露时,可起到增强传热的效果,但空气流动阻力有所增加。结霜不仅使空气流动阻力增大,还会导致热泵的制热性能系数和可靠性降低。所以,空气源热泵的设计使用时必须要考虑除霜的问题。除霜时,热泵不仅不供热,还要消耗一定的能量用于除霜。

关于结霜现象的理论计算和工程实例表明,室外干球温度在-5～+5 ℃,$\varphi>75\%$时,热泵空调器结霜严重;而当室外空气温度低于-5 ℃时,由于湿空气中含湿量减小,其结霜速率减慢。夏热冬冷地区冬季室外温度较高,大部分地区因结霜带来的效率损失并不严重,特别是机组在白天运行时,结霜损失更小。但某些地区的相对湿度大,如中南地区。因此,在该地区使用的风冷热泵机组,应具有良好的除霜措施,否则将影响冬季的供热效果。

除霜控制是空气源热泵的关键部分,除霜工作不正常,热泵的耗电量将大大增加,甚至造成系统不能正常运行。研究结果表明,提高蒸发器的迎面风速,可以使蒸发器表面的结霜可能性减小。在室外空气温度为-5～5 ℃,$\varphi>85\%$时,结霜的危险性最大,当气温小于-5 ℃时,结霜危险性反而减小,这主要是因为此时空气中的含湿量较小的缘故。

目前除霜方法多用热气除霜,即将系统按制冷模式运行,制冷剂从室内换热器吸热,经压缩机压缩、升温后的高温制冷剂蒸气流经室外换热器进行除霜。热气除霜有两种方案:一是根据霜层的实际增长厚度和速度来除霜,二是按照一定时间间隔定期进行除霜。显然,前者是比较合理的。

目前,国内已成功开发出在-12 ℃仍可高效运行的低温空气源热泵,它采用独特的化霜循环、智能化霜控制、智能化探测结霜厚度传感器技术，有效解决了除霜不彻底的问题，保证机组可在 -12 ℃正常运行，且 COP 达 2.3 左右。

8.4.2 地表水源热泵系统

地表水源热泵是早期热泵之一，其系统形式可分为闭式环路系统和开式环路系统，见表 8.7。

表 8.7 地表水源热泵形式系统

采集系统名称	图 式	说 明
闭式环路系统	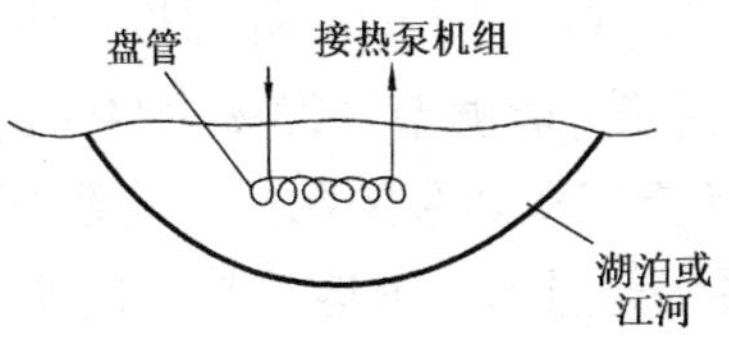 盘管 接热泵机组 湖泊或江河	将盘管直接置于水中，通常盘管有两种形式：一是松散捆卷盘管，即从紧密运输捆卷拆散盘管，重新卸成松散捆卷，并加重物；二是伸展开盘管或“Slingky”盘管
开式环路系统	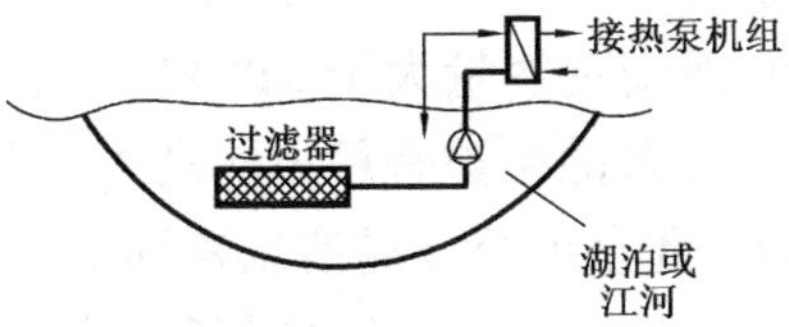 接热泵机组 过滤器 湖泊或江河	通过取水装置直接将湖水或河水送至换热器与热泵低温水进行热交换，释热后的湖水或河水直接返回湖或河内，但注意不要与取水短路

地表水源热泵系统的特点主要有：

①地表水的温度变化比地下水的水温、大地埋管换热器出水水温的变化大，主要体现在：地表水的水温随着全年各个季度的不同而变化；地表水的水温随着湖泊、池塘的水深度的不同而变化。因此，地表水源热泵的一些特点与空气源热泵相似。例如，冬季要求热负荷最大时，对应的蒸发温度最低；而夏季要求供冷负荷最大时，对应的冷凝温度最高。

②地表水是一种很容易采用的低位能源。因此，对于同一栋建筑物，选用开式系统还是闭式系统应仔细分析整个系统的全年运行能效状况。采用闭式环路系统，循环介质与地表水之间存在传热温差，将会引起水源热泵机组的 EER 或 COP 下降；但闭式环路系统中的循环水泵只需克服系统的流动阻力，所需扬程可能要小于开式系统。

③要注意和防止地表水源热泵系统的腐蚀、生长藻类等问题，以避免频繁的清洗而造成系统运行的中断和较高的清洗费用。

④地表水源热泵系统的性能系数较高。德国阿伦文化及管理中心的河水源热泵平均性能系数可达 4.5。河水温度在 6 ℃时，其性能系数可达 3.1。

⑤由于冬季地表水的温度会显著下降，因此地表水源热泵系统在冬季可考虑增加地表水的水量。

⑥出于生物学方面的原因，常要求地表水源热泵的排水温度不低于 2 ℃。但湖沼生物学家们认为，水温对河流的生态影响比光线和含氧量的影响要小。热泵长期不停地从河水或湖水中采热，对湖泊或河流的生态有何影响，仍是值得进一步在运行中注意与研究的问题。

8.4.3 地下水源热泵系统

近年来,地下水源热泵系统在我国北方一些地区,如山东、河南、辽宁、黑龙江、北京、河北、湖北等地,得到了广泛的应用。相对于传统的供暖(冷)方式及空气源热泵具有如下的特点:

①地下水源热泵具有较好的节能性。地下水的温度相当稳定,一般等于当地全年平均气温或高1~2 ℃,机组HSPF和EER高。当室外气温处于极端状态时,用户对能源的需求量亦处于高峰期,而此时空气源热泵、地表水源热泵的效率最低,地下水源热泵却不受室外气温的影响。温度较低的地下水,可直接用于空气处理设备中,对空气进行冷却除湿处理而节省能量。相对于空气源热泵系统,能够节约23%~44%的能量。国内地下水源热泵的制热性能系数可达3.5~4.4,比空气源热泵的制热性能系数要高40%。

②地下水源热泵具有良好的经济性。美国127个地源热泵的实测表明,地源热泵相对于传统供暖、空调方式,运行费用节约18%~54%。一般来说,对于浅井(60 m)的地下水源热泵不论容量大小,它都是经济的;而安装容量大于528 kW时,井深在180~240 m时,地下水源热泵也是经济的。地下水源热泵的维护费用虽然高于土壤耦合热泵,但与传统的冷水机组加燃气锅炉相比还是低的。北京市统计局信息咨询中心对采用地下水源热泵技术的11个项目的冬季运行分析报告说明:在供暖的同时还供冷、供热水、供新风的情况下,费用支出为9.28~28.85元/m^2不等,63%的项目低于燃煤集中供热的采暖价格,全部被调查项目均低于燃油、燃气和电锅炉供暖价格。据专家初步计算,使用地下水源热泵技术,投资增量回收期为4~10a。

③回灌是地下水源热泵的关键技术。如不能将100%的井水回灌到同一含水层内,将带来地下水位下降、含水层疏干、地面下沉、河道断流等一系列的生态环境问题。目前,国内地下水源热泵系统有两种类型:同井回灌系统和异井回灌系统。同井回灌系统在相同供热量情况下,虽然所需的井水量相同,但水井数量至少减少1/2,故所占场地更少,节省初投资。同井回灌技术的取水和回灌在同一口井内进行(见图8.3),通过隔板把井分成两部分:一部分是低压(吸水)区,另一部分是高压(回水)区。当潜水泵运行时,地下水被抽至井口换热器中,与热泵低温水换热,地下水释放热量后,再由同井返回到回水区。同井回灌热泵系统也存在热贯通的可能性。当取水层和回灌层之间渗透能力过大,水短路流过,温度不能恢复时,系统性能就会在运行过程中逐渐恶化。当打井处存在很好的地下水流动时,上游流过的地下水可补充取水层水量,这样就不存在水的短路和系统性能逐渐恶化的现象。但是,如果在下游不远处又设取水井,就会出现上游影响下游的问题。

异井回灌是在与取水井有一定距离处单独设回灌井。把提取了热量/冷量的水加压回灌到同一层,以维持地下水状况。有时,取水井和回灌井定期交换,以保证有效的取水和回灌。这种方式可行与否也取决于地下水文地质状况,当地下含水层的渗透能力不足时,回灌很难实现。当回灌困难时,可以采用“一井抽水、多井回灌”的方式,同时定期交换,使每口井轮流工作于取水和回灌两种状态。同样,当地下含水层内存在良好的地下水

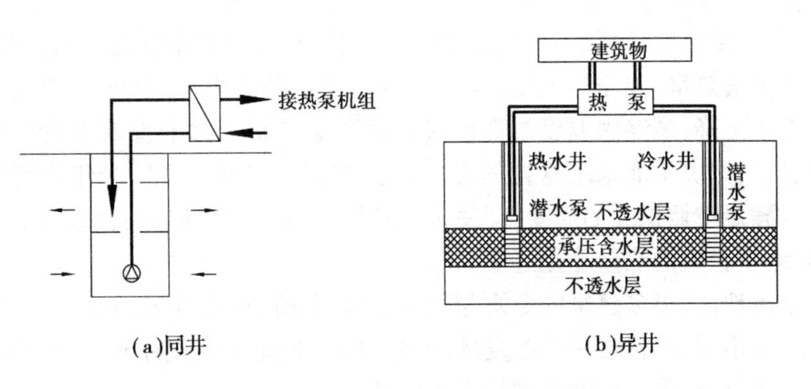

(a)同井

(b)异井

图 8.3 回灌系统示意图

流动时,从上游取水下游回灌会得到很好的性能,但此时在回灌的下游再设取水井有时就会由于短路而使性能恶化。

8.4.4 土壤耦合热泵系统

与空气源热泵相比,土壤温度全年波动较小且数值相对稳定,这种温度特性使土壤耦合热泵比传统的空调系统运行效率要高 40% ~60%,节能效果明显。土壤具有良好的蓄热性能,冬、夏季从土壤中取出(或放入)的能量可以分别在夏、冬季得到自然补偿。地下埋管换热器无需除霜,没有结霜与融霜的能耗损失,节省了空气源热泵的结霜、融霜所消耗的 3% ~30% 的能耗,同时还减少了空调系统对地面空气的热、噪声污染。土壤耦合热泵系统原理如图 8.4 所示。

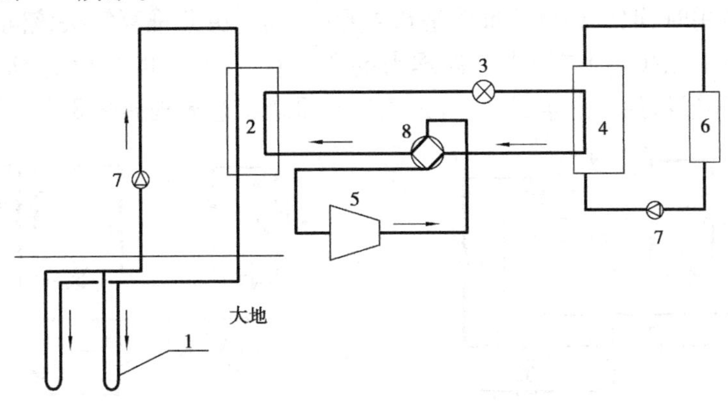

图 8.4 土壤耦合热泵系统原理图

1—室外埋管换热器;2—冷凝器;3—节流机构;4—蒸发器;
5—压缩机;6—房间换热器;7—循环水泵;8—换向阀

由于这种系统中作为蓄热体的土壤与室外环境进行换热的面积很小,因此外界环境对其性能影响不大。系统的适宜性完全在于冬夏热量冷量间的平衡,外温的高低基本不会对这种系统的可应用性产生影响。地下埋管的每根管只可对其周围的有限体积的土壤发生作用(如 5 m 间隔,垂直埋放时,只是 5 m 直径的一个圆柱体的土壤),且可实现与外界换热的面积极少。如果每年热量不平衡而造成积累,将会导致土壤温度的逐年升高或降低。这样,就必须仔细计算被服务建筑的全年空调耗冷量和采暖耗热量,保证全年通过埋管传入土壤中的热量(夏季)与从土壤中得到的热量基本相同;否则,就会造成土壤温度逐年上升或逐年下降,最终因温度过高或过低而失去效能。除非探明埋管处有流动良好的地下水通过,否则决不能采用这样的方式。例如,我国华南地区,全年大部分时间向地下释放热量以满足空调供冷的需要,即使采用热泵方式从地下取热制取生活热水,和空调负荷相比,向地下释放的热量还是过多。

在长江流域地区,很多建筑的冬夏累计负荷基本相当,适合采用这一方式,但由于每年实际运行工况不同,也很难保证冬夏的冷热平衡。为此应设置补充手段,如增设冷却塔以排除多余的热量,或采用辅助锅炉补充热量的不足。

由于依靠大量的地下埋管从地下提取热量或冷量,因此这种系统的初投资相对较大。对于高层建筑,由于建筑容积率高,可埋管的地面面积不足,所以一般不适宜。采用这种热泵方式的另一点注意事项是需要仔细校核水泵参数,防止循环水泵电耗太高而导致整个系统的能效比较低。设计和运行管理好的系统,总的水泵电耗(包括热泵两侧的水泵)不超过热泵电耗的20%。

8.4.5 污水源热泵系统

以城市污水作为冷热源的污水源热泵,直接从城市污水中提取热量。据测算,城市污水全部充当热源可解决城市近20%建筑的采暖。目前的方式是将污水处理到二级出水水质,从处理后的中水中提取热量,则可以解决污物堵塞、附着、腐蚀等问题。但是,污水作为热泵冷热源应用时,取得热量的价值是0.4元/t左右,由此推算解决该问题的应用工艺成本不应高于0.1元/t。而二级出水处理需要800元/(t·d)的初投资、0.7元/t以上的运行费,显然是不经济的。淋水式、壳管式蒸发器系统工艺流程如图8.5所示。

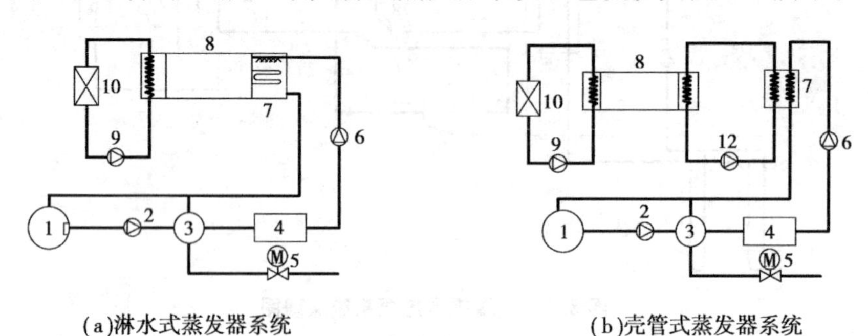

(a)淋水式蒸发器系统　　(b)壳管式蒸发器系统

图8.5　淋水式、壳管式蒸发器系统工艺流程图

1—污水干渠;2、6—污水泵;3—自动筛滤器;4—积水池;5—反冲洗控制阀;7—淋水式换热器;
8—热泵机组;9—末端循环泵;10—末端设备;11—壳管换热器;12—中介循环泵

为解决污水热量的有效传递和转换,必须克服污物对换热设备的堵塞和污染问题,为此需要特殊的系统工艺设备。国外应用成熟的两个工艺形式为淋水式和壳管式。

1)淋水式系统

经初效过滤处理后的污水与制冷剂直接换热,将污水喷淋在板式换热器外侧,污水呈膜状流动换热。运行3~5 d之后用高压水冲洗换热器,以去除附着在上面的污物。

2)壳管式系统

日本1983年开发,主要利用具有自动防护功能的壳管式换热器实现污水的流动与换热。污水在管内流动,清水在管外壳体内流动,使用现有的水源热泵机组,通过二次换热实现蒸发或冷凝过程。

8.5 建筑热电冷联供系统

8.5.1 建筑热电冷三联供系统概念

建筑热电冷三联供系统(BCHP系统),也称为分布式供电系统的一种,是在建筑物内安装燃气或燃油发电机组发电,满足建筑物的用电基础负荷;同时,用其余热产生热水,用于采暖和生活热水需要;在夏季还用发电的余热产生冷量,用于空调的降温和除湿。这样,通过燃气或燃油同时解决建筑物内供电、供热和供冷的需要,所以称为建筑热电冷三联供系统。燃气轮机+余热直燃机(补燃型)BCHP系统流程,如图8.6所示。

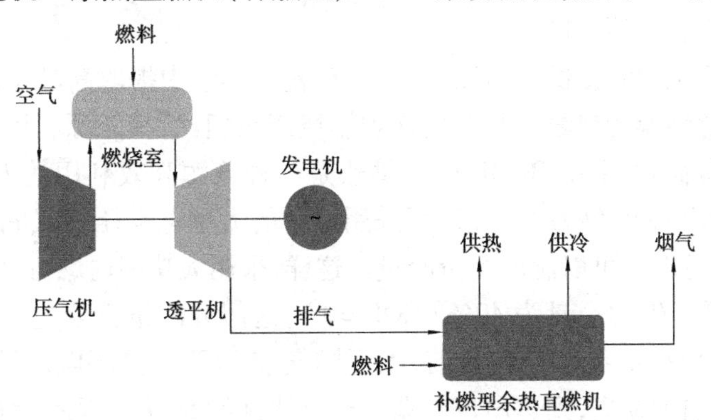

图8.6 BCHP系统流程图

8.5.2 建筑热电冷三联供系统能效特性分析

采用燃气或燃油发电,有几种不同形式,其发电效率、产热效率和所产生热量的承载形式也不同,从而决定能耗性能的差异,见表8.8。

表 8.8 可能用于建筑热电冷三联供的燃气发电机形式和相关性能

发电机形式	单机发电容量/kW	发电效率	烟气温度和产热效率	烟气过量空气系数	热水温度和产热效率
内燃机	50 ~ 3 000	30% ~ 40%	约 450 ℃,25%	约 1	约 90 ℃,约 25%
微燃机	25 ~ 500	20% ~ 30%	约 300 ℃,约 60%	约 2.5	
斯特林机	25 ~ 300	32% ~ 40%	约 350 ℃,约 30%	约 1	约 55 ℃,30%
OFC 燃料电池	10 ~ 50	40% ~ 45%	700 ℃,约 50%	约 1	

BCHP 系统产生热量是通过在烟气-水换热器从排出的烟气中回收热量,水-水换热器从发动机的冷却水中回收热量。由于排出的烟气温度高,所以可以满足高温度热利用(如制备 90 ℃的热水)的要求。烟气中热量的热回收效率与利用热量的温度和烟气的过量空气系数有关。过量空气系数越大,排出的烟气量越大,热回收效率就越低。而发动机冷却水的温度又不能太高,所以从内燃机的缸套冷却水中就只能得到不超过 70 ~ 80 ℃的热量,从斯特林发动机的冷却水中,就只能得到 40 ~ 50 ℃的热水。这样,当需要较高温的热量时,以热水形式产生的热量不易利用。

BCHP 的余热制冷的方式是利用吸收式制冷机。可以直接把发动机的烟气通到专门的吸收制冷机中,制取空调用冷冻水。此时,烟气中的热量转换为冷量的转换效率可达 1.2 ~ 1.3。然而,发动机冷却水中的热量温度低,不宜用来制冷。有些吸收机可以同时利用内燃机的烟气和缸套冷却水制冷,但此时的热-冷转换系数只能达到 1.0 左右。斯特林发动机的缸套水就很难用来制冷。

采用 BCHP 系统同时提供电力和热量时,首先从燃气中提取高品位的电能,然后将其剩余的低品位能源转换为热量。与直接锅炉燃烧产热相比,其能源利用率较高。因此,当全年有稳定的热负荷时,采用 BCHP 供电供热是一种能源高效利用的方式。采用发电后的余热制冷时,制冷 COP 仅为 1 ~ 1.3,而采用通常的大型电动压缩式制冷机,COP 可达 6 左右,也就是说 1 份电力可以制取 6 份冷量。这样,采用大功率内燃机,发电效率 40%,产热量 40%,热量可产生的冷量为 40%(COP = 1),这部分冷量折合电力不到 7%(COP = 6),总的等效发电效率不到 47%。目前,大型燃气-蒸汽联合循环电厂发电效率可以达到 55%,考虑电力的输配损失,到达用户末端后也可达到约 50%。因此,和大型燃气-蒸汽联合循环电厂及电动压缩制冷相比,采用大功率内燃机的"电冷联产",其能源转换率并不高。

采用微燃机,即使发电效率 30%,产热效率 60%,此热量变为冷量 78%(COP = 1.3),冷量折合电力为 13%,总的等效发电效率不到 43%,低于大型燃气-蒸汽联合循环电厂的 50% 的效率。因此,不能认为采用微燃机发电的"电冷联产"方式能源利用率高,大型燃气发电厂可以得到更高的能量转换效率。

采用建筑热电冷联产方式,还有确定合理的发电机的容量问题。这时,需要考虑是按照"以电定热",还是"以热定电"的方式运行。按照"以电定热",就是根据电力的需求运行 BCHP 设备,如果产生的热量不能全部利用,就会被排放。由于这种设备单独发电时能源利用率很低,所以就会造成大的能源浪费。“以热定电”是根据热量或冷量的需求运行 BCHP 设备,不造成热量的无效排放。除了某些生活热水负荷全年稳定(如医院、游泳池、旅馆)外,采暖负荷在冬季变化很大,夏季的冷负荷则变化更大,这样就导致“以热定电”的运行模式运行时,全年的设备有效运行小时数低,设备初投资回收慢。在一些电力供应不足、电价高昂的地区,经济利益就会促使运行者按照“以电定热”方式运行,当电价高时,尽管发电效率不高,但仍有经济利益,于是就形成“省钱不省能”的运行模式。然而,从节约能源的大局看,这不是一种合理的运行方式,应该限制和避免。

8.5.3 BCHP 系统的适用性

综上所述,BCHP 系统的适用性如下:

①当全年存在稳定的热负荷时,也就是对于医院、旅馆、游泳池等建筑时,采用 BCHP 发电和提供热量,可以获得很高的能源利用率,是应该提倡的节能技术。当热负荷较大,而电负荷不高时,按照热量的需要选择设备就可能造成发电量高于电负荷。这时,应该通过适当的政策,允许发电并网,这是应该提倡和支持的有利于能源综合利用、节约能源的有效措施。

②当全年采暖时间超过 4 个月,夏季还有稳定的空调负荷时(例如,大型超市、机场和车站),可以采用 BCHP 提供采暖空调的基础负荷,也就是仅提供最大热负荷的 1/3 ~ 1/2,最大冷负荷的 1/4 ~ 1/3。这样,可使 BCHP 设备全年运行时间超过 50%。尽管与大型燃气发电厂相比,BCHP 系列夏季并不节能,但由于在冬季可获得较高的节能收益,可认为是一种节能措施。

③在其他情况下,尤其是以“电冷联产”为主、“热电联产”为辅时,BCHP 将比大型燃气发电厂消耗更多的燃气。因此,不应该支持和推广,而应该限制。

讨论(思考)题 8

8.1 调查一个暖通空调系统的实际运行情况,对其进行一次能源利用效率和㶲效率评价。

8.2 分析影响空气源热泵供热性能系数的主要因素,并从能效性能方面,分析我国主要的气候区中应用空气源热泵进行冬季供热的适应性。

参考文献 8

[1] 陆亚俊,马最良,姚杨. 空调工程中的制冷技术[M]. 哈尔滨:哈尔滨工程大学出版社,1997.
[2] 徐邦裕,陆亚俊,马最良. 热泵[M]. 北京:中国建筑工业出版社,1988.
[3] 龙惟定. 建筑节能与建筑能效管理[M]. 北京:中国建筑工业出版社,2005.
[4] 付祥钊. 夏热冬冷地区建筑节能技术[M]. 北京:中国建筑工业出版社,2002.
[5] 公共建筑节能设计标准. GB50189.
[6] 蒋能照. 空调用热泵技术及应用[M]. 北京:机械工业出版社,1999.
[7] 江亿,林波荣,等. 住宅节能[M]. 北京:中国建筑工业出版社,2006.
[8] 马最良,吕悦. 地源热泵系统设计与应用[M]. 北京:机械工业出版社,2007.
[9] 清华大学建筑节能研究中心,著. 中国建筑节能年度发展研究报告[M]. 北京:中国建筑工业出版社,2007.
[10] 肖益民,何雪冰,刘宪英,等. 地源热泵空调系统的设计施工方法及应用实例[J]. 现代空调. 2001.
[11] 陈霖新. 分布式能源系统// 全国民用建筑工程设计技术措施节能专篇(2007)——暖通空调·动力[M]. 北京:中国计划出版社,2007.

9 建筑设备系统节能技术

9.1 变制冷剂流量的多联机系统

9.1.1 变制冷剂流量的多联机系统简介

变制冷剂流量的多联机空调(热泵)系统是由一台或多台风冷室外机组和多台室内机组所构成的直接蒸发式空调系统(见图9.1),可同时向多个房间供冷或供热。目前,多联机主要有单冷型、热泵型和热回收型,并以热泵型多联机为主。多联机空调系统诞生于1982年,由于其具有室内机独立控制、使用灵活、扩展性好、外形美观、占用安装空间小、可不设专用机房等突出优点,目前已成为中、小型商用建筑和家庭住宅中最为活跃的空调系统形式之一。

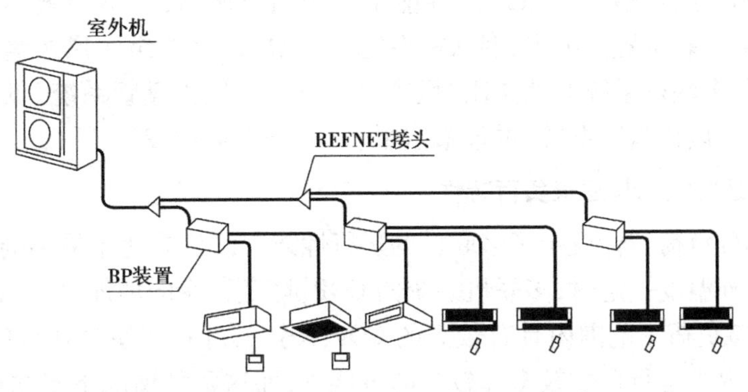

图9.1 多联机系统简图

9.1.2 多联机系统能效特性分析

目前,风冷冷水机组的额定能效比 COP_0 为2.4~3.4,循环水泵输送每千瓦冷量耗电约85 W,风机盘管风机每释放1 kW冷量耗电20 W,如果不考虑水管的沿程冷量损失,则整个“风冷冷水机组+风机盘管系统”的系统能效比 COP_S 为1.92~2.52。以R22为制冷剂的热泵型多联系统的额定能效比 COP_0 为2.26~3.0。

多联机系统的运行性能与室内外机组之间的相对位置(如室内外机组之间的连接管长度及其高差)、建筑物的负荷类型、系统容量规模等因素有关,而这些因素又直接取决于多联机组的设计水平、控制方式和制冷剂种类等。

1)室内外机组之间的相对位置

由于多联机系统的室外机组一般安装在建筑物的屋顶或裙房顶部,室内机组则分散在各楼层的房间内,且因其利用制冷剂输配冷热量,其运行性能受制冷剂连接管内制冷剂的重力(主要是液体管)和摩擦阻力(主要是气体管)的影响显著,且室内机与室内机之间的高差也会影响室内机的调控效果,因此,室内外机之间的连接管长度和高差等直接决定了多联机系统的运行性能。研究表明,吸气压力下降、过热度增加,吸气饱和温度每降低1 ℃,系统的制冷量和COP将降低约3%。对于一台COP_0为2.80的多联机系统而言,其适宜的几何安装位置是:室外机组与最远的室内机组之间的长度为100 m,室内机组相对于室外机组之间的最大高差为±30 m(其中,"+"表示室内机在室外机上部),最高位与最低位室内机之间的高差小于20 m。在上述几何位置条件下,多联机的运行性能优于$COP_0 = 3.2$的"风冷冷水机组+风机盘管系统";如果超越上述范围,多联机系统的性能将不如风冷冷水机组,超出得越多,性能衰减得越厉害。

由于R410a制冷剂的黏性系数和运行压缩比均较R22小,其多联机的能效比较R22系统略高7%~10%,故上述几何尺寸范围均略微增大,但因R410a多联机的工作压力高,所需管材和设备的成本将高于R22多联机。

目前,房间空调器(定速)的COP_0为2.4~3.4,由于该类空调器采用制冷剂输配能量,其连接管路长度一般为3~5 m(必须设置在房间外墙或阳台上),故COP_S为2.4~3.4。从能效水平看,虽然多联机系统的性能不如房间空调器,但不会破坏建筑外观的美感;在适宜的几何安装位置范围内,多联机性能比"风冷冷水机组+风机盘管系统"好,如果超出限定范围,多联机系统的性能比"风冷冷水机组+风机盘管系统"低,更达不到"大型水冷冷水机组+风机盘管系统"的能效水平($COP_S = 2.4 \sim 3.2$)。

2)多联机的运行性能与建筑负荷特性

多联机的部分负荷特性决定了多联机的运行性能。以目前使用最多的交流变频多联机为例,当室内、外温度一定时,多联机系统的COP_S随负荷率的增加呈上凸抛物线形状变化,在40%~80%负荷率范围内具有较高的COP_S;另一方面,即使多联机的负荷率相同,但也可能出现室内机运行台数较多和较少的可能性,而这两种情况下多联机的COP存在较大的差异。以制冷运行为例,如果各房间的总负荷相同,当各室内负荷均匀变化时,室内机的开启台数较多甚至全部开启,此时室内机的换热面积较大,蒸发温度较高,COP_S则较高;反之,如果一些房间的室内机不运行,多联机系统的蒸发面积将减小,COP_S也较低。因此,多联机适合于负荷变化较为均匀一致、室内机同时开启率高的建筑。研究表明,逐时负荷率(逐时负荷与设计负荷之比)为40%~70%所发生的小时数占总供冷时间的60%以上的建筑较适宜于使用多联机系统,此时系统具有较高的运行能效,而对于餐厅这类负荷变化剧烈(就餐时负荷集中,其他时间负荷很小)的建筑则不适宜采用多联机系统。

3)容量规模对多联机系统能效的影响

变制冷剂流量(变容量)多联机系统节能的主要原因是:系统处于部分负荷运行时,压缩机低频(小容量)运转,其室外机换热器得到充分利用,可降低制冷时的冷凝温度(提高制热时的蒸发温度),从而提高系统的COP。但目前的多联机系统大都由一台变容量室外机组和多台定容量室外机组组合,通过集中的制冷剂输配管路与众多的室内机组构成庞大的单一制冷循环系统,即使遵循室内外机组之间的相对位置限制,也会导致多联机系统的运行能效下降。多联机部分负荷运行时,定容量室外机组停止运行,其对应的室外换热器不参与制冷循环,使得系统的部分负荷性能更接近定容量系统。因此,多联机系统不宜将室外机组并联得过多,而以单一变容量机组构成的系统运行性能最佳。

9.2 “免费供冷”技术

9.2.1 冷却塔“免费供冷”技术

冷却塔“免费供冷”技术是指在室外空气湿球温度较低时,关闭制冷机组,利用流经冷却塔的循环水直接或间接地向空调系统供冷,提供建筑物所需要的冷量,从而节约冷水机组的能耗,是近年来国外发展较快的节能技术。系统原理如图9.2所示。一般情况下,由于冷却水泵的扬程不能满足供冷要求、水流与大气接触时的污染问题等,较少采用直接供冷方式。采用间接供冷时,需要增加板式热交换器和少量的连接管路,但投资并不会增大很多。同时,由于增加了热交换温差,使得间接供冷时的免费供冷时间减少了。这种方式比较适用于全年供冷或供冷时间较长的建筑物,如大内区的智能化办公大楼等内部负荷

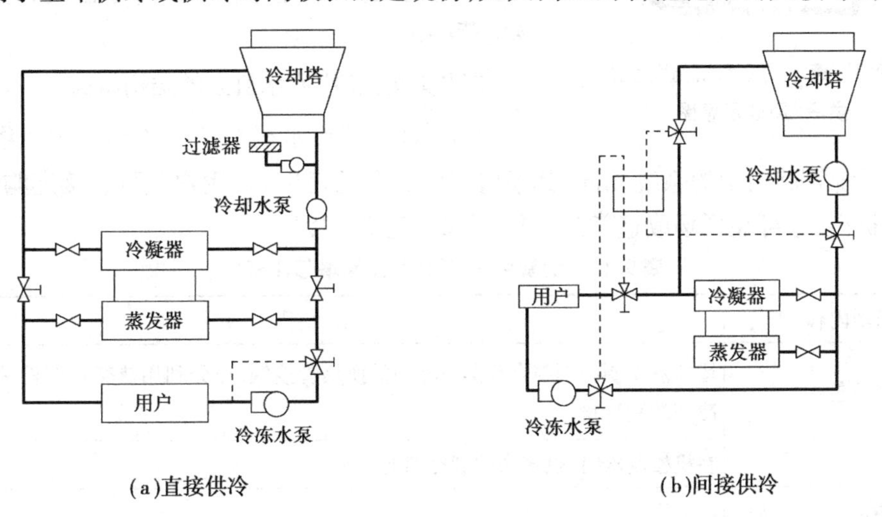

图9.2 冷却塔供冷系统原理

极高的建筑物。以美国的圣路易斯某办公试验综合楼为例,要求全年供冷,冬季供冷量为500VSRT(1VSRT = 3 517 W)。该系统设有2台1 200VSRT的螺杆式机组和一台800VSRT的离心式机组以满足夏季冷负荷。冷却塔配备有变速电机,循环水量为694 L/s。为节约运行费用,1986年将大楼的空调水系统改造成能实现冷却塔间接免费供冷的系统,当室外干湿球温度分别降到15.6 ℃和7.2 ℃时转入免费供冷,据此每年节约运行费用达到125 000美元。

9.2.2 离心式冷水机组"免费供冷"

"免费供冷"(Free Cooling)是巧妙利用外界环境温度,在不启动压缩机的情况下进行供冷的一种方式。适用于秋冬季仍需要供冷的项目,并且冷却水温度低于冷冻水温度。"免费供冷"离心式冷水机组可提供45%的名义制冷量,因无需启动压缩机,故机组能耗接近零,性能系数COP接近无穷大。若室外湿球温度超过10 ℃时,则返回到常规制冷模式。

1)离心式冷水机组"免费供冷"原理

根据制冷剂会流向系统最冷部分的原理,若流过冷却塔的冷却水水温低于冷水水温,则制冷剂在蒸发器中的压强高于其在冷凝器中的压强。此压差导致已蒸发的制冷剂从蒸发器流向冷凝器中,被冷却的液态制冷剂靠重力从冷凝器流向蒸发器,从而完成"免费供冷"的循环,如图9.3所示。蒸发器与冷凝器的温差决定制冷剂流量,温差越大,则制冷剂流量越多。"免费供冷"一般需有2.2~6.7 ℃温差,并相应提供10%~45%的名义制冷量,但其冷水水温无法控制,基本上由冷却水温度和空调系统冷负荷决定。

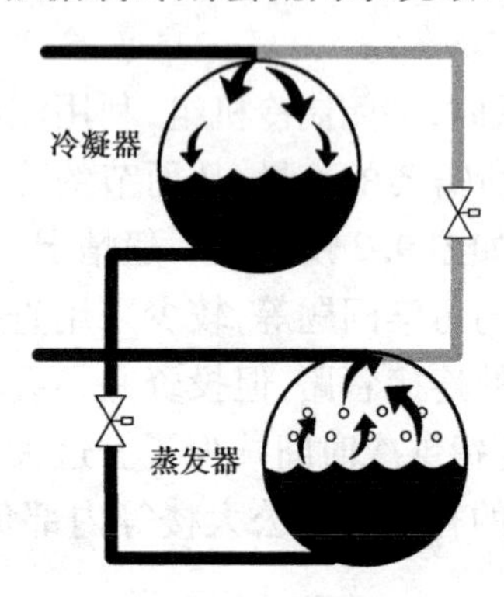

图9.3 离心式冷水机组"免费供冷"原理示意图

2)"免费供冷"冷水机组的结构特点

"免费供冷"冷水机组的结构与常规机组基本相同,其水系统管路与常规系统相同,其新增部件简介见表9.1。用户既可直接定购"免费供冷"冷水机组,也可在现场改造常规机组,实现"免费供冷"。

表9.1 "免费供冷"冷水机组新增部件简介

新增内容	作 用
制冷剂充注量	增加液态制冷剂与全部蒸发器中的换热管接触,充分利用热交换面积,提高自由冷却的制冷量
储液罐	在机械制冷时,供多余的制冷剂储存
气态制冷剂旁通管及电动阀门	气态制冷剂从蒸发器流向冷凝器最方便,提高"自由冷却"的制冷量

续表

新增内容	作　用
液态制冷剂旁通管及电动阀门	减少液态制冷剂靠重力从冷凝器流向蒸发器的压力损失，提高“自由冷却”的制冷量
控制功能	在普通制冷状态与自由冷却状态之间运行转换

3)“免费供冷”冷水机组的应用

“免费供冷”冷水机组的适用场合。“免费供冷”冷水机组与“常规机组+板式热交换器”的方案相比，有换热效率高、系统简单、维护方便、机房空间小的优点。适用于冷却水温度低于冷冻水出水温度的秋冬季节仍需供冷的场合，如宾馆和办公楼的内区在秋冬季需供冷；商场、大型超市在秋冬季需局部供冷；工业生产过程需四季供冷等。

使用“免费供冷”冷水机组的注意事项。“免费供冷”不能与热回收同时使用，因为提供热回收热量的冷水机组同时正在机械制冷，而“免费供冷”时压缩机不运转；“免费供冷”技术不适用于湿度控制要求高的空调系统(如计算机机房空调等)，因为其提供的冷水水温稍高；“免费供冷”可避免户外冷却水结冰，不仅提高冷却水水温，而且保持冷却水流动。但建议用户采用一些防冻措施，如户外冷却水水管保温、冷却塔底部增加电加热器、低温时段开水泵等。

“免费供冷”冷水机组应用实例：

①烟台正海电子网板股份有限公司项目。该项目使用6台3 160 kW三级压缩离心式冷水机组。由于冬季生产仍需要供冷，故将其中2台3 160 kW冷水机组现场改造为具有“免费供冷”功能的机组。冬季测试阶段数据为：冷却水进水温度日平均6 ℃左右，进出水温差约为1 ℃；冷冻水出水温度日平均10 ℃左右，进出水温差约为20 ℃；室外干球温度日平均2 ℃左右，相对湿度60%左右。在测试阶段，此“免费供冷”机组可提供约35%的名义制冷量(3 160 kW)，即1 106 kW/台，减少机组耗电量213 kW/台。在冬季运行75 d左右，24小时运行，按当地平均电费0.56元/kW计，每年可节约21.5万元。

②北京国际俱乐部项目。北京国际俱乐部是一座建筑面积为5万平方米的高级酒店及公寓，于1997年开业，该项目使用3台2 100 kW三级压缩离心式冷水机组。由于在冬季局部区域仍需要供冷，故将其中1台2 100 kW冷水机组现场改造为具有“免费供冷”功能的机组。冬季测试阶段数据为：冷却水进水温度日平均8 ℃左右，进出水温差约为0.7 ℃；冷冻水出水温度日平均12 ℃左右，进出水温差约为1.5 ℃；室外干球温度日平均4 ℃左右，相对湿度40%左右。在测试阶段，此“免费供冷”机组可提供约35%的名义制冷量(2 100 kW)，即735 kW/台，减少机组耗电量136 kW/台。在冬季运行90 d左右，每天运行12 h，按当地平均电费1.1元/kW计，每年可节约16万元。

9.3 温度湿度独立控制的空调系统

9.3.1 温湿度耦合控制原理

常规的舒适型空调主要有3种形式:第一种是一次回风全空气系统,即房间回风和新风混合在空调箱中进行集中处理后,再通过风管送入房间,空调箱承担全部房间负荷和新风负荷;第二种是新风加风机盘管系统,由新风机处理新风并送入房间,风机盘管则置于室内,对室内循环空气进行处理,当新风处理至室内焓值时,新风机不承担室内空调负荷,当新风处理至室内空气露点值时,承担部分室内空调负荷;第三种是新风直接进入房间,由室内的空调设备(如冷剂式空调系统室内机)对新风和室内空气的混合风进行处理。由于夏季房间既有余热,又有余湿,上述3种方式有一个共同点:空调箱、风机盘管、室内机都采用冷凝去湿的方法,将被处理空气处理至低于室内露点温度(也必然低于室内干球温度),进行热湿联合处理,使其能够同时去除房间余热和余湿。

9.3.2 温湿度独立控制系统原理

空调系统承担着排除室内余热、余湿、CO_2与异味的任务。由于排除室内余湿与排除CO_2、异味所需要的新风量与变化趋势一致,可以通过新风同时满足排余湿、CO_2与异味的要求,而排除室内余热的任务则通过其他的系统(独立的温度控制方式)实现。由于无需承担除湿的任务,因而可用较高温度的冷源实现排除余热的控制任务。温湿度独立控制空调系统中,采用温度与湿度两套独立的空调控制系统,分别控制、调节室内的温度与湿度,可以满足不同房间热湿比不断变化的要求,从而避免了热湿联合处理所带来的损失,且可以同时满足温、湿度参数的要求,避免了室内湿度过高(或过低)的现象。温湿度独立控制空调系统的工作原理如图9.4所示。

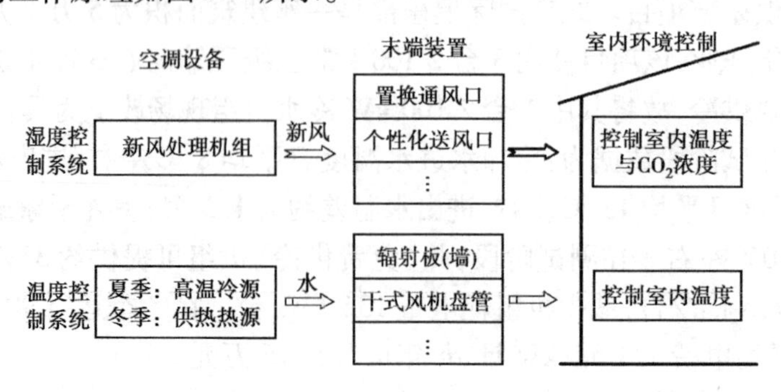

图9.4 温湿度独立控制空调系统原理图

室内环境控制系统优先考虑被动方式,尽量采用自然手段维持室内热舒适环境,缩短空调系统运行时间。在温湿度独立控制情况下,自然通风采用以下的运行模式:当室外温度和湿度均小于室内温湿度时,直接采用自然通风或机械通风来解决建筑的排热排湿;当室外温度高于室内温度、但湿度低于室内湿度时,采用自然通风或机械通风满足建筑排湿要求,利用吸收显热的末端装置解决室内温度控制。

高温冷源、余热消除末端装置组成了处理显热的空调系统,采用水作为输送媒介,其输送能耗仅是输送空气能耗的1/10~1/5。显热系统的冷水供水温度可由常规空调系统中的7 ℃提高到18 ℃左右,为天然冷源的使用提供了条件,如采用深井水、通过土壤源换热器获取冷水等。深井回灌与土壤源换热器的冷水出水温度与使用地的年平均温度密切相关,我国很多地区可以直接利用该方式提供18 ℃冷水。在某些干燥地区(如新疆等地)可通过直接蒸发或间接蒸发的方法获取18 ℃冷水。即使采用机械制冷方式,由于要求的压缩比很小,制冷机的性能系数也有大幅度的提高。余热消除末端装置可以采用辐射板、干式风机盘管等多种形式,由于供水的温度高于室内空气的露点温度,因而不存在结露的危险。

处理潜热的系统由新风处理机组、送风末端装置组成,采用新风作为媒介,同时满足室内空气品质的要求。制备出干燥的新风是处理潜热系统的关键环节。对新风的除湿处理可采用溶液除湿、转轮除湿等方式。转轮除湿的运行能效难以与冷凝除湿方式抗衡。溶液调湿新风机组是以吸湿溶液为介质,可采用热泵(电)或者热能作为其驱动能源。热泵驱动的溶液调湿新风机组,夏季实现对新风的降温除湿处理功能,冬季实现对新风的加热加湿处理功能,机组冬夏的性能系数均超过5。溶液调湿新风机组还可采用太阳能、城市热网、工业废热等热源驱动,其性能系数可达1.5。在温湿度独立控制空调系统中,新风可通过置换送风的方式从下侧或地面送出,也可采用个性化送风方式直接送入人体活动区。

综合比较,温度湿度独立控制空调系统在冷源制备、新风处理等过程中比传统的空调系统具有较大的节能潜力。实测结果表明:这种空调系统比常规空调系统节能30%左右。

9.3.3 温湿度耦合控制与温湿度独立控制对比分析

1)负荷适应性方面

热湿联合处理系统通过冷凝方式对空气进行冷却和除湿,其吸收的显热与潜热比只能在一定的范围内变化,而建筑物实际需要的热湿比却在较大的范围内变化,当不能同时满足温度和湿度的要求时,一般是牺牲对湿度的控制,通过仅满足温度的要求来妥协,造成室内相对湿度过高或过低的现象。过高的结果是不舒适,进而又降低室温设定值来改善热舒适,造成不必要的能耗增加;相对湿度过低也将导致室内外焓差增加,使新风处理能耗增加;显热负荷本可以采用高温冷源带走,却与除湿一起共用7 ℃的低温冷源进行处理,造成了能量利用品位上的浪费。但对于热湿分控系统,需要新风承担湿负荷,不同功能的房间,其热湿负荷比例不同,新风量需求也不相同,当新风需求量小而室内湿负荷较大时,可能出现按卫生标准要求的最小新风量不足以承担湿负荷,若为此增大新风量势必增大新风处理能耗;另外,由于新风承担室内湿负荷的任务,处理后的新风焓值低于室内状态点,同时具有承担房间负荷的能力,新风量越大,新风承担的房间负荷比例也越大,使得系统中显热处理设备承担的负荷比例较少，也就削弱了热湿分控的节能优势。另外，热湿分控系统的室内辐射式显热处理装置对室内散湿负荷波动较大的情况适应性较差。

2）社会适应性方面

热湿联合处理系统的冷凝除湿产生的潮湿表面成为霉菌繁殖的最好场所，空调系统繁殖和传播霉菌成为空调可能引起健康问题的主要原因，而热湿分控系统在控制室内不结露的前提下，可以有效地避免此问题。但热湿分控系统的控制管理相对较为复杂。

3）整体协调性方面

热湿分控系统需要安装专用的室内末端装置，需要提供两种不同温度的冷媒，且控制系统较为复杂，比较而言，热湿联合处理系统的整体协调性较好。

总之，任何一种空调方式，均有其自身的特点。在特定的工程中，需要分析工程的具体特点，选择其适宜的空调系统方式。

9.3.4 显热处理末端装置

1）"水泥核心"结构（Concrete Core，简称C型）

"水泥核心"结构是沿袭辐射采暖楼板思想而设计的辐射板，它是将特制的塑料管（如高交联度的聚乙烯PE材料）或不锈钢管，在楼板浇注前将其排布并固定在钢筋网上，浇注混凝土后就形成"水泥核心"结构，见图9.5。这一结构在瑞士得到较广泛的应用，在我国住宅建筑中也有少量的试点应用。这种辐射板结构工艺较成熟，造价相对较低。由于混凝土楼板具有较大的蓄热能力，因此可以利用C型辐射板实现蓄能；从另一方面看，该系统惯性大、启动时间长、动态响应慢，有时不利于控制调节，需要很长的预冷或预热时间。

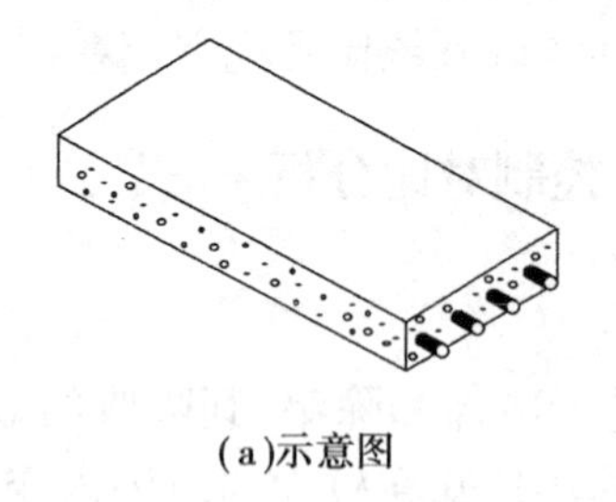

(a)示意图

(b)浇注混凝土前的情景

图9.5 C型辐射板结构

2）"三明治"结构（Sandwich，简称S型）

"三明治"结构是以金属如铜、铝和钢为主要材料制成的模块化辐射板产品，主要用作吊顶板。从截面看，中间是水管，上面是保温材料和盖板，管下面通过特别的衬垫结构与下表面板相连，见图9.6。由于这种结构的辐射吊顶板集装饰和环境调节功能于一体，是目前应用最广泛的辐射板结构，其安装的室内场景见图9.7。S型辐射板质量大、耗费金属较多，价格偏高，并且由于辐射板厚度和小孔的影响，其肋片效率较低。

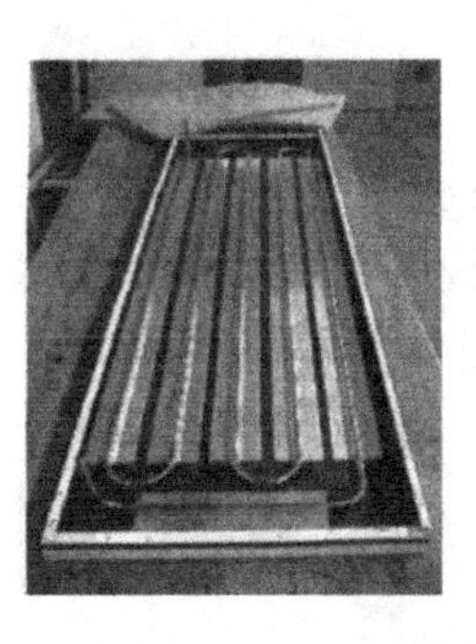

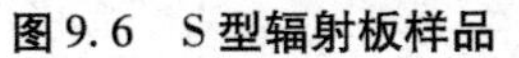

图9.6 S型辐射板样品

图9.7 安装后室内场景图

3)“冷网格”结构(Cooling-Grid,简称G型)

“冷网格”结构一般以塑料为材料,制成直径小(外径为2~3 mm)、间距小(10~20 mm)的密布细管,两端与分水、集水联箱相连,形成“冷网格”结构,见图9.8。这一结构可与金属板结合形成模块化辐射板产品,也可以直接与楼板或吊顶板连接,因而在改造项目中得到较广泛应用。

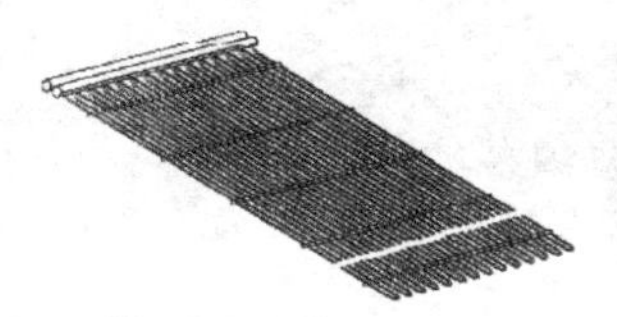

图9.8 G型辐射板示意图

4)“双层波状不锈钢膜”结构(Two Cormgated Staildess Stcel Foils,简称F型)

“双层波状不锈钢膜”结构是由两块分别压模成型的薄不锈钢板(约0.6 mm厚)点焊在一起,由于两块板凸凹有序,因此在两块板间形成水流通道,见图9.9。这种结构大大降低了从水到室内空气的传热热阻,可以作为吊顶板安装于室内,或固定在垂直墙壁上,是瑞士最新型的产品。这种结构对生产工艺,特别是金属板的加工工艺要求较高。水流可在板内通道均匀分布,系统性能很好。

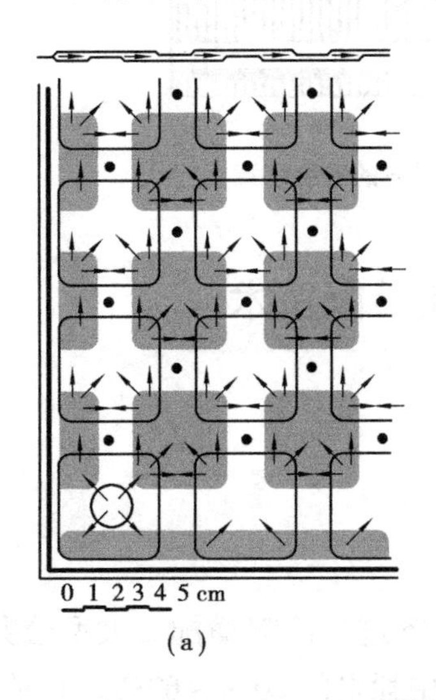

(a)

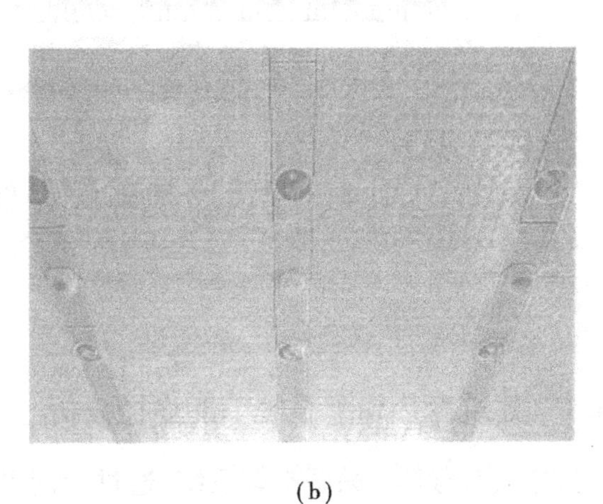

(b)

图9.9 F型辐射板示意图

5)干式风机盘管

采用“独立新风系统+干式风机盘管”是另外一种新的解决思路:利用新风承担室内的湿负荷,风机盘管运行在干工况情况,不再有冷凝水产生,不需要装设凝水盘,结构更加简单和紧凑。图9.10~图9.11所示的是Danfoss公司生产的一种新型的贯流型干式风机盘管。

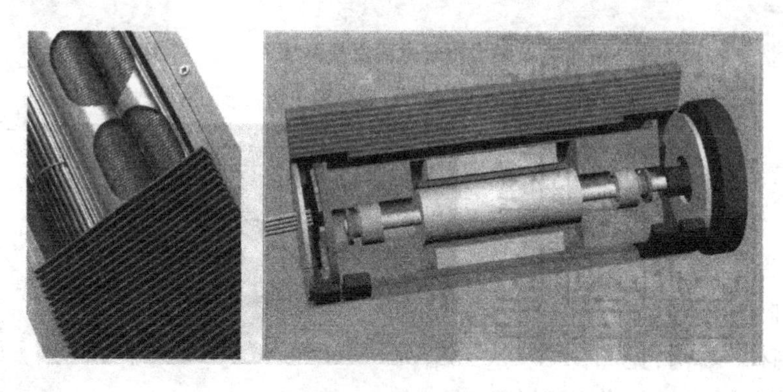

图9.10 干式风机盘管结构示意

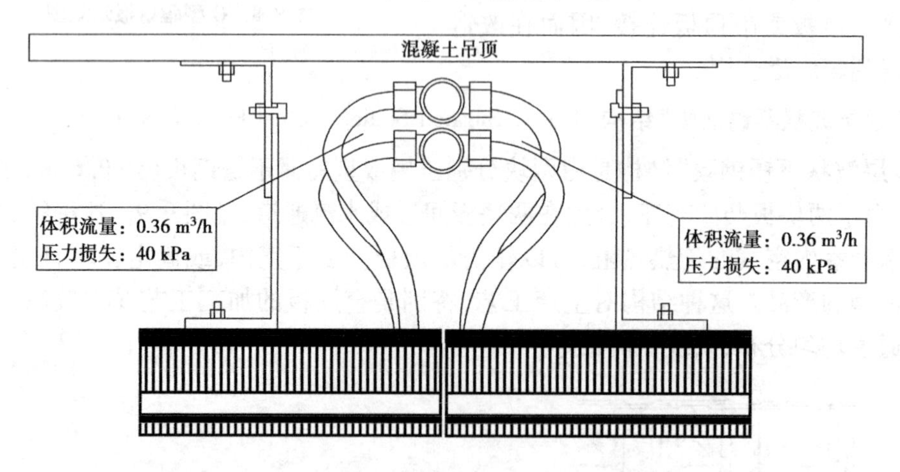

图9.11 干式风机盘管吊装在楼板下方的安装示意

9.4 建筑冷热输配系统节能技术

9.4.1 建筑冷热输配系统节能途径分析

以水或空气为载体的采暖空调系统,通过管网系统进行冷热输配。大型公共建筑中输配系统的动力装置——水泵、风机耗电占空调系统中耗电的20%~60%。目前,建筑冷热输配系统普遍存在如下问题:动力装置的实际运行效率仅为30%~50%,远低于额定效率;系统主要依赖阀门来实现冷热量的分配和调节,造成50%以上的输配动力被阀门所消耗;系统普遍处于“大流量、小温差”的运行状态,尤其是在占全年大部分时间的部分负荷工况下,未能相应的减小运行流量以降低输配能耗。分析表明,建筑冷热输配系统的运行能耗有可能降低50% ~70%,是建筑节能尤其是大型公共建筑节能中潜力最大的部分。冷热输配系统中的耗能设备是泵或风机,实现输配系统节能,就是要在输配所需的冷热量时降低管网中泵与风机所耗的功率,提高输配系统的能效比。

水泵运行所耗功率

$$N=\frac{\rho gHV}{\eta} \tag{9.1}$$

风机运行所耗功率

$$N=\frac{pV}{\eta} \tag{9.2}$$

式中 ρ——输送介质的密度,kg/m^3;

g——重力加速度,m/s^2;

H——水泵的工作扬程,mH_2O;

p——泵或风机的工作全压,Pa;

V——泵或风机的工作流量,m^3/s;

η——泵或风机的工作效率。

由此可见,降低泵或风机运行功率的基本途径如下:

1)减小泵或风机的工作流量

某一时刻泵或风机的工作流量由该时刻建筑的冷热负荷决定,即

$$V=\frac{Q}{\rho c_p \Delta t} \tag{9.3}$$

式中 c_p——输配介质的比定压热容,$kJ/(kg\cdot K)$;

Δt——输配介质的工作温度差,K;

Q——该时刻建筑的冷热负荷,kW。

由式(9.3)可知,泵或风机的工作流量与温差成反比,增大温差可降低工作流量。空调系统大部分时间处于部分负荷工况,此时应尽可能保持或提高输配介质的工作温度差,减小泵或风机的工作流量。

实测表明,目前建筑冷热输配系统大多工作在“大流量、小温差”状况。造成这种现象的原因:一是动力装置压力匹配过高,导致实际运行流量偏大;二是未进行水力平衡设计和调试,为保证不利环路的流量,使得系统总流量偏大;三是在部分负荷期间,未采用有效的流量调节控制措施。系统工作流量大,往往使动力装置的工况点偏移高效区。

2)减小泵的工作扬程或风机的工作全压

泵的工作扬程或风机的全压用于克服输配介质在管网中流动的各种压力损失。因此,应避免各种不必要的压力损失。过多地依靠阀门(包括各种平衡阀)实现冷热量的分

配与调节将使得很大一部分的动力被阀门节流所消耗。

3)提高泵或风机的工作效率

一方面,应提高泵、风机的制造水平,使其具有高的效率水平;另一方面,泵或风机的工作效率与其工况点有关。泵或风机的工况点由泵或风机的性能与管网特性共同决定。因此,应通过泵或风机与管网系统的合理匹配与调节,使其工况点处于高效区。

实现泵与风机节能途径的基本技术措施可归纳为:

①通过输配系统的精心设计和运行调试较好地实现系统的水力平衡;

②根据管网特性和动力装置的性能,运用工况分析方法,合理匹配管网输配动力;

③在占大部分时间的部分负荷工况,采用合理的变流量调节控制技术,减小泵与风机的工作流量和压力,并使其工作在高效区。

第①②方面的理论与方法在"流体输配管网"课程中已有详细论述,本书重点分析第③方面。

9.4.2 泵与风机的变速调节

冷热输配系统通常是按照设计负荷进行设计,在实际使用过程中,大部分时间处于部分负荷,用户需求的流量在绝大多数时间内均小于设计工况的流量。采用变转速调节方法,使泵或风机在减小流量的同时,最大限度减低工作扬程或全压,并使其工作在高效区,从而获得最佳的节能效果。

1)转速改变时泵与风机的性能变化

由泵、风机的相似原理和相似律可知,同一泵或风机在不同转速时的相似工况点之间,主要性能参数具有以下关系

$$\begin{cases} \dfrac{Q}{Q'} = \dfrac{n}{n'} & \dfrac{H}{H'} = \left(\dfrac{n}{n'}\right)^2 \\ \dfrac{p}{p'} = \left(\dfrac{n}{n'}\right)^2 & \dfrac{N}{N'} = \left(\dfrac{n}{n'}\right)^3 \end{cases} \tag{9.4}$$

由式(9.4)可得

$$\left(\frac{Q}{Q'}\right)^2 = \left(\frac{n}{n'}\right)^2 = \frac{P}{P'} \text{ 或 } \left(\frac{Q}{Q'}\right)^2 = \frac{H}{H'} \tag{9.5}$$

式中 n,n'——转速,rpm;

N,N'——转入功率,kW;

其余符号意义同前。

反过来,如果在实际工程中已知泵或风机在不同转速时的工况点,根据其工作参数,用式(9.5)可判断泵或风机变转速运行前后工况是否相似。式(9.5)又可写成

$$H = \left(\frac{H}{Q^2}\right)Q^2 = \left(\frac{H'}{Q'^2}\right)Q^2 = kQ^2 \tag{9.6}$$

式中,k——常数。将(9.6)式绘成曲线,是一条从原点出发的二次抛物线,在这条线上,任

意两点之间满足(9.5)相似工况的判别条件,称为泵或风机变转速运行的相似工况曲线。由于相似工况点之间效率相等,因此相似工况曲线也称为等效率曲线。

当已知泵或风机在额定转速 n_1 时的性能曲线,利用式(9.5)可以获得转速改变为 n_2 时的性能曲线。如图9.12所示,在 n_1 的 $(Q-H)_1$ 曲线上任意取 (Q_a-H_a) 点、(Q_b-H_b) 点、(Q_c-H_c) 点,……(一般取6~7点为好),代入式(9.5),可得出相应的 $(Q_a-H_a)'$ 点、$(Q_b-H_b)'$ 点、$(Q_c-H_c)'$ 点。用光滑曲线连接可得 $(Q-H)_2$ 曲线。

同理,可按 $\frac{N_1}{N_2}=\left(\frac{n_1}{n_2}\right)^3$ 来求得各相应的 N_1 和 N_2 值。这样,也可获得在转速 n_2 情况下的 $(Q-N)_2$ 曲线。在利用相似律时,认为相似工况下对应点的效率是相等的,因此只要已知图9.12中 a,b,c,d 等点的效率,按等效率原理求出转速为 n_2 时相应的点 a',b',c',d' 等点的效率,连成 $(Q-\eta)_2$ 曲线,见图9.12。

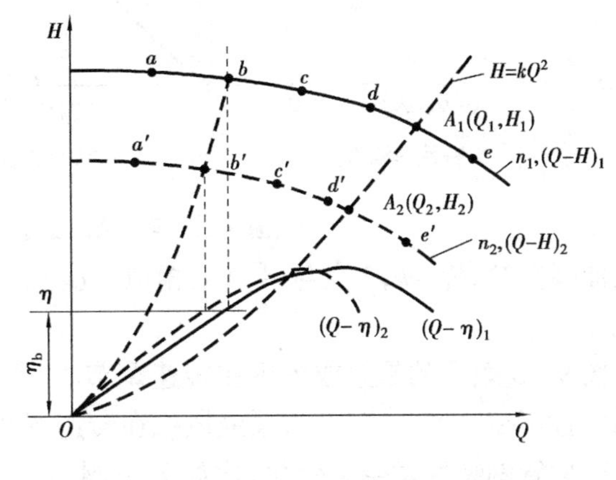

图9.12 泵或风机转速改变时性能曲线变化

需要指出,泵或风机的调速范围超过一定值时,其相应点的效率就会发生变化。实测的等效率曲线与理论上的等效率曲线是有差异的,只有在高效段范围二者才吻合。通常转速调节范围不宜过大,通常不宜低于额定转速的50%,最好在70%~100%。当转速低于额定转速的40%~50%时,效率明显下降。

2)管网中泵与风机变转速调节的工况分析

变速调节的工况分析如图9.13所示。图中曲线Ⅰ为转数 n 时泵或风机的性能曲线,曲线Ⅱ为管网特性曲线。当泵与风机工作压力受外界环境影响时,管网为广义特性曲线,工作压力 $H=H_{st}+S_aQ^2$,式中 H_{st} 反映的是外界环境的影响,如开式水系统进出口处的静压差,此种情况如图9.13(a)所示。图9.13(b)为狭义特性曲线管网的情况,$H=S_bQ^2$,泵与风机工作压力不受外界环境影响,只取决于管网中的流动阻力。曲线Ⅰ和Ⅱ的交点 A 是转数为 n 时的工况点。转数减小为 n' 时,泵或风机的性能曲线是Ⅲ,与管网特性曲线交于 B 点。

对于图9.13(a)中广义管网特性曲线的情况,$\left(\frac{Q_A}{Q_B}\right)^2=\frac{H_A-H_{st}}{H_B-H_{st}}\neq\frac{H_A}{H_B}$,不满足相似条件,$A$,$B$ 两点不是相似工况点,性能参数之间不满足式(9.5)。过 B 点作相似工况曲线Ⅳ,其中,$k=\frac{H_B}{Q_B^2}$,与转数为 n 的性能曲线Ⅰ交于 C 点,C 点与 B 点是相似工况点,C 点与 B 点的性能参数之间满足式(9.5)的换算关系。

图9.13(b)中所示的狭义管网特性曲线的情况。此时管网特性曲线与变转速的相似

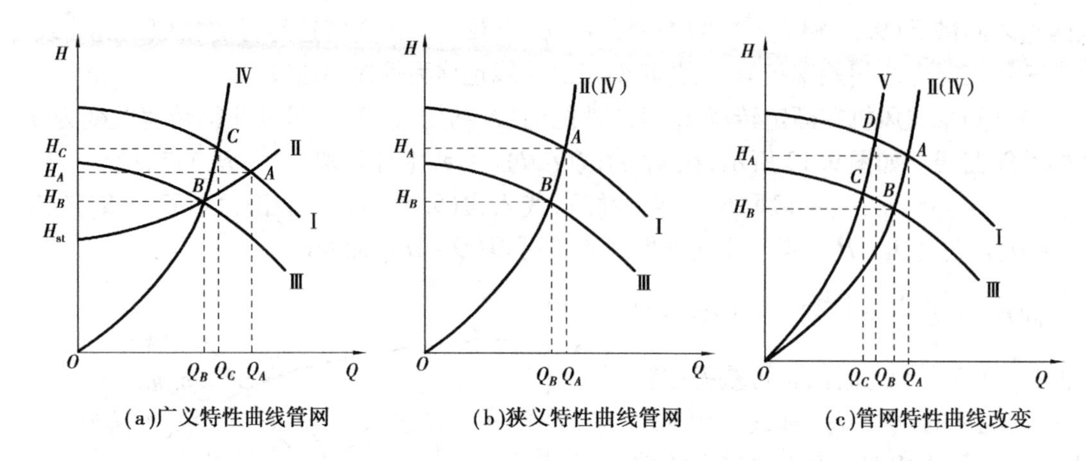

(a)广义特性曲线管网　　(b)狭义特性曲线管网　　(c)管网特性曲线改变

图 9.13　泵、风机变速调节工况分析

工况曲线重合，$S_b=k$，A 点与 B 点是相似工况点，满足式(9.5)的相似工况性能参数换算公式。

图 9.13 表示的是泵或风机在转速调节时，管网本身没有进行调节，即转速改变前后管网特性不变。实际工程中，泵或风机在转速调节与管网调节往往是同时进行的，即转速改变前后管网特性发生了变化，比如关小阀门，使管网特性曲线变陡，如图 9.13(c)中曲线Ⅴ。则综合调节后的工况点为泵或风机改变转速后的性能曲线Ⅲ与曲线Ⅴ的交点 C，尽管是狭义管网特性曲线，但 C 与 A 并非相似工况点。根据前面的分析可知，此时与 C 的相似工况点应为 D。

当管网中有多台泵或风机联合工作时，应求出按照联合运行工况的分析方法进行分析。

通过以上的分析，可以得出结论：

①具有狭义管网特性曲线的管网，当其特性(阻抗 S)不变时，泵或风机在不同转速运行时的工况点是相似工况点，流量比值与转速比值成正比，压力比值与转速比值平方成正比，功率比值与转速比值 3 次方成正比。若变转速的同时，S 值也发生变化，则不同转速下的工况不是相似工况，上述关系不成立；对于具有广义特性曲线的管网，上述关系亦不成立。

②用降低转速来调小流量，节能效果非常显著；用增加转速来增大流量，能耗增加剧烈。在理论上可以用增加转数的方法来提高流量，但是转数增加后，使叶轮圆周速度增大，可能增大振动和噪声，且可能发生机械强度和电机超载问题，所以一般不采用增速方法来调节工况。

总之，泵或风机在管网中的工作点应由其自身的性能曲线和管网特性曲线共同确定。应当根据管网的具体情况，求出对应的工况进行分析，以确定合理的运行调节措施，提高输配系统的能效。

3)电动机变频调速技术

泵或风机常用异步交流电动机拖动，其转速 n 与交流电的频率 f 和电动机的极对数 N 有如下关系

$$n = 60f\frac{1-s}{N} \tag{9.7}$$

式中 f——交流电源频率,Hz;

s——电动机运行的转差率;

N——电动机的磁极对数。

因此,改变电机的 N 或 s 以及频率 f 均可调节转速。其中,改变 s 调速方法效率低,这属于能耗型调速;变极调速虽然节能效率高,初投资小,但调速挡数只有几挡,调速范围有限,且是阶梯式跳跃的,常用的电动机有双速、三速、四速 3 种,电机价格较高,应用范围受限制。通过改变电机输入电流的频率来改变电机转数,即变频调速的方法是目前最为常用的。它的调速范围宽、效率高。变频调速必须要有一个频率可调的电源装置,这就是变频器。目前,变频器种类很多,体积小,便于安装。

水泵、风机承担流体输送负载,属于平方转矩负载,即:转速增加,转矩迅速增加,并与转速平方成正比。对于平方转矩负载,选用通用变频器和标准电机最为适宜。对于平方转矩负载,不应在工频以上运行,因为超过额定转速,功率急剧增加,将超过电机和变频器的容量,导致电机过热出现故障。变频器选择时,必须考虑这一点。

变频器选择时,其容量要保证负载的需求。进行负载的变频调速拖动时,电机应与变频器作为一个整体考虑。首先电机的容量必须满足以下条件:电机的容量应大于负载所需的功率;电机的最大转矩应大于负载的起动转矩,并留有足够的余量;电源电压向下波动 10% 时,电机仍能输出足够满足负载的转矩;电机应在规定的温升范围内运行。进行变频器选择时,主要应考虑电动机的容量,电动机的额定电流以及电动机加速时间等因素。

变频器驱动单台电动机。对于连续运行的变频器,必须满足表 9.2 中要求。

表 9.2 驱动单台电机的变频器容量选择

要 求	算 式	要 求	算 式
满足负载输出	$\frac{KP_M}{\eta\cos\varphi}$≤变频器容量(kV·A)	满足电动机容量	$K(3^{1/2})V_E I_E\times10^{-3}$≤变频器容量
		满足电动机电流	KI_E≤变频器的额定电流

注:P_M 为负载要求的电动机输出功率 kW;η 为电动机的效率,通常为 0.85;$\cos\varphi$ 为电动机的功率因数,通常为 0.75;V_E 为电动机的额定电压,V;I_E 为电动机的额定电流,A;K 为电流波形的补偿系数,通常为 1.05~1.1。

变频器驱动多台电动机。当变频器驱动多台电动机时,一定要保证变频器输出电流大于所有电动机额定电流总和,具体计算方法见表 9.3。

表 9.3 驱动多台电机的变频器容量选择

要 求	算式(过载能力 150%,1 min)	
	电机加速时间 1 min 以上	电机加速时间 1 min 以内
满足驱动时的容量	$\frac{KP_M}{\eta\cos\varphi}[N_T+N_s(K_s-1)]=P_{c1}[1+(N_s/N_T)(K_s-1)]\leq$ 1.5×变频器容量(kV·A)	$\frac{KP_M}{\eta\cos\varphi}[N_T+N_s(K_s-1)]=P_{c1}[1+(N_s/N_T)(K_s-1)]\leq$ 变频器容量(kV·A)

续表

要　求	算式(过载能力 150%,1 min)	
满足电动机电流	$N_T I_M[1+(N_s/N_T)(K_s-1)] \leqslant$ 1.5×变频器额定电流(A)	$N_T I_M[1+(N_s/N_T)(K_s-1)] \leqslant$ 变频器额定电流(A)

注:N_T 为并联电机的台数;N_s 为同时启动电机台数;P_{cl}为连续容量,kV·A;K_s 为电机启动电流与额定电流之比。

9.4.3 变水量系统及其运行控制

空调系统设计与设备选择通常是按最不利工况进行的,在绝大部分时间内在部分负荷下工作,分别见表 9.4 和表 9.5。

表 9.4　北京地区旅馆类建筑夏季运行平均空调负荷时间频数(全年总运行时数 2 850 h)

负荷率/%	5	10	20	30	40	50	60	70	80	90	100
时间频数/%	12.2	6.5	23.6	16.5	14.9	10.1	7.3	4.7	2.9	1.0	0.3
累计时间频数/%	12.2	18.7	42..3	58.8	73.7	83.8	91.1	95.8	98.7	99.7	100

表 9.5　1998 年夏季对长沙某宾馆实测的空调负荷变化(全年总运行时数 3 372 h)

负荷率/%	5	10	20	30	40	50	60	70	80	90	100
时间频数/%	0.1	0.1	4.9	19.5	31.6	20.6	11.9	7.6	2.3	0.9	0.3
累计时间频数/%	0.1	0.2	5.1	24.6	56.2	77	88.9	96.5	98.8	99.7	100

从表 9.4、表 9.5 可以看出:空调系统全年有 98% 的时间是在设计负荷的 80% 以下运行、有 80% 的时间是在设计负荷的 50% ~55% 以下运行。根据式(9.1)可知,当空调负荷减小时,维持空调冷冻水循环温差不变,则输送冷量的循环冷冻水流量与空调负荷成比例下降。通常空调冷冻水系统为闭式系统,具有狭义管网特性曲线,根据式(9.2)中的分析可知,采用合理的运行控制方式,可以使水泵的输送能耗显著降低。

1)一次泵变流量系统的可行性

目前,空调冷水系统大都采用一次泵系统,用户可以通过盘管上二通阀调节水流量。为保证冷水机组在定流量下运行,在供、回水管间设有旁通阀,通过供、回水管上的压差控制器输出信号控制旁通管上的调节阀开度。由于水泵定流量运行,不随用户负荷变化,水泵的能耗基本不变,因此电能浪费严重。为了克服一次泵系统能耗大的缺点,出现了二次泵系统。它是用一次泵保证冷水机组的定流量运行,而二次泵根据末端负荷变化进行变流量运行。二次泵系统运行能耗比一次泵系统低,但是它的缺点也是很明显的:水泵台数增加,增大投资和占地面积,运行控制复杂,因此实际应用很少。二次泵和一次泵系统原理如图 9.14 所示。

冷水机组要求保持定流量运行的主要原因是:

①蒸发器(或冷凝器)内水流速改变会改变水侧放热系数 a_w,影响传热。

②管内流速太低,若水中含有有机物或盐,在流速小于1 m/s时,会造成管壁腐蚀。

③避免由于冷水流量突然减小,引起蒸发器的冻结。

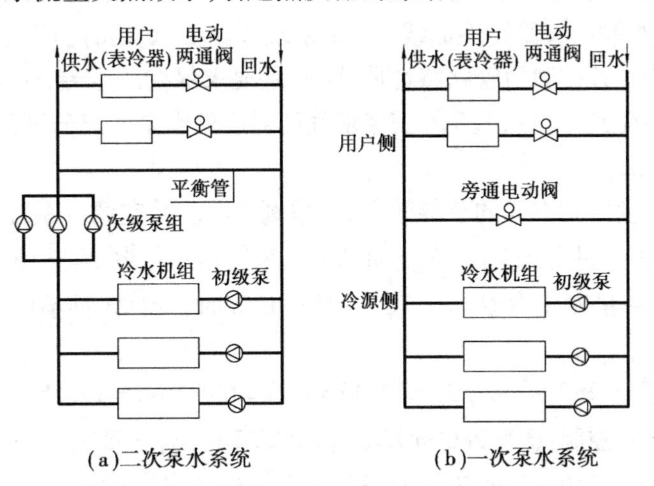

图9.14 二次泵和一次泵系统原理图

随着控制技术发展,不同类型冷水机组都配置有完善的控制装置,能根据负荷变化自动调节蒸发器和冷凝器中冷媒循环流量,冷冻水在一定范围内变化,不会对冷水机组的安全运行产生影响,为水系统的变流量运行提供了基本条件。有冷水机组生产厂家样本上指出其冷水允许的流量调节范围为50%~120%,冷却水允许的流量调节范围是20%~100%。出于安全考虑,冷水流量调节范围可控制在60%~100%。

2)一次泵变流量系统的控制方式

水泵变流量控制,目前常用的方式有以下3种:

①供、回水干管压差保持恒定的压差控制(简称压差控制);

②末端(最不利)环路压差保持恒定的末端环路压差控制(简称末端压差控制);

③供、回水干管水温差保持恒定($\Delta t = 5$ ℃)的温差控制(简称温差控制)。

图9.15是变流量一次泵系统及其监测控制点,图9.16是不同控制方式下水泵运行工况示意图。

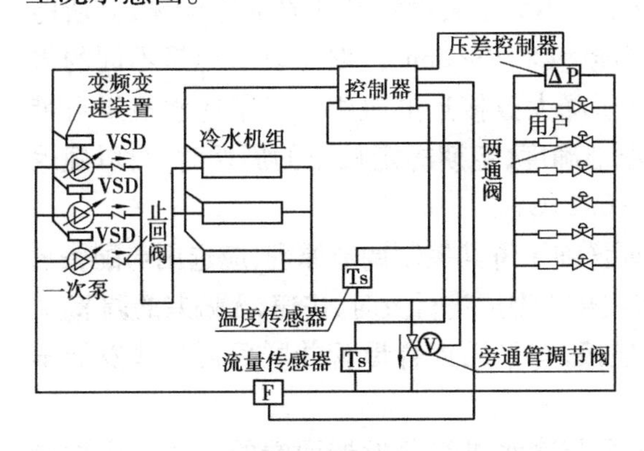

图9.15 一次泵变流量系统及其监测控制点

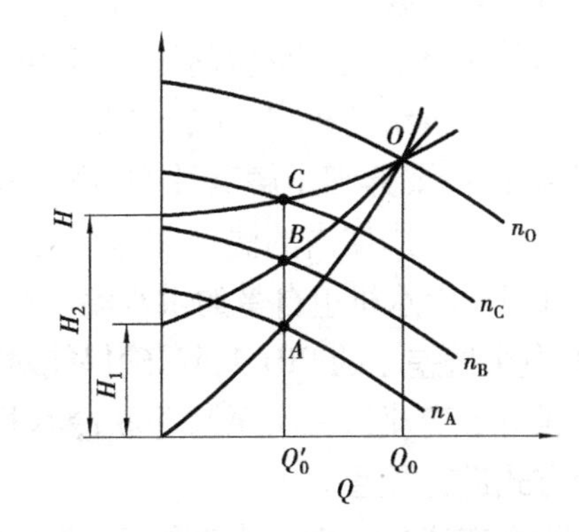

图9.16 不同控制方式下水泵运行工况示意图

采用不同的控制方式,所对应的管路特性曲线各不相同。曲线 A 是采用温差控制的管路特性曲线(即空调水系统原有的管路特性曲线),$Q = 0$ 时,管路系统阻力 $\Delta H = 0$。曲线 B 是采用末端压差控制的管路特性曲线,H_1 是末端环路要求保持的压差,$Q = 0$ 时,$\Delta H = H_1$。曲线 C 是采用压差控制的管路特性曲线,H_2是要求保持的压差,$Q = 0$ 时,$\Delta H = H_2$。水泵的流量从 Q_0变化到 Q_0'后,A,B,C 三条曲线所对应的水泵转速分别为 n_A,n_B,n_C,水泵的扬程分别为 H_A,H_B,H_C。

为分析 3 种流量控制方式的节能效果,特举例说明。某空调水系统水泵流量 $Q_0 = 400$ m^3/h 、扬程 $H_0 = 33$ m、水泵轴功率 $N_0 = 48$ kW。采用压差控制 $H_2 = 16$ m ,采用末端压差控制 $H_1 = 8$ m。当流量变化为 $Q_0' = 0.7Q_0 = 280$ m^3/h 时,计算 3 种不同控制方式下水泵的节能效果:

①温差控制:$Q_0' = 280$ m^3/h ,$H_A = 16.17$ m,$\eta_A = 63\%$,$N_A = 19.58$ kW;

②末端环路压差控制:$Q_0' = 280$ m^3/h,$H_B = 20.25$ m,$\eta_B = 68\%$,$N_B = 22.72$ kW;

③压差控制:$Q_0' = 280$ m^3/h,$H_C = 24.33$ m,$\eta_C = 69\%$,$N_C = 26.6$ kW。

则 $N_A/N_C = 73.6\%$,$N_B/N_C = 85.4\%$。节电率分别为:$\varphi_A = 59.1\%$,$\varphi_B = 52.6\%$,$\varphi_C = 44.6\%$。

从以上分析可以看出,不同控制策略的节能效果不同。这 3 种控制方式在工程中均有应用,对于具体工程究竟采用何种控制策略,应根据空调水系统的规模、负荷的组成、空调系统配置、水系统的阻力平衡、末端设备的同时使用率等具体情况加以分析判断。

3)一次泵变流量系统设计要点

①首先应计算或得到所设计工程供冷期内准确可靠的逐时冷负荷数据与分布图。准确掌握该工程使用功能所允许的冷水供水温度波动幅度。

②在选用冷水机组时,不但要比较其满负荷与常用部分负荷条件下的能效,更为重要的是应详细了解机组控制器及其群控装置的控制功能,应要求冷水机组生产厂商提供准确可靠的该种型号冷水机组蒸发器的额定流量(额定流速)、最大流量(最高流速)、最小流量(最低流速)、系统周转时间极限值及允许的最大流量变化速率的书面资料。若要采用变流量一次泵技术,所选冷水机组的最小流量应不大于其额定设计流量的 60%,其所能承担的最大流量变化率应超过 10%/min,最好能达到 30%/min。对于具有容量不同的多台并联冷水机组的机房,应选择蒸发器额定水压降大致接近的机组。对于冷水机组自带的测温元件,要详细了解其种类、稳定性及测温准确度,定期标定校正的周期时间,以确保其在标定校正周期内的温度测量精度不超过 ±0.2 ℃。

③对于冷水机组自带的供水温度控制器,要详细了解其控制调节原理,应选用与配备响应快、剩余偏差小的 PID 调节,确保能对冷水机组供水温度进行及时、快速、无偏差的调节。

④对于变流量一次泵与并联冷水机组的连接,宜采用集合母管并联后再与蒸发器串联的方式进行配管。

⑤在变流量一次泵水系统中,跨接在一次泵与冷水机组蒸发器两端的旁通管应设置在制冷机房内,离一次泵组和冷水机组尽量近一些,还应在此旁通管上安装控制阀,以便

能控制调节正在运行的冷水机组蒸发器的水流量不小于其最小水流量。此旁通控制阀的口径与旁通管的管径应按照流过系统中最大冷水机组蒸发器的最小流量来选择,其承压应和冷水机组蒸发器一致,应根据该阀门全关时两端压差配置该阀门执行机构的转动力矩。该控制阀的阀位行程流量的调节性能曲线应是线性的。

⑥在变流量一次泵水系统中必须设置与选用准确度高的和重现性好的流量传感器。

⑦应计算所设计的空调水系统的系统周转时间,校核其计算值是否大于冷水机组生产厂商所推荐的极限值。若有较长的系统周转时间,则说明该系统有助于改善冷水机组控制的稳定性;若小于所推荐的极限值,则应与冷水机组生产厂商商讨补救改进措施。

4)一次泵变流量系统运行指南

①在启动另一台冷水机组之前,应尽量让正在工作的冷水机组满负荷运行。只有当所监测的蒸发器出水温度超过了设定值允许偏差上限时,或其水流量超过了该机组所允许的最大流量时才可启动下一台冷水机组。

②当系统冷负荷增大,对正在运行冷水机组加载时,若其蒸发器流量逼近最大流量,蒸发器出水温度超过设定值允许偏差上限,则必须启动待用冷水机组。此时,为防止正在运行冷水机组蒸发器流量的突然下降,需要执行以下两项保护措施:一是通过关小机组进口导叶阀或提高机组供水温度设定值1~3 min的办法使正在运行的冷水机组暂时卸载,缓解由于水流量突然下降可能出现的铜管内流水冻结危险;二要缓慢打开新启动冷水机组蒸发器的截止阀,其打开速度要视所用冷水机组所能承受的最大流量变化率而定。对于最大流量变化率允许30%/min的机组,其截止阀从全关到全开大约为2 min;对于最大流量变化率允许10%/min的机组,需要经历6 min;而对于最大流量变化率只允许2%/min的机组,就需要30 min。

③根据机房内机组的台数与部分负荷效率曲线,应设计专用停机策略,避免机组的低负荷运行。在布置2台以上机组的机房里,作为经济运行的一条原则是应尽量少开主机。在有多台机组的制冷机房内,可以以整个机房正在运行的机组实际电流之和与设计电流之和之比作为制冷机房负荷率指标,以控制机组的分级停机。

④应根据冷水机组蒸发器结构、最小流速和防冻结温度设定值,设计防冻结延时停机保护顺序。目前,适用于变流量一次泵水系统的冷水机组,其控制器应设计有防冻结延时停机保护顺序。这种控制顺序能在监测到达冻结温度时不会立即停机,而是累加冻结温度以下的度秒值,并且只有当此总和值上升到临界水平时才迫使其停机,以便使主机的制冷能力调节器能稳定控制制冷出力。

⑤当监测到正在运行冷水机组蒸发器流量降低到最小流量时,应利用旁通控制阀让一部分冷水短路循环,提高水泵的循环水量,确保正在运行的冷水机组蒸发器能维持在最小流量以上运行,避免发生不正常的缺水保护,消除有害的故障性跳闸停机。在制冷机房的优化群控程序中,应包含有这一保护环节。

9.4.4 变风量系统及其运行控制

变风量系统(Variable Air Volume System,VAV)于20世纪60年代在美国诞生。其基

本技术原理很简单:通过改变送入房间的风量来满足室内变化的负荷。由于空调系统大部分时间在部分负荷下运行,所以风量的减小就带来了风机能耗的降低。

1)变风量系统组成与特点

图 9.17 为单风道变风量空调系统简图。系统由 VAV 空调箱,新风、回风和排风阀门,VAV 末端装置及管路系统。控制环路由室温控制、送风量控制、新风、回风和排风阀门联动控制及送回风温度控制等部分组成。

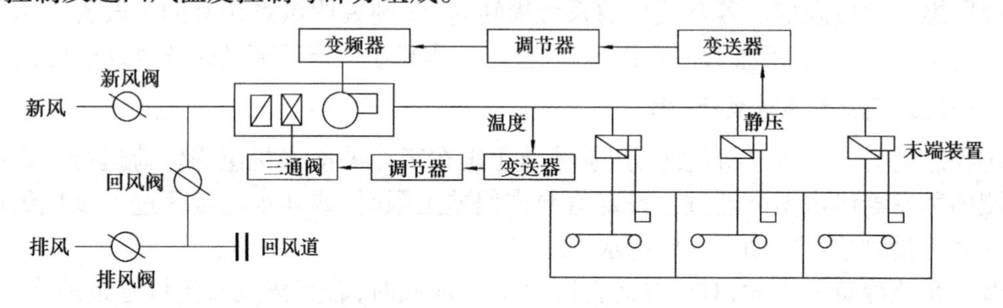

图 9.17　单风道变风量空调系统

变风量系统有如下优点:由于变风量系统通过调节送入房间的风量来适应负荷的变化。同时在确定系统总风量时还可以考虑一定的同时使用情况,所以能够节约风机运行能耗和减少风机装机容量,系统的灵活性较好,易于改、扩建,尤其适应于格局多变的建筑。变风量系统属于全空气系统,它具有全空气系统的一些优点,可以利用新风消除室内负荷、没有风机盘管凝水问题和霉变问题。

变风量系统也存在一些缺点:在系统风量变小时,有可能不能满足室内新风量的需求、影响房间的气流组织;在湿负荷变化较大的场合,难于保证室内的湿度要求;系统的控制要求高,且系统运行难于稳定;噪声较大;投资较高等。这些都必须依靠设计者在设计时周密考虑,并设置合理的自动控制措施,才能达到既满足使用要求又节能的目的。

2)变风量末端装置

末端装置是改变房间送风量以维持室内温度的重要设备。按照其改变风量的方式不同,可分为节流型和旁通型,前者采用节流机构(如风阀)调节风量,后者则是通过调节风阀把多余的风量旁通到回风道。在节流型变风量箱中增加一台加压风机,就成为风机动力型变风量箱(见图 9.18)。按照是否补偿压力的变化,分为压力有关型和压力无关型。

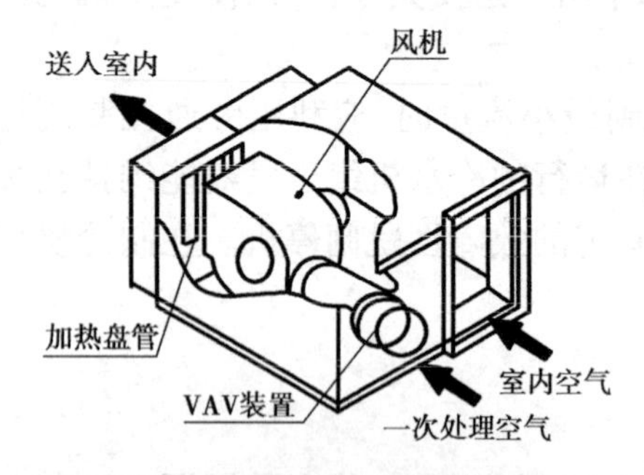

图 9.18　风机动力型变风量箱

从控制角度看,前者由温控器直接控制风阀,后者除了温控器以外,还有一个风量传感器和一个风量控制器,构成串级控制环路,温控器根据温度偏差设定风量控制器的送风量设定值,风量控制器根据风量偏差调节末端装置内的风阀。当末端入口的压力发生变化时,通过末端装置的风量会发生变化,压力无关型末端可以很快地补偿这种变化;而压力有关型末端要等到风量变化改变了室内温度以后才动作。按照有无末端混风机,可分为带风机和不带风机两种;按照控制方式又可分为模拟控制型、直接数字控制型、气动型和自动型等。此外,有的末端装置还带有消声和再热功能。

3)变风量系统运行控制

(1)房间温度控制　根据房间温度的变化改变末端装置的送风量,压力有关型和压力无关型两种装置的房间温度控制过程已如前述。

(2)送风量控制　通常是根据静压传感器的信号来判断系统风量的变化,并通过控制器调节风机的送风量。一般是调节风机的转速或入口导叶角度。转速调节更节能。调节后的风机工况应能使静压控制点的静压值恒定,以满足下游风道、末端装置的压力损失和送风口的余压。恒定静压的目的是保证任何一个末端入口的设计资用压力。由于要恒定静压,所以风机的风量不能无限制地减少。

(3)新排风量控制　系统总风量变化时,新风量也发生了变化。在需要不变新风量的场合,需要有恒定新风量的措施。可以将最小新风量的进风道和按全新风运行的新风道(经济循环新风道)分开,在最小新风道上安装流量传感器,以此调节3个风阀的开度,维持最小的新风量。也有人认为,引入新风的目的是为了保证室内空气品质,所以可以用室内 CO_2 的浓度来控制新风量。在室内存在其他的气体污染时,这种方案是不合理的。

(4)送回风量匹配控制　送风量随负荷改变时,回风量也要随之改变,这样才能保证房间的正常压力。目前,常用的风量匹配方法有:送风机和回风机用同一个送风控制器来调节。当负荷减少时,送回风量按同一比例减少,这样送回风量的差值减小,可能导致新排风量不平衡,在变风量比不太小时,这种方法是可行的;在送风和回风道上安装风量传感器,通过控制二者的差值来实现送回风量匹配。

(5)变风量控制系统运行的稳定性分析　在实际工程中,采用多个环路的控制系统,每个环路单独工作都正常,但当几个控制系统都工作时,整个系统就可能出现不稳定。比如,当某个房间的温度下降,该房间末端装置的风阀就会关小,从而导致系统静压升高,其他房间的送风量增加。这时,这些房间的末端装置的风阀就会关小以恒定各自的送风量,这将导致系统静压进一步升高。当达到某一程度,静压控制器就降低送风机的转速减少风量,回风机风量也随之减小,系统静压又回落到原来的水平,各个末端风阀又开始开大。由于系统的压力变化,必然导致新风量的变化,从而引起送风温度的变化,控制器就会调节3个风阀的开度,阀位的变化又将导致整个系统的静压与流量发生变化。这时,系统处于一种频繁的调节之中,风阀时而开大时而关小,风量也是忽大忽小。

变风量系统本身的强动态特性、系统中的非线性环节以及多个反馈控制环路之间的耦合是造成系统运行不稳定的重要原因。为全面提高系统的稳定性,最大限度地节约能量,有人提出了基于末端装置的变风量系统 TRAV(Terminal Regulated Air Volume System)。其基本原理是将末端装置的送风温度、温控器读数、风量以及阀位信号都送入一个中央控制器,由它来统一计算后再调节送风状态点,包括风机的工况点和表冷器后的送风温湿度。当然,这就需要对送风状态点的准确预测和具备实现送风状态的手段。应该说,由于系统的复杂性,要保证良好的控制性能,控制算法是相当复杂的,它要求对空调房间的负荷特性、空调系统各设备的热工特性、风系统的动力特性等有非常深入的了解。所以,通常由暖通工程师设计空调部分、再由控制工程师完成控制部分的做法很难达到要求,设计人员对系统特性的深入理解、掌握一定的控制知识和与控制工程师的紧密配合是设计出成功的变风量系统的必要条件。

9.4.5 “大温差”冷热输配系统

所谓“大温差”,是指空调送风或送水的温差比常规空调系统采用的温差大。常出现在:采用大温差送风,送风温差达到14~20 ℃;冷却水的大温差系统,冷却水温差达到8 ℃左右;冷冻水大温差系统,冷冻水温差达到8~10 ℃;与冰蓄冷相结合的低温送风大温差和冷冻水大温差系统,送风温差达到17~23 ℃,冷冻水温差达到10~15 ℃等。对这些携带冷热量的介质,采用较大的循环温差后,循环流量将减小,可以节约一定的输送能耗并降低输送管网的初投资(虽然有时要付出加大换热器面积或采用高效换热器的代价,但总的说来投资是可以节省的)。

大温差冷热输配技术,在国际上尚属于新技术范畴,指导设计的具体方法较少,但由于其节能特性,在实际工程中已有所应用。例如,上海的万国金融大厦、上海浦东国际金融大厦等在常规空调系统中采用了冷冻水大温差系统,循环参数分别为6.7/14.4 ℃和5.6/15.6 ℃;上海儿童医学中心,在冰蓄冷系统中采用了冷冻水大温差(5.7/13.3 ℃);上海万国金融大厦采用了8 ℃的冷却水大温差(32/40 ℃);上海金茂大厦采用了送风大温差设计等。空调大温差技术的应用已经引起了国内空调界的广泛关注。随着研究的深入和成熟设计方法的形成,大温差系统必然会得到更为广泛的应用。

实际上,对于已建成的常规空调系统来说,在运行时采用较大的冷冻水循环温差(比如由5 ℃提高到8 ℃)是完全可行的。当然,这必须要求水系统具有变流量的控制措施。分析表明,在中央空调系统中采用的末端换热设备一般是水/空气式表面换热器,其基本换热特性是:总传热系数取决于空气侧的对流换热系数,水流量对盘管的换热能力特别是显热交换能力的影响很小。以CARRIER公司的42F型风机盘管为例,当冷冻水从5 ℃增加至8 ℃时,循环流量为设计值的62.5%,但盘管提供的冷量达到设计值的86%。如果房间的冷负荷在设计负荷的86%以下,就能够满足要求,而一般空调房间负荷率大部分时间都在86%以下。当然,循环水温差增大,提高了换热器中冷冻水的平均温度,使其除湿能力降低。分析表明,当采用7/15 ℃的供回水温差时,与7/12 ℃相比较,对一次回风系统在设计工况室内相对湿度增加仅在5%左右,这对于舒适性空调来说是可以接受的。一般情况下,末端换热器面积留有富余,影响就会更小,即换热能力和除湿能力都可以满足要求。在部分负荷时,相当于换热面积有富余。所以,对于冷冻水设计循环温差为5 ℃的变流量系统,在相当多的时间内都可以采用8 ℃甚至更高的循环温差,从而节约水泵能耗。

9.5　建筑热回收技术

建筑中有可能回收的热量有排风热(冷)量、内区热量、冷凝器排热量、排水热量等。这些热量品位比较低,因此需要采用特殊措施来回收。

9.5.1　排风热回收

在空调通风系统中,新风能耗占了较大的比例。例如,办公楼建筑大约可占到空调总能耗的17%～23%。建筑中有新风进入,必有等量的室内空气排出。这些排风相对于新风来说,含有热量(冬季)或冷量(夏季)。在许多建筑中,排风是有组织的,因此有可能通过新风与排风的热湿交换,从排风中回收热量或冷量,减少新风的能耗。

1)排风热回收的效率评价指标

当排风与新风之间只存在显热交换时,称为显热回收;当它既存在显热交换也存在潜热交换时,称为全热回收。评价热回收装置好坏的一项重要指标是热回收效率。热回收效率包括显热回收效率、潜热回收效率和全热回收效率(也称为焓效率)。分别适用于不同的热回收装置。热回收装置的换热机理和冬、夏季的回收效率,分别见图9.19和表9.6。

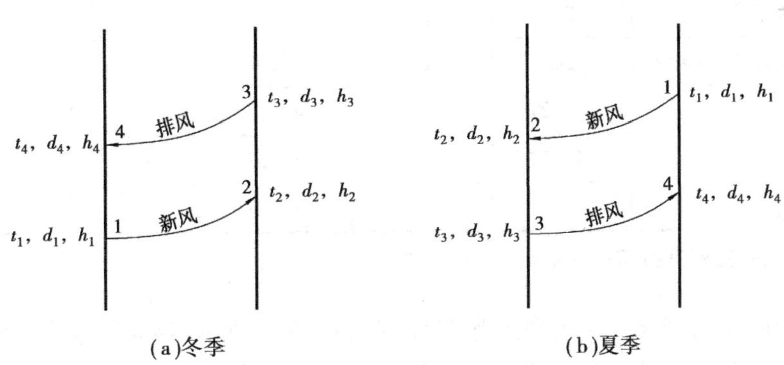

图9.19　热回收装置的换热机理

表9.6　热回收装置的效率

季　节	冬　季	夏　季
显热效率 η_1	$\frac{t_2 - t_1}{t_3 - t_1} \times 100\%$	$\frac{t_1 - t_2}{t_1 - t_3} \times 100\%$
潜热效率 η_d	$\frac{d_2 - d_1}{d_3 - d_1} \times 100\%$	$\frac{d_1 - d_2}{d_1 - d_3} \times 100\%$
全热效率 η_h	$\frac{h_2 - h_1}{h_3 - h_1} \times 100\%$	$\frac{h_1 - h_2}{h_1 - h_3} \times 100\%$

选用的热回收装置及系统的热回收效率要求，见表9.7。

表9.7　热回收效率的要求

类　型	热交换效率/%	
	制　冷	制　热
焓效率	50	55
温度效率	60	65

注：效率计算条件见表9.8，且新、排风量相等；焓效率适用于全热交换装置，温度效率适用于显热交换装置。

表9.8　机组名义工况测试值

序号		排风进风		新风进风		电压	风量	静压
		干球温度/℃	湿球温度/℃	干球温度/℃	湿球温度/℃			
1	风量、输入功率	14～27	—	14～27	—	*	*	*
2	静压损失、出口静压	14～27	—	14～27	—		*	*
3	热交换效率（制冷工况）	27	19.5	35	28		*	*
4	热交换效率（制热工况）	21	13	5	2		*	*
5	凝露　制冷工况	22	17	35	29	*	*	*
	凝露　制热工况（Ⅰ）	20	14	-5	—		*	*
	凝露　制热工况（Ⅱ）＊＊	20	14	-15	—		0	—
6	有效换气率	14～27	—	14～27	—		*	*
7	内部漏风率	14～27	—	14～27	—			
8	外部漏风率	14～27	—	14～27	—			

注：＊表示名义值；—表示无规定值；＊＊适用于横穿外墙的机组。

排风热回收装置或系统的性能系数被定义为回收的热量（冷量）与其配置风机、水泵等耗能装置输入的电功率之比。选用的排风热回收装置或系统的COP应大于5。

2）排风热回收系统的适用条件

当建筑物内设有集中排风系统且符合下列条件之一时，建议设计热回收装置：当直流式空调系统的送风量大于或等于3 000 m^3/h，且新、排风之间的设计温差大于8 ℃时；当一般空调系统的新风量大于或等于4 000 m^3/h，且新、排风之间的设计温差大于8 ℃时；设有独立新风和排风的系统时；过渡季节较长的地区，新、排风之间全年实际温差数应大于10 000 ℃·h/a。

对于使用频率较低的建筑物（如体育馆）宜通过能耗与投资之间的经济分析比较来决定是否设计热回收系统。新风中显热和潜热能耗的比例构成是选择显热和全热交换器的关键因素。在严寒地区宜选用显热回收装置；而在其他地区，尤其是夏热冬冷地区，宜选用全热回收装置。当居住建筑设置全年性空调、采暖系统,并对室内空气品质要求较高时,宜在机械通风系统中采用全热或显热热回收装置。

3)排风热回收装置与系统形式

(1)转轮式全热交换器与热回收系统　图 9.20 为转轮式全热交换器与热回收系统。转轮式全热交换器的转轮是用铝或其他材料卷成,内有蜂窝状的空气通道,厚度为 200 mm。基材上浸涂氯化锂吸湿剂,以使转轮材料与空气之间不仅有热交换,而且有湿交换,即潜热交换。因此,这类换热器属于全热交换器。

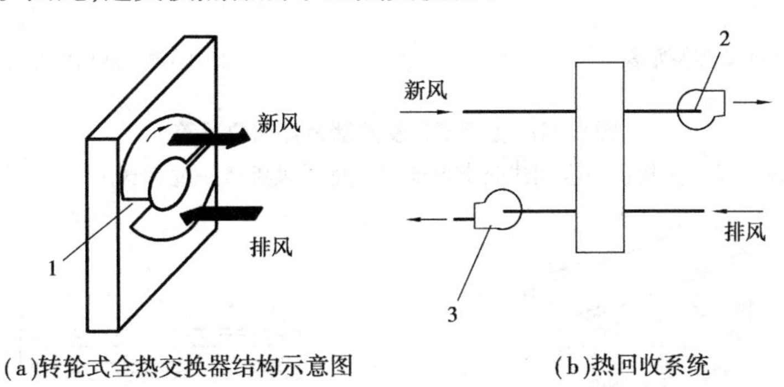

(a)转轮式全热交换器结构示意图　　(b)热回收系统

图 9.20　转轮式全热交换器及排风热回收系统

1—净化扇形区;2—新风风机;3—排风风机

转轮式全热交换器适用于排风不带有害物和有毒物质的情况。一般情况下,宜布置在负压段。为了保证回收效率,要求新、排风的风量基本保持相等,最大不超过 1∶0.75。如果实际工程中新风量很大,多出的风量可通过旁通管旁通。转轮两侧气流入口处,宜装设空气过滤器。特别是新风侧,应装设效率不低于 30% 的粗效过滤器。在冬季室外温度很低的严寒地区,设计时必须校核转轮上是否会出现结霜、结冰现象,必要时应在新风进风管上设空气预热器或在热回收装置后设温度自控装置;当温度达到霜冻点时,发出信号关闭新风阀门或开启预热器。

(2)板翅式热交换器及热回收系统　板翅式热交换器结构如图 9.21 所示。它由若干个波纹板交叉叠置而成,波纹板的波峰与隔板连接在一起。如果换热元件材料采用特殊加工的纸(如浸氯化锂的石棉纸、牛皮纸等),既能传热又能传湿,但不透气,属全热交换器。

当排风中含有害成分时,不宜选用板翅式热交换器。实际使用时,在新风侧和排风侧宜分别设有风机和粗效过滤器,以克服全热回收装置的阻力并对空气进行过滤。

(3)热管式热交换器及热回收系统　热管式热交换器由若干根热管所组成,如图9.22 所示。热交换器分两部分,分别通过冷、热气流。热气流的热量通过热管传递到冷气流中。为增强管外的传热能力,通常在外侧加翅片。热管式热交换器的特点是:只能进行显热传递;新风与排风不直接接触,新风不会被污染;可以在低温差下传递热量;能在 −40 ~ 500 ℃进行工作,热交换效率为 50% ~60% 。

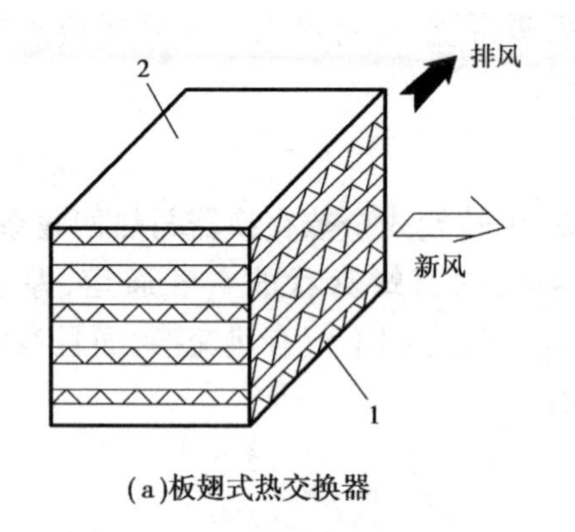

(a)板翅式热交换器

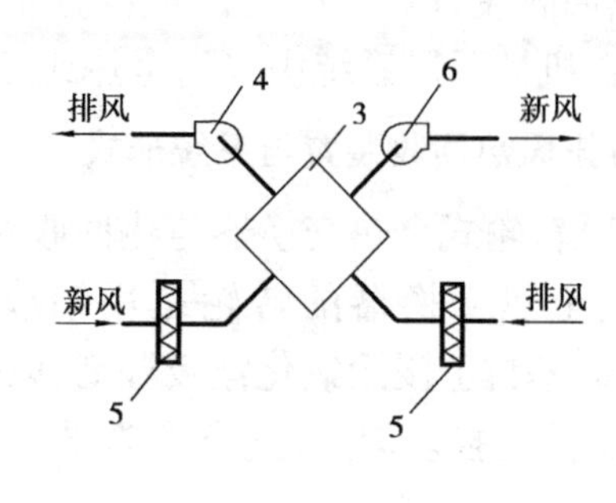

(b)排风热回收系统

图 9.21　板翅式热交换器及热回收系统

1—翅片;2—隔板;3—板翅式热交换器;4—排风风机;5—过滤器;6—新风风机

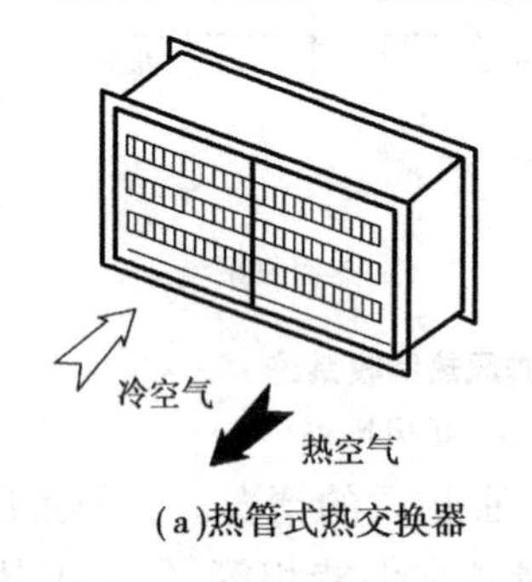

(a)热管式热交换器

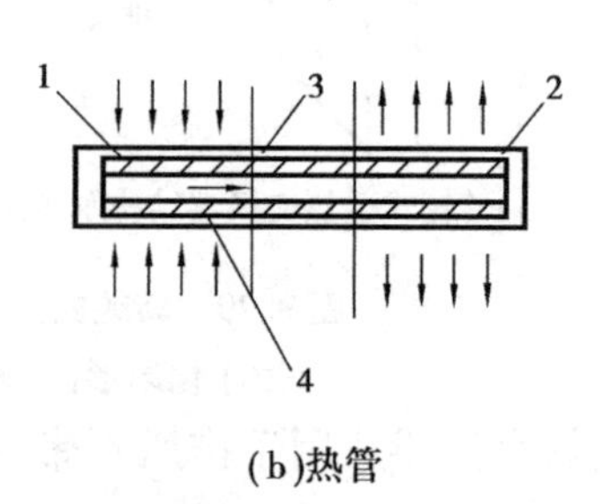

(b)热管

图 9.22　热管式热交换器及热回收系统

1—蒸发段;2—凝结段;3—绝热段;4—输液芯

热管式热交换器冬季使用时,低温侧上倾 5°~7°;夏季时可用手动方法使其下倾 10°~14°;排风中应含尘量小,且无腐蚀性;迎面风速宜控制在 1.5~3.5 m/s;当换热器启动时,应使冷、热气流同时流动或使冷气流先流动;当换热器停止时,应使冷、热气流同时停止或先停止热气流。

排风热回收还可通过中间热媒循环(新、排风侧各设置一个换热盘管,通过管路连通循环)方式、空气热泵方式进行。

9.5.2　空调冷凝热回收

常规空调系统的通过冷却塔或直接将制冷过程中的冷凝热量排到室外空气中。对于电动冷水机组,排热量约为制冷量的 1.2~1.3 倍;对于吸收式冷水机组,排热量约为制冷量的 1.8~2.0 倍。比较容易实现的冷凝热量利用是用作生活热水预热或游泳池水加热等。冷凝热回收可以采用以下几种方案。

1)冷却水热回收

此方案是在冷却水出水管路中加装一个热回收换热器,如图 9.23 所示。这样可以使热水系统从冷却水出水中回收一部分热量。虽然热水的出水温度小于冷却水的出水温度，但是冷水机组的制冷量与COP基本不变。此方案中，热回收换热器可作为生活热水系统的预热器，也可以作为热泵循环的蒸发器，利用热泵系统进行热回收。

2）排气热回收

此方案是在冷水机组制冷循环中增加热回收冷凝器，在冷凝器中增加热回收管束以及在排气管上增加换热器的方法。目前常见的是采用热回收冷凝器，如图9.24所示。从压缩机排出的高温、高压的制冷剂气体会优先进入到热回收冷凝器中将热量释放给被预热的水。冷凝器的作用是将多余的热量通过冷却水释放到环境中。值得注意的是，热水的出水温度越高，冷水机组的效率就越低，制冷量也会相应减少。

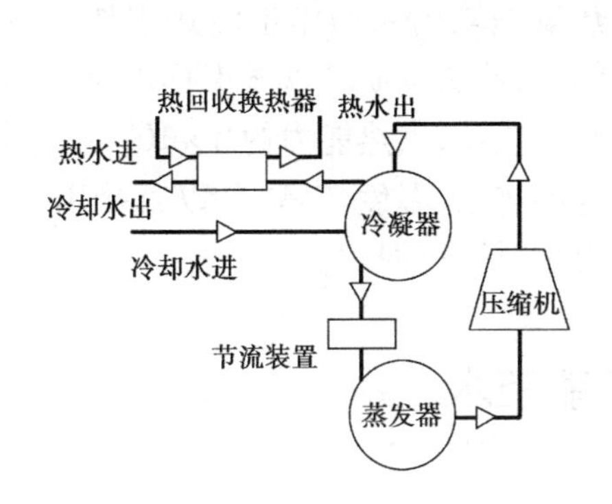

图9.23　冷却水热回收系统原理

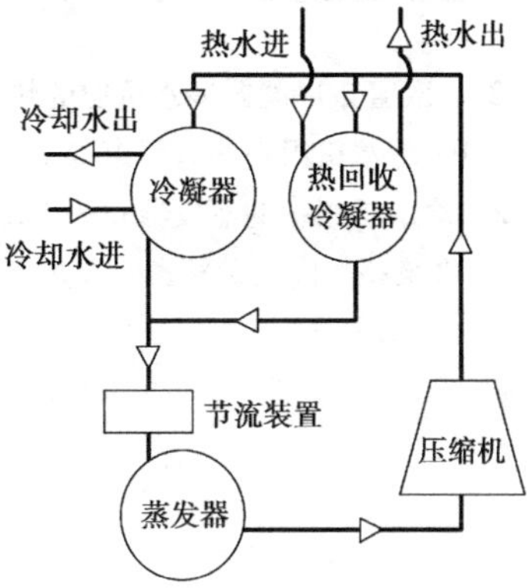

图9.24　排气热回收系统原理

9.5.3　内区排热量回收

建筑物内区无外围护结构，四季无外围护结构冷热负荷。内区的人员、灯光、发热设备等形成全年余热。在冬季，建筑物外区需要供热而内区需要供冷。

采用水环式水源热泵系统可以将内区的余热量转移到外区，为外区供热。系统原理如图9.25所示。内区水源热泵机组处于制冷循环，将冷凝热排到循环水系统之中，被外区处于热泵循环的机组提取。

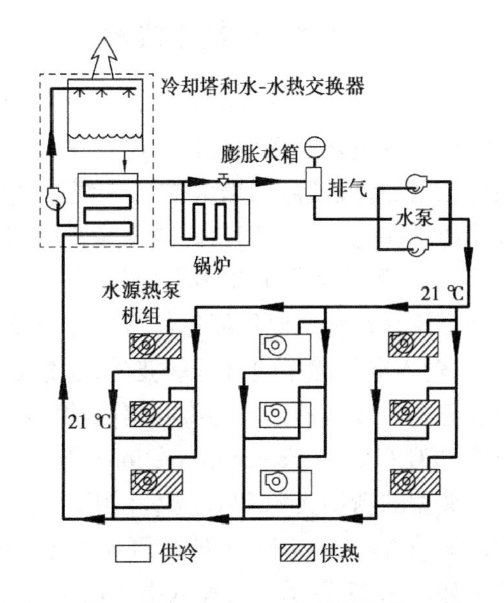

图9.25　水环式水源热泵系统

内区热量还可以利用双管束冷凝器的冷水机组进行回收。如图9.26所示，系统中的蒸发器供出的冷冻水供内区盘管使用，对内区供冷，提取内区的热量。双管束冷凝器中的一部分管束加热的水供给周边区的盘管，对周边区采暖；如有多余热量可通过另一管束及冷却塔排到大气中。在冷冻水系统中还可以接入排风系统的盘管，而在冷凝器侧水系统中

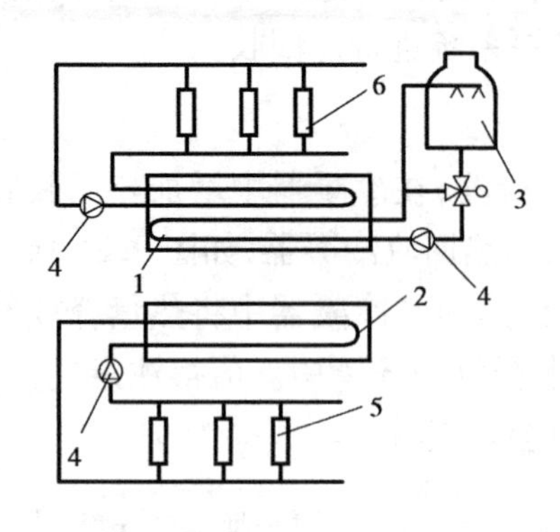

图9.26 双管束冷凝器冷水机组的热回收系统
1—冷水机组中的双管束冷凝器；
2—冷水机组中的蒸发器；3—冷却塔；
4—水泵；5—内区盘管；6—周边区盘管

接入新风系统的盘管，这样同时可以回收排风中热量。这个系统在夏季按常规方式运行，即蒸发器的冷冻水作内区供冷用，而冷凝热量全部通过冷却塔排入大气。

9.5.4 排水热量回收

建筑排水中蕴藏着大量的热量。据测算，城市污水全部充当热源可以解决城市近20%建筑的采暖。利用热泵技术可将污水中的热量提取出来用作生活热水加热或采暖。例如，挪威奥斯陆以城市排水作为热源的热泵供热站，供热能力约 8×10^6 W。对于浴室等的排水，温度较高，可以直接用水-水板式换热器进行回收。

9.6 用电系统节能技术

9.6.1 功率因数校正技术

在现代工业和日常生活中，电力电子装置得到了广泛应用。同时，电力电子装置作为非线性负载越来越多地运行在电网中，也使其成为谐波源。谐波和无功功率的危害主要表现在增加设备容量、增大设备和线路的线损及压降、对控制系统和通信系统产生干扰等。由于在电力电子和交流调速装置中均使用二极管整流桥用做交流变换为直流的转换电路，而二极管的导通角很小，所以电网的能量在每个工频周期仅有一小部分供给负载。也就是说只在输入电压峰值部分时才有输入电流，这样输入端的电流波形发生了严重的畸变，输入电流除了包含有基波外，还包含有丰富的高次谐波，这就降低了功率因数。因而改善整流装置的谐波污染和提高功率因数滞后有着很重要的意义。单相功率因数校正技术 PFC (Power Factor Correction)是一种常用的整流装置。

典型的新型无源 PFC 技术利用电容二极管网络构成的填谷(Valley Fill)方式 PFC 整流电路，其基本结构如图9.27所示。当输入电压高于电容 C1 和 C2 上的电压和时，外输入电压将对两个电容进行充电；而当输入电压低于电容 C1 和 C2 上的电压和时，两个电容则会进入并联放电状态。由于电容和二极管

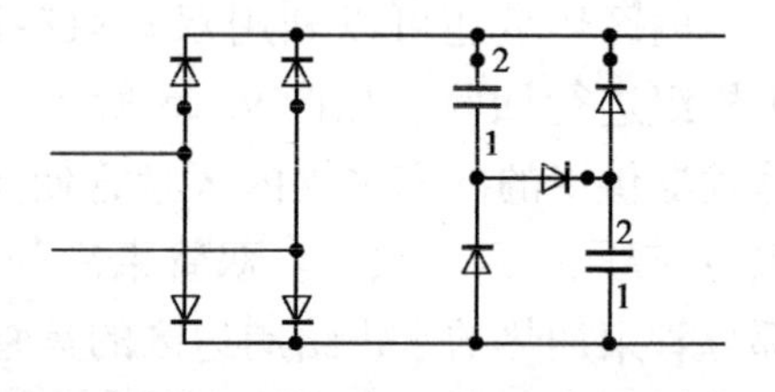

图9.27 ValleyFill 方式 PFC 整流电路

网络的串并联特性,这种结构增大了二极管的导通角,从而使输入电流的波形得到改善。

两级 PFC 电路如图 9.28 所示,第一级采用 PFC 作为电路输入的预调整器,第二级为 DC/DC 级,两级都有功率器件和控制电路,使得两级转换器都能达到最优化。但同时带来电路复杂、效率低、体积大、成本高等缺点。单极 PFC 变换器使 PFC 级和 DC/DC 级共用一个开关管,只有一套控制电路,同时实现对输入电流的整形和对输出电压的调解,如图 9.29 所示。可采用 PWM 控制和变频控制两种控制方法,由于控制电路只调节输出电压,因此要求 PFC 级的电流能自动跟随输入电压。

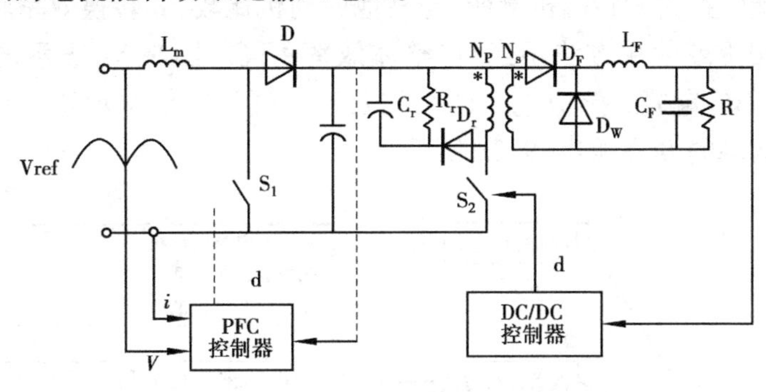

图 9.28　两级 PFC 变换器的典型电路

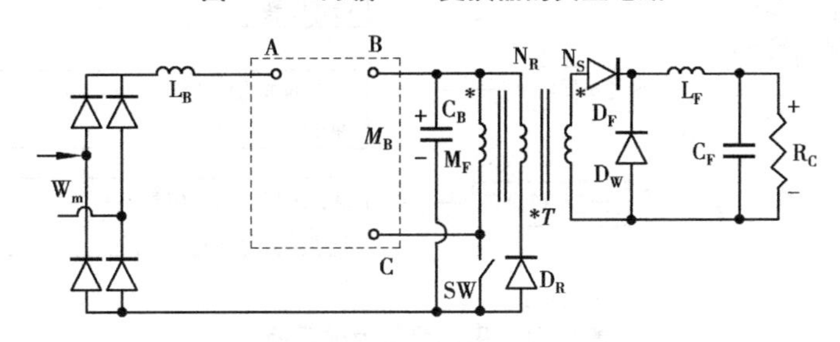

图 9.29　Boost 型单级 PFC 变换器

有源功率因数校正(APFC)是抑制谐波电流、提高功率因数的有效方法,工作原理框图如图9.30 所示。交流输入电压经全波整流后,再经过 DC/DC变换,通过相应的控制使输入电流平均值自动跟随全波整流电压基准值,并保持输出电压稳定。APFC 电路有两个反馈控制环:输入电流环使 DC/DC 变换器输入电流与全波整流电压波形相同;输出电压环DC/DC变换器使输出端为一个直流稳压源。在 APFC 电路中,DC/DC 变换器使输入电流与输入电压都为全波整流波形,并且相位相同。

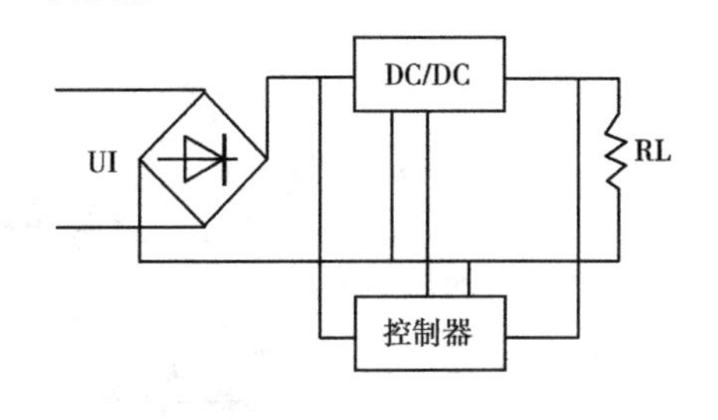

图 9.30　APFC 工作原理图

9.6.2　供用电设备节能

1)合理调整变压器的运行台数

目前,多数公用建筑物变压器的负荷率都较低。据调查统计,在用电高峰季节变电站变压器的负荷率也只有变压器额定功率的50% ~60%,而在过渡季节变压器的负荷率就更低了,最低可低至变压器额定功率的5% ~8%。只要变压器投入系统运行,就存在着空载损耗(铁损)和负载损耗(铜损)。这部分的损耗的大小视变压器的大小而变,越大的变压器空载率负载损耗越大。因此,在保证供电系统运行安全的前提下,若变压器负荷率较低,可停用变电站一部分变压器,从而达到节能的目的。采用了这一方法可节电3% ~5%。

2)电动机节能

电动机将电能转换为旋转的机械能,与其他原动机比较,其转换效率较高。但当它与其匹配的设备不相称或使用方法不当时,整体效率不高。图9.31表示电动机的节能措施。图9.32为常用的鼠笼式感应电机的结构及产生损失的部位示意。其损失的分类及提高电动机工作效率的方法,如图9.33所示。

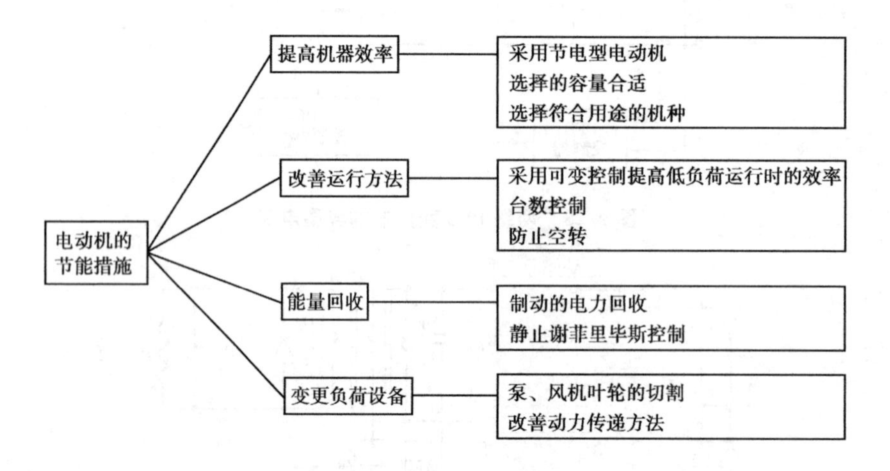

图9.31 电动机的节能措施

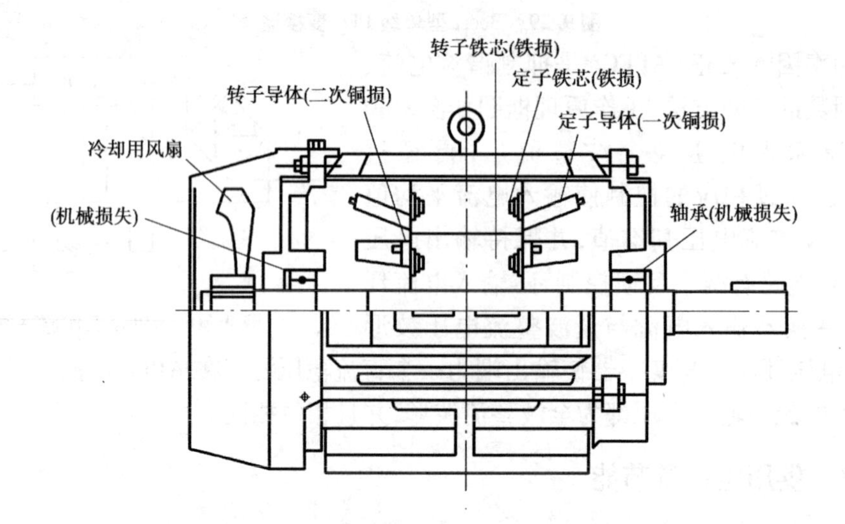

图9.32 鼠笼式感应电机的结构及产生损失的部位

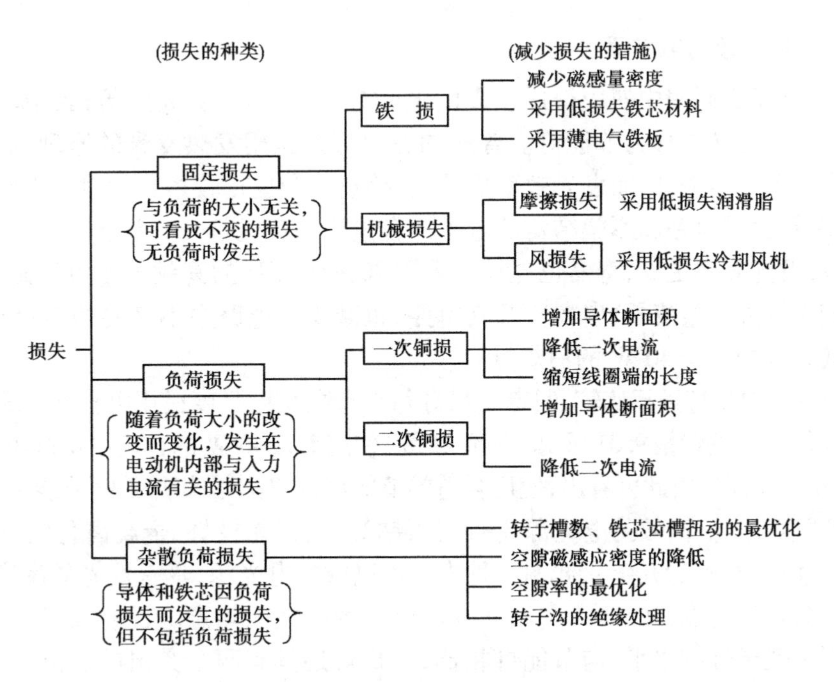

图 9.33　电动机损失分类及提高工作效率的方法

3)电梯节能

新建建筑的电梯一般都采用变频调速电梯。这种形式的电梯已经比原有的交流调速电梯在节能方面有很大的提升,但现有的电梯仍然具有节能潜力。如当电梯下行时,为了避免电梯速度过快,采用电磁制动的方式,将电梯的电能用电阻器释放掉,从而导致电梯机房即使在冬季温度都很高。为了保证电梯的正常运行,通常在各电梯机房采用分体空调来制冷。若采用电机逆变技术将电梯下行时产生的电能送回电网,这样既可避免电梯机房发热,又可以不使用空调来制冷,达到双重节能效果,节电可达10%左右。这项技术目前已经在国内一些公建中使用,并获得了较好的节能效果。

4)电开水器的节能

通常的电热式开水器的结构为两层式结构。内桶为开水器的水箱,外桶为开水器的外壳,内桶和外桶之间采用空气隔热。当内桶温度达到100 ℃时,外桶温度也高达60 ℃左右。这部分能量被白白的浪费掉了,导致电开水器反复加热,而且还造成了开水房夏天温度过高的现象。为了能够节约这部分能源,可采用内外桶之间加装保温的方法,这样既可以降低能源消耗,又可以改善开水房的环境。据测算,采用这种改动可节电5% ~8%。

9.6.3　照明节能技术

据统计,我国照明用电量已达到总用电量的10% ~12%,在终端用电中仅次于电动机居于第二位。因此,照明节电是节能的一个重要组成部分。照明节能技术主要包括以下3个方面。

1)选择优质高效的电光源

目前,我国家庭照明中使用得比较多的电光源有白炽灯、荧光灯等,其中单端紧凑型电子自整流荧光灯又被称为节能灯。普通的白炽灯是运用发热发光的原理,大量的电能以热能的形式散发出去,因而发光效率比较低,钨丝寿命也比较短。相对于白炽灯的电热发光而言,利用集成电路和厚膜结构的电子式自整流型荧光灯——节能灯,是不依赖温度的发光现象,发光效率更高,寿命也更长。采用 20~50 kHz 的高频电压可以瞬间点亮,取消了普通荧光灯外附整流器、启辉器及其电路,也减少了电路中不必要的能量消耗。8 W 的节能灯其亮度相当于 40 W 的白炽灯。

对节能灯和白炽灯进行比较,假定 1 只灯每天点亮 6 h,每度民用电价 0.543 元,使用 1 只 8 W 节能灯的年电费是 9.31 元,灯单价 21 元;使用 1 只 40 W 的普通白炽灯年电费是 47.57 元,灯单价 1.5 元。由此可看出,使用合适的节能灯,相对于白炽灯是既节能又省钱的。

除了节能灯之外,高效的电光源还有高压钠灯、高频无极灯、金属卤化物灯以及 LED 灯等。其中,LED 灯是近几年兴起的一种先进和高效的电光源,具有发光效率高、电压低、电流小和寿命长等优点,在日本、美国和欧洲已成为研究的热点。目前,LED 灯的光效基本上已达到了荧光灯的水平,与节能灯相比,LED 灯还具有两个突出的优点:一是不用电子整流器,二是不需使用汞等重金属,绿色环保。可以预见的是,作为第四代绿色节能光源的白色 LED 灯,将逐渐取代白炽灯和荧光灯。

2)选择节电的照明电器配件

在各种气体放电灯中,均需要电器配件如整流器等。以前的 T12 荧光灯中使用的电感整流器就要消耗将近 20% 的电能,电子整流器耗电量只有 2% ~3%。电子整流器先将工频电源经过全波整流和功率因数校正后,变成直流电源;然后再通过 DC/AC 变换器输出 20 000~100 kHz 的高频交流电压。将该高频交流电加到与荧光灯连接的 LC 串联谐振电路上,就可以得到灯管开通所需要的高压。由于电子整流器工作在高频,与工作在工频的电感整流器相比,需要的电感量就小得多。电子整流器不仅耗能少,效率高,而且还具有功率因数校正的功能,功率因数高。电子整流器通常还增设有电流保护、温度保护等功能,在各种节能灯中应用非常广泛。

3)安装照明节电器

照明节电设备是一类具有不同的输出功率、不同的工作原理、不同的使用环境和不同的使用效能的照明节电类设备的总称。具有启动(全压启动或软启动)、调节电压、节能运行、稳压运行、供电谐波滤波、浪涌电流吸收、自动启/停控制和运行状态检测等多种功能。

9.7 大型公共建筑节能运行管理

大型公共建筑指单体面积超过 2 万平方米,并采用中央空调的公共建筑。大型公共建筑用能系统庞大复杂,我国大型公共建筑单位建筑面积年耗电量为 70~300 kW·h,为住宅的10~15倍，具有巨大的节能潜力。其能耗高低与运行管理水平密切相关。一般大型公共建筑的用能设备主要包括：照明系统、空调通风系统、电梯、室内设备、特殊用电系统等。由于各系统的功能、工作方式及能耗特点不同，相应的节能运行管理方法也不同。

9.7.1 能耗分项计量

大型公共建筑节能运行管理的一个重要基础是用能的分项计量。由于大型公共建筑设备系统复杂，通常情况下不同用能系统的管理是由不同人员负责的，用能分项计量可以把不同系统的能耗分开，从而明确各系统的实际能耗情况、节能潜力大小和对总节能量的贡献，把节能的责任明确落实到各责任人，有利于节能管理的开展。计量的内容应包括进入建筑的各种商品能源，如电能、燃料、热能/冷量等。

能耗的分项计量主要针对各个用能系统，如空调系统、照明系统、电梯系统、办公设备系统等。对于用能密度高，单体设备耗能大的集中空调系统，应进行更细致的计量，包括：电驱动制冷机用电量（对于吸收式制冷机还应对燃料或热量消耗量进行计量），冷冻水系统循环泵用电量，冷却水系统循环泵用电量，冷却塔风机用电量，空调箱和新风机组的风机用电量，采暖循环泵用电量，单台功率大于3 kW的送、排风机等设备的用电量等。此外，空调系统补水宜加装流量计量装置。

与之类似的还有能耗的分户/分室计量，主要针对末端用户。以分户/分室计量为基础的用能管理方式能够促进末端用户节能意识的提高，实现室内照明、办公电器等设备的使用者行为节能。

有条件的还应实时地采集能耗分项计量结果。通过对计量结果的分析，运行管理人员或节能审计专家可以对各系统能耗进行有效的监控、审计和诊断，了解各设备用能情况，发现节能潜力所在。

9.7.2 照明系统节能运行管理

照明系统的节能运行管理除节能灯具的使用外，更重要的一点在于节约，即减少不必要的开启时间和照明强度。可行的节能运行管理措施包括：

针对公共区域：合理降低照明密度，车库、走廊等对照明要求不高的地方可以适当拆换部分灯管，达到节能的目的；合理控制照明时间，制订严格的公共区域照明时间表，在非使用时段关灯，避免大厅、走廊、地下室等处的"长明灯"现象。

针对非公共区域：若原设计照明密度过高，可采用拆换灯管的方式适当降低；采用照度控制、感应控制等技术手段，减少照明能耗的浪费。

9.7.3 空调系统节能运行管理

大型公共建筑多采用集中空调系统，具有结构复杂、设备众多、用能相对集中、能耗水平高，弹性相对大的特点，对它的节能运行管理应从制度和技术方面双管齐下。

制度方面,在对空调系统的能耗进行独立计量甚至分项计量的基础上,对空调系统用能状况进行审计以确定整体节能潜力的大小,同时确定管理节能的潜力大小,进而采用定额管理、合同管理、目标管理等措施,对运行管理者进行约束和激励,达到管理节能的目的。此外,还应对运行管理人员、运行操作人员进行专业节能培训,使之掌握正确的节能理念和实用的节能技术。

1)设置合理的空调运行参数

空调系统运行时民用建筑室内空气参数设定值应控制在合理范围内,不盲目追求高标准,以降低运行能耗。一般舒适性空调的设定参数应满足表9.9中的要求。

表9.9　空调系统节能运行空气设定参数

房间类型	夏季		冬季		新风量 $/m^3\cdot(h\cdot 人)^{-1}$
	温度/℃	相对湿度/%	温度/℃	相对湿度/%	
特定房间	≥25	40~65	≤21	30~60	≤50
一般房间	≥26	40~70	≤20	30~60	20~30
大堂、过厅	26~28	—	16~18	—	≤10

注:特定房间通常为对外经营性且标准要求较高的个别房间,如宾馆的四、五星级的客房、康乐等场所,以及其他有特殊需求的房间。对于冬季室内有大量内热源的房间,室内温度可高于表中给定值。

2)冷热源的节能运行

间歇运行的冷源设备,应根据实际需要选择合理的运行时间,宜在供冷前0.5~2 h开启,供冷结束前0.5~1 h关闭。多台冷热源设备并联运行时,应根据负荷变化实行合理的群控策略,使得每台冷热源设备均在合理、高效的负载率下运行。当多台制冷机并联运行时,不开启的制冷机前后的冷冻水、冷却水管道阀门必须关闭,防止不必要的短路旁通;同时,应调整各冷热源设备间输配介质流量的分配,使其流量与负载相匹配。

冷热源设备宜根据室外气候和建筑使用状况,在有条件时及时调节供水温度,实现变水温调节。制冷机额定流量下宜保持蒸发器蒸发温度与冷冻水出口温度、冷凝器冷凝温度与冷却水出口温度的温差均小于1.5 ℃,超出时应及时检查清洗蒸发器和冷凝器。应综合考虑冷却塔回水温度设定值对冷机耗电和冷却塔风机耗电的影响(对吸收式制冷机还要考虑防结晶要求),尽量使冷却塔出水温度接近室外湿球温度。多台冷却塔并联使用时,宜使水量在各塔之间均匀分布,并采用冷却塔风机统一变频,尽量多开启冷却塔风扇、低频率运行,充分利用冷却塔换热面积。多台冷却塔并联使用采用风机台数启停控制时,必须关闭不工作冷却塔的水阀,避免冷却水在不工作的冷却塔旁通,导致不同温度的冷却水混合。应保持冷却塔周围通风顺畅,进入冷却塔的空气湿球温度不应高于室外环境湿球温度1 ℃。

3)空调水泵节能运行

冷冻水和冷却水循环泵开启台数与开启冷机的数量相等。应按照冷机的实际需要,在冷机开启时只开启相应的冷冻水泵和冷却水泵，避免多开水泵的现象。冷冻水泵、冷却水泵实际运行效率不宜低于60%，对于运行效率低于限值的水泵宜根据实际运行工作点参数（扬程、流量）重新调整或更换水泵，而不宜通过调节冷冻机房内的阀门限制总流量大小。

冷冻水供回水温差应大于4 ℃。当冷冻水泵、冷却水泵可变频调节时，应对其转速进行控制，使冷冻水、冷却水的供回水温差不低于4.5 ℃；当采用二次泵系统时，二次侧冷冻水供回水温差不得低于4 ℃。冬季采暖工况下，热水供回水温差不宜小于8 ℃。

4）空调风系统节能运行

间歇运行的空调系统宜在使用前30 min启动空气处理机组进行预冷或预热，预冷或预热时关闭新风风阀，预冷或预热结束后开启新风风阀；宜在使用结束前15～30 min关闭空气处理机组。

年运行时间超过1 200 h、风机功率大于5 kW的全空气空调系统的空气处理机组中，风机宜采用变频控制，根据被调节房间的温度来调节风机转速。变频控制时空调系统最小风量应满足气流组织的要求且满足风机正常运行的要求。

人员密度相对较大且变化较大的房间，宜采用新风需求控制方法。

为保持空调运行期间建筑物内部的风平衡，应合理控制新风机组和排风机的运行，避免外窗开启，减少无组织新风，同时避免楼梯间与电梯间等非空调空间与空调空间之间不合理的空气流动。

当空调系统所负担区域与厨房、车库等需连续大量排风的空间相连时，应通过自动闭门器等装置切断相连空间。对于上述与空调空间相连的厨房、车库等空间，应设置送风机，保持与排风机联动，维持厨房、车库等为负压。

在室外温度适宜时，如春秋季、夏季夜间，应充分利用新风降温、蓄冷，减少机械制冷运行时间。局部热源的热量应通过局部排热系统就地排除，避免进入空调区域带来不必要的空调负荷。

排风热回收装置应正常运转，空调系统运行时应开启热回收装置，保证新、排风道风阀开关位置正确。过渡季利用新风降温时，如设有旁通措施，应采取旁通运行。

5）空调环境使用者的行为节能

房间内有可控空调末端装置的，宜将房间温度设定值设为26 ℃及以上。下班之后或暂时离开1 h以上时应关闭房空调末端装置。对于新风机组运行的空调系统，室内不应开启外窗。空调系统不运行时，开窗可作为调节室内温度的手段。空调季节，阳光直射时宜把窗帘放下，以减少空调负荷。

9.7.4 其他用能设备节能运行管理

电梯除按需启停、采用高效产品之外，还可以对电梯的控制方式进行改造，即采用智能控制的方式。

一般室内用电设备，如计算机、打印机等办公设备或饮水机、电热水器、电风扇等生活设备，其种类繁多，但节能的实现方式主要为按需启/停、下班关机、减少浪费。从管理的角度，主要是调动使用者的积极性，可采用“分室计量＋定额管理”的方式等。

特殊用电设备，如厨房设备、机房设备等，主要的节能管理方式在于明确节能管理责任人，通过“能耗计量＋定额管理”的方式，加强管理。

总之，对大型公共建筑的运行管理者而言，节能不仅是加强日常管理，更重要的是在对系统能耗进行把握的基础上，对自身能耗水平进行评估，预测可能的节能潜力所在，建立有利于持续改进的运营机制，科学地运用节能审查、节能诊断、节能改造、节能目标管理等手段，实现节能的目的。

讨论(思考)题9

9.1 试分析热湿联合处理系统和热湿独立控制系统的特点及其适应性。

9.2 试对空调冷冻水一次泵变流量系统和二次泵变流量系统的特点加以比较，分析二次泵系统难以在工程中推广的原因。

参考文献9

[1] 付祥钊. 夏热冬冷地区建筑节能技术[M]. 北京:中国建筑工业出版社,2002.

[2] 清华大学建筑节能研究中心. 中国建筑节能年度发展研究报告[M]. 中国建筑工业出版社,2007.

[3] 马最良,孙宇辉. 冷却塔供冷技术的原理及分析[J]. 暖通空调,1998.

[4] 特灵空调系统(江苏)有限公司. 离心式冷水机组的“自由冷却”功能介绍//全国民用建筑工程设计技术措施节能专篇(2007)——暖通空调·动力[M]. 北京:中国计划出版社,2007.

[5] 肖益民,付祥钊. 冷却顶板空调系统中用新风承担湿负荷的分析[J]. 暖通空调,2002.3.

[6] 刘晓华,江亿,等. 温湿度独立控制空调系统[M]. 北京:中国建筑工业出版社,2006.

[7] 江亿,林波荣,等. 住宅节能[M]. 北京:中国建筑工业出版社,2006.

[8] 北京节能环保服务中心. 大型公建节能读本[M]. 北京:经济日报出版社,2006.

[9] 江亿. 我国建筑耗能状况及有效的节能途径[J]. 暖通空调,2005.

[10] 付祥钊. 流体输配管网[M]. 北京:中国建筑工业出版社,2005.

[11] 姜乃昌. 水泵及水泵站[M]. 北京:中国建筑工业出版社,1998.

[12] 孙一坚,潘尤贵. 空调水系统变流量节能控制续(2)——变频调速水泵的合理应用[J]. 暖通空调,2005.10.

[13] 李先瑞.供热空调系统运行管理、节能、诊断技术指南[M].北京:中国电力出版社,2004.
[14] 黄文厚,李娥飞,潘云钢. 一次泵系统冷水机组变流量控制方案[J]. 暖通空调,2004.4.
[15] 汪训昌. 空调冷水系统的沿革与变流量一次泵水系统的实践[J]. 暖通空调,2006.7.
[16] 孙一坚. 空调水系统变流量节能控制[J]. 暖通空调. 2001.6.
[17] 孙一坚. 空调水系统变流量节能控制(续1):水流量变化对空调系统运行的影响[J]. 暖通空调,2004.7.
[18] 中国建筑标准设计研究院,等. 一次泵变流量系统的设计要点//全国民用建筑工程设计技术措施节能专篇(2007)——暖通空调·动力[M].北京:中国计划出版社,2007.
[19] 孙宁,李吉生,彦启森. 变风量空调系统设计浅谈[J]. 暖通空调. 1997.5.
[20] 蔡敬琅. 变风量空调设计[M]. 中国建筑工业出版社,2007.
[21] 殷平.空调大温差研究(1)~(3)[J].暖通空调,2000.4~6.
[22] 特灵空调系统(江苏)有限公司. 小流量大温差水系统特点及其对空调末端设备和冷却塔的影响//全国民用建筑工程设计技术措施节能专篇——暖通空调·动力[M].北京:中国计划出版社,2007.
[23] 李晓燕,闫泽生.制冷空调节能技术[M].北京:中国建筑工业出版社. 2004.
[24] 陆亚俊,马最良,邹平华.暖通空调[M].北京:中国建筑工业出版社. 2002.
[25] 中国建筑标准设计研究院,等. 排风热回收//全国民用建筑工程设计技术措施节能专篇(2007)——暖通空调·动力[M].北京:中国计划出版社. 2007.
[26] 特灵空调系统(江苏)有限公司. 热回收冷水机组的控制及冷水系统设计收//全国民用建筑工程设计技术措施节能专篇(2007)——暖通空调·动力[M].北京:中国计划出版社. 2007.
[27] 蒋能照.空调用热泵技术及应用[M].北京:机械工业出版社,1999.

10　建筑节能管理与服务

基于建筑节能的社会适应性,管理在建筑节能领域异常重要:一方面,建筑节能管理本身也存在气候适应性、社会适应性和整体协调性问题;另一方面,建筑节能异常复杂而又与普通人直接相关。全社会都需要专业性的建筑节能服务。

10.1　建筑节能管理 ABC

10.1.1　管理的特点

管理首先是确定管理目标,然后是决策和组织实施,实施过程中还有一系列的决策。决策是管理的核心。管理虽然不仅仅是决策,但管理的最后环节一般就是用决策来执行的。决策是为了实现预期目标采用一定的科学理论、方法和手段,在一定条件的约束下,从各种方案中选择出行动方案的活动。决策的主体既可以是组织,也可以是组织中的个人;决策既可以是活动的选择,也可以是对活动的调整;决策既可以是长期性的,也可以是短期性的、临时性的。管理与决策密不可分,主要体现为:首先,决策在组织范围内实施,就需要管理;其次,管理实际上是由一连串的决策组成,决策是管理的核心内容,贯穿于管理过程的始终。

管理作为组织或个人实现预期目标的活动,具有明显的特点。因此,把握这些特点,这是行使管理职能、提高管理水平的前提条件。

1)管理的目标性

管理是以目标为基础的,任何管理都必须首先确定目标。

2)决策的可行性

决策的目的是为了指导未来活动,实现预期目标,这都需要一定的资源条件。决策方案的拟订和选择不仅要考察必要性,而且还要注意考虑决策方案的实施条件。

3)决策的选择性

决策的实质是选择,没有选择就没有决策,即通过比较、分析选择符合要求的方案。

4)决策的适宜性

对决策方案的选择原则是适宜,而并非是最优原则。在决策过程中,应考虑与决策问题有关的、主要的、本质的因素,而省略次要的、非本质的因素,从而简化各变量之间的关系,使决策得以进行。

5)管理的过程性

管理决策并不是瞬间行为,而是一个过程,也是一系列决策活动和各个决策阶段的综合。管理者要强化决策的过程意识,研究与决策过程相关的因素,做好每一项与决策相关的管理工作。

6)管理的动态性

管理的动态性与其过程性特点有关。过程总是动态的,没有绝对的起点和终点。

10.1.2 管理的程序

管理程序也称管理流程,主要可分为6个步骤:

1)提出问题(略)

2)确定目标

所谓目标,是指在一定的环境和条件下,在预测的基础上所希望达到的结果。

3)拟订方案

解决任何一个问题都存在多种途径,其中哪条途径更有效,这需要比较。拟订方案的过程是一个发现、探索的过程,也是淘汰、补充、修订、选取的过程,对于复杂的问题可充分发挥智囊团的作用。拟订方案的具体步骤为:

①分析和研究目标实现的外部环境和内部环境、积极因素和消极因素,以及决策事物未来的发展趋势和状况。

②将外部环境和内部环境的各种有利或不利条件,同决策事物未来趋势和发展状况的各种估计进行排列组合,拟订出实现目标的若干方案。

③将这些方案同目标要求进行粗略的对比分析,从中选择出若干个利多弊少的可行方案,供进一步评估和抉择。

4)方案评估与确定

对每一方案的可行性进行论证,并在论证的基础上进行综合评价。论证要突出技术上的先进性、实现的可能性及经济上的合理性等,这不仅要考虑方案所带来的经济效益,还要考虑可能带来的不良影响和潜在的问题,从多方案中选取一个执行的方案。

5)执行方案

决策的正确与否要以实施的结果来判断,在方案执行过程中应建立信息反馈渠道,将每一局部过程的实施结果与预期目标进行比较。若发现差异则应迅速调整或纠正,以保证管理目标的实现。

6)效果评价

效果评价应注重评价方法的层次性、评价时机的全面性、评价角度的多样性,即将动态与静态、定量与定性、宏观与微观等方面分析结合起来,从而加强管理的科学性。

10.1.3 管理决策的方法

决策的方法可分为定性决策和定量决策两大类:

1)定性决策方法

定性决策方法是决策者根据所掌握的信息,通过对事物运动规律的分析,在把握事物内在本质联系基础上进行决策的方法,主要有以下几种:

①头脑风暴法:也称为思维共振法、专家意见法,即通过有关专家之间的信息交流,引起思维共振,产生组合效应,从而导致创造性决策。

②特尔菲法:以匿名的方式通过几轮函询来征求专家的意见,组织预测小组对每一轮的意见进行汇总整理后作为参考再发给各位专家,供他们分析判断,以提出新的论证。几轮反复后专家意见趋于一致,最后供决策者进行决策。该方法的具体步骤是:确定预测题目—选择专家—制订调查表—预测过程—作出预测结论。

③哥顿法:与头脑风暴法原理相似,先由会议主持人把决策问题向会议成员做总体介绍,然后由会议成员讨论解决方案。当会议进行到适当时机时,决策者将决策的具体问题展示给会议成员,使成员的讨论进一步深化,最后由决策者吸收讨论结果进行决策。

④淘汰法:根据一定的条件和标准对全部备选的方案筛选一遍,淘汰达不到要求的方案,缩小选择的范围。

⑤环比法:在所有方案中进行两两比较,优者得1分,劣者得0分,最后以各方案得分多少为标准选择方案。

2)定量决策方法

定量决策方法是运用数学工具、建立反映各种因素及其关系的数学模型,并通过对这种数学模型的计算和求解,选择出最佳的决策方案。决策中所要解决的问题,普遍存在着量的关系。在决策中,对决策对象不仅要进行定性分析,而且要掌握数量关系,使决策真正建立在严密的科学论证的基础上。定量决策方法主要包括:运筹学方法和价值分析方法。运筹学应用数学手段,在解决各种不同类型问题的过程中,形成了一些具有不同功能的方法,如规划论、对策论、排队论,网络分析、投入产出法等,用以解决各种不同性质和特征的问题。价值分析法是用价值大小的比较来评价决策方案优劣的方法。所谓价值,是指人们在从事活动时,其耗费和取得的成果之比率。

10.2 建筑节能管理中的博弈

建筑节能涉及的社会利益群体包括:广大消费者、房地产开发商、建材生产商、设备生产商、设计单位、科研机构、销售商、物业公司、节能管理与服务机构等。但概括起来,建筑节能的主体可以划分为:政府、房地产开发商、中介机构、用户等层面。建筑节能利益主体具有分散性和公益性较强的特点。在以"利益驱动"为基本特征的市场经济条件下,建筑节能管理的重点在于寻求各利益相关主体在可持续发展原则上的利益平衡,使建筑节能健康发展。

10.2.1 建筑节能涉及的利益群体

1)政府

节能作为能源资源的合理利用不仅满足当代人的需要,也能满足子孙后代的发展对能源的需要。资源可持续利用关系到代际公平。市场不能解决资源利用上的代际公平问题,因为市场配置资源的原则决定了市场主体必须追求经济效益最优。

建筑节能可以产生巨大的外部经济效应,如改善环境质量、拉动经济增长、实现能源和经济的可持续发展等。由于能源生产和消费中的环境污染没有纳入成本,以及市场主体对节能建筑的开发投资不足等原因,仅依靠市场调节对建筑节能的作用有限。市场主体在追求经济利益最大化的动机驱使下,对建筑节能这种公益性很强的领域,市场机制不能充分发挥引导全社会资源优化配置的作用,称为市场缺陷。同时,建筑节能市场中存在"信息不对称"现象。在"市场缺陷"和"信息不对称"的情况下,由国家的强制力和宏观调控去引导市场朝着有利于建筑节能的方向发展是大势所趋。政府作为社会公共利益的代表,能够突破单个市场主体追求经济利益的局限,从社会整体和长远发展的角度,制定出相应的宏观发展战略;另一方面,政府可以充分、灵活地运用经济、法律和行政手段,对市场主体各种带有外部性的经济活动进行有效协调和调控,为市场机制充分有效的发挥作用创造良好环境。国家通过宏观调控和采取具体的政策措施来保证建筑节能工作的有效开展,这是克服市场经济缺陷的基本对策。

为了充分发挥政府在建筑节能中的积极作用,应该充分认识和准确界定政府和市场中的作用范围和边界。政府既不能不到位,也不能越位。政府在建筑节能工作中的作用,一要解决"市场缺陷"和"信息不对称",二要加大对建筑节能科技研发和推广利用方面的资助和扶持,三要发挥政府的示范性、主动性和能动性。

2)房地产开发商

房地产开发商本质上追求利润最大化。在节能建筑增加的开发投资削弱了最大利润时,不愿意开发节能建筑,甚至在很多情况下,甘冒违规违法的风险。此时,建筑节能经济激励政策和惩罚手段显得尤为重要。通过实行减税、低息贷款,或者建筑节能标识认证制度等激励政策,以市场手段来激发房地产商的建筑节能积极性。同时,加强对违反建筑节能法规者的惩罚力度,使违法违规成本伤及利润最大化。

3)中介机构

社会中介机构作为建筑节能领域的一支生力军,它主要包括:科研院所、高校、设计单位、信息传播和扩散机构、节能咨询服务公司等。中介机构在建筑节能政策制定、实施和监督过程中发挥着不可忽视的枢纽作用:一方面发挥着“决策支持者”的作用,可以与政府合作并向其提供建筑节能政策建议,协助政府制定建筑节能相关政策法规和标准等;另一方面又可以担当“信息传递者”的角色,通过节能宣传培训、节能审计、节能咨询、节能检测评估等服务,及时将政府部门的建筑节能相关政策信息向消费者、厂商企业以及相关技术人员传播扩散。同时,作为“信息反馈者”又及时将信息转换过程中的市场障碍反馈给政府部门,有利于政府部门及时调整策略纠正偏差,达到避免和消除市场障碍的目的。正是因为中介机构的重要作用,因此应重点激发中介机构的积极性,充分发挥其联系政府、行业、企业和市场的优势,从而搭建起建筑节能的有效推广平台。

4)用户

用户是节能建筑的需求端和最终受益者,当前我国建筑节能工作中存在的一个突出问题是有效需求不足。

用户的建筑节能意识还比较淡薄,对节能建筑的优良使用价值认识不清。节能建筑改善室内热环境质量,提高生活水平,低能耗、高能效的使用价值至少需要居住 1 年以上才能充分感受到。在购房或租房时,一般用户是辨别不出来的(这是居住节能信息不对称的主要表现之一)。因此,只关注购房或租房时的总价、无能力比较舒适性及日常各种使用费用,对节能建筑的增价难以接受。在自发的市场条件下,相当一段时间内用户没有动力去购买或租用节能建筑,这是明显的“市场缺陷”,需要通过科普教育和中间服务来解决。

10.2.2 建筑节能管理的相关理论

1)外部性理论

外部性概念最初源于新古典经济学的代表人物马歇尔 1890 年出版的《经济学原理》一书,他在书中提到:“我们可把因任何一种货物的生产规模之扩大而发生的经济分为两类,第一类是有赖于该产业的一般发达所形成的经济,它往往因许多性质相似的小企业集中在特定的地方而获得,第二类是有赖于从事该产业的具体企业的资源、组织和效率的经济,前者称为外部经济,后者称为内部经济。”随后福利经济学创始人庇古于 1920 年出版《福利经济学》一书,补充了外部性既包括外部经济又包括外部不经济这一重要思想,并将外部性的研究从外部因素对企业的影响转向企业或居民对其他企业或居民的影响。庇古引入“私人边际成本”和“社会边际成本”、“私人边际收益”和“社会边际收益”的概念。他认为:如果每一种生产要素中的私人边际收益与社会边际收益相等,而产品价格等于其边际成本时,意味着资源配置达到最佳状态;但实际上私人边际成本和私人边际收益并非任何时候都等于社会边际成本和社会边际收益,当二者之间存在差异时,就产生了外部性。同时,他还指出存在外部经济时,私人边际成本高于社会边际成本;存在外部不经济时,私人边际成本低于社会边际成本。

按照外部性理论,市场机制在环境资源配置问题上存在缺陷,缺陷的原因在于与环境资源配置有关的经济活动有着显著的外部性。从社会的角度来看,外部性会导致资源配置的失误。因此,无论是外部经济还是外部不经济的存在,都不利于市场产生最优的结果。

由于在生产和消费过程中,能源给他人造成了预料之外的影响,而行为主体并没有为此付出应有的代价,因此具有外部性。

用户或企业对建筑进行节能改造或投资的行为,不仅可以提高居民的舒适度,减少房屋运行费用,还可以为整个社会节约资源,改善环境。无论从个人还是社会的角度来看,节能工作都会带来巨大的经济和环境效益。但是,社会没有向采取节能行为的人支付足够的报酬,这时节能行为所带来的社会收益大于节能主体的个人收益。因此,用户或企业的建筑节能的行为具有正的外部性。

在市场机制条件下,节能建筑与非节能建筑的配置由"经济人"的收益最大化原则决定,而外部收益或外部成本不在其决策的收益或成本内,而建筑节能的外部收益又不能够内部化。所以,由于节能建筑的价格较高,加以相对于居民的经济激励政策缺失,导致在市场机制条件下节能建筑的要求不强,节能改造行为的被动性。由建筑节能外部性的存在引发的市场缺陷,使节能建筑的市场配置不能达到社会的最优水平,需要有措施使外部性内部化。关于外部性内部化的途径主要有两种观点:

①通过政府干预来弥补边际私人成本和边际社会成本之间的差距,实现外部成本的内部化。例如,可以对外部经济行为提供补贴以示鼓励,对外部不经济行为征收税负以示处罚。

②通过重新分配产权得以解决。

科斯定理一:当交易费用为零时,无论权利如何界定,均可通过市场交易和自愿协商达到资源的最优配置。

科斯定理二:当交易费用不为零时,不同的产权界定会带来不同效率的资源配置,此时法律制度对于产权的初始安排和重新安排的选择是重要的,即可以通过合法权利的初始界定和经济组织形式的优化选择来实现资源的优化配置。

科斯定理表明:如果没有产权的界定、划分、保护和监督的规则,产权交易就难以进行,即产权制度是人们进行交易、优化资源配置的前提。外部性的内部化问题,无需抛弃市场机制,通过法律手段和相互协商即可得到解决。

2)公共选择理论

公共选择理论认为,人类社会由两个市场组成:一个是经济市场,另一个是政治市场。在经济市场上,活动的主体是消费者(需求者)和厂商(供给者);在政治市场上,活动的主体是选民、利益集团(需求者)和政治家、官员(供给者)。在经济市场中,人们通过货币选票来选择能给其带来最大满足的物品;在政治市场中,人们通过政治选票来选择能给其带来最大利益的政治家、政策法案和法律制度。前一类行为是经济决策,后一类行为是政治决策,个人在社会活动中主要是作出这两类决策。该理论进一步认为,在经济市场和政治市场中活动的是同一个人,没有理由认为同一个人在两个不同的市场上会根据两种完全不同的行为动机进行活动,即:在经济市场上追求自身利益的最大化,而在政治市场上则是利他主义的、自觉追求公共利益的最大化;同一个人在两种场合受不同的动机支配并追求不同的目标,在逻辑上是自相矛盾的。公共选择理论试图把人的行为的两个方面纳入一个统一的分析框架或理论模式,用经济学的方法和基本假设来统一分析人的行为的两个方面,从而拆除传统的西方经济学在经济学和政治学这两个学科之间竖起的隔墙,创立使二者融为一体的新政治经济学体系。

公共选择理论主要是运用了经济学的分析方法来研究政治问题,其研究方法归纳起来主要有以下 3 点:

(1)经济人假设　经济学分析是建立在经济人假设之上的,这一假设认为人们总是尽可能地利用自己的一切资源去获取自身效用的最大化。公共选择理论坚持经济学对人性的这一概括,把经济人假设扩大到人们在面临政治选择时的行为分析。

(2)个体主义的方法论　这种方法论认为人类的一切行为,不论是政治行为还是经济行为,都应从个体的角度去寻找原因。因为个体是组成群体的基本细胞,所以个体行为的集合构成了集体行为。

(3)交易政治学　公共选择理论用交易的观点看待政治过程,把政治过程看成是市场过程,只不过市场过程的交易对象是私人产品,而政治过程交易的对象是公共产品。

公共选择学派的重要研究成果主要有两个方面:

一是“政治市场”学说。公共选择学派把国家的决策过程看成类似市场的、由公共品的供求双方相互决定的过程。他们分析了从个人偏好推导出集体偏好的困难,论证了公共选择过程中不同规则的缺陷,提出了以一致同意原则作为判断的标准。

二是对官僚主义行为的分析。公共选择学派认为,政府一旦形成,其内部的官僚集团也会有自己的利益,也是一个经济人,也会追求自身利益的最大化,由此会导致政府的变异(如大量滋生寻租与腐败现象等)。

根据公共选择学派的投票理论,全体一致的选择制度是一种理想的制度安排。因为理性的经济人在投票表决时,只有在对自己有利时才会投赞成票,如果对自己有损害,就会投反对票;如果对自己无关,就会投弃权票,置身事外。所以,在全体一致制度下,结果肯定不会不利于任何人,不会遇到任何阻力。但是人与人之间存在着价值判断上的差异。参加磋商的人越多,磋商所需的费用越高,达成一致同意的可能性越小,达成一致的成本被称之为“决策成本”。当决策成本相当高时,社会就会因缺乏决策效率而遭受损失,甚至根本不能达成提供公共物品的协议,因而出现了多数票制规则。

公共选择学派的投票理论表明,在公共选择中个人的利益和偏好以及社会集团的利益和偏好必然会以某种形式来影响公共选择。一项公共选择应当是全体一致通过的才是真正反映社会全体成员利益的。由于人们认识到其中产生的决策成本,所以在大多数的情况下,人们是采用绝对多数规则或过半数规则。但是,对这一规则过度简单地应用,将会产生有害的效果。例如,多数人可以通过政府对市场的干预改变资本的收益和成本,使之有利于多数人而有损于少数人;可以通过过度再分配的法案使少数人的财富转移到多数人那里去,可以为建设对多数人有利的公共工程而增加少数人也必须承担的税收等。由于只对多数有利的法案或工程的成本要强制性地由所有人承担(以纳税的形式),对于多数派中的一员来说,成本——收益计算的结果对他是有利的,因而他的投票行为是理性的,但从整个社会来看未必有利。多数人从再分配中所获得的利益,也许抵偿不了少数人以至全社会所遭受的福利损失。当然,在这一公共事物中的多数,在另一次决策中可能是少数,这种情况可能出现投票交易。一种主要的形式是互投赞成票,但连续不断地采取互投赞成票的策略,从整个社会看,将会导致对具有较低价值的公共物品评价过高。

3)寻租理论

在政治过程中,立法决策过程确定的是公共物品的需求,至于公共物品的供给是政府的各级行政机构提供的。公共选择学派将各行政机关统称为官僚机构。官僚是一种政治体制最基本和最重要的载体,其行为动机和行为方式直接决定着制度的运作过程和运作结果。公共选择学派认为,官僚们所追求的是高薪、特权、权力恩惠等,而这些都是与财政预算的规模正相关的。由于中间投票人的意愿在实际生活中是难以准确地显示出来,因此官僚们总会扩大预算规模,造成公共产品的过剩。

由于政府官员也是追求自利的经济人,加之民众又通过契约把一部分权利交给了政府,因而存在着他们利用政府名义(亦即公共利益的名义)来增进私人收益的可能,即权力寻租的可能性。

如果从社会资产的角度看,人类追求自身经济利益的行为大致可以分为两大类:一类是生产性的增进社会福利的活动,如人们从事的生产活动、研究与开发活动,以及在正常市场条件下的公平交易买卖等;另一类是非生产性的、有损于社会福利的活动,它们不能增加社会财富,消耗了社会经济资源。对于大多数现代社会而言,更为常见的非生产性经济活动是涉及钱与权交易的活动,即个人或利益集团为了牟取自身经济利益而对政府决策或政府官员施展影响的活动。

经济学的寻租理论所研究的内容,不是寻利活动和寻租活动之间在道德意义上的差别,而是产生这些活动差异的社会经济体制条件。与其他经济理论一样,寻租理论的出发点是个人对于自身经济利益的追求:无论是寻租还是寻利,作为经济利益的当事人,都在追求其个人经济利益的极大化,其行为从个人角度看都是合理的、理性的,并不存在"谁好谁坏"、"谁对谁错"的问题。在经济学家看来,寻租和寻利两大类活动之所以会对社会产生截然不同的社会福利效应,主要是因为产生这些活动的社会经济体制条件不一样,而不是因为寻利者的行为动机比寻租者高尚。同样的企业家为自己的企业利益打算,在某种经济体制条件下可以是寻利者,从事生产性的活动而增进社会福利;在另一种经济体制条件下,又可以是寻租者,从事非生产性的活动而造成社会资源的浪费。

在市场竞争条件下,资源由市场竞争实现配置。在这一进程中,企业家通过创新来寻找、创造新的利润点,但通过竞争这些新的利润点会逐渐消失,这时企业家又不得不去寻找新的利润。但是,市场的运作并不一定是完备的,市场的功能也可能受到各种因素的影响,这时政府就会介入市场。政府介入市场用权力配置资源,其结果就会产生各种各样的额外收益点,即权力导致的租金就会诱导越来越多的寻租活动。政府批准、同意、配额、许可证或特许等对于资源配置都有影响,它们实际上都是在创造一个短缺的市场,谁拥有这一市场的份额就相当于拥有某种特权。在这些短缺的市场上,人们企图用自己的资源去获得特权、争取特权的原始分配,或者设法替代他人去取得特权,或者规避政府管制取得非法的"特权"。而对于已经拥有特权的人来说,则是如何保护其特权。这些活动都需要费用,它们的支出也无法减少或者消除政府人为造成的稀缺,它们是社会福利的净损失,是非生产性的。当然,并非所有的政府活动都会导致寻租活动。布坎南认为,政府通过特殊的制度安排来配置资源,可以使寻租活动难以发生。这种制度安排允许社会全体成员享有获得由政府分配造成的租金价值的等同份额的权利。政府分配等额的权利可以同等分配,也可以以随机的方式分配公民对租金的权利,即所有公民拥有同等的权利期望值。但是要做到这一点比较困难,并且平等分配不一定能够实现稀缺资源的有效分配,有利于公共服务的最优供给。

寻租理论的逻辑结论是,只要政府行动超出保护财产权、人身和个人权利、保护合同履行等范围,政府不管在多大程度上介入经济活动,都会导致寻租活动,都会有一部分社会资源用于追逐政府活动所产生的租金,从而导致非生产性的浪费。

10.2.3 建筑节能领域的政府失效与对策

1)建筑节能的传统管理模式

我国开展建筑节能工作30年来,主要通过以下几种手段管理:

(1)制定建筑节能法律法规

(2)建立建筑节能标准体系

(3)健全建筑节能管理机构

(4)加强政府对建筑节能领域的监管

(5)开展建筑节能相关的试点示范工程

政府管理的一个基本着眼点是降低产生负外部性的行为水平或负外部性,管制手段可分为直接管制与间接管制。直接管制手段是政府直接规定被管制者的行为或施行负外部性的水平,在此方面可采取的手段有:制定标准、制定法律法规和禁令、发放许可证或配额管制等;间接管制手段则不直接规定被管制者的行为,而是通过一定的政策工具间接引导被管制者朝政府预先设定的目标迈进,其在某种程度上借助了市场的力量。这类管制手段有收费、负外部性权力交易、押金-返还制度等。

我国的建筑节能工作主要是以政府直接管制为主,间接管制明显不足。当建筑节能发展到一定阶段时,会出现一些管理上的瓶颈,对进一步推进建筑节能工作形成障碍。

2)建筑节能领域的政府失效

(1)关于政府失效的理论　"政府失效"一般指用政府活动的最终结果判断政府活动过程的低效性和活动结果的非理想性,是政府干预经济的局限、缺陷、失误等的可能与现实所带来的代价。政府克服市场缺陷所采取的立法、行政管理及各种经济政策手段,在实施过程中往往会出现各种事与愿违的结果和问题，最终导致效率低下和社会福利损失。

西方对政府失效问题研究较多，其中最具代表性的主要有两种：

一是公共选择理论中的政府失败论。它是政治学和经济学交叉融合而产生的一种理论，它指出人类社会由两个市场组成，无论是经济市场还是政治市场上活动的人，他所作出的决策都是利己的，追求自身效用最大化。基于这种认识，公共选择理论以理性经济人和经济学交换模式为基本出发点，论述政府及其成员由于个人利益最大化的主观行为动机，造成政府自我扩张、寻租行为普遍、政府行为低效等政府失效现象。

二是非市场缺陷理论。非市场缺陷理论提供了一个在市场和政府间进行比较和选择的基础，这种选择是在不完善的市场和政府以及二者之间不尽完善的组合间的选择，为如何认识市场缺陷与非市场缺陷提供了可供参考的理论平台。它同样认为政治家和官僚个人利益是理解非市场过程的一个重要因素。

政府干预不力或干预过度均会造成政府失效，其主要表现在 4 个方面：派生的外在性、政府行为效率低下、不断扩大的政府规模、寻租行为的普遍。

按照发达及不发达的市场所形成的政府失效，可以将政府失效分为发达市场的政府失效和不发达市场的政府失效。发达市场的政府失效主要指在市场体系充分完备的情况下，政府由于干预过多而导致的政府失败现象。不发达市场的政府失效是指市场体系不完备的情况下，既存在未能培育市场的政府失败现象，又存在政府在提供供给过程中的能力差、效率低下等现象。

(2)建筑节能领域政府与市场关系　政府与市场是资源配置的两种最基本方式，二者在建筑节能中具有不同的作用。在建筑节能领域，市场在有效配置资源上的缺陷为政府干预提供了理由。政府通过行政干预，使市场主体的行为活动在满足自身利益最大化的同时，又要符合政府确定的国家和社会的整体利益宏观目标。但是政府并非万能，同样存在对市场信息掌握的有限性、政府自身组织制度缺陷、政策的失当和短视性、机构的自我扩张、权力寻租等问题。在某种程度上，单纯通过政府推动建筑节能要付出更高的成本。同样，市场缺陷并不说明市场机制不能发挥作用。随着建筑节能的不断发展，必然使建筑节能的社会分工不断细化，生产和服务日趋专业化，市场将成为建筑节能领域一切活动联系的纽带、渠道和中心，它的巨大能量是任何其他机制无法取代的。市场机制具备更加广泛和充分发挥作用的条件。

无论在理论还是实践中，建筑节能领域都不存在政府替代市场，解决市场缺陷的简单规则。二者是相互联系、互相补充、相互促进的关系。政府可以在市场不成熟的阶段发挥引导作用，通过一定的政策，刺激市场主体沿有利于建筑节能的路径活动，逐步健全市场体系，使之渐渐成熟；待市场发展到一定程度，政府需要陆续制定规则，使市场逐渐规范完善，吸引更多的投资者，扩大市场规模和效益，避免市场中的主体因“趋利”本性造成的秩序混乱，打击投资者和消费者的积极性。同时，相对完善的市场机制也可促进建筑节能工作的开展，使政府通过市场机制调动资金、技术等资本，更好地服务于建筑节能工作，节约不必要的政府行政管理成本，且市场机制的灵活机动，也能弥补政府行政管理带来的不足,如政令缺乏灵活性等。

总之,无论在建筑节能的微观领域还是宏观领域,政府可以弥补市场的不足,市场可以发挥政府所不具备的功能,许多问题都需要二者相互配合才能解决。因此,不能把政府与市场的功能固定化、公式化,而要根据建筑节能的发展客观规律和实际进程,不断调整二者关系,实现政府与市场的有效功能组合。

(3)建立建筑节能服务体系　建筑节能服务是以保证和提高建筑环境质量、降低建筑能耗、提高用能效率为目的,为业主的建筑采暖、空调、照明、电气等用能设施提供检测、能效诊断、设计、融资、改造、运行管理的节能服务活动。

建筑节能服务体系是指从事建筑节能服务活动各相关主体及其之间相互关系的集合,其中主要包括技术、融资、信息、管理等组成部分。各个主体是由建筑节能服务市场机制的作用逐渐派生出来的,其相互关系也是通过市场联系到一起的。

建筑节能服务市场发展过程中的驱动因素呈阶段性变化。在建筑节能服务市场的发育阶段,由于建筑高能耗会危害国家能源安全,对环境造成巨大的污染,节能作为公共服务产品,政府只能通过制定严格的建筑节能法规强制高耗能建筑业主进行既有建筑的节能改造,减少高耗能对国家和社会带来的负外部性影响,法规和政策是驱动节能服务市场发展的主导因素。在建筑节能服务市场的发展阶段,市场的经济效益逐渐体现,建筑节能服务市场逐渐形成,形成成本效益机制,建筑节能服务的市场投资者和消费者在追求经济效益的动力驱使下,会主动增加对建筑节能服务的企业和相应的消费者,即成为驱动建筑节能服务市场的主要因素。

建筑节能服务市场发展过程中驱动因素的阶段性变化,决定了政府在培育建筑节能服务市场过程中针对不同发展阶段应采取不同的政策措施。市场形成初期,政府应通过强制性的制度,促进业主进行既有建筑的节能改造,拉动市场需求;当市场基本形成后,政府应制定一系列的激励政策,促进投资者增加建筑节能服务项目的投资,扩大业务种类,促进建筑节能服务的专业化分工,同时鼓励消费者购买节能产品;当市场基本健全时,政府应加强对市场进行监督和规范。

10.3　新建建筑节能管理

10.3.1　新建建筑节能全过程管理制度

为了保证建筑节能标准得到切实执行,必须对新建建筑工程建设的全过程进行有效控制和严格监管,即从项目立项、规划、设计、施工、监理、竣工验收和交付使用等环节对新建建筑节能进行全过程管理的制度模式。

(1)项目立项　工程项目的实施具有一次性和不可逆性。因此,新建建筑的节能管理工作应从项目立项开始，不仅要全面衡量项目建议书的经济性、技术性，同时也要把握好节能性。建设项目立项时必须要提出项目建筑节能的指标以及落实措施，在项目建设的各个阶段严格执行，以此来改变目前达到节能设计标准要求的建筑比例较低的情况。

(2)项目规划许可　县级以上地方人民政府规划主管部门依法对民用建筑进行规划审查时，应当就设计方案是否符合建筑节能标准征求同级建设主管部门的意见；不符合建筑节能标准的不得颁发建设工程规划许可证。

(3)施工图设计　勘察设计单位要严格按照建筑节能设计标准进行设计，要把节能设计落实到建筑热工、结构性能和机电设备等各个专业，不符合节能标准的设计为不合格设计；不得违反建筑节能标准为建设单位搞另一套设计文件和设计图纸。

(4)施工图审查　施工图设计文件是项目建设的重要依据，也是新建建筑执行节能设计标准的重要依据。施工图设计文件审查机构应把建筑节能设计作为审查工作的重点，按照建筑节能强制性标准进行审查，在施工图审查报告中增加节能审查内容，对不符合工程建设强制性标准的施工图，不得颁发施工图审查合格书，把好建筑节能设计审查关。

(5)项目施工　施工单位应当对进入施工现场的墙体材料、保温材料、门窗、采暖空调系统和照明设备进行查验，不符合建筑节能标准的不得使用。各地建设行政主管部门要加强政府在建筑节能工作中的管理职能，加强对建筑节能工作的日常监督和检查，确保节能标准和措施的落实。

(6)项目施工监理　工程监理单位发现施工单位不按照建筑节能标准施工的，应当要求施工单位改正。施工单位拒不改正的，工程监理单位应当及时报告建设单位，并向有关主管部门报告。墙体、屋面的保温工程施工时，监理工程师应当按照工程监理规范的要求，采取旁站、巡视和平行检验等形式实施监理。未经监理工程师签字的，墙体材料、保温材料、门窗、采暖空调系统和照明设备不得在工程上使用或者安装，施工单位不得进行下一道工序的施工。

(7)竣工验收备案　加强新建建筑竣工验收备案，这是确保节能质量的必要和重要环节。建设单位的竣工验收报告应当包括建筑物是否符合节能标准的内容，并由建设行政主管部门审查。建设主管部门发现建设单位在竣工验收过程中违反建筑节能管理规定的，可责令其限期改正。通过上述措施，有利于杜绝施工过程中违反建筑节能设计标准的行为，督促建设单位和施工单位在施工阶段严把节能工程质量关。

(8)建筑能效测评标识制度　建筑能效测评标识制度具有投入少、见效快、节能和环保效果显著等特点。新建建筑能效测评标识制度主要包含3个方面内容：

①房地产开发企业在销售房屋时，应当向购买人明示所售房屋的节能措施、保温工程保修期等信息，在房屋买卖合同、质量保证书和使用说明书中载明，并对其真实性、准确性负责。

②政府办公建筑和大型公共建筑在竣工验收前，建设单位应当委托建筑节能测评单位进行建筑能效测评，达不到建筑节能强制性标准的，不得竣工验收。在建筑物竣工验收后，建设单位应当将建筑物的能效在建筑物显著位置予以标识。

③国家鼓励采用优于建筑节能强制性标准的建筑材料、用能系统及其相应的施工工艺和技术。对优于建筑节能强制性标准的建筑物，建设单位可以自愿向建筑节能测评单位提出更低能耗建筑测评申请，经测评合格后，取得更低能耗建筑测评证书，在建筑物的显著位置使用测评标识。

10.3.2 能效标识

1）能效标识的概念及类型

"能源标识"是"能源效率标识"的简称，是指表示用能产品能源效率等级、能源消耗量等性能指标的一种信息标识，为消费者（包括各级政府、企业和个人）的购买决策提供必要的信息，以引导和帮助消费者选择高能效的产品。能效标识可以是自愿性的，也可以是强制性的。

能源标识制度以其投入少、见效快、对消费者影响大等优点，得到了许多国家的认可。据国际能源署（IEA）统计，目前世界上已有欧盟、美国、加拿大、澳大利亚、日本、韩国、菲律宾等40个左右的国家和地区实施了能源效率标识制度。因此，提高了终端用能设备能源效率，减缓了能源需求增长势头，减少了温室气体排放，取得了明显的经济和社会效益。

能效标识主要有以下几种类型：

（1）保证标识　保证标识又称认证标识或认可标识，主要是对数量一定且符合指定标准要求的产品提供一种统一的、完全相同的标签，标签上没有具体的信息。保证标识只是表示产品已达到标准的要求，而不能表示达到程度的高低。这种能效标识通常针对能效水平排在前列的用能产品。其缺点是如果指定标准中规定的考核指标部经常更新，产品的节能技术水平将停滞在现有的目标水平上。

保证标识一般是自愿的，仅应用于某些类型的用能产品。美国的能源之星（Energy Star）即属于保证标识。

（2）能效等级标识　能效等级标识在使用度量（如年度能耗量、运行费用、能源效率等）的同时，通常使用一个标准化的标识（如多个星号、长度不同的横条、一组连续的数值或字母等）来说明每个星号产品的能效等级情况。

（3）连续性比较标识　连续性比较标识在使用度量（如年度能耗量、运行费用、能源效率等）的同时，通常使用带有一个连续标度的比较标尺。标尺上标出可以购买到的此类产品的最高和最低效率值，同时在标尺上有一个箭头以指示出该种型号产品的具体能效数值及在市场中所处的能效水平，便于消费者比较该产品的能效水平。

（4）纯信息标识　信息标识上只有产品的年度能耗量、运行费用或其他重要特性等具体数值，而没有反映出该类产品所具有的能效水平，没有可比较的基础，不便于消费者进行同类别产品的比较和选择。

2）能效标识的技术依据

建筑能效测评所得到的结果是建筑能效标识所要公示的建筑能效信息的依据，要保证建筑能效标识信息的科学性、客观性和公正性，必须对建筑能效的测评技术体系进行深入研究，尤其是确定科学的建筑能效测评的指标体系，这是有效实行建筑能效标识管理政策、提高建筑物用能效率的前提和基础。

建筑能效测评是指由从事建筑节能相关活动并具备相应测试条件的第三方技术机构，在依法取得政府主管部门授权后，按照一定的技术标准和程序对建筑物的用能效率进行测试、评估，最终得到反映建筑能源利用效率的热工性能指标以及其他技术指标的过程。

建筑能效测评标识的技术特点主要体现在建筑的特殊性、建筑能效的特殊性及建筑能效测评的特殊性3个方面。

3)我国能效标识管理政策的需求

建筑能效标识管理是近年来在发达国家发展起来的一种节能管理方式，它是一种基于市场化的运行机制，是对强制性的能效标准及行政监管的有效补充。

建筑能效标识能够使建筑节能领域的信息趋于公开，使建筑节能的相关责任主体明确了各自的责任和义务，提高了责任主体的节能意识，并改变了现有的以行政监管为主的政府节能管理方式，是建筑节能领域一种创新性的节能管理机制。

目前，我国刚启动家用电器的能效标识制度，而在建筑物的能效标识方面，仍处于研究、探索阶段，还未建立相应的制度。

建筑能效标识的作用是向建筑用户、政府部门、建设单位提供一个衡量建筑物能源利用效率、建筑部品能效指标的信息，而建立建筑能效测评标识制度对于建立建筑节能的市场运行机制、改变政府节能管理方式、维护建筑节能市场主体个方面的权益等方面具有不可替代的作用。

我国建筑能效政策的需求主要表现在3个方面：

①市场需求；

②政府节能管理的需求；

③社会需求。

10.4　建筑使用过程中的节能管理

建筑运行节能管理涉及建筑物和供能系统(主要指供热采暖、空调通风和照明系统)，以及设计、施工、竣工验收、能效检测、调试等许多环节，并牵扯供能单位、用能单位及老百姓的切身利益。

加强建筑运行过程中的节能管理，制定建筑节能运行管理标准和管理制度非常重要，势在必行。

10.4.1 建筑能耗统计与公示

1)建筑能耗统计的含义

建筑能耗有广义和狭义两种定义方式:广义建筑能耗是指建筑的整个生命周期中所消耗的能量,其中包含建材制造、建筑施工、建筑使用过程的能耗;狭义的建筑能耗指建筑物日常使用和运行能耗,包括采暖、空调、照明、电梯、热水供应、炊事、家用电器及办公设备等的能耗。建筑能耗统计中涉及的"建筑能耗"主要是指后者。

2)我国建筑能耗统计面临的问题及必要性

目前,我国建筑能耗统计主要面临3个主要问题:

①尚未建立建筑能耗统计制度;

②建筑能耗统计体系尚不完善;

③能耗调查内容单一、数据缺乏深入研究。

开展建筑能耗统计的必要性主要表现在以下4个方面:

①为及时反映客观、真实的建筑能耗状况提供保障;

②保证国家制定能源政策、标准和开展建筑节能工作所需的数据支持;

③为充分获取既有居住节能改造所需的信息提供制度保障;

④建筑能耗统计制度是政府实行建筑用能监督管理的必要条件。

3)建筑能耗统计的方法

新中国成立以来,我国应用于各个行业的统计方法主要是普查、抽样调查、重点调查和典型调查。其中,普查主要应用在经济、人口、工业、农业和第三产业。随着我国统计制度的不断完善,已经逐步形成了相对科学成熟的统计调查方法体系,为确定我国建筑能耗的统计方法提供了重要参考。

建筑能耗统计应分类进行。大型公共建筑能耗统计调查应以年度调查为主,实行统计报表制度。

10.4.2 建筑能源审计

1)能源审计的特点

审计活动分为财务审计、效益审计和管理审计。能源审计是资源节约和综合利用的专业审计,属于管理审计的范围。

能源审计就是审计单位根据国家有关的节能法规法律、技术标准、消耗定额等,对企业能源利用的物理过程和财务过程进行的监督检查和综合分析评价。

能源审计是一种宏观统计分析方法,主要内容是以企业的二级能源计量为基础,计算分析各种层次的能耗指标和节能量指标。

能源审计以统计计量数据为基础,不需要进行比较全面的测试。能源审计所取得的数据是一个统计期的实际数据。

我国国家标准《企业能源审计技术通则》(GB17166—1997)。

2)建筑能源审计的含义

所谓建筑能源审计,是指对一个能源系统的能效所做的定期检查,以确保该能源系统的能源利用达到最大效益,是建筑能效管理的重要环节。

能源审计与财务审计十分相似。能源审计中的重要一环是审查能源费支出的账目,从能源费的开支情况来检查能源使用是否合理,找出可以减少浪费的地方。如果审计结果显示能源开支过高,或某种能源的费用反常,就需要进行研究,找出存在的漏洞。

提供能源设计过程中对设备系统和建筑物的诊断,可以使管理者对现状有一个全面的、清晰的和量化的认识,找出问题所在,并进行必要的改进。通过设备系统和建筑物的不断改造和完善,可以减少能源费开支,降低经营成本;可以为业主提供更好的工作环境,创造更大的效益。

3)建筑能源审计的目的和意义

建筑能源审计是建筑物能效管理的重要内容,其目的可以归纳为:

①计量建筑物的能耗和能源费开支,了解建筑能耗的实况;

②为建筑能耗统计提供依据;

③检查建筑物能源利用在技术上和在经济上是否合理;

④诊断主要耗能系统的性能状态;

⑤找出建筑的节能潜力,确定节能改造方案。

通过能源审计过程中对设备系统和建筑物的诊断,可以使管理者对设施的能耗现状有一个全面的、清晰的和量化的认识,找出设备系统和建筑节能的问题所在。

能源审计为建筑能效管理提供了必要的信息。根据审计结果,进行必要的改进或改造,杜绝浪费、提高能效、降低能耗、减少开支。

通过设备系统和建筑物的不断改造和完善,一方面可以减少能源费开支,降低经营成本;另一方面可以为主业提供更好的有支持力的工作环境,创造更大的效益。

4)建筑能源审计的基本形式

建筑能源审计主要包括4种形式:

(1)初步审计　初步审计又称为“简单审计”或“初级审计”,这是能源审计中最简单和最快的一种形式。

初步审计的方法:

①与运行管理人员进行简单的交流;

②建立建筑基本信息的数据库;

③对建筑物以前三年的能源账目做简要的审查;

④对建筑系统能耗和建筑室内环境做短时间和简单的检测;

⑤尽量区分出采暖空调系统的能耗。

一定数量的建筑能耗的简单审计,对于从宏观上掌握既有建筑能耗现状和建筑能耗统计有重要意义。

它只能用来对多个节能改造方案做出优先排序,并确定是否有必要进行更深入的能源审计。初步审计的结果,尚不足以作为建筑节能改造的依据。

(2)一般审计　一般审计是初步审计的扩大,它要收集更多的设施运行数据,对建筑节能措施进行比较深入的评价。因此,必须收集12~36个月的能源费账单才能使审计人员正确评价建筑物的能源需求结构和能源利用状况。除了审查能源费账单之外,一般设计还需要进行一些现场实测、与运行管理人员进行深入交流。

可以用一般审计对建筑能源系统进行诊断,确定可以采取何种建筑节能措施,以及其效用。

(3)单一审计或目标审计　在初步审计的基础上,可能发现建筑的某一个系统有较大节能潜力,需要进一步分析。有时,由建筑业主提出对自己的某一系统进行更新改造。因此,单一审计或目标审计只是针对一两个系统开展。

对被审计的系统需要做得比较仔细。

(4)投资级审计　投资级审计又称为"高级审计"或"详细审计",它要提供现有建筑和节能改造后的建筑能源特性的动态模型。

投资能源基础设施的升级换代或节能改造,必须在同一个财务标准上与其他非能源项目进行比较,即分析其投资回报。

节能效益不像某个产品可以在事先有比较准确的估计。因此,必须用权威的数学模型和软件进行预测。

在实施投资级审计时,不但要分析节能措施所能产生的效益,还要充分地估计各种风险因素。

5)建筑能源审计的程序

建筑能源审计应在建筑能耗统计的基础上进行。根据当地建筑能耗统计的结果,从建筑单位面积能耗高于中值(一组建筑物单位面积能耗值的中间数,在这组建筑物中,50%的建筑物能耗值比该中间数大,50%的建筑物能耗值比它小)的建筑中,按照单位面积能耗从高到低的原则选取能耗最高的前10%的建筑进行能源审计。筛选时优先选取政府办公建筑及政府投资管理的宾馆。这部分建筑称为"重点用能建筑"。建筑能源审计的作用是对这些重点用能建筑的高能耗是由哪些技术因素和运行管理因素所造成的进行判断,为能效公示、实现低成本和无成本改造提供依据。

建筑能源审计内容分为基础项和规定项。基础项由被审计建筑的所有权人或由其委派的责任人完成,结合能耗统计填写基本信息表,并提供审计所需要的数据和资料。

规定项由主管部门委派的审计组完成。被审计建筑的所有权人或其委托人配合完成。审计组进驻大楼后,要开展如下工作:

第一步,召开建筑能源审计会。作为项目的启动,首先要召开审计人员和岗位的物业管理人员一起参加的建筑能源审计会议。会议内容是:确定审计的对象和工作目标、所遵循的标准和规范、项目组成员的角色和责任,以及审计工作实施计划。讨论建筑物的运营特点、能源系统的规格、运行和围护的程序、初步的投资范围、预期的设备增加或改造,以及其他与设备运行有关的事宜。

第二步,建筑物巡视。在能源审计会议之后,进行建筑物的巡视,实地了解建筑物运营的第一手情况。重点是会议上所确定的主要耗能系统,包括建筑、暖通、照明和电气系统、机械系统等。

第三步,查阅文件资料。在会议和巡视的同时或其后,应该查阅包括建筑和工程竣工图纸、建筑运行和围护的程序及日志,以及订 2 ~ 5 年的能源费账单。要注意所看的图纸应该是竣工图而不是设计图,因为建筑物中实际安装的系统与设计图总存在差异。

第四步,设施检查。在查阅了建筑图纸和运行资料之后,要进一步调查建筑中的主要能耗过程。适当条件下,还应作现场测试以验证运行参数。

第五步,与员工交流。为了证实检查结果,设计人员要多次会见大楼员工,向他们通报初步的检查结果和正在考虑之中的建议。了解所确定的项目对用户来说是否有价值,以便建立能源审计的优先次序。此外,还要会见对建筑设施来说是关键性的其他人物。例如,主要耗能设备的制造商、外包的维修人员,以及公用事业公司的代表。

第六步,能源费分析。能源费的分析需要对过去 24 ~ 60 个月的外购能源账单做详细的审查,包括电、天然气、燃料油、液化石油气(LPG)和蒸汽等,所有就地生产的能源单列。审查能源账单应包括能源使用费、能源需求费及能源费率结构。将气候变化和建筑使用情况的影响等综合考虑作为基准,计算预期的节能率。

第七步,确定和评价可行的节能改造方案。通过详尽的节能改造分析,能源设计可以提出对主要设施的改造项目和对运行管理的改进计划,并计算出其简单投资回报。对每一主要的能耗系统(如围护结构、暖通空调、照明、电力和工艺)可以提出一系列能源改造方案。然后,根据对能源审计中得到的有关设施的所有数据和信息的审查,以及大楼员工对现场调查结论的反馈意见,最终确定最佳的能源改造方案,交大楼管理者审查。

第八步,经济分析。审计人员要对审计中收集的数据做进一步的处理和分析。这时,要借助计算机软件进行建模和模拟,重新生成现场管长得到的结构并调整第六步确定的基础能耗值,这个基础值将用来确定节能的潜力。然后,还要计算实施节能改造的成本、节能量及每个节能改造项目的简单投资回报。

第九步,撰写能源审计报告。能源审计报告要提供能源审计的结果和改造项目的建议。报告应包括对所审计的设施及其运营状况的描述、所有能耗系统的分析,以及对能源改造方案的解释(对能耗的影响、实施成本、效益和投资回报)。报告中还应有在整个项目中所涉及的工作内容。

第十步,向设施管理者陈述能源改造方案。需要就最终方案对设施管理者进行一次正式的陈述,以便使它们充分理解方案,掌握方案的效益和成本数据,从而作出实施方案的决策。

在能源审计过程中,应该注意:

①保持与客户的联系。通常,大楼里所使用的所有能源都应进入能源审计的范畴。

尽管大楼的用水并不属于能源,但在某些大楼里,客户会对水费的高昂提出抱怨。因此,能源审计人员应根据客户的需求决定审计内容。

②能源审计者往往局限在技术领域对某个设施单位进行审计。但从技术角度进行审计是不够的,还应该对大楼的使用情况、能源管理状况、设备系统的运行管理状况和能源费的构成情况进行了解。

③在技术分析中要了解设备系统的下述信息:

a. 设备系统的现状和剩余的工作寿命;

b. 维护;

c. 设备系统使用的持续性;

d. 安全状况;

e. 是否符合相关的规范和标准;

f. 能耗;

g. 与已有的能源使用基准作比较;

h. 改进或更新的方案;

i. 替代方案的效益和技术。

6)建筑能源审计的关键

建筑能源审计有两个关键:第一,推动建筑所有权人重视节能管理,建立起规范科学的建筑能源管理体系,建筑能源管理是低成本或无成本的节能措施,据测算平均有15%的节能潜力;第二,能够在常规能耗中基本理清6个分项(分系统)的能耗指标,才能正确判断建筑最大的节能潜力之所在,才能为下一步节能改造的决策提供依据。

没有绝对的“节能建筑”,只有相对的建筑节能。按节能标准设计的建筑(包括各地建设的节能示范建筑)如果后期没有的能源管理,是不一定节能的,其节能量只能是计算值,即只能实现“数字节能”。而一些“先天”不足的建筑却可以通过精心和科学的管理,实现实质性的节能,即相对于过去或相对于同类建筑的节能。

10.4.3 建筑能耗限额

1)实施建筑能耗定额管理制度的必要性

我国的大型公共建筑目前存在着几种不合理的现象。在超大型建筑物内有大面积的和外界完全失去联系的内区空间,这些内区空间的照明和取暖以及通风等问题全部依靠电能来解决,造成了资源的巨大浪费,形成建筑节能的一个“黑洞”,另外一个“黑洞”就是建筑物在系统设计以及运行管理方面存在的“漏洞”现象。由于建筑局部的管理运行不合理,因此造成了能源的巨大浪费。

首先,建筑要满足室内人的要求而非室外人的眼球设计。其次,对于维护结构设计、系统设计及设备选用等方面存在的不合理现象,应出台标准严格限制。同时,在设计系统完成后还要把好运行调节关,因为运行调节是否到位,具有2%~30%节能效果的差别。

推动大型公共建筑用能定额管理是一个现有条件下十分有效的方法。目前依靠市场机制去推动建筑节能工作还有一定的难度,尽快推行大型公共建筑的用能定额管理制度。

2)建筑能耗定额确定的方法

对大量不同类型的公共建筑(包括办公楼、酒店、商场、宾馆)采用用电分项计量和实时监测,通过用能的实时采集和监测,系统随时可以看到已经进入到监控系统的建筑中各个分支设备和照明、空调、电梯等的用电状况及特征描述,从而了解这些建筑各自的能源消耗状况。依据这些数据可以确定合理的建筑用能定额,以及对节能改造项目进行节能效果的后评估。

10.5 建筑节能服务体系

10.5.1 建筑节能服务的内涵及特点

建筑节能服务是建筑节能服务提供者为业主降低建筑能耗而提供的咨询、检测、设计、融资、改造、运行、管理等的节能活动。

建筑节能服务体系是指建筑节能服务消费者、建筑节能服务机构(从业者)、建筑节能服务市场、建筑节能服务市场的管理机构,以及建筑节能服务相关法律和规范以降低建筑能耗水平为目标的建筑节能服务和对象的总和。

针对不同的需求,对不同建筑类型(大型公共建筑或政府办公楼、其他公共建筑或建筑建筑,新建建筑或既有建筑)提供不同的服务,是建筑节能服务的基本特点。既可以提供全过程的服务,即:从检测或能效审计、设计、融资、改造、运行、管理的全过程服务;也可以提供检测、能效审计、设计、融资、改造、运行和管理等部分一项或几项服务的组合。

10.5.2 我国建筑节能服务的发展现状和作用

我国建筑节能服务现处于萌芽状态。建筑节能服务市场发育不完善,基本上由建筑产权所有人、物业管理者对自己用能设施进行运行、管理。由于非专业化,人员素质不高,用能设施运行效率不高,能源浪费现象严重。

目前,我国北方地区已经出现民营的热力公司,国内一些机构也在积极筹备开展建筑节能服务业务。境外能源服务公司也在进行建筑节能服务市场调查,研究如何进入中国建筑节能服务市场。

我国建筑节能服务体系亟须建立健全的建筑节能服务市场,相关建筑节能服务、机构等亟须规范,从而实现建筑进而能服务市场的规范、稳健运作与管理,提高其运作、管理的规范化承担;保证建筑节能服务产业结构的合理化和高度化,提高产业结构技术水平,推动产业升级。

建筑节能是我国实施资源、能源节约战略的重要组成部分,随着我国建设节约型社会的全面开展和建筑节能工作的不断深入，规范建筑节能服务以及培育和规范建筑节能服务体系具有极其重要的作用。

①建立建筑节能服务市场是推动既有建筑节能改造的重要机制。

②建立建筑节能服务市场可为长期的建筑节能工作提供技术支撑。

③培育和规范机制节能服务体系有利于政府利用市场机制对机制节能服务实现监管和激励。

④培育和规范建筑节能服务体系有利于实现建筑节能服务市场的有序竞争。

10.5.3 合同能源管理

在国外，建筑节能服务的实施机构一般为能源服务公司。能源服务公司实施节能的机制通常称为“合同能源管理”，这一机制起源于20世纪70年代的“能源危机”。合同能源管理是一种基于市场的、全新的节能新机制，形成了实施合同能源管理的专业化的“节能服务公司”合同能源管理主要有3种商业模式：

1)保证节能量合同

在节能量保证型合同中，客户分期提供节能项目资金并配合项目实施，节能服务公司提供全过程服务并保证项目节能效果；按合同规定，客户向节能服务公司支付服务费用；如果项目没有达到承诺的节能量，按照合同约定由节能服务公司承担相应的责任和经济损失。

2)节能效益分享合同

节能效益分享型：节能服务公司提供资金和全过程服务，在客户配合下实施节能项目，在合同期间与客户按照约定的比例分享节能效益；合同期满后，项目节能效益和节能项目所有权归客户所有。节能效益分享合同因收回投资的时间要比保证节能量合同长，所以合同期限通常比较长，风险较大。

在节能效益分享合同中的一个关键问题是要检验节能量以及双方谁受益的问题。客户通常倾向于辨别节能量到底是由于自身的节约努力而实现的，还是由于能源服务公司的努力而产生的。合同期限越长，产生这种“扯皮”现象的可能性更大。

在合同期的前期，通常能源服务公司可获得较多的节能量所带来的收益，如节能量的80%由能源服务公司所有，20%归客户所有。而在合同期的中后期，客户获得较多的节能量收益。在整个的合同期限内，客户所分享的节能量收益极少有超过50%的情况。

3)项目融资合同

项目融资合同允许能源服务公司收取一笔固定费用作为回报，客户可以享受某一水平的服务。该服务覆盖了客户用能的所有方面，包括支付能源费用和日常维护。此类合同在欧洲比较常见。

10.5.4 建筑节能服务的质量控制

测试与验证是能源服务双方用以确定节能量的协议。测试与验证程序的目的是：

①明确计算出节能服务公司节省的能源用量与金额；
②确保并维持改善设备的运转性能；
③提高节能服务公司保证节能量的可靠性；
④投资者用来评价改善的效果。
节能绩效测试与验证的方式主要有4种：
①简易节能绩效测试与验证；
②长期节能绩效测试与验证；
③统计性的节能绩效测试与验证；
④模拟分析的节能绩效测试与验证。

讨论(思考)题10

10.1　讨论管理与服务的区别和联系
10.2　建筑节能管理领域与服务领域的范围
10.3　怎样理解建筑节能的外部性?
10.4　怎样理解建筑节能的市场缺陷?针对建筑节能的市场缺陷,政府应该怎样作为?
10.5　建筑节能领域可能出现哪些腐败现象?怎样避免和维护建筑节能的健康发展?
10.6　建筑节能管理怎样服务于社会和谐和持续发展?
10.7　怎样理解“政府失效”?怎样避免政府职能在建筑节能领域的失效?
10.8　新建建筑的建筑节能怎样管理?
10.9　在建筑使用过程中怎样发挥能耗统计、审计及能耗限额对建筑节能的作用?
10.10　怎样作好能效标识工作?

参考文献10

[1] 武涌,刘长滨,刘应宗,屈宏乐,等. 中国建筑节能管理制度创新研究[M]. 北京:中国建筑工业出版社,2007.4.
[2] 仇保兴. 建筑节能的十大对策[J]. 住宅科技,2007.4.
[3] 李运华,张吉礼. 大型公共建筑建筑运行能耗数据库管理系统初步开发及应用[J]. 建筑科学,2007.10.
[4] 戴雪芝,等. 建筑节能经济鼓励政策多指标综合评价体系研究[J]. 建筑科学,2007.2.
[5] 金占勇,武涌,刘长滨. 基于外部性能分析的北方供暖地区既有居住建筑节能改造经济激励政策设计[J]. 暖通空调,2007.9.

[6] 吕石磊,武涌. 北方采暖地区既有居住建筑节能改造工作的目标识别和障碍分析[J]. 暖通空调,2007.9.

[7] 胥小龙,武涌,李研. 推进北方供暖地区既有居住建筑节能改造的组织体系研究[J]. 暖通空调,2007.9.

[8] 刘刚. 欧盟建筑能耗标准体系制定概况[J]. 暖通空调,2007.8.

[9] 孙金颖,梁俊强,刘长滨. 建筑节能服务市场投融资模式设计与风险分析[J]. 暖通空调,2007.10.

[10] 王洪波,梁俊强,刘长滨. 建筑节能服务公司的新型传递博弈模型[J]. 暖通空调,2007.10.

[11] 刘刚. 欧盟建筑能效证书制定方法[J]. 暖通空调,2007.10.

[12] 龙惟定. 我国大型公共建筑能源管理的现状与前景[J]. 暖通空调,2007.4.

[13] 孙鹏程,等. 建筑节能领域的政府失灵及其对策[J]. 建筑科学,2007.12.